Ad W. M. van den Enden
Niek A. M. Verhoeckx

Digitale Signalverarbeitung

Ad W. M. van den Enden
Niek A. M. Verhoeckx

Digitale Signalverarbeitung

Mit 262 Bildern und 87 Übungsaufgaben mit Lösungen

Springer Fachmedien Wiesbaden GmbH

Deutsche Übersetzung von Dipl.-Ing. *Ute Palotas,*
Lehrbeauftragte an der Fachhochschule Wiesbaden

Der Verlag Vieweg ist ein Unternehmen der Verlagsgruppe Bertelsmann International.

ISBN 978-3-528-03045-2   ISBN 978-3-322-90683-0 (eBook)
DOI 10.1007/978-3-322-90683-0

Inhaltsverzeichnis

Zum Geleit

Die Verarbeitung von Signalen bildet schon seit langer Zeit die Arbeitsgrundlage von vielen Elektroingenieuren. Intuitiv wird man dann auch geneigt sein, zu unterstellen, daß die theoretische Grundlage dieser Arbeit auf einem soliden Fundament steht. Für die Bearbeitung von zeitkontinuierlichen Signalen trifft dies sicherlich zu. In der Mitte der sechziger Jahre jedoch, als der digitale Computer ein solches Stadium technischer Kompetenz erreichte, daß die Signale auch digital verarbeitet werden konnten, begannen sich Risse an diesem Fundament zu bilden. Zwar war bekannt, daß die Digitalisierung von Signalen ohne Verlust von relevanter Information möglich ist, aber eine adäquate Beschreibung des Prozesses, der heute als "Digitale Signalverarbeitung" bekannt ist, gab es damals noch nicht. Die ersten Versuche, diese Lücke meist durch eine Ausdehnung der vorhandenen Theorie zu schließen, waren nicht sehr effektiv. Sie enthielten nämlich nicht den wesentlichen Unterschied, den die digitalen Signale im Vergleich mit analogen Signalen nun einmal ausmachen: ihr Charakter ist sowohl zeitlich als auch in der Amplitude diskret.

Ende der sechziger und in der ersten Hälfte der siebziger Jahre begann man sehr intensiv mit der Ausarbeitung eines geeigneten Systems von Methoden und Theorien für die Analyse und die Beschreibung vieler Formen der digitalen Signalverarbeitung. Einige nützliche Beiträge zu dieser Arbeit haben auch die Philips Forschungslaboratorien geleistet. Als aktiver Teilnehmer an diesem Prozeß, hat es mir Freude gemacht, zu sehen, wie schnell diese neuen Theorien von den Technikern und Ingenieuren akzeptiert wurden. Dies ist natürlich hauptsächlich der revolutionären IC-Technologie, die sich in den letzten zwanzig Jahren sprunghaft entwickelt hat, zu verdanken. Signalverarbeitungsmethoden, die sich anfangs nur für einen Großrechner eigneten – und dann auch nicht in Echtzeit ("in real time") abliefen – werden jetzt durch einen Chip von der Größe eines Fingernagels durchgeführt; und zwar so schnell, daß es möglich ist, mehr als ein Signal gleichzeitig zu verarbeiten.

Anfangs war die Verarbeitung von digitalen Signalen auf einige Spezialgebiete wie das der Datenübertragung beschränkt. Mit der Erfindung der digitalen Audiosysteme jedoch – hierfür ist die CD das offensichtlich populärste Beispiel – und wenig später mit dem digitalen Video war der Durchbruch der neuen Disziplin gelungen. Dies brachte ein erhebliches Problem mit sich, da nun jeder "Systemdesigner" über einige Kenntnisse der zugrundeliegenden Theorie verfügen mußte.

Somit ergab sich die dringende Notwendigkeit eines Weiterbildungskurses zu diesem Thema. Einerseits war davon die Gruppe der praktizierenden Systemdesigner betroffen und andererseits mußten aber auch die Neuanfänger weitergeschult werden, da die meisten Ausbildungsstätten (Universitäten und Hochschulen) mit der rapiden Evolution auf dem Gebiet der digitalen Signalverarbeitung beim Aufstellen ihrer Lehrpläne kaum Schritt halten konnten. Basierend auf den vorhandenen Expertisen des Forschungslaboratoriums wurde ein Kursus erstellt, der die Grundlagen der Theorie vermittelt und gleichzeitig einen Einblick in die Probleme bei den praktischen Anwendungen gibt. Der Kursus ist sehr gut angekommen, man ist damit auf einen echten Bedarf gestoßen. Viele Mitarbeiter von Philips haben seitdem an dem Kursus teilgenommen und sind dadurch in der Lage, ihre Arbeit in der modernen Signalverarbeitung methodisch zu beschreiben und zu analysieren.

In den letzten zehn Jahren ist eine Vielzahl von Lehrbüchern zu diesem Thema erschienen, von denen sich einige mit der Theorie beschäftigen und sich andere mehr auf technische Anwendungen konzentrieren. Trotzdem bin ich sehr froh, daß es gelungen ist, die Urheber des Philips-Kurses dazu zu bewegen, ihre Vorlesungsnotizen in Form eines Buches zu publizieren. Ich bin davon überzeugt, daß es eine große Hilfe darstellt, sowohl als Einführung für Neulinge auf diesem Gebiet, als auch für die Systemdesigner zur Unterstützung beim sorgfältigen Entwurf und der Analyse ihrer Systeme.

Da ich mit den Autoren bei der Erstellung des Kurses viele Stunden in lebhaften Diskussionen über technische als auch didaktische Aspekte des Lehrstoffs verbrachte, weiß ich, wie sorgfältig dieser unter Berücksichtigung von Details und trotzdem praktisch und übersichtlich zusammengestellt wurde. Viel Mühe wurde verwandt, die Reaktionen von hunderten von Systemdesignern, die am Kursus teilgenommen hatten, und die mit einer großen Vielfalt von Anwendungen arbeiten, in das Buch zu integrieren. Ich möchte die Autoren zu ihrem Werk beglückwünschen, und ich hoffe, daß es in großem Maße dazu beitragen wird, die Grundprinzipien dieses faszinierenden Gebietes zugänglich zu machen und damit die digitale Signalverarbeitung in viele Anwendungsgebiete zu tragen.

Eindhoven, 1990   Dr. T.A.C.M. Claasen
                                                                          Abteilungsdirektor,
                                                                Philips Forschungslaboratorium

Vorwort

Während wir dieses Buch schrieben, war die eigentliche Person, auf die wir uns zu konzentrieren versuchten, der Student von technischen Universitäten, Hochschulen und Fachhochschulen. Wir wollten ihn (oder sie) mit einer zugänglichen und gründlichen Erläuterung der Grundlagen eines relativ neuen Teils des geistigen Rüstzeugs heutiger Studenten der Elektrotechnik versorgen: der *digitalen Signalverarbeitung*. Einst wurde sie als die fortschrittliche professionelle Technologie betrachtet und jetzt finden wir ihre Anwendung schon zu Hause in der Compact Disc (CD). Seitdem die komplexen integrierten Schaltkreise (Chips) erschwinglich geworden sind, sind viele Designer von elektronischen Schaltkreisen und Systemen plötzlich mit neuen Möglichkeiten der digitalen Signalverarbeitung konfrontiert wurden, nicht nur indem schon bestehende Schaltkreise nun digital realisiert werden konnten, sondern auch in Form von anderen zeitdiskreten Alternativen wie "switched-capacitor filters" (Schalter-Kondensator-Filter, SC-Filter) und "charge-coupled devices" (ladungsgekoppelte Bauelemente, CCD). Da die heutigen Studenten schon morgen ähnliche Fragen in Angriff nehmen werden, müsssen sie gründlich vorbereitet sein.

Obwohl es sehr viele Parallelen zwischen der vertrauten analogen Welt und der neuen zeitdiskreten Methoden gibt, bestehen doch bedeutende Unterschiede; ohne die nötigen neuen theoretischen Hilfsmittel sind die genauen Konsequenzen der Arbeit in diskreter Zeit und mit diskreter Amplitude nicht leicht zu beurteilen. Dies erklärt die wahre Flut von Kursen, Publikationen und Büchern, mit denen dieser Bedarf gedeckt werden soll.

Diese Situation hat bei Philips vor einigen Jahren dazu geführt, daß die Autoren dieses Buches von der Abteilung für Interne Ausbildung gebeten wurden, einen Kursus über "Zeitdiskrete Signalverarbeitung" zu erstellen. Dieser Kursus war ursprünglich für Studenten und für Fachhochschulabsolventen bestimmt, aber es stellte sich schon bald heraus, daß der Kursus auch für andere, wie praktizierende Ingenieure und Doktoranden äußerst nützlich war. Das Vorlesungsskript hat sich selbständig seinen Weg zu anderen interessierten Lesern gesucht, worunter auch viele Hochschuldozenten sind. Die durchwegs positiven bis sehr positiven Reaktionen haben schließlich dazu geführt, unser Skript als dieses Buch, niederzuschreiben. Es richtet sich an die gleiche Zielgruppe wie die ursprünglichen Kursteilnehmer. Wir setzen deshalb voraus, daß der Leser dieses Buches über einige Vorkenntnisse auf dem Gebiet der zeitkontinuierlichen Signale und Systeme, dem Fourierintegral, der Faltung und über Pole und Nullstellen verfügt.

Im einzelnen ist das Buch folgendermaßen aufgebaut: Das einleitende erste Kapitel (größtenteils aus "Digital signal processing – growth of a technology" von J.B.H. Peek[1]) beschreibt das *wie* und *warum* der digitalen Signalverarbeitung, stellt ihre Vor- und Nachteile dar und enthält einige Anwendungsmöglichkeiten. Das zweite Kapitel, "Zeitkontinuierliche Signale und Systeme", stellt eine kompakte Zusammenfassung der betreffenden theoretischen Grundlagen dar. Dieses Kapitel dient der Auffrischung von eventuell latenten Kenntnissen und soll später in diesem Buch dazu beitragen, Übereinstimmungen und Unterschiede zu der zeitdiskreten Theorie herauszustellen. Das dritte Kapitel befaßt sich mit der Umsetzung zeitkontinuierlicher Signale in zeitdiskrete Signale und umgekehrt. Im vierten Kapitel werden die Grundlagen von zeitdiskreten Signalen und Systemen unter Verwendung der Begriffe "Fouriertransformation für diskrete Signale" (FTD) und "z-Transformation" (ZT) behandelt. Im darauffolgenden Kapitel beschäftigen wir uns mit der oft verwendeten "Diskreten Fouriertransformation" (DFT) und der "Schnellen Fouriertransformation" (FFT).

Kapitel 6, "Übersicht von Signaltransformationen", nimmt einen speziellen Platz ein. Es wird versucht, eine Antwort auf immer wiederkehrende Fragen von Kursteilnehmern über die Zusammenhänge bei den wichtigsten Signaltransformationen (kontinuierlich und diskret) zu geben. Dieses Kapitel könnte zum Beispiel weggelassen werden, wenn man das Buch zum erstenmal liest, andererseits ist es der Vollständigkeit halber unentbehrlich.

Die beiden nächsten Kapitel sind deutlich mehr auf die Praxis ausgerichtet und befassen sich ausschließlich mit zeitdiskreten Filtern (Filterstrukturen und Entwurfsmethoden). In Kapitel 9 und 10 werden dann schließlich Themen behandelt, für die es kein echtes Gegenstück in der zeitkontinuierlichen Theorie gibt: zuerst Systeme mit mehreren Abtastraten und anschließend Effekte der endlichen Wortlänge bei digitalen Signalen und Systemen. Die Übungsaufgaben beziehen sich auf die Kapitel 2 bis 10.

Ein ausführliches Literaturverzeichnis, ein Sachwortverzeichnis und vier Anhänge vervollständigen dieses Buch. Die Anhänge befassen sich nacheinander mit dem Fourierintegral (wichtige Eigenschaften und Beispiele), der Partialbruchzerlegung, der inversen z-Transformation mittels des komplexen Linienintegrals und den Ergebnissen der Übungsaufgaben. Die vollständig durchgerechneten Übungsaufgaben in englischer Sprache können direkt bei den Autoren angefordert werden.

---

[1] Peek, J.B.H., 1985. Digital signal processing – growth of a technology. *Philips Tech. Rev.* **42:** 103-9.

Dieses Buch ist vorher in holländischer Sprache (Delta Press B.V., Niederlande, 1987) und in englischer Sprache (Prentice Hall International, England, 1989) veröffentlicht worden; es wird auch bald in französischer Sprache (Masson, Frankreich, 1991) lieferbar sein.

Eine zusammengefaßte Version dieses Buches – ca.35 Seiten – ist schon als Zeitschriftenartikel erschienen[2]. Für diejenigen, die ein spezielles Interesse an der Terminologie haben, verweisen wir auf eine Zusammenstellung von englischen Fachausdrücken, die wir sehr nützlich finden [54].

An dieser Stelle möchten wir der Abteilung Interne Ausbildung von Philips danken, die das Lehrgangsskript als Ausgangspunkt für dieses Buch zur Verfügung gestellt hat. Besonders verbunden sind wir der Direktion des Philips Forschungslaboratoriums für die vielen Anregungen, die gute Zusammenarbeit und die ständige Unterstützung.

Als Autoren hoffen wir, mit diesem Buch eine Lücke im Bedarf zu schließen. Es ist unsere Absicht gewesen, vor allem die Grundlagen auf dem Gebiet der digitalen Signalverarbeitung klar zu beschreiben, unabhängig von der präzisen Anwendung dieser Grundkenntnisse, und folglich auch unabhängig von der schnellen Entwicklung auf solchen Gebieten wie dem der Halbleitertechnologie. Das Buch hat dadurch einen gewissen zeitlosen Charakter erhalten, wodurch es hoffentlich für den Leser lange von Nutzen sein wird. Möge es in erster Linie für viele eine angenehme Begegnung mit einem noch ziemlich jungen Fachgebiet bedeuten, das nach unserer festen Überzeugung, eine große Zukunft hat.

Eindhoven, 1990

Ad van den Enden
Dipl.-Ing. TU Eindhoven

Niek Verhoeckx
Dipl.-Ing. TU Delft

Philips Forschungslaboratorium
Postfach 80000
5600 JA Eindhoven
Niederlande

---

[2] Van den Enden, A.W.M., und Verhoeckx, N.A.M., 1985. Digital signal processing:theoretical background. *Philips Tech. Rev.* **42**: 111-44.

Symbole und Abkürzungen

A/D	analog/digital
$A(e^{j\theta}), A(e^{j\omega T})$	Amplitudencharakteristik, z.B. von $X(e^{j\theta}), X(e^{j\omega T})$
$A[k]$	Amplitudencharakteristik, z.B. von $X[k]$
$A(\omega)$	Amplitudencharakteristik, z.B. von $X(\omega)$
a_i, b_i	Filterkoeffizienten
a_k, b_k	(reelle) Koeffizienten der Fourier – Reihe
B	Länge des binären Wortes (in Bits)
CT/DT	zeitkontinuierlich/zeitdiskret
	(engl.: continuous–time/discrete–time)
D/A	digital/analog
dB	Dezibel
$D(e^{j\theta})$	Nenner, z.B. von $H(e^{j\theta})$
DFT	diskrete Fourier–Transformation
DT/CT	zeitdiskret/zeitkontinuierlich
	(engl.: discrete-time/continuous-time)
e	Basis des natürlichen Logarithmus ($= 2{,}718282 \dots$)
$e(n)$	(zeit-)diskretes Rauschsignal
f	Frequenz (in Hz)
FFT	schnelle Fourier-Transformation
	(engl.: fast Fourier transform)
FIR	Impulsantwort endlicher Länge
	(engl.: finite impulse response)
FR (FS)	Fourier-Reihe (engl.: Fourier series)
FTC	Fourier–Transformation zeitkontinuierlicher Signale
	(engl.: Fourier transform for continuous(-time) signals)
FTD	Fourier–Transformation zeitdiskreter Signale
	(engl.: Fourier transform for discrete(–time) signals)
$h[n]$	Impulsantwort eines (zeit–)diskreten Systems
$h(t)$	Impulsantwort eines (zeit–)kontinuierlichen Systems

$H(e^{j\theta}), H(e^{j\omega T})$	Übertragungsfunktion oder Frequenzgang eines (zeit-)diskreten Systems
$H[k]$	DFT von $h[n]$
$H(p)$	Übertragungsfunktion eines (zeit–)kontinuierlichen Systems
$H(z)$	Systemfunktion eines (zeit–)diskreten Systems
$H(\omega)$	Übertragungsfunktion oder Frequenzgang eines (zeit–)kontinuierlichen Systems
$H^*(\ldots), H^*[\ldots]$	konjugiert komplexe Funktion von $H(\ldots), H[\ldots]$
i	diskrete Variable
$I(e^{j\theta}), I(e^{j\omega T})$	Imaginärteil, z.B. von $X(e^{j\theta}), X(e^{j\omega T})$
$I[k]$	Imaginärteil, z.B. von $X[k]$
$I(\omega)$	Imaginärteil, z.B. von $X(\omega)$
$I_0(x)$	Bessel–Funktion nullter Ordnung
IDFT	diskrete Fourier–Rücktransformation (engl.: inverse discrete Fourier transform)
IFTC	Fourier–Rücktransformation für (zeit–)kontinuierliche Signale (engl.: inverse Fourier transform for continuous(–time) signals)
IFTD	Fourier–Rücktransformation für (zeit–)diskrete Signale (engl.: inverse Fourier transform for discrete(-time) signals)
IIR	Impulsantwort unendlicher Länge (engl.: infinite impulse response)
ILT	Laplace–Rücktransformation (engl.: inverse Laplace transform)
Im z	Imaginärteil von z
IZT	z–Rücktransformation (engl.: inverse z–transform)
j	diskrete Variable
j	imaginäre Einheit ($\sqrt{-1}$)
k	diskrete Frequenzvariable
L	Länge der Impulsantwort
LSB	Bit niedrigster Wertigkeit (engl.: least-significant bit)
LT	Laplace–Transformation
LTC	linear zeitinvariant (zeit-)kontinuierlich (engl.: linear time-invariant continuous(-time))

LTD	linear zeitinvariant (zeit-)diskret (engl.: linear time-invariant discrete(-time))
M	Anzahl der Pole einer Systemfunktion
n	zeitdiskrete Variable
N	Anzahl der Abtastwerte bei der DFT; Anzahl der Nullstellen einer Systemfunktion
$N(e^{j\theta})$	Zähler, z.B. von $H(e^{j\theta})$
NRDF	nichtrekursives (zeit-)diskretes Filter (engl.: non-recursive discrete(-time) filter)
p	komplexe Frequenz für (zeit-)kontinuierliche Signale
P	Überlauf
P_x	Leistung des Signals x
q	Quantisierungsstufe
Q	Quantisierung
R	Interpolations- oder Dezimierungsfaktor
$R(e^{j\theta}), R(e^{j\omega T})$	Realteil, z.B. von $X(e^{j\theta}), X(e^{j\omega T})$
$R[k]$	Realteil, z.B. von $X[k]$
$R(\omega)$	Realteil, z.B. von $X(\omega)$
RDF	rekursives (zeit-)diskretes Filter (engl.: recursive discrete (-time) filter)
Re z	Realteil von z
S	Skalierungsfaktor
SRD	Abtastfrequenzverminderer (engl.: sampling rate decreaser)
SRI	Abtastfrequenzerhöher (engl.: sampling rate increaser)
t	zeitkontinuierliche Variable
T	Periode eines kontinuierlichen Signals; Abtastintervall
$u[n]$	(zeit-)diskrete Einheitssprungfunktion
$u(t)$	(zeit-)kontinuierliche Einheitssprungfunktion
V	spektrale Periode
$w(t), w[n]$	(i.a.:) Fensterfunktion
$W(\omega), W(e^{j\theta})$	Fouriertransformierte von $w(t)$, $w[n]$
W_N	"Drehfaktor" ($W_N = e^{-j2\pi/N}$)
$x[n], x_d[n]$	beliebiges (zeit-)diskretes Signal (normiert)
$x[nT], x_d[nT]$	beliebiges (zeit-)diskretes Signal (nicht normiert)

$x_\mathrm{p}[n]$	periodisches (zeit–)diskretes Signal
$x_\mathrm{Q}[n]$	quantisierte Form von $x[n]$
$x(t), x_\mathrm{c}(t)$	beliebiges (zeit–)kontinuierliches Signal
$x_\mathrm{h}(t)$	periodisches (zeit–)kontinuierliches Signal
$X(\mathrm{e}^{\mathrm{j}\theta}), X_\mathrm{d}(\mathrm{e}^{\mathrm{j}\theta})$	Fouriertransformierte (FTD) von $x[n], x_\mathrm{d}[n]$ (normiert)
$X(\mathrm{e}^{\mathrm{j}\omega T}), X_\mathrm{d}(\mathrm{e}^{\mathrm{j}\omega T})$	Fouriertransformierte (FTD) von $x[nT], x_\mathrm{d}[nT]$ (nicht normiert)
$X[k], X_\mathrm{p}[k]$	diskrete Fouriertransformierte (DFT) von $x[n], x_\mathrm{p}[n]$
$X(p), X_\mathrm{c}(p)$	Laplace-Transformierte (LT) von $x(t), x_\mathrm{c}(t)$
$X(z), X_\mathrm{d}(z)$	z - Transformierte (ZT) von $x[n], x_\mathrm{d}[n]$
$X(\omega), X_\mathrm{c}(\omega)$	Fouriertransformierte (FTC) von $x(t), x_\mathrm{c}(t)$
$x[n] \circ\!\!-\!\!-\!\!\circ X[k]$	DFT - Korrespondenz
$x[n] \circ\!\!-\!\!-\!\!\circ X(\mathrm{e}^{\mathrm{j}\theta})$	FTD - Korrespondenz (normiert)
$x[n] \circ\!\!-\!\!-\!\!\circ X(z)$	ZT - Korrespondenz
$x[nT] \circ\!\!-\!\!-\!\!\circ X(\mathrm{e}^{\mathrm{j}\omega T})$	FTD - Korrespondenz (nicht normiert)
$x(t) \circ\!\!-\!\!-\!\!\circ X(\omega)$	FTC - Korrespondenz
$x(t) \circ\!\!-\!\!-\!\!\circ X(p)$	LT - Korrespondenz
$x_\mathrm{h}(t) \circ\!\!-\!\!-\!\!\circ \alpha_k$	FS - Korrespondenz
$x[n] * h[n]$	*lineare* Faltung von $x[n]$ und $h[n]$
$x[n] \otimes h[n]$	*zyklische* Faltung von $x[n]$ und $h[n]$
$x(t) * h(t)$	*lineare* Faltung von $x(t)$ und $h(t)$
$y(\ldots), y[\ldots]$	siehe $x(\ldots), x[\ldots]$
$Y(\ldots), Y[\ldots]$	siehe $X(\ldots), X[\ldots]$
z	komplexe Frequenz für (zeit–)diskrete Signale
ZT	z – Transformation
α_k	komplexe Koeffizienten der Fourier–Reihe
δ_1, δ_2	Toleranzgrenzen beim Dämpfungsverlauf von Filtern
$\delta[n]$	(zeit–)diskreter Einheitsimpuls
$\delta(t)$	Impulsfunktion, Dirac–Impuls oder Deltafunktion
θ	relative (normierte) Kreisfrequenz ($= \omega T$)
τ	zeitkontinuierliche Variable
τ_g	Gruppenlaufzeit

$\phi(e^{j\theta}), \phi(e^{j\omega T})$	Phasencharakteristik, z.B. von $X(e^{j\theta}), X(e^{j\omega T})$
$\phi[k]$	Phasencharakteristik, z.B. von $X[k]$
$\phi(\omega)$	Phasencharakteristik, z.B. von $X(\omega)$
ξ, ψ	Phasenwinkel
ω, ν	Kreisfrequenz (in rad/s)
ω_a	Kreisfrequenz für (zeit–)kontinuierliche Signale
ω_d	Kreisfrequenz für (zeit–)diskrete Signale
ω_0	Grundkreisfrequenz
Σ	Summationssymbol
π	$= 3{,}141593$
Π	Multiplikationssymbol
$\oint_C$	Linienintegral entgegen dem Uhrzeigersinn, über einen geschlossenen Weg C in der komplexen Ebene

1
Einleitung

1.1 Hintergründe

Ein Leben ohne Zahlen können wir uns heute kaum vorstellen. Unbewußt sind wir nach und nach damit vertraut geworden, Zahlen in Zusammenhang mit den gewöhnlichen Dingen unseres täglichen Lebens zu benutzen. Für viele von uns beginnt der Tag mit einem Blick auf die Uhr, wobei allerhand davon abhängen kann, ob es "zehn vor sechs" oder "fünf nach elf" ist. Für den Rest des Tages werden wir mit numerischen Daten bombardiert, angefangen bei den Preisen in den Geschäften bis hin zum Lebensalter der Opfer von Verkehrsunfällen in den Zeitungen, und von den Börsenberichten bis zu den Mengenangaben auf Rezepten.

Der bekannte griechische Philosoph und Wissenschaftler Pythagoras und seine Schüler gründeten etwa 500 Jahre vor Christi eine vollständige Lebensphilosophie mit folgender Auffassung: Die Zahl ist das Wesen aller Dinge. Obwohl das eine mehr radikale Verallgemeinerung ist, trifft es in gewissem Sinn für eine Anzahl moderner technischer Entwicklungen zu. Besonders typisch scheint es für elektronische Schaltkreise mit Elementen von extrem kleinem Ausmaß zu sein: der Mikroelektronik. Eines der Schlüsselwörter heutzutage auf diesem Gebiet ist die "Digitalisierung", wobei das englische Wort "digit" (Ziffer) von dem lateinischen "digitus" (Finger) stammt. Diese komplizierten Schaltkreise werden integrierte Schaltkreise, IC's oder Chips genannt. Sie können durch mikroelektronische Technologie hergestellt werden und sind durch ihre Eigenschaften für das Manipulieren mit Zahlen besonders geeignet (Tabelle 1.1). Das hatte zwei wichtige Konsequenzen zu Folge.

An erster Stelle führte es zu einem fast exponentiellen Wachstum im Einsatz des Computers und zwar in allen Bereichen, bei denen Zahlen traditionell benutzt wurden, wie in der Buchhaltung, der Lagerhaltung, bei numerischen Berechnungen und in der Statistik. Diese Einsatzbereiche fallen alle unter den übergeordneten Begriff der *Datenverarbeitung*.

An zweiter Stelle entwickelte sich eine Tendenz, Zahlen in Situationen zu benutzen, in denen vorher keine benutzt wurden. Auch hier erweist sich die Mikroelektronik von Vorteil. Eines der bekanntesten Beispiele ist die digitale Armbanduhr, die in großem Maße den Platz der mechanischen Uhr eingenommen hat. Ein noch jüngeres Beispiel ist der CD–Player, der den traditionellen Schallplattenspieler ersetzt. Bei diesem Beispiel ist die Musikinformation auf der CD in digitaler Form gespeichert, das heißt als eine Folge von Zahlen. Beim Abspielen werden die Zahlen verarbeitet und in Musik umgesetzt. Diesen Vorgang bezeichnet man als *digitale Signalverarbeitung* ("digital signal processing").

Tabelle 1.1 Übersicht einiger Techniken, die im Laufe der Zeit das Manipulieren mit Zahlen immer mehr erleichterten. Die letzte Spalte gibt an, wieviel arithmetische Grundoperationen (Additionen) pro Sekunde ausgeführt werden können. Der Term VLSI ("Very Large Scale Integration") bedeutet, daß eine sehr große Anzahl von Elementen (mehr als 50 000 bis 100 000) auf einem einzigen Chip integriert ist.

Technik	Charakteristisches Element	Zeitspanne	Anzahl der Additionen pro Sekunde
Mechanik	Zahnrad	1650–1900	1
Elektromechanik	Relais, Schalter	1900–1945	10
Elektronik	Elektronenröhre	1945–1955	10^4
Halbleiterelektronik	Transistor	1955–1965	10^5
Mikroelektronik	Integrierter Schaltkreis	1965–1975	10^6
VLSI Mikroelektronik	Mikroprozessor	1975–	10^7

Die elektronischen Einrichtungen für die digitale Signalverarbeitung haben viele gemeinsame Merkmale mit elektronischen Einrichtungen für Datenverarbeitung, da sich beide im wesentlichen mit der Manipulation von Zahlen befassen. Die jeweiligen Grundbausteine sind die gleichen "logischen Schaltkreise" – wie z.B. Gatter, Addierer und Speicher. Aber die Zielstellung und die Art und Weise der Realisierung (der Algorithmus) sind vollkommen verschieden. Manchmal sind es gerade die Ähnlichkeiten, die zwischen den beiden Fachgebieten auffallen und manchmal sind es die Unterschiede. Es ist gut möglich, daß derselbe Computer in einer wissenschaftlichen Institution in einem Moment z.B. mit der Erstellung der Gehaltsliste besetzt ist und im nächsten Moment Signale einer interplanetaren Raumsonde verarbeitet. Dieses kann mit derselben Hardware, lediglich durch unterschiedliche Programme erreicht werden. In vielen Fällen ist aber die Hardware ebenso auf spezifische Anwendungen zugeschnitten. Obwohl die Grundelemente die gleichen sind, gibt es je nach Anwendungsbereich ganz unterschiedliche digitale Chips: beispielsweise für Uhren, für Taschenrechner, für Videospiele, für CD–Player und für digitales Fernsehen. Zu einem großen Teil haben diese Unterschiede ihre Ursache in dem völlig verschiedenen Algorithmus, der einerseits für die Signalverarbeitung und andererseits für die Datenverarbeitung benötigt wird.

Alle Anzeichen deuten darauf hin, daß sowohl bei der Datenverarbeitung als auch bei der digitalen Signalverarbeitung das Ende der Entwicklung noch lange nicht abzusehen ist. Es gibt noch viel zu verbessern (Qualitätssteigerung und/oder Kostensenkung und vieles mehr), was durch die ständig fortschreitende Digitalisierung der Technologie erreicht werden kann (Bild 1.1 und 1.2).

Bild 1.1 Durch den Einsatz von Elektronenröhren konnten Zahlen erstmals elektronisch manipuliert werden. Das Foto zeigt eine spezielle Zähler–Röhre aus den späten vierziger Jahren, die von 0 bis 9 zählen konnte. Der Zählerstand war direkt an der Vorderseite der Röhre, mittels eines Lichtfleckes ablesbar.

1.2 Signale und Signalverarbeitung

Signale existieren in den unterschiedlichsten Formen: von den Trommelsignalen im Busch bis hin zum Stopsignal des Verkehrspolizisten oder dem zusammengesetzten Radio/Fernseh–Signal, das durch ein Zentralantennensystem empfangen werden kann, wie z.B. beim Kabelfernsehen. Die typische gemeinsame Eigenschaft von all diesen Signalen ist, daß sie Träger einer Nachricht ("Information") sind. Die Nachricht ist in großem Maße unabhängig von der Natur des Signals. Das erwähnte (akustische) Trommelsignal kann durch ein Mikrofon in ein elektrisches Signal umgesetzt und so bis zum anderen Ende der Welt übertragen werden. Dort kann es in ein optisches Signal umgewandelt und auf einer CD aufgezeichnet werden. Der umgekehrte Weg würde dann vom optischen Signal über ein elektrisches Signal zurück zum akustischen Signal verlaufen, ohne daß der Nachrichtengehalt der ursprünglichen Trommelsignale darunter zu leiden hätte.

Beim heutigen Stand der Technik eröffnen sich für elektrische Signale die breitesten Möglichkeiten bezüglich Übertragung, Speicherung und Manipulation ("Signalverarbeitung"). Durch die Einführung des Glasfaserkabels haben besonders die optischen Signale beträchtlich an Bedeutung gewonnen, und vielleicht wird es eines Tages sogar "optische Computer" geben.

Bei theoretischen Betrachtungen ist die physikalische Natur eines Signals irrelevant. Jedes Signal wird zu einer Funktion mit einer oder mehreren unabhängigen Variablen abstrahiert, die z.B. Zeit oder Ort darstellen.

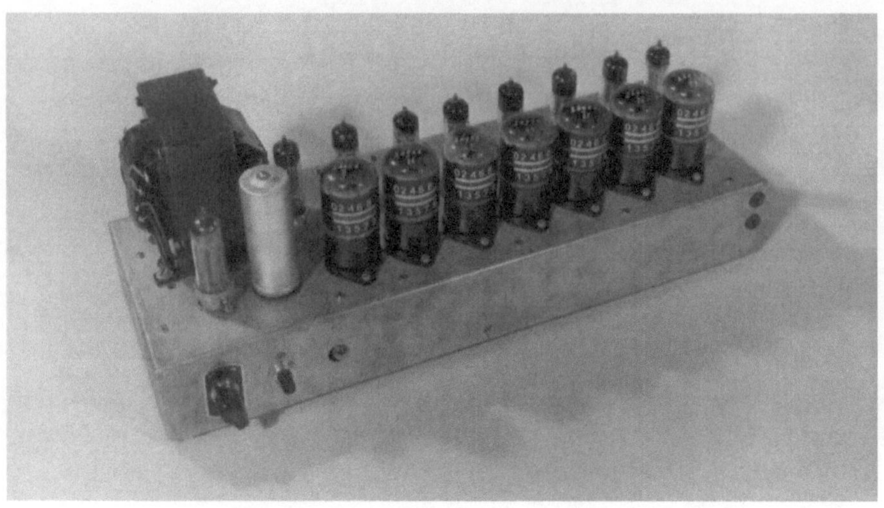

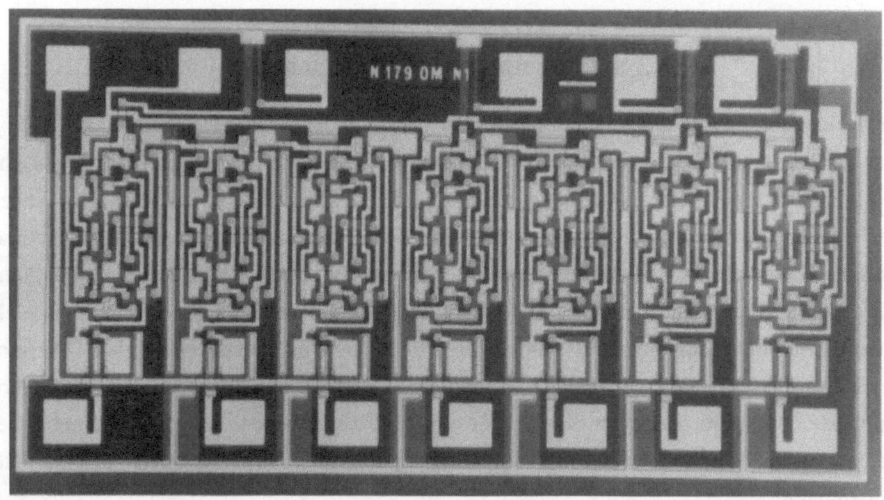

Bild 1.2 (a) Anwendungsbeispiel für die Zähler–Röhre von Bild 1.1: Ein Dezimalzähler, der von 0 bis $10^7 - 1$ mit einer maximalen Zählfrequenz von 30 000 pro Sekunde zählen kann. (b) Integrierter Schaltkreis (Binärteiler) aus den späten sechziger Jahren. Der Chip hat eine Größe von nur 2mm × 1,1mm. Obwohl dieser Schaltkreis nicht exakt die gleichen Funktionen erfüllt wie die Schaltung in (a), macht ein globaler Vergleich doch den radikalen Wandel deutlich, der während der ersten 20 Jahre in der Entwicklung der Digitaltechnik stattgefunden hat. Und das war erst der Anfang . . .

Von nun an werden wir uns nur mit solchen Signalen befassen, die durch eine Funktion mit einer Variablen repräsentiert werden. Diese wird allgemein als "Zeit" bezeichnet, während wir den Funktionswert selbst Augenblickswert oder "(momentane) Amplitude" nennen. Dabei unterscheidet man verschiedene Kategorien von Signalen. Die Zeit kann entweder eine kontinuierliche Variable t sein, die irgendeinen willkürlichen reellen Wert annehmen kann, oder auch die diskrete Variable n sein, die nur durch ganze Zahlen dargestellt werden kann. Ebenso unterscheiden wir zwischen Signalen mit einer kontinuierlichen Amplitude, die jeden Wert (zwischen zwei Extremen) annehmen kann und Signalen mit diskreter Amplitude, die nur eine begrenzte Anzahl von unterschiedlichen Werten annehmen kann. Somit erhält man vier Arten von Signalen, die in Bild 1.3 schematisch dargestellt und mit $x(t)$, $x_Q(t)$, $x[n]$ und $x_Q[n]$ bezeichnet sind. Der bekannteste Signaltyp ist zweifellos $x(t)$, was gewöhnlich ein analoges Signal bezeichnet. Früher kam diesem Signaltyp die größte Bedeutung zu, da die zur Verfügung stehenden Bauelemente und Schaltkreise für die Verarbeitung solcher Signale am besten geeignet waren. Die Situation hat sich aber in den letzten zwanzig Jahren sehr geändert. Durch technologische Entwicklungen haben die beiden zeitdiskreten Signaltypen enorm an Bedeutung gewonnen. Das gilt sowohl für das digitale Signal $x_Q[n]$ als auch für das analoge Abtastsignal ("sampled–data signal") $x[n]$.

Digitale Signale können als eine Folge von Zahlen mit einer begrenzten Anzahl von möglichen verschiedenen Werten dargestellt werden und deshalb auch mit den gleichen logischen Schaltungen, aus denen auch digitale Computer aufgebaut sind, ausgezeichnet bearbeitet werden. Dabei wird praktisch immer der binäre Charakter der Zahlen ausgenutzt; jede Zahl wird in Form einer Folge von "Einsen" und "Nullen" (Bits) dargestellt und deshalb auch als "binäres Wort" bezeichnet.

Analoge Abtastsignale sind hauptsächlich wegen des enormen Fortschritts von elektrischen Schaltungen so wichtig geworden, bei denen Signale als elektrische Ladungen dargestellt werden, die in regelmäßigen Intervallen von einem Punkt zum anderen übertragen und auf diese Weise verarbeitet werden. Typische Schaltbeispiele hierfür sind "Charge–Coupled Devices" (CCD's), "Charge Transfer Devices" (CTD's) [1] und "Switched–Capacitor Filters" (SCF's) [2].

Signale vom Typ $x_Q(t)$, bei denen der Übergang von einem diskreten Amplitudenwert in einen anderen in beliebigen Zeitintervallen stattfinden kann, sind weniger üblich. Oft ist die Anzahl der möglichen Amplituden sogar auf zwei beschränkt. Beispiele von derartigen Signalen findet man bei bestimmten Formen der Pulsmodulation, wie z.B. beim Bildplattenspieler (LaserVision video–disc system) [3].

Eigentlich sind zeitkontinuierliche und zeitdiskrete Signale immer wie zwei verschiedene Welten behandelt worden. Das hat sich erst im Jahre 1949, als C.E. Shannon sein Abtasttheorem [4] einführte, geändert. Das Abtasttheorem besagt, daß jedes zeitkontinuierliche Signal $x(t)$, dessen

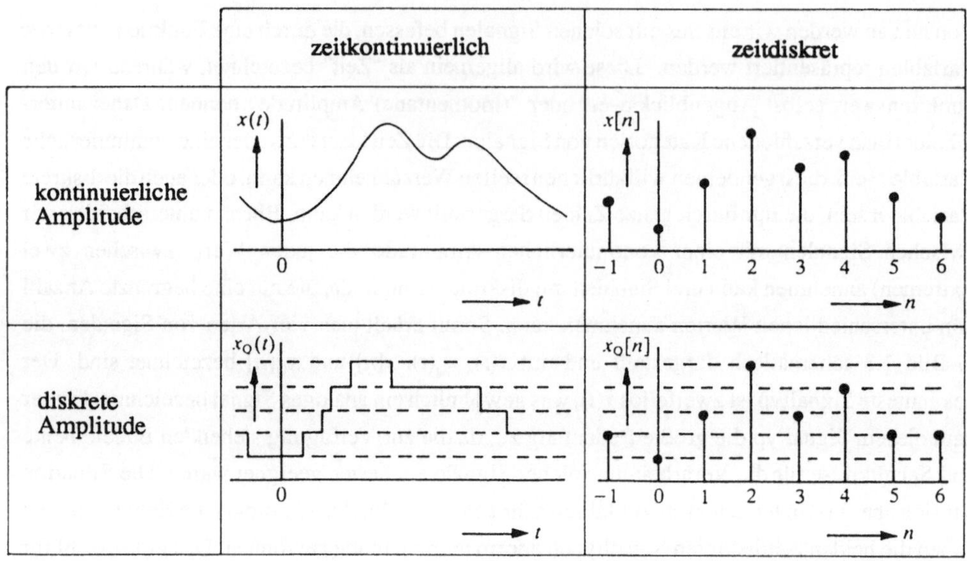

Bild 1.3 Signale können in der Zeit und in der Amplitude sowohl kontinuierlich als auch diskret sein. Sie können deshalb in vier verschiedene Arten, wie hier gezeigt, eingeteilt werden. Das Signal x(t) ist analog und $x_Q[n]$ ist digital. Das zeitdiskrete Signal mit der kontinuierlichen Amplitude x[n] wird allgemein als analoges Abtastsignal ("sampled–data signal") bezeichnet. Die Signale vom Typ x[n] und $x_Q[n]$ werden beide häufig zur Vereinfachung als diskrete Signale bezeichnet. Das zeitkontinuierliche Signal mit der diskreten Amplitude $x_Q(t)$ hat keine andere Bezeichnung.

Frequenzspektrum bandbegrenzt ist, ohne Verlust an Information als eine Folge von Abtastwerten $x[n]$ des ursprünglichen Signals, oder mit anderen Worten: als ein zeitdiskretes Signal dargestellt werden kann.

Bei der Herleitung des Abtasttheorems wird angenommen, daß die Abtastwerte $x[n]$ alle reellen Werte annehmen können, so daß die Augenblickswerte von $x(t)$ exakt wiedergewonnen werden können. Darin verbirgt sich ein fundamentaler Unterschied zwischen einem allgemeinen zeitdiskreten Signal $x[n]$ und einem digitalen Signal $x_Q[n]$: beide bestehen zwar aus einer Folge von Abtastwerten, aber bei einem digitalen Signal ist die Anzahl der möglichen verschiedenen Werte grundsätzlich begrenzt. Der Übergang von einem zeitdiskreten Signal allgemeiner Art zu einem digitalen Signal schließt immer eine Art Näherung ("Quantisierung") ein, die zwar beliebig fein sein kann, aber irreversibel ist.

Die gewünschte Information kann nicht immer auf direktem Wege vom Signal abgelesen werden; es kann sein, daß die Signale außerdem Störungen, wie Rauschen, enthalten. Die Verwendbarkeit der Signale kann dann mittels Signalverarbeitung wieder verbessert werden. Man stößt dabei auf bekannte Begriffe wie Interpolieren, Extrapolieren, Glätten, Filtern und Prediktion [5,6]. Ein historisches Beispiel für Signalverarbeitung ist das Werk von Sir Arthur Schuster (um 1890), worin er das Auftreten von Periodizitäten bei bestimmten meteorologischen Phänomenen untersuchte [7].

Im allgemeinen bezeichnet man ein Signalverarbeitungssystem mit dem gleichen Namen wie das Signal, welches verarbeitet wird: ein analoges System verarbeitet analoge Signale; ein zeitdiskretes System verarbeitet zeitdiskrete Signale.

In diesem Buch wollen wir uns mit den wichtigsten theoretischen Grundlagen der digitalen Signalverarbeitung befassen. Es muß uns jedoch dabei bewußt sein, daß gerade der Teil der Theorie, der sich auf den wertediskreten Charakter der Signale bezieht, sich am wenigsten für eine systematische Beschreibung eignet und deshalb auch am wenigsten zugänglich ist. Teilweise ist das durch die dabei entstehenden sogenannten "Effekte der endlichen Wortlänge" bedingt, die als nichtlineare Effekte auftreten und der Grund zu unerwünschtem Verhalten des Systems wie Oszillationen sein können. Die wertediskrete Natur der Signale und die Operationen bedingen oft eine scheinbare Addition von rauschähnlichen Störungen, genannt "Quantisierungsgeräusch", deren Folgen nur statistisch zu beschreiben sind.

Beim Entwurf oder der Analyse von digitalen Signalverarbeitungssystemen stellen die diskreten Amplituden eine ernste Komplikation dar. Die übliche Praxis ist dann auch die, daß man diesen Aspekt in erster Instanz zielbewußt vernachlässigt und allein den zeitdiskreten Aspekt betrachtet. Die Konsequenzen der diskreten Amplitude werden dann separat betrachtet und falls erforderlich, berücksichtigt. Deshalb gehören eigentlich viele Titel der Literatur über digitale Signalverarbeitung [8,9] zu der größeren Kategorie der allgemeinen zeitdiskreten Signalverarbeitung. Das gilt auch für große Teile dieses Buches.

Moderne Lehrbücher behandeln zeitdiskrete und zeitkontinuierliche Signalverarbeitung gelegentlich kombiniert; z.B. [10,11]. Künftig werden wir den Begriff "digital" so weit wie möglich auf solche Fälle begrenzen, bei denen wir wirklich die endliche Wortlänge berücksichtigen. Ebenso werden wir die Begriffe "kontinuierlich" und "diskret" ohne weitere Ergänzung benutzen, und sie dann auf den Zeitaspekt und nicht auf den Amplitudenaspekt beziehen.

Schließlich sei erwähnt, daß nicht alle digitalen Signale durch Abtastung und Quantisierung von analogen Signalen abgeleitet werden. Es gibt auch elektrische Signale, die von Anfang an digital sind. Ein einfaches Beispiel ist ein digitaler Tongenerator, der eine Zahlenfolge mit sinusförmig veränderlichen Funktionswerten liefert. Auch hier werden die aufeinanderfolgenden Signalwerte als "Abtastwerte" bezeichnet.

1.3 Vor– und Nachteile der digitalen Signalverarbeitung

Die Vorteile der digitalen Signalverarbeitung kann man in drei Kategorien einteilen: Vorteile prinzipieller Art, Vorteile, die sich durch den Einsatz von Mikroelektronik ergeben und Vorteile, die vor allem bei Vergleichen mit konventioneller analoger Signalverarbeitung auffallen.

Die erste Kategorie besteht hauptsächlich aus günstigen Effekten, die als unmittelbare Folge aus dem Arbeiten mit einer begrenzten Anzahl von diskreten Abtastwerten hervorgehen. Solange die elektronische Darstellung eines Abtastwertes eindeutig erkennbar ist (d.h., daß jedes Bit eindeutig als Null oder Eins zu erkennen ist), sind relativ kleine Fehler zwischen den Bits belanglos. Dies hat folgende positive Konsequenzen:

– Die Toleranzen für die Werte der Bauelemente, aus denen die Schaltungen aufgebaut werden, brauchen nicht sehr genau zu sein.

– Die Empfindlichkeit bezüglich äußerer Einflüsse (Temperatur und Störsignale) und innerer Einflüsse (Alterung und Drift) ist gering.

– Die Genauigkeit der Verarbeitung ist direkt durch die Wahl der Anzahl der möglichen verschiedenen Abtastwerte (direkt bezogen auf die Wortlänge) beeinflußbar.

– Die Schaltungen sind vollständig reproduzierbar (das heißt: gleiche Schaltungen verhalten sich identisch), so daß z.B. bei der Herstellung kein Abgleichvorgang nötig ist.

– Die Anzahl der aufeinanderfolgenden Operationen, die mit einem Signal ausgeführt werden können, ist im Prinzip unbegrenzt, da unerwünschte Anhäufungen von Störeffekten, wie Rauschen, vermieden werden können.

Einen anderen Vorteil, den wir noch zu dieser Kategorie rechnen möchten, ist die Flexibilität, die erreicht werden kann, wenn eine Schaltung oder ein System programmierbar gemacht wird. Dadurch wird es möglich, eine partikuläre Bearbeitungsfunktion zu modifizieren, ohne einschneidende Veränderungen in der Hardware vornehmen zu müssen.

Durch die Realisierung der digitalen Signalverarbeitungshardware in Form von Chips erhält man die Vorteile der zweiten Kategorie:

– kleine Abmessungen

– hohe Zuverlässigkeit

– Möglichkeit der komplexen Verarbeitung

– niedriger Preis.

Im Vergleich zur analogen Signalverarbeitung sind die Vorteile der dritten Kategorie äußerst auffällig. Einige Bearbeitungsfunktionen sind zu komplex für eine praktische analoge

Ausführung, oder sie sind in einem analogen System prinzipiell schwierig oder nur durch Näherung zu realisieren. Andererseits stellt digitale Realisierung derselben Funktionen kaum ein Problem dar. Einige Beispiele hierfür sind:

- Der "ideale Speicher", dessen Inhalt im Prinzip unbegrenzt lange und unverfälscht erhalten bleibt; solch ein Speicher ermöglicht die Realisierung eines digitalen "idealen Integrierers" sowie die digitale Verarbeitung sehr niederfrequenter Signale.
- Filter mit exakt linearem Phasenverlauf; derartige Filter haben bei der Datenübertragung und bei Anwendungen in der Fernsehtechnik eine große Bedeutung.
- Schaltungen, in denen bestimmte Verarbeitungsoperationen exakt äquivalent sein müssen, z.B. für die gegenseitige Kompensation zweier Effekte.
- Selbstregelnde ("adaptive") Systeme.
- Signaltransformationen, z.B. vom Zeitbereich zum Frequenzbereich und umgekehrt, wie bei der diskreten Fourier Transformation (DFT). Das Arbeiten mit Zahlen erlaubt die Anwendung verschiedener mathematischer Methoden (die bekannteste ist die schnelle Fourier Transformation oder FFT, durch die eine beträchtliche Anzahl von notwendigen Rechenschritten eingespart werden kann).
- Die Verarbeitung zweidimensionaler Signalen, wie Bilder.
- Neue Möglichkeiten zur Unterdrückung von Störungen durch Fehlerkorrektur und größere Geheimhaltung (privacy, security).

Dieser ansehnlichen Liste von Vorteilen stehen selbverständlich auch etliche Nachteile gegenüber. Die wichtigsten davon sind:

- Beim heutigen Stand der Technik erfordert die digitale Signalverarbeitung immer eine bestimmte Menge an elektrischer Energie: passive digitale Schaltkreise gibt es noch nicht. (Aber auch in modernen analogen Systemen sind aktive Schaltkreise zahlenmäßig den passiven Schaltkreisen deutlich überlegen.)
- Digitale Signalverarbeitung kann nicht auf Signale mit beliebig hoher Frequenz angewendet werden, obwohl diese Grenze ständig nach oben verschoben wird.
- Wenn digitale Signalverarbeitung in analoger Umgebung angewendet wird, sind Analog/Digital- und Digital/Analog-Umsetzer nötig, die zuweilen ziemlich komplex sein können.
- Bei der Analog/Digital- und der Digital/Analog-Umsetzung ist man beim heutigen Stand der Technik bestrebt, alle zu schwachen oder zu starken Signale zu vermeiden: darum ist digitale Verarbeitung von sehr schwachen (wie z.B. Antennensignalen) und starken Signalen (z.B. beim Aussteuern eines Lautsprechers oder der Bildröhre eines Fernsehers) immer mit einer analogen Vor- bzw. Nachbehandlung verbunden.
- Die gleiche Information (z.B. Musik) benötigt als digitales Signal eine größere Bandbreite, als ein analoges Signal.

– Der Entwurf und die Herstellung von digitalen Chips erfordert großen Einsatz an
menschlicher Arbeitskraft, Geld, Fachwissen und eine hochqualifizierte Technologie, je
nach Komplexität der Chips (Bild 1.4).

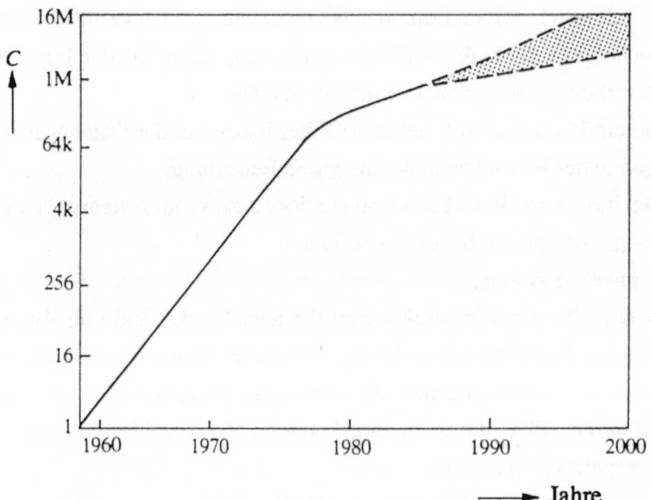

*Bild 1.4 Der Grad der Komplexität "C" der integrierten Schaltkreise, der durch die Anzahl der Elemente (z.B.
Transistoren) pro Chip ausgedrückt ist, vergrößert sich näherungsweise exponentiell mit der Zeit. Von
1959 an bis zu den späten siebziger Jahren hat sich C jährlich verdoppelt; danach hat sich die Zunahme
leicht verlangsamt, und nun verdoppelt sie sich alle zwei Jahre. In naher Zukunft werden vermutlich Chips
mit einer Million Elementen keine Ausnahme mehr sein. Der Trend verläuft nach dem "Gesetz von Moore";
im Jahre 1964 und 1975 erstellte G.E.Moore eine Prognose, die durch die hier dargestellte Entwicklung
bestätigt wurde. Auf der vertikalen Achse steht k für 2^{10} (=1024) und M für 2^{20} (=1048576).*

In jedem konkreten Fall ist es notwendig, pro und contra sorgfältig abzuwägen, ob die digitale
Signalverarbeitung die beste Lösung bietet. Ursprünglich sind es vor allem professionelle
Anwendungen gewesen, die das Gleichgewicht in Richtung digital verschoben haben. In neuerer
Zeit jedoch sehen wir die gleiche Entwicklung besonders viel bei Geräten für Normalverbraucher. Ein schon erwähntes Beispiel hierfür ist der CD–Player. Gegenwärtig scheint die
breite Anwendung auf dem Gebiet der Fernsehtechnik ebenfalls ökonomisch attraktiv zu
werden.

1.4 Hardware Baugruppen der digitalen Signalverarbeitung

Die theoretischen Grundlagen der digitalen Signalverarbeitung können sowohl zur Ausführung
eines partikulären Algorithmus in Form von Software auf einem Universalrechner als auch für
eine Realisierung in Form einer Implementierung einer speziellen Hardware herangezogen

werden. Vor allem in der zweiten dieser beiden verschiedenen Formen wird die große praktische und ökonomische Bedeutung der digitalen Signalverarbeitung deutlich. Deshalb werden wir nun die elektronischen Baugruppen, die dabei verwendet werden, näher betrachten.

Die am meisten verwendeten Grundeinheiten sind elektronische Schaltkreise (Gatter), mit denen logische Funktionen wie AND, OR, NAND, NOR und NOT ausgeführt werden können. Hierzu werden nur wenige elektronische Baulemente, wie Transistoren, benötigt. Durch ein Zusammenschalten von Gattern erhält man komplexere Elemente, z.B. Halbaddierer (half–adders) und Speicherzellen (flip–flops). Daraus können dann wieder größere Einheiten, wie Addierer, Multiplizierer und Schieberegister gebildet werden. Im Prinzip haben wir somit sämtliche Elemente, die benötigt werden, um alle Schaltkreise zu bilden, die zu der sehr wichtigen Klasse der linearen zeitinvarianten digitalen Systeme gehören[1]. Die einzigen Funktionen, die für diese Systeme benötigt werden, sind Addition, Multiplikation und Verzögerung (oder vorübergehendes Speichern). Zu dieser Klasse von Systemen gehören die meisten üblichen digitalen Filter.

Neben dem Schieberegister sind noch einige andere Arten elektronischer Speicher entwickelt worden, deren Eigenschaften unterschiedlich sind. Zwei davon sind das *random access memory* (RAM), dessen Name den Unterschied zum seriellen Zugriff des Schieberegisters betont, und das *read only memory* (ROM), dessen Inhalt unbegrenzt oft gelesen aber nicht neu geschrieben werden kann.

Mit den oben erwähnten Bausteinen können komplette digitale Systeme zusammengestellt werden. Manchmal wird dabei ein handelsüblicher Mikroprozessor–Chip eingesetzt, der selbst ein richtiger kleiner Computer ist, um die Wechselwirkungen zwischen den verschiedenen Komponenten zu steuern. Von diesem Punkt aus sind noch zwei weitere Entwicklungsschritte hin zu Bausteinen mit höherer Komplexität möglich. Diese sind der *Signalprozessor* und der maßgeschneiderte Chip, der *anwenderspezifische–IC* (ASIC). Der Signalprozessor ist ein Mikroprozessor, der mehr für typische Signalverarbeitungsmethoden, d.h. zum Beispiel für eine große Anzahl von Multiplikationen entwickelt wurde (Bild 1.5). Da der Signalprozessor programmierbar ist, kann er zur Lösung vielfältiger Aufgaben herangezogen werden [12,13,59]. Bei der Herstellung sehr großer Stückzahlen ist es allerdings oft kostengünstiger, für die digitale Signalverarbeitung anwenderspezifische–IC's einzusetzen (Bild 1.6). Diese werden dann speziell zur Lösung eines bestimmten Problems entwickelt und hergestellt.

---

[1] Da die Wortlängen begrenzt sind und zu Quantisierungs– und Überlauf–Effekten führen (siehe Kapitel 10), sind digitale Systeme *genaugenommen* niemals linear. Die Kombination der beiden Begriffe "linear" und "digital" sollen jedoch deutlich machen, daß *in der Praxis* diese Effekte vernachlässigbar sind und daß keine anderen nichtlinearen Operationen auftreten.

*Bild 1.5   Fotografie eines "Zahlenknackers" ("number cruncher"), der für den Einsatz in einem digitalen Signal-
prozessor vorgesehen ist. Dieser Schaltkreis wurde unter ganz bestimmten Gesichtspunkten optimiert.
Beim internen Signaltransport geht z.B. nur ein Minimum an Zeit verloren und die am häufigsten
auftretenden Signaloperationen, wie Addition von Ergebnissen der Multiplikationen, benötigen wenig
Zeit. Der Schaltkreis wurde primär für die Verarbeitung von 16–Bit Signalen entworfen aber durch seinen
modularen Aufbau ist ohne weiteres eine Erweiterung für größere Wortlängen möglich. Fügt man diesem
Chip noch Speicher sowie Input/Output–Schaltkreise hinzu, so erhält man einen kompletten, program-
mierbaren, integrierten, digitalen Signalprozessor. Der hier dargestellte IC ist in CMOS–Technologie
hergestellt. Er enthält etwa 19 000 Transistoren auf einer Fläche von 15,5 mm². Die kleinsten Abmessungen
sind 2 µm und die Zykluszeit für die Berechnungen beträgt nur 0,1 µs.*

Wir wollen an dieser Stelle noch einmal auf die Wichtigkeit der digitalen Speicher für die
wachsende Anwendung der digitalen Signalverarbeitung hinweisen. Im Audiobereich zum
Beispiel wurde die Entwicklung durch das Erscheinen der Compact–Disc erst richtig in Gang
gesetzt [14]. Eine solche optische Platte kann man als gewaltigen digitalen Festwertspeicher,
mit einer effektiven Speicherkapazität der Größenordnung von 5 Gigabit   (5 000 000 000 bit)
auffassen. 1,4 Megabit stellen dabei genau eine Sekunde Stereo–Musik dar. Bei Farbfernseh-
geräten wird digitale Signalverarbeitung erst dann richtig interessant, wenn ein bezahlbarer
digitaler Speicher verfügbar ist, der 50 bis 60 Mal pro Sekunde die Information eines ganzen
Fernsehbildrasters (etwa 2 Megabit) abspeichern und wiedergeben kann. Dieses scheint jetzt
ökonomisch möglich zu sein (siehe Bild 1.7).

Bild 1.6 Ein anwenderspezifischer Chip für digitale Signalverarbeitung in CD–Playern. Die Schaltkreise auf diesem Chip sind speziell für bestimmte Aufgaben entwickelt worden. Eine wichtige Aufgabe ist das Rekonstruieren stark verstümmelter Aufnahmen (lineare Interpolation zur sogen. Fehlerverdeckung "error concealment", nicht zu verwechseln mit Fehlerkorrektur, die bereits vorher am digitalen Signal ausgeführt wird). Die andere Hauptaufgabe ist die Berechnung von drei Abtastwerten zwischen je zwei aufeinanderfolgenden gespeicherten Werten auf der CD (Interpolation für Vergrößerung der Abtastrate durch einen Faktor vier). Bei beiden Aufgaben spielen digitale Filter eine entscheidende Rolle. Wegen der Stereonatur des Systems, kommen fast alle Hauptelemente auf dem Chip doppelt vor: die eine Hälfte des Chips verarbeitet das linke Tonsignal und die andere Hälfte das rechte. 1 Clock– und Steuerschaltkreise; 2a,2b Eingangsregister; 3a,3b Schreib/Lese–Speicher (RAM's) zur Speicherung der Filtereingangssignale; 4a,4b Lesespeicher (ROM's) zur Speicherung der Filterkoeffizienten; 5a,5b Multiplizierer/Akkumulatoren für die Durchführung der Filterberechnungen; 6 Ausgangsschaltkreise. Dieser Chip ist in 2,5 μm NMOS–Technologie hergestellt worden. Er enthält etwa 17 000 Transistoren auf einer Fläche von ca. 16 mm².

Schließlich soll noch eine Kategorie von Komponenten und zwar die Analog/Digital– und die Digital/Analog– Umsetzer (kurz: A/D– und D/A– Umsetzer) erwähnt werden. Wenn man digitale Signalverarbeitung in einer analogen Umgebung betrachtet, werden diese oft als ideale Bausteine aufgefaßt. Da sie jedoch die "Verbindung" zwischen analogem und digitalem Gebiet verkörpern, spiegeln sich alle Fehler, die bei diesen Umwandlungen entweder in der Amplitude oder der Zeit gemacht werden, gewöhnlich direkt in der Endqualität des verarbeiteten Signals wieder. Werden solche Umsetzer [15,16] in digitalen Systemen eingesetzt, so verlangen sie die ungeteilte Aufmerksamkeit des Entwicklers.

Bild 1.7 Auch die Qualität von Fernsehempfängern kann durch die Anwendung der digitalen Signalverarbeitung verbessert werden. Das erfordert eine kostengünstige Produktion von digitalen Bildspeichern. Ein wichtiger Schritt in diese Richtung ist der dargestellte "Charge–Coupled Device"(CCD), der 308 kBit Bildinformation mit ausreichend hoher Geschwindigkeit (input/output rate) speichern bzw. aufnehmen– und abgeben kann. Das Foto zeigt einen fertigen Schaltkreis mit 28 Anschlüssen sowie Kühlrippen, daneben den gleichen Schaltkreis teilweise ohne Gehäuse. Als Unterlage dient eine "Scheibe" oder ein "wafer", der aus einer früheren Phase des Produktionsprozeßes stammt und auf dem eine große Anzahl von noch nicht gefaßten Chips des gleichen Typs zu sehen ist.

1.5 Anwendungen der digitalen Signalverarbeitung

Soweit bekannt, wurde digitale Signalverarbeitung erstmals für zivile Zwecke in der Geophysik (Bodenuntersuchungen für Öl- und Gasgewinnung), und dann für Radioastronomie und Radarastronomie angewendet. Auf diesen Gebieten hat man seit dem Ende der fünfziger Jahre mit Korrelationstechniken [17] gearbeitet. Die Berechnungen wurden dabei gewöhnlich von einem Universalrechner (*general-purpose computer*) ausgeführt. Seit dieser Zeit sind die Einsatzmöglichkeiten enorm gestiegen, insbesondere durch die Einführung von spezieller Hardware für Signalverarbeitung. Wichtige Beispiele hierfür findet man in der Telekommunikation, unter anderem bei den Modems [18,19] für Datenübertragung von- und zum Rechner; gleichzeitig ist dies eine der ersten kommerziellen Anwendungen der adaptiven digitalen Signalverarbeitung (automatische Entzerrung). Digitale Techniken werden ebenso in der Fernmeldetechnik, z.B. in Vocoder [20] und Transmultiplexern [21] verwendet, meistens für Kommunikationen über lange Strecken. Es spricht vieles dafür, daß in naher Zukunft die Telefonsignale direkt an der Quelle (das heißt beim Fernsprechteilnehmer) digitalisiert werden und dann in digitaler Form zu ihrem Bestimmungsort gelangen.

Ein weiteres wichtiges Gebiet sind die Anwendungen in der Medizin; sie beschränken sich nicht allein auf Untersuchungen von Herz und Gehirn sondern schließen auch andere Organe, ja selbst das ungeborene Kind ein. Eine immer größer werdende Rolle spielt hierbei die Bildverarbeitung, die man unter anderem in Verbindung mit Röntgenstrahl- und NMR-Techniken [22] anwendet. Professionelle digitale Bildverarbeitung verwendet man auch bei Fotos, die von einem Wettersatelliten empfangen werden oder von Raumfahrzeugen mit noch größerer Distanz zur Erde. Diese Entwicklung hat etwa im Jahre 1964 mit dem Flug zum Mond (Ranger VII) und zum Planeten Mars (Mariner 4) [23] begonnen. Auch in TV-Studios kommen ständig mehr digitale Techniken für das Manipulieren der Bildsignale zum Einsatz [24].

Interessante Anwendungen gibt es auch bei bestimmten Meßinstrumenten, die auf digitalen Signaltransformationen (DFT, FFT) basieren, und die für Spektralanalysen und auch für industrielle Prozeßregelungen, speziell in der chemischen Industrie verwendet werden.

Die meisten der hier erwähnten Beispiele sind von professioneller Natur. Für den Normalverbraucher ist die digitale Signalverarbeitung mit dem Erscheinen der Compact-Disc aktuell geworden. In naher Zukunft wird sich dies mit dem Einsatz der digitalen Signalverarbeitung beim Fernsehgerät, beim Radioapparat und beim Telefon fortsetzen. Es scheint eine Entwicklung zu sein, die nicht mehr aufgehalten werden kann. Vielleicht wird sogar eines Tages die Frage gestellt: "*Analoge* Signalverarbeitung, was war das gleich?"

2
Zeitkontinuierliche Signale und Systeme

2.1 Einführung

Obwohl dieses Buch speziell *diskreten* Signalen und Systemen gewidmet ist, wollen wir trotzdem zuvor in einem kurzen Kapitel *kontinuierliche* Signale und Systeme behandeln. Hierfür sprechen mehrere Gründe.

Zunächst gehen wir davon aus, daß der Leser gewisse Vorkenntnisse auf dem Gebiet der "kontinuierlichen" Theorie hat. Dieses Kapitel dient dann auch dem Auffrischen von möglicherweise nicht mehr ganz paraten Kenntnissen. Dadurch wird man später in der Lage sein, eine Anzahl deutlicher Parallelen zwischen der kontinuierlichen und der diskreten Theorie zu erkennen, und damit den Stoff leichter zu verstehen. Andererseits jedoch, muß uns bewußt sein, daß gerade die Unterschiede richtig eingeschätzt werden müssen, um Fehler in der Interpretation zu vermeiden.

Ein anderer Grund für dieses Kapitel ist, daß wir in der Praxis oft von einem analogen (d.h. kontinuierlichen) Signal ausgehen, das in ein digitales (d.h. diskretes) Signal umgesetzt werden soll. Gerade bei solchen Umsetzungen stoßen kontinuierliche und diskrete Theorie aneinander und deshalb muß man beide beherrschen. Das wird im nächsten Kapitel deutlich werden. Wir werden später versuchen (Kapitel 6, "Übersicht von Signaltransformationen"), eine kurze Übersicht über eine Anzahl diskreter und kontinuierlicher Rechenmethoden – im einzelnen Signaltransformationen – und ihren Beziehungen untereinander zu geben. Weiterhin (im Kapitel 8,"Entwurfsmethoden diskreter Filter") werden wir sehen, daß man manchmal ein existierendes analoges System durch ein digitales System ersetzen möchte. Auch dann muß man in beiden Lagern zu Hause sein.

2.2 Das Fourier–Integral

Als Elektroingenieur haben wir häufig eines der folgenden beiden Probleme zu lösen:
- Systemanalyse: Was für ein Ausgangssignal wird ein gegebenes System bei einem vorgegebenen Eingangssignal liefern?
- Systemsynthese: Welches System liefert ein vorgegebenes Ausgangssignal bei einem gegebenen Eingangssignal?

Bei kontinuierlichen Systemen können diese Fragen oft durch eine Differentialgleichung (wobei die unabhängige Variable die Zeit ist), die den Zusammenhang zwischen dem Eingangs– und Ausgangssignal angibt, beantwortet werden. Die Lösung dieser Differentialgleichung kann jedoch schwierig sein, insbesondere wenn sie von höherer Ordnung ist.

Ein viel einfacherer Lösungsweg basiert auf der Anwendung von Signaltransformationen, die mit der reellen Frequenz (ω oder f) oder der "komplexen Frequenz" (p) als unabhängige Variable beschrieben werden können. Die ursprüngliche Differentialgleichung in t kann dann auf eine viel einfacher zu handhabende algebraische Gleichung in ω, f oder p zurückgeführt werden. Nach dem Lösen dieser neuen Gleichung finden wir als Ergebnis eine *Frequenzfunktion* und nach einer anschließenden Rücktransformation die entsprechende *Zeitfunktion*.

Eine der bekanntesten Transformationen für eine kontinuierliche Funktion $x(t)$ ist zweifellos das *Fourier–Integral*, das auch als Fourier–Transformation für kontinuierliche Signale (engl.: Fourier transform for continuous signals, FTC) bezeichnet wird. Die FTC ist definiert zu:

$$X(\omega) = \int_{-\infty}^{\infty} x(t)e^{-j\omega t}\,dt \qquad \text{(FTC)} \qquad (2.1)$$

Wenn man dieses Integral berechnet, wird die Funktion $x(t)$ eindeutig auf die Funktion $X(\omega)$ zurückgeführt (oder transformiert). In diesem Buch soll die Funktion $x(t)$ allgemein eine reelle Zeitfunktion sein. $X(\omega)$ nennt man das komplexe Frequenzspektrum von $x(t)$. (Wir folgen der allgemeinen Vereinbarung und bezeichnen eine Zeitfunktion mit einem kleinen Buchstaben und ihre Fourier–Transformierte mit dem entsprechenden Großbuchstaben.)

Da $X(\omega)$ eine komplexe Größe ist, kann sie auch folgendermaßen beschrieben werden:

$$X(\omega) = R(\omega) + jI(\omega) = A(\omega)e^{j\phi(\omega)} \qquad (2.2)$$

wobei $\quad R(\omega) = $ Realteil von $X(\omega)$

$\qquad I(\omega) = $ Imaginärteil von $X(\omega)$

$\qquad A(\omega) = $ Betrag von $X(\omega)$

$$\qquad = \sqrt{\{R(\omega)\}^2 + \{I(\omega)\}^2}$$

$\qquad \phi(\omega) = $ Phase von $X(\omega)$

$$\qquad = \begin{cases} \arctan\{I(\omega)/R(\omega)\} & \text{für } R(\omega) > 0 \\ \arctan\{I(\omega)/R(\omega)\} + \pi & \text{für } R(\omega) < 0 \end{cases}$$

Wenn wir das Integral von (2.1) berechnen können, können wir so $x(t)$ in $X(\omega)$ "transformieren". Mit der "Rücktransformation", der inversen Fourier–Transformation für kontinuierliche Signale (IFTC), können wir $x(t)$ aus $X(\omega)$ eindeutig zurückgewinnen.

$$x(t) = \frac{1}{2\pi} \int\limits_{-\infty}^{\infty} X(\omega) e^{j\omega t} \, d\omega \qquad\qquad \text{(IFTC)} \qquad (2.3)$$

Die Funktionen $x(t)$ und $X(\omega)$ werden auch als Korrespondenz bezeichnet und mit dem Korrespondenzsymbol dargestellt:

$$x(t) \; \circ\!\!-\!\!-\!\!\circ \; X(\omega) \qquad (2.4)$$

Anhand von zwei Beispielen soll nun das oben Stehende veranschaulicht werden. (Eine Übersicht von wichtigen Korrespondenzen und den am meisten verwendeten Eigenschaften von Fourier–Integralen befindet sich in Anhang I.)

Beispiel 1

Gegeben sei die Zeitfunktion $x(t)$ von Bild 2.1(a) mit ($\alpha > 0$):

$$x(t) = \begin{cases} e^{-\alpha t} & \text{für } t > 0 \\ 0 & \text{für } t < 0 \end{cases} \qquad (2.5)$$

Mit (2.1) finden wir dann

$$X(\omega) = \frac{1}{\alpha + j\omega} = \frac{\alpha}{\alpha^2 + \omega^2} - \frac{j\omega}{\alpha^2 + \omega^2} = \frac{1}{\sqrt{(\alpha^2 + \omega^2)}} e^{-j\arctan(\omega/\alpha)} \qquad (2.6)$$

Folglich ist

$$R(\omega) = \frac{\alpha}{\alpha^2 + \omega^2} \, , \qquad I(\omega) = \frac{-\omega}{\alpha^2 + \omega^2} \qquad (2.7a)$$

und

$$A(\omega) = \frac{1}{\sqrt{\alpha^2 + \omega^2}} \, , \qquad \phi(\omega) = -\arctan(\omega/\alpha) \qquad (2.7b)$$

Diese letzten vier Frequenzfunktionen sind in Bild 2.1(b) und (c) dargestellt.

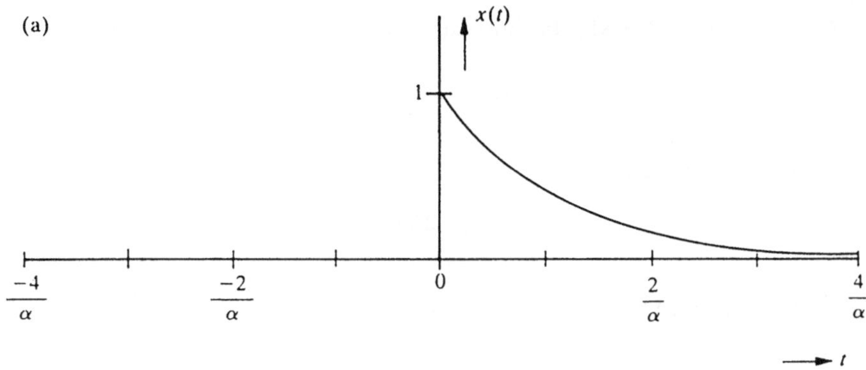

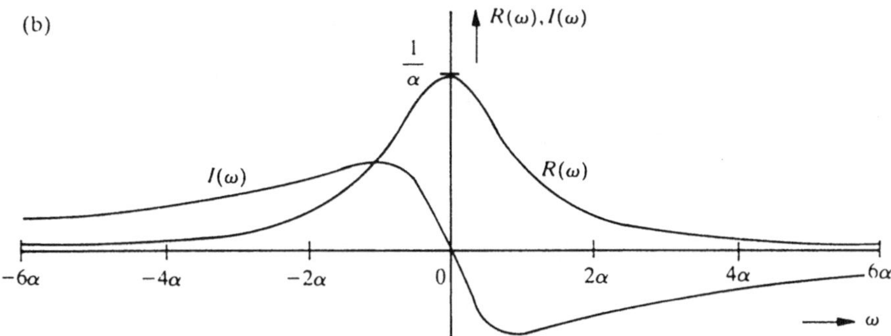

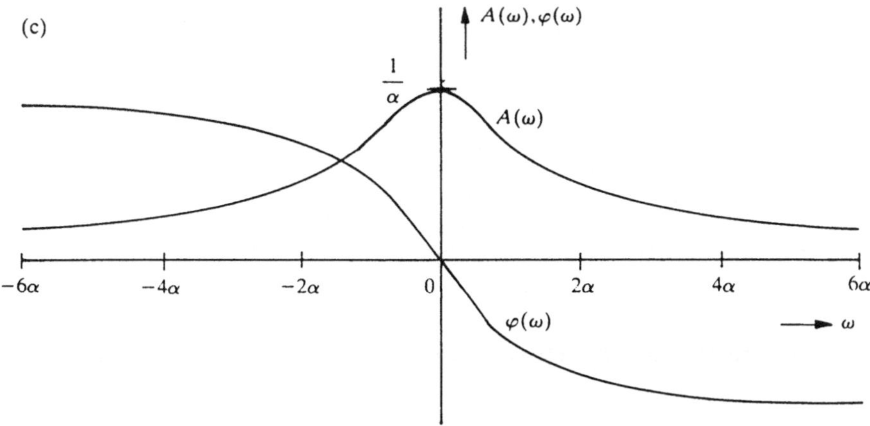

Bild 2.1 Zeitfunktion x(t) und ihre Fourier–Transformierte $X(\omega) = A(\omega)e^{j\varphi(\omega)} = R(\omega) + jI(\omega)$.

Beispiel 2

Bild 2.2(a) zeigt eine rechteckige Funktion $x(t)$:

$$x(t) = \begin{cases} A & \text{für } |t| < \tau \\ 0 & \text{für } |t| > \tau \end{cases} \tag{2.8}$$

Ihre Fourier–Transformierte lautet:

$$X(\omega) = \frac{2A \sin(\omega\tau)}{\omega} \tag{2.9}$$

Diese Funktion zeigt Bild 2.2(b).

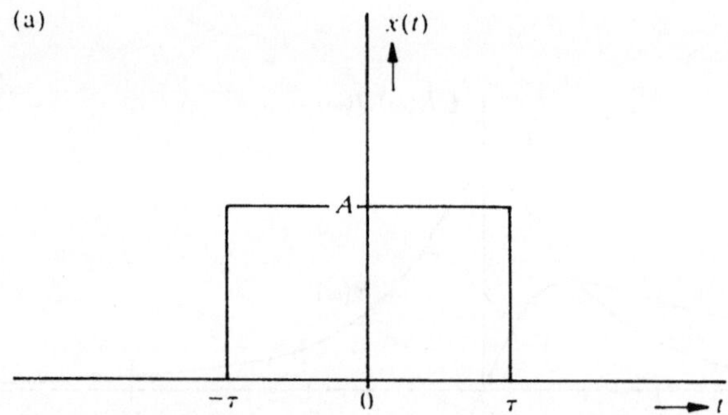

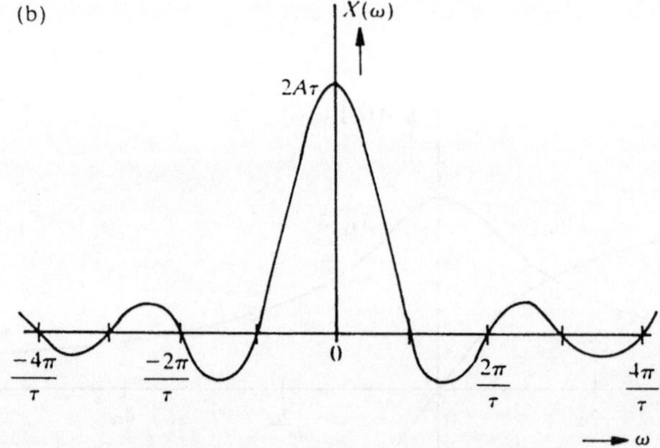

Bild 2.2 Eine Rechteckfunktion x(t) und ihre Fouriertransformierte X(ω)

2.3 Diskontinuitäten in $x(t)$ oder $X(\omega)$

In den beiden vorangegangenen Beispielen haben wir uns mit Zeitfunktionen beschäftigt, die Diskontinuitäten oder Sprungstellen (bei $t = 0$ in Beispiel 1 und bei $t = -\tau$ und $t = +\tau$ in

Beispiel 2) aufweisen. Wir haben absichtlich die Werte der Funktionen bei diesen Sprungstellen nicht näher spezifiziert. Solange wir dort einen beliebigen (aber endlichen) Wert annehmen, bleiben die Fourier–Transformierten (2.6) und (2.9) unverändert. Wenn wir aber (2.6) durch die IFTC zurücktransformieren, so finden wir an der Stelle $t = 0$ einen ganz bestimmten Wert und zwar genau 1/2. Ebenso ergibt die Fourier–Rücktransformation von (2.9) für $x(t)$ mit $t = \pm\tau$ einen Wert, nämlich $A/2$. Allgemein ergibt die Rücktransformation bei der ursprünglichen Sprungstelle einen Wert, der genau den arithmetischen Mittelwert zwischen linkem und rechtem Wert an der Sprungstelle liefert. Um also nach einer Fourier–Transformation und einer anschließenden Rücktransformation den gleichen Verlauf von $x(t)$ zu erhalten, müssen wir dafür gleich von vornherein von jeder Sprungstelle den Mittelwert bestimmen.

Das gleiche gilt auch für Sprungstellen in $X(\omega)$. Ohne späteren Beweis möchten wir lediglich feststellen, daß man auf diese Weise allgemein (sowohl für Zeit– als auch für Frequenz–Funktionen) eine eindeutige Korrespondenz erhält, und daß man so bei der Fourier–Transformation mit anschließender Rücktransformation genau die ursprüngliche Funktion zurückerhält.

2.4 Die Impulsfunktion oder der Dirac–Impuls

Ein ganz besonderes Signal, welches in der Praxis gar nicht wirklich existiert aber viel in der Theorie der kontinuierlichen Signale und Syteme verwendet wird – speziell in Verbindung mit Signaltransformationen – ist die Impulsfunktion oder der Dirac–Impuls. Diese Funktion ist eine sogenannte "verallgemeinerte Funktion". Eine theoretisch gut fundierte Beschreibung der Impulsfunktion erhält man nur mit Hilfe der "Theorie der Distributionen", die den Rahmen dieses Buches weit überschreitet (siehe z.B. Anhang A in [26] oder Anhang I in [27]).

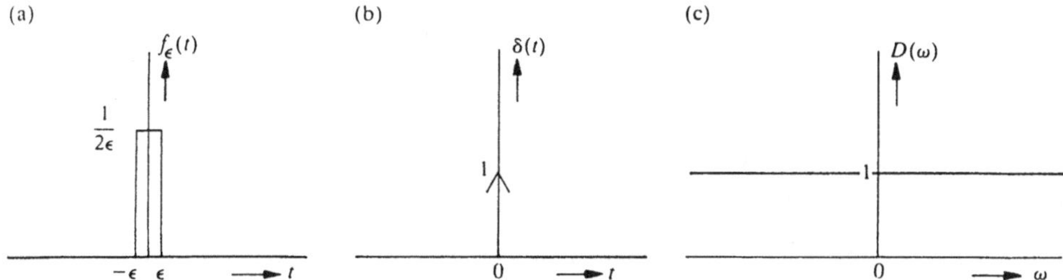

Bild 2.3 Eine mögliche Definition der Impulsfunktion (Dirac–Impuls) $\delta(t) = \lim\limits_{\varepsilon \to 0} f_\varepsilon(t)$ *und ihre Fouriertransformierte* $D(\omega) = \lim\limits_{\varepsilon \to 0} F_\varepsilon(\omega) = 1.$

Wir möchten nun die Impulsfunktion und ihre wichtigsten Eigenschaften zusammenfassen ohne uns viel mit den theoretischen Problemen, die hierbei auftreten können, zu beschäftigen. Eine von vielen Möglichkeiten, die Impulsfunktion zu definieren, ist folgende. Wir gehen von dem in Bild 2.3(a) dargestellten Rechteckimpuls $f_\varepsilon(t)$ aus:

$$f_\varepsilon(t) = \begin{cases} \dfrac{1}{2\varepsilon} & \text{für } \ |t| < \varepsilon \\ 0 & \text{für } \ |t| > \varepsilon \end{cases} \tag{2.10}$$

Mit (2.9) erhält man für das Spektrum dieses Impulses:

$$F_\varepsilon(\omega) = \frac{\sin(\omega\varepsilon)}{\omega\varepsilon} \tag{2.11}$$

Wenn jetzt der Parameter ε kontinuierlich kleiner wird, dann wird der Impuls $f_\varepsilon(t)$ schmaler und höher, währenddessen die Fläche unter ihm konstant 1 bleibt. Man erhält im Grenzfall für $\varepsilon \to 0$ den Dirac–Impuls $\delta(t)$:

$$\delta(t) = \lim_{\varepsilon \to 0} f_\varepsilon(t) \tag{2.12}$$

Symbolisch wird $\delta(t)$ durch einen vertikalen Pfeil mit der Länge 1 dargestellt (siehe Bild 2.3(b)). Neben der Definition (2.12) gibt es auch noch andere Möglichkeiten, genau die gleiche Impulsfunktion zu beschreiben. Zwei Alternativen sind:

$$\begin{cases} \delta(t) = 0 & \text{für } \ t \neq 0 \\ \displaystyle\int_{-\infty}^{\infty} \delta(t)\,\mathrm{d}t = 1 \end{cases} \tag{2.13}$$

oder

$$\begin{cases} \displaystyle\int_{-\infty}^{\infty} x(t)\delta(t)\,\mathrm{d}t = x(0) \\ \text{wobei } x(t) \text{ eine beliebige Funktion,} \\ \text{ohne Sprungstelle bei } t = 0, \text{ ist.} \end{cases} \tag{2.14}$$

Die letzten beiden Definitionen kann man sich nicht leicht visuell vorstellen, aber sie geben einen direkteren Einblick in bestimmte, oft verwendete Eigenschaften von $\delta(t)$.

Die Fouriertransformierte der Impulsfunktion $\delta(t)$ erhält man aus dem Grenzwert von (2.11). Für sehr kleine ε wird $\sin(\omega\varepsilon) = \omega\varepsilon$, so daß das Spektrum $D(\omega) = \lim_{\varepsilon \to 0} F_\varepsilon(\omega)$ von $\delta(t)$ den konstanten Wert 1 hat (Bild 2.3(c)) oder:

$$\delta(t) \ \circ\!\!-\!\!-\!\!\circ \ 1 \tag{2.15}$$

Ohne Beweis wollen wir nun einige wichtige Eigenschaften der Impulsfunktion $\delta(t)$ zusammenstellen:

$-$ $\delta(t-t_0)$ und $\delta(t_0-t)$ stellen den Dirac-Impuls bei $t=t_0$ dar, $\hspace{2cm}$ (2.16a)

$-$ $\displaystyle\int_{-\infty}^{\infty} \delta(t-t_0)x(t)\mathrm{d}t = \int_{-\infty}^{\infty} \delta(t_0-t)x(t)\mathrm{d}t = x(t_0)$ $\hspace{2cm}$ (2.16b)

$-$ $\delta(at) = \dfrac{1}{|a|}\delta(t)$ $\hspace{3cm}$ (2.16c)

$-$ $x(t)\delta(t-t_0) = x(t_0)\delta(t-t_0)$ $\hspace{3cm}$ (2.16d)

$-$ $\delta^2(t)$ ist nicht definiert, und $\hspace{4cm}$ (2.16e)

$-$ $x(t) * \delta(t-t_0) = x(t-t_0)$ $\hspace{3cm}$ (2.16f)

(Das Zeichen "*" ist das sog. Faltungssymbol; siehe hierzu auch Abschnitt 2.9.)

2.5 Periodische kontinuierliche Signale

Ist $x(t)$ eine periodische Funktion, so ergeben sich bei der Berechnung des FTC–Integrals (2.1) große Probleme. Verwendet man jedoch den Dirac–Impuls im Frequenzbereich [mit ω als die unabhängige Variable, z.B. $\delta(\omega)$ und $\delta(\omega - \omega_0)$], so ist es möglich, die Fouriertransformierte oder das Frequenzspektrum $X(\omega)$ für alle periodischen Signale $x(t)$ zu erhalten. Es ist natürlich allgemein bekannt, daß periodische kontinuierliche Signale nur ganz bestimmte Frequenzkomponenten, die "Harmonischen", enthalten. Das Spektrum $X(\omega)$ besteht deshalb auch aus Dirac–Impulsen mit unterschiedlichen Flächen bei den einzelnen Harmonischen. (Beim Zeichnen von diesem Spektrum wird der Dirac–Impuls auch als Pfeil dargestellt, wobei die Länge des Pfeils ein Maß für die Fläche des Dirac–Impulses ist.) Beispiele hierfür sind in der Tabelle von Anhang I zu finden, in der einige häufig verwendete Korrespondenzen zusammengestellt sind.

Bei periodischen kontinuierlichen Signalen kann man zur Rückgewinnung der Zeitfunktion $x(t)$ aus $X(\omega)$ die IFTC anwenden, aber wie gerade gezeigt, benutzt man die FTC nicht für die umgekehrte Richtung. Wie findet man aber $X(\omega)$, wenn $x(t)$ bekannt ist? Man verwendet dabei die Darstellung in Form einer Fourier–Reihe (FR); diese wird in diesem Buch ebenfalls als eine Signaltransformation betrachtet. Bei der "Hintransformation" verwenden wir nur eine Periode (mit der Periodendauer T) der periodischen Funktion $x(t)$ und erhalten daraus folgendermaßen zwei (reelle) Zahlenfolgen a_k ($k = 0, 1, 2, \ldots$) und b_k ($k = 1, 2, 3, \ldots$):

$$a_k = \frac{2}{T} \int_{-T/2}^{T/2} x(t)\cos(k\omega_0 t)\,\mathrm{d}t \tag{2.17a}$$

und $\qquad\qquad\qquad\qquad\qquad\qquad\qquad$ mit $\omega_0 = \dfrac{2\pi}{T}$

$$b_k = \frac{2}{T} \int_{-T/2}^{T/2} x(t)\sin(k\omega_0 t)\,\mathrm{d}t \tag{2.17b}$$

Die "Rücktransformation" ergibt:

$$x(t) = \frac{a_0}{2} + \sum_{k=1}^{\infty} [a_k \cos(k\omega_0 t) + b_k \sin(k\omega_0 t)] \qquad \text{mit } \omega_0 = 2\pi/T \tag{2.18}$$

An diesem letzten Ausdruck erkennt man, daß durch eine Reihenentwicklung von $x(t)$, die Funktion $x(t)$ als Summe von einem konstanten Glied $a_0/2$, das den Mittelwert (z.B. Gleichstrom oder Gleichspannung) verkörpert und einer unendlichen Folge von Cosinus– und Sinusgliedern (den "Harmonischen"), jeweils mit einem Koeffizienten a_k oder b_k multipliziert, dargestellt werden kann. In der obigen Gleichung ist ω_0 die Grundkreisfrequenz.

Durch Verwendung der Beziehung

$$\cos(k\omega_0 t) = \frac{1}{2} e^{jk\omega_0 t} + \frac{1}{2} e^{-jk\omega_0 t} \tag{2.19a}$$

und

$$\sin(k\omega_0 t) = \frac{1}{2j} e^{jk\omega_0 t} - \frac{1}{2j} e^{-jk\omega_0 t} \tag{2.19b}$$

können wir (2.18) übersichtlicher darstellen:

$$x(t) = \sum_{k=-\infty}^{\infty} \alpha_k e^{jk\omega_0 t} \tag{2.20a}$$

mit

$$\alpha_k = \frac{1}{T} \int_{-T/2}^{T/2} x(t) e^{-jk\omega_0 t}\,\mathrm{d}t \tag{2.20b}$$

wobei $\omega_0 = 2\pi/T$ und $\alpha_k = (a_k - jb_k)/2$. Im allgemeinen sind die Koeffizienten α_k komplex. Wir haben jetzt den Punkt erreicht, mit dem wir uns eigentlich beschäftigen wollten: es galt nämlich zu beweisen (siehe Aufgabe 2.4 von Abschnitt 2.11), daß das Spektrum $X(\omega)$ des ursprünglichen periodischen Signals $x(t)$ mit der Periode T, exakt durch

$$X(\omega) = 2\pi \sum_{k=-\infty}^{\infty} \alpha_k \delta(\omega - k\omega_0) \quad \text{mit} \quad \omega_0 = \frac{2\pi}{T} \tag{2.21}$$

beschrieben werden kann.

Beispiel 3

Bild 2.4(a) zeigt ein periodisches kontinuierliches Signal $x(t)$. Mit Hilfe der Fourier–Reihen–Entwicklung findet man für $x(t)$ die Fourier–Koeffizienten α_k, Bild 2.4(b). Die Koeffizienten sind:

$$\alpha_k = \begin{cases} \dfrac{2\sin(k\pi/2)}{k\pi} & \text{für ungerade } k \\[2mm] 0 & \text{für gerade } k \end{cases} \tag{2.22a}$$

α_k ist eine diskrete Funktion (k kann nur ganzzahlig sein).

Mit Hilfe von (2.21) können wir hieraus das Spektrum $X(\omega)$ von Bild 2.4(c) berechnen:

$$X(\omega) = \sum_{\substack{\text{ungerade} \\ k}} \frac{4\sin(k\pi/2)}{k} \delta\!\left(\omega - k\frac{2\pi}{T}\right) \tag{2.22b}$$

$X(\omega)$ ist eine kontinuierliche Funktion, da $X(\omega)$ für jeden Wert von ω definiert ist; $X(\omega)$ ist nur dann nicht Null, wenn ω ein ungerades Vielfache von $2\pi/T$ ist.

2.6 Kontinuierliche Systeme

In den vorangegangenen Abschnitten haben wir gesehen, wie man kontinuierliche *Signale* sowohl als Zeitfunktion als auch als Frequenzfunktion beschreiben kann. In diesem Abschnitt richten wir unsere Aufmerksamkeit auf kontinuierliche *Systeme*. Wir beschränken uns dabei auf die wichtige Klasse der linearen zeitinvarianten kontinuierlichen (engl.: linear time–invariant continuous oder LTC) Systeme .

Ein derartiges System zeigt Bild 2.5. Es hat einen Eingang, an dem ein Eingangssignal $x(t)$ anliegt und einen Ausgang, an dem das Ausgangssignal $y(t)$ erscheint. Aus welchen Bauelementen das System besteht oder welche genauen Operationen in ihm ausgeführt werden, soll uns in diesem Moment nicht interessieren. Die Eigenschaften *Linearität* und *Zeitinvarianz* definieren wir mit Hilfe der beiden Signale $x(t)$ und $y(t)$.

> **Linearität:** Ein kontinuierliches System ist linear, wenn das Eingangssignal $ax_1(t) + bx_2(t)$ das Ausgangssignal $ay_1(t) + by_2(t)$ erzeugt; dabei sind a und b beliebige Konstanten. $x_1(t)$ und $x_2(t)$ sind beliebige Eingangssignale und $y_1(t)$ und $y_2(t)$ sind die dazugehörenden Ausgangssignale.

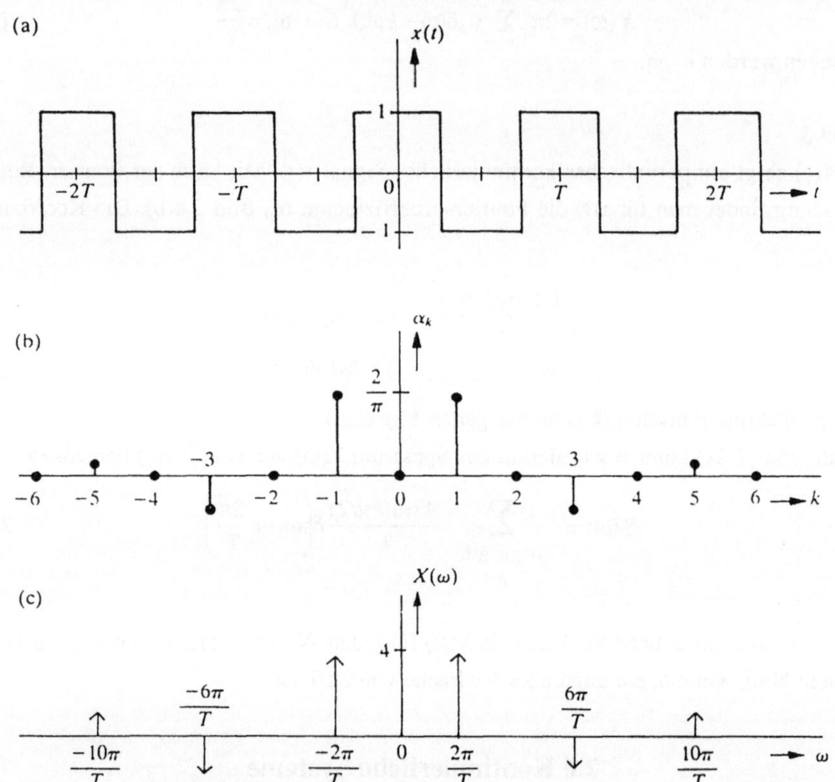

Bild 2.4 *Periodisches Rechtecksignal x(t) und zwei seiner Frequenzspektren. Die α_k's sind die Koeffizienten, die sich aus der FR von x(t) ergeben; X(ω) besteht aus Dirac–Impulsen und kann mit Hilfe der IFTC wieder in x(t) rücktransformiert werden.*

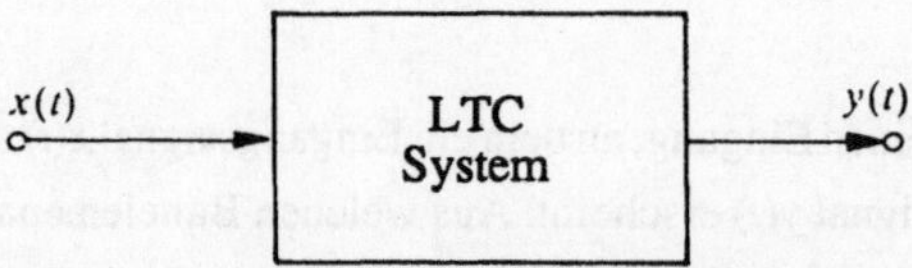

Bild 2.5 *Lineares zeitinvariantes kontinuierliches System (LTC)*

> **Zeitinvarianz:** Ein kontinuierliches System ist zeitinvariant, wenn das Eingangssignal $x(t-\tau)$ das Ausgangssignal $y(t-\tau)$ erzeugt; dabei ist τ eine beliebige Verzögerung, $x(t)$ ein beliebiges Eingangssignal und $y(t)$ das dazugehörende Ausgangssignal.

Im allgemeinen kann bei LTC–Systemen die Beziehung zwischen $x(t)$ und $y(t)$ durch eine lineare Differentialgleichung in t, mit konstanten Koeffizienten beschrieben werden, z.B.:

$$y(t) = b_0 x(t) + b_1 \frac{dx(t)}{dt} + \ldots + b_N \frac{d^N x(t)}{dt^N}$$

$$+ a_1 \frac{dy(t)}{dt} + \ldots + a_M \frac{d^M x(t)}{dt^M} \tag{2.23}$$

wobei die Koeffizienten $a_1,\ldots,a_M$ und $b_0,\ldots,b_N$ das System charakterisieren. Die Lösung von (2.23) ist auf keinen Fall immer einfach, deshalb gehen wir gern zu anderen Beschreibungsmethoden über, die leichter zu handhaben sind. Damit befaßt sich der Rest dieses Kapitels. Wir möchten aber zuvor noch die Definitionen von zwei Begriffen (*Stabilität* und *Kausalität*) einführen, die für die praktische Realisierung der Systeme wichtig sind.

> **Stabilität:** Ein kontinuierliches System ist stabil, wenn jedes beliebige Eingangssignal $x(t)$ mit einer endlichen Amplitude (d.h. $|x(t)|_{max} \leq A$) ein Ausgangssignal $y(t)$ mit endlicher Amplitude (d.h. $|y(t)|_{max} \leq B$) erzeugt.

> **Kausalität:** Ein kontinuierliches System ist kausal, wenn das Ausgangssignal in einem beliebigen Zeitpunkt $t = t_0$ unabhängig von Werten des Eingangssignals bei Zeiten *später* als t_0 ist.

Kausalität kann auch etwas salopper definiert werden: "Ein Ausgangssignal kann erst dann auftreten, wenn ein Eingangssignal angelegt worden ist".

2.7 Die Impulsantwort

Ein LTC–System kann durch die *Impulsantwort* vollständig beschrieben werden, d.h. mit Hilfe des Ausgangssignals $h(t)$, das man erhält, wenn man als Eingangsfunktion die Impulsfunktion $\delta(t)$ (siehe Bild 2.6) einsetzt. Wenn $h(t)$ bekannt ist, können wir das zu einem beliebigen Eingangssignal $x(t)$ gehörende Ausgangssignal $y(t)$, berechnen. Mit Bild 2.7 läßt sich dies veranschaulichen.

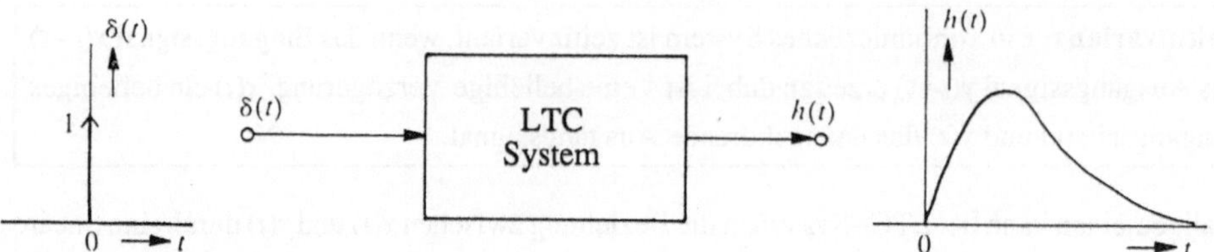

Bild 2.6 Impulsantwort h(t) eines LTC–Systems

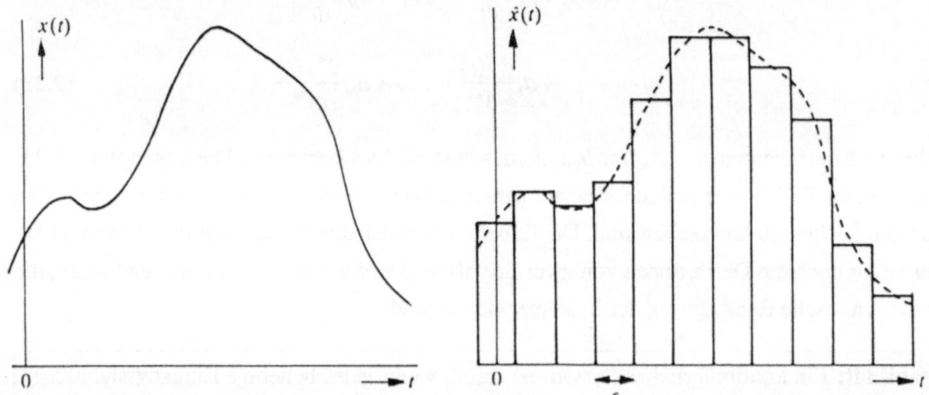

Bild 2.7 Ein kontinuierliches Signal x(t) kann näherungsweise als ein Signal x̂(t) aufgefaßt werden, das aus einer unendlichen Folge schmaler Impulse der Breite ε besteht.

Wir haben eine Funktion $x(t)$ durch eine Funktion $\hat{x}(t)$ genähert, die aus aneinandergereihten schmalen Rechteckimpulsen der Breite ε besteht und deren Höhe mit dem ursprünglichen Wert der Funktion in der Mitte der Rechtecke übereinstimmt.

Um das Ausgangssignal $\hat{y}(t)$, das zu $\hat{x}(t)$ gehört, zu finden, können wir wegen der Linearität des Systems separat die einzelnen Ausgangssignale der kleinen Rechteckimpulse berechnen und sie dann addieren. Es genügt deshalb bei einem LTC–System nur das Ausgangssignal eines Rechteckimpulses zu kennen, um für ein gegebenes Eingangssignal $\hat{x}(t)$ das dazugehörende Ausgangssignal $\hat{y}(t)$ berechnen zu können. Man kann sehen, daß die Näherung umso besser wird, je kleiner die Breite ε ist. Im Grenzfall, bei ε → 0, kann das kleine Rechteck bei $t = \tau$ durch den Dirac–Impuls $x(\tau)\delta(t - \tau)$ ersetzt werden und man kann näherungsweise schreiben:

$$x(t) = \int_{-\infty}^{\infty} x(\tau)\delta(t - \tau)\mathrm{d}\tau \qquad (2.24)$$

(Diese Gleichung folgt übrigens auch direkt aus dem zweiten Integral von (2.16b), wenn man im Integral für $t = \tau$ und für $t_0 = t$ substituiert.) Wir können deshalb $y(t)$ bei gegebenen $x(t)$ bestimmen, wenn wir das Ausgangssignal kennen, das zu $\delta(t)$ gehört. Nach Definition ist dies die Impulsantwort $h(t)$. Formal kann man schreiben:

- Das Eingangssignal $\delta(t)$ erzeugt das Ausgangssignal $h(t)$.
- Wegen der Zeitinvarianz erzeugt dann das Eingangssignal $\delta(t-\tau)$ das Ausgangssignal $h(t-\tau)$.
- Wegen der Linearität erzeugt dann das Eingangssignal $x(\tau)\delta(t-\tau)$ das Ausgangssignal $x(\tau)h(t-\tau)$.
- Daher erzeugt das Eingangssignal $\displaystyle\int_{-\infty}^{\infty} x(\tau)\delta(t-\tau)d\tau$ das Ausgangssignal $\displaystyle\int_{-\infty}^{\infty} x(\tau)h(t-\tau)d\tau$

Zusammengefaßt: Ein LTC–System mit der Impulsantwort $h(t)$ und dem Eingangssignal $x(t)$ erzeugt ein Ausgangssignal $y(t)$, das durch

$$y(t) = \int_{-\infty}^{\infty} x(\tau)h(t-\tau)d\tau \tag{2.25}$$

gegeben ist. Die rechte Seite dieser Gleichung stellt ein Faltungs–Integral dar, auf das wir in Abschnitt 2.9 näher eingehen werden.

An der Impulsantwort $h(t)$ eines LTC–Systems kann man direkt erkennen, ob das System stabil oder kausal ist oder beides. Für ein *stabiles* System gilt:

$$\int_{-\infty}^{\infty} |h(t)|\, dt < \infty \tag{2.26}$$

Für ein *kausales* System gilt:

$$h(t) = 0 \ \ \text{für} \ \ t < 0 \tag{2.27}$$

2.8 Die Übertragungsfunktion

Die Fouriertransformierte der Impulsantwort $h(t)$ eines LTC–Systems wird Übertragungsfunktion oder Frequenzgang $H(\omega)$ (Systemreaktion im Frequenzbereich) genannt. Ebenso wie $h(t)$, liefert auch $H(\omega)$ eine vollständige Beschreibung des Systems. Die Bedeutung von $H(\omega)$ liegt vor allem darin, daß damit das Ausgangssignal $y(t)$ für ein gegebenes Eingangssignal $x(t)$ bestimmt werden kann, ohne das Faltungs–Integral (2.25) zu berechnen. Bezeichnet man die Fouriertransformierte von $x(t)$ und $y(t)$ mit $X(\omega)$ und $Y(\omega)$, so gilt:

$$Y(\omega) = X(\omega) \cdot H(\omega) \tag{2.28}$$

Durch Fourier–Rücktransformation von $Y(\omega)$ erhält man $y(t)$.

Die beiden Methoden zur Berechnung von $y(t)$ aus $x(t)$ und $h(t)$ (Faltung im Zeitbereich und Multiplikation im Frequenzbereich) sind in Bild 2.8 schematisch dargestellt.

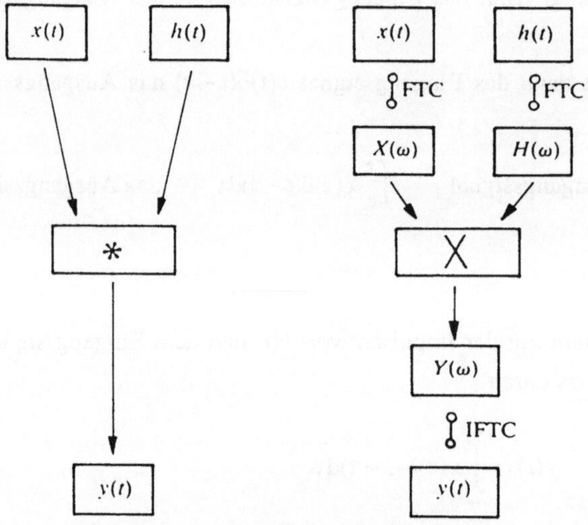

Bild 2.8 Zwei Methoden zur Bestimmung des Ausgangssignals $y(t)$ eines LTC–Systems: Faltung im Zeitbereich oder Multiplikation im Frequenzbereich.

2.9 Das Faltungs–Integral

Wie wir schon früher erwähnt haben, wird Gleichung (2.25) das Faltungs–Integral, oder kurz die Faltung von zwei kontinuierlichen Zeitfunktionen $x(t)$ und $h(t)$ genannt. Oft verwendet man folgende Kurzform:

$$y(t) = x(t) * h(t) \tag{2.29}$$

Durch Substitution von $\tau = t - \tau'$ in (2.25) und einigen formalen Umstellungen erhalten wir

$$y(t) = \int_{-\infty}^{\infty} x(t - \tau')h(\tau')d\tau' \tag{2.30}$$

Die Rollen von $x(t)$ und $h(t)$ sind nun, verglichen mit (2.25), vertauscht. Es gilt deshalb auch:

$$y(t) = x(t) * h(t) = h(t) * x(t) \tag{2.31}$$

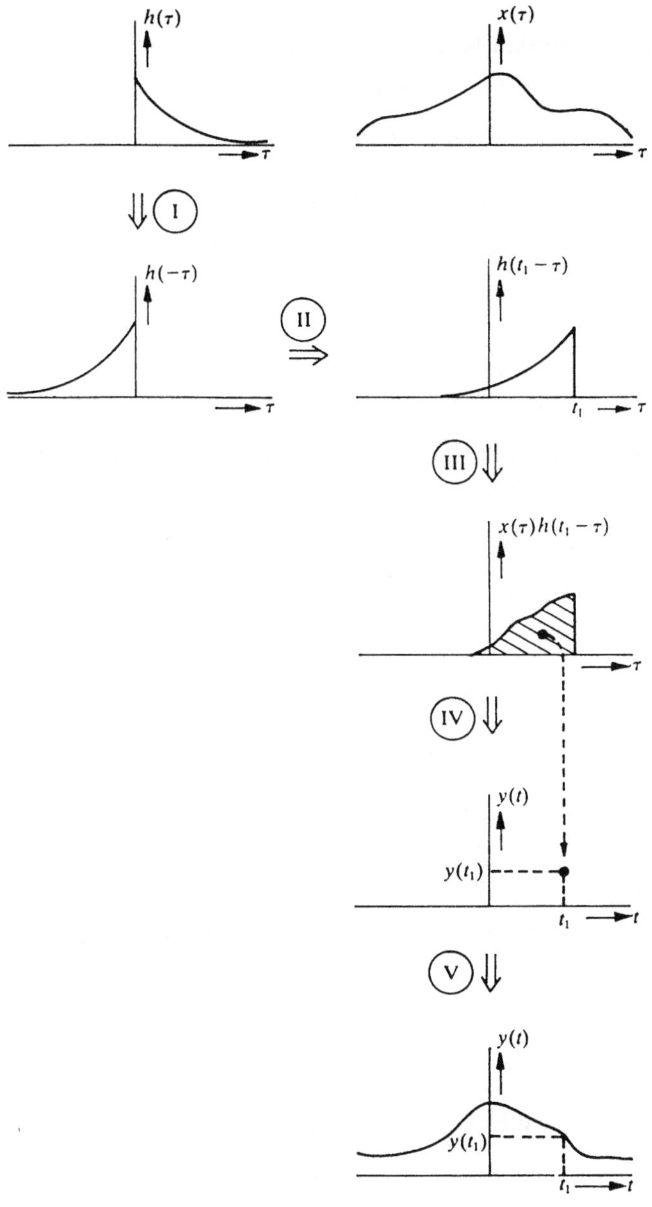

Bild 2.9 Grafische Darstellung der Faltung $y(t) = x(t) * h(t) = \int_{-\infty}^{\infty} x(\tau)h(t-\tau)\mathrm{d}\tau.$

Um den Begriff der Faltung zu verdeutlichen, ist in Bild 2.9 die Berechnung von (2.25) für $t = t_1$ grafisch dargestellt. Wir beginnen mit $h(\tau)$ und $x(\tau)$ und führen folgende Operationen durch:

I. Umklappen bzw. "falten" (engl.: *convolution*) von $h(\tau)$: ergibt $h(-\tau)$

II. Verschieben von $h(-\tau)$ um die Zeit t_1: ergibt $h(t_1-\tau)$

III. Multiplikation von $x(\tau)$ mit $h(t_1-\tau)$: ergibt $x(\tau)h(t_1-\tau)$

IV. Integration der Funktion $x(\tau)h(t_1-\tau)$ über alle τ: ergibt den Wert der schraffierten Fläche

$$y(t_1) = \int_{-\infty}^{\infty} x(\tau)h(t-\tau)\mathrm{d}\tau$$

V. Variiert man t_1 von $t_1 = -\infty$ bis $t_1 = \infty$, findet man alle übrigen Werte von $y(t)$.

Als Gleichung läßt sich die Eigenschaft, daß zwischen Faltung im Zeitbereich und Multiplikation im Frequenzbereich ein Zusammenhang besteht, (siehe Bild 2.8) folgendermaßen ausdrücken:

$$y(t) = x(t) * h(t) \quad \circ\!-\!\!-\!\!-\!\!\circ \quad Y(\omega) = X(\omega) \cdot H(\omega) \tag{2.32}$$

Auf genau demselben Weg wie für kontinuierliche Zeitfunktionen ist die Faltung zweier kontinuierlicher Frequenzfunktionen $X(\omega)$ und $H(\omega)$ definiert:

$$X(\omega) * H(\omega) = \int_{-\infty}^{\infty} X(\nu)H(\omega-\nu)\mathrm{d}\nu \tag{2.33}$$

Es gilt auch:

$$X(\omega) * H(\omega) = H(\omega) * X(\omega) \tag{2.34}$$

Später werden wir auch das Gegenstück zu (2.32) benötigen: Multiplikation im Zeitbereich entspricht der Faltung im Frequenzbereich (multipliziert mit dem konstanten Faktor $1/2\pi$):

$$y(t) = x(t) \cdot h(t) \quad \circ\!-\!\!-\!\!-\!\!\circ \quad \frac{1}{2\pi}X(\omega) * H(\omega) \tag{2.35}$$

2.10 Pole und Nullstellen

Es gibt noch eine andere Methode zur Beschreibung von LTC–Systemen, die auf Polen und Nullstellen beruht, und die es ermöglicht, direkt bestimmte Eigenschaften des Systems abzuleiten. Die hierbei zugrunde liegende Theorie basiert auf der Einführung der komplexen Frequenzvariablen p (mit $p = \sigma + j\omega$) und der Anwendung der Laplace–Transformation (siehe z.B. [28]). Wir möchten uns hier, ohne Anspruch auf mathematische Exaktheit, mit Hilfe der

Fourier–Transformation den Polen und Nullstellen zuwenden. Wir gehen dabei von der Zeitbeschreibung eines LTC–Systems durch eine Differentialgleichung aus, wie sie in (2.23) gegeben ist. Wenn nun wieder gilt:

$$x(t) \; \circ\!\!-\!\!-\!\!\circ \; X(\omega) \quad \text{und} \quad y(t) \; \circ\!\!-\!\!-\!\!\circ \; Y(\omega) \tag{2.36}$$

so folgt mit Hilfe von (2.23) und der bis jetzt noch nicht erwähnten Eigenschaft:

$$\frac{d^n x(t)}{dt^n} \quad \circ\!\!-\!\!-\!\!\circ \quad (j\omega)^n \cdot X(\omega) \tag{2.37}$$

daß ebenso gilt:

$$Y(\omega) = b_0 X(\omega) + b_1 j\omega X(\omega) + \ldots + b_N (j\omega)^N X(\omega)$$

$$+ a_1 j\omega Y(\omega) + \ldots + a_M (j\omega)^M Y(\omega) \tag{2.38}$$

Aus dieser Gleichung und (2.28) erhält man für die Übertragungsfunktion:

$$H(\omega) = \frac{Y(\omega)}{X(\omega)} = \frac{b_0 + b_1 j\omega + \ldots + b_N (j\omega)^N}{1 - a_1 j\omega - \ldots - a_M (j\omega)^M} \tag{2.39}$$

In dieser Gleichung ist ω eine *reelle* Variable. Wir ersetzen $j\omega$ durch die *komplexe* Variable $p = \sigma + j\omega$ und erhalten[1] die sogenannte *Systemfunktion*:

$$H(p) = \frac{b_0 + b_1 p + \ldots + b_N (p)^N}{1 - a_1 p - \ldots - a_M (p)^M} \tag{2.40}$$

Sowohl p als auch $H(p)$ sind komplexe Größen, so daß man den Zusammenhang zwischen p und $H(p)$ in einfacher grafischer Form (wie es beispielsweise bei dem Zusammenhang zwischen $H(\omega)$ und ω möglich war) nicht mehr wiedergeben kann.

Inzwischen wissen wir aber, daß man für $p = j\omega$ die ursprüngliche Übertragungsfunktion erhält.

Gleichung (2.40) läßt sich neu schreiben zu:

$$H(p) = \frac{b_N (p - z_1)(p - z_2) \ldots (p - z_N)}{-a_M (p - p_1)(p - p_2) \ldots (p - p_M)} = \frac{b_N \prod\limits_{i=1}^{N} (p - z_i)}{-a_M \prod\limits_{i=1}^{M} (p - p_i)} \tag{2.41}$$

---

[1] Genau genommen, ist es mathematisch nicht ganz korrekt, die gleiche Funktion H auf der linken Seite der beiden Gleichungen (2.39) und (2.40) zu verwenden. Für die rechte Seite von (2.39) erhält man die rechte Seite von (2.40), wenn man für $j\omega$ die Variable p substituiert, während auf der linken Seite nur ω durch p ersetzt wird, nicht $j\omega$. Um dieses Problem zu vermeiden, hätten wir von Anfang an für ω ständig $j\omega$ als Argument der Funktion verwenden müssen. Anstelle von $H(\omega)$, $X(\omega)$ und $Y(\omega)$ tritt dann $H(j\omega)$, $X(j\omega)$ und $Y(j\omega)$. Wir nehmen diesen Schönheitsfehler in Kauf und bleiben bei dieser einfacheren Beschreibung.

Die (komplexen) Größen z_i bezeichnen die Nullstellen von $H(p)$ und die (komplexen) Größen p_i, die Pole von $H(p)$; bei $p = z_i$ wird $H(p) = 0$ und bei $p = p_i$ wird $H(p) = \infty$. Wir sehen aus Gleichung (2.41), daß $H(p)$ bis auf die Konstante b_N/a_M vollkommen von den Werten z_i und p_i bestimmt wird. Die Pol– und Nullstellen lassen sich grafisch einfach mit dem sogenannten Pol–Nullstellenschema (PN–Schema) beschreiben. Bild 2.10 zeigt ein PN–Schema für ein beliebiges System.

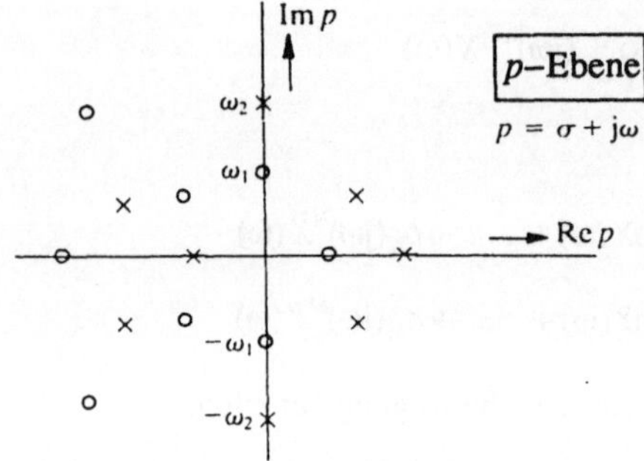

Bild 2.10 Pole (×) und Nullstellen (o) einer Systemfunktion $H(p)$.

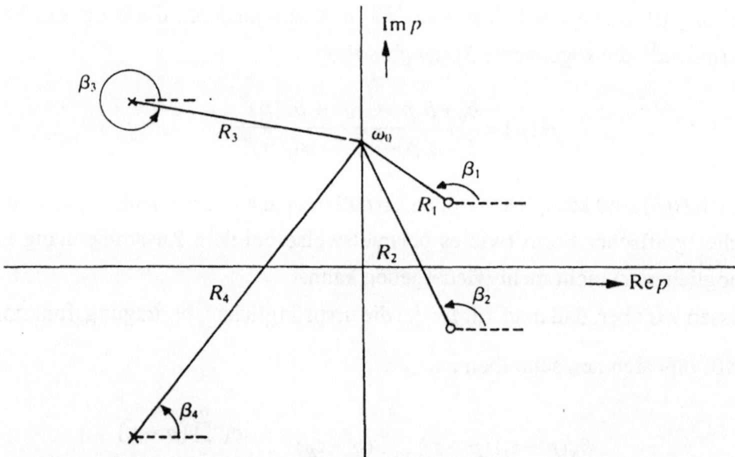

Bild 2.11 Grafische Bestimmung von $H(\omega)$ für $\omega = \omega_0$.

Da für ein physikalisch realisierbares System immer gilt, daß die Koeffizienten a_i und b_i, von denen wir ausgingen (2.23), reell sind, können die Nullstellen ebenfalls nur reell sein oder als konjugiert komplexe Paare auftreten. Das gleiche gilt für die Pole. Das bedeutet, daß Bild 2.10 spiegelsymmetrisch bezüglich der horizontalen Achse ist.

Aus dem Pol–Nullstellenschema eines LTC–Systems lassen sich direkt einige Eigenschaften ableiten:

1. Bei einem stabilen System liegen *alle* Pole links der vertikalen Achse (das System in Bild 2.10 ist deshalb nicht stabil!). Nullstellen können sowohl links als auch rechts der vertikalen Achse liegen.

2. Für $p_0 = j\omega_0$, d.h. für alle Werte von p, die auf der vertikalen Achse liegen, hat $H(p_0)$ genau denselben Wert wie die Übertragungsfunktion $H(\omega_0) = A(\omega_0)e^{j\phi(\omega_0)}$. Für eine bestimmte Frequenz ω_0 findet man die Amplitude $A(\omega_0)$ indem man das Produkt aller Abstände zwischen $j\omega_0$ und den Nullstellen durch das Produkt aller Abstände zwischen $j\omega_0$ und den Polen dividiert. Die Phase $\phi(\omega_0)$ erhält man, indem man alle Phasenbeiträge der Nullstellen addiert und die Phasenbeiträge der Pole von dieser Summe subtrahiert. Dieses kann aus (2.41) hergeleitet werden. Bild 2.11 zeigt das PN – Schema eines Systems zweiter Ordnung (d.h. $M = 2$) mit zwei Nullstellen ($N = 2$):

$$A(\omega_0) = \frac{R_1 R_2}{R_3 R_4} \quad \text{und} \quad \phi(\omega_0) = \beta_1 + \beta_2 - \beta_3 - \beta_4 \qquad (2.42)$$

(Zur Vereinfachung wurde $b_N/a_M = -1$ gesetzt.) Man erkennt, daß jeder Pol oder jede Nullstelle den größten Einfluß in dem Frequenzbereich (entsprechend einem bestimmten Abschnitt auf der vertikalen Achse) hat, wo der Abstand zu der Pol– bzw. Nullstelle am kleinsten ist. Außerdem ist die relative Wirkung einer Pol– oder einer Nullstelle umso größer, je dichter sie bei der vertikalen Achse liegt. Im extremen Fall, wenn eine Nullstelle direkt auf der vertikalen Achse liegt, erhält man bei der dazugehörigen Frequenz ($\omega = \omega_1$ in Bild 2.10) für die Übertragungsfunktion den Betrag Null mit dem Phasensprung von π. Andererseits ergibt ein Pol auf der vertikalen Achse für die Übertragungsfunktion einen unendlich großen Betrag mit einem Phasensprung von π bei der zugehörigen Frequenz ($\omega = \omega_2$ in Bild 2.10).

3. Wenn keine Nullstellen in der rechten Halbebene liegen, haben wir es mit einem minimalphasigen Netzwerk[2] zu tun. Durch Spiegelung einiger Nullstellen an der vertikalen Achse verändert sich die Phasencharakteristik des Systems (es wird zu einem nicht minimalphasigen); die Amplitudencharakteristik ändert sich dabei nicht (beweisen Sie das bitte mit Hilfe von (2.42) für Bild 2.11).

---

[2] Für ein minimalphasiges Netzwerk gilt, daß bei einer gegebenen Amplitudencharakteristik die Gruppenlaufzeit $\tau_g(\omega) = -d\phi/d\omega$ für *alle* Frequenzen minimal ist.

4. Bei einem stabilen "Allpaß" oder einem Phasenschieber (d.h. $|H(\omega)| = 1$ für alle ω) befinden sich alle Pole in der linken Halbebene und alle Nullstellen in der rechten Halbebene. Pole und Nullstellen treten nur paarweise auf und sind spiegelsymmetrisch zur vertikalen Achse (bitte beweisen).

5. Pole und Nullstellen von Systemen, die in Kette geschaltet sind (Kaskadenstruktur), können addiert werden; wenn ein Pol und eine Nullstelle übereinandertreffen, so heben sie sich gegenseitig auf.

6. In einem physikalisch realisierbaren System ist M immer größer oder gleich N; d.h. die Anzahl der Pole ist größer oder gleich der Anzahl der Nullstellen. (Warum ist das so? Hinweis: siehe Gleichung (2.39) mit $\omega \to \infty$.)

2.11 Übungsaufgaben

Übungsaufgaben zu Abschnitt 2.2

2.1 Bestimmen Sie mit Hilfe der FTC die Fouriertransformierte $X(\omega)$ folgender Zeitfunktionen:

(a) $\quad x(t) = \begin{cases} 1 - |t|/\tau & \text{für } |t| < \tau \\ 0 & \text{sonst} \end{cases}$

(b) $\quad x(t) = e^{-\alpha|t|} \qquad$ mit $\alpha > 0$

2.2 Bestimmen Sie mit Hilfe der IFTC die Zeitfunktion $x(t)$ der gegebenen Funktion:

$$X(\omega) = \begin{cases} 1 & \text{für } |\omega| < \omega_0 \\ 0 & \text{für } |\omega| > \omega_0 \end{cases}$$

Übungsaufgaben zu Abschnitt 2.5

2.3 Bestimmen Sie sowohl die reellen Fourierkoeffizienten a_k und b_k als auch die komplexen Koeffizienten α_k der in Bild 2.12 gegebenen periodischen Funktionen (mit der Periode T).

2.4 Beweisen Sie Gleichung (2.21) indem Sie zeigen, daß die Anwendung der IFTC auf diese Gleichung, ein $x(t)$ wie in (2.20a) ergibt.

2.5 Bestimmen Sie die komplexen Fourierkoeffizienten α_k und die Fouriertransformierte $X(\omega)$ der folgenden Funktionen:

(a) $x(t) = 1$

(b) $x(t) = \cos(\omega_0 t)$

(c) $x(t) = \sin(\omega_0 t)$

(d) $x(t) = e^{j\omega_0 t}$.

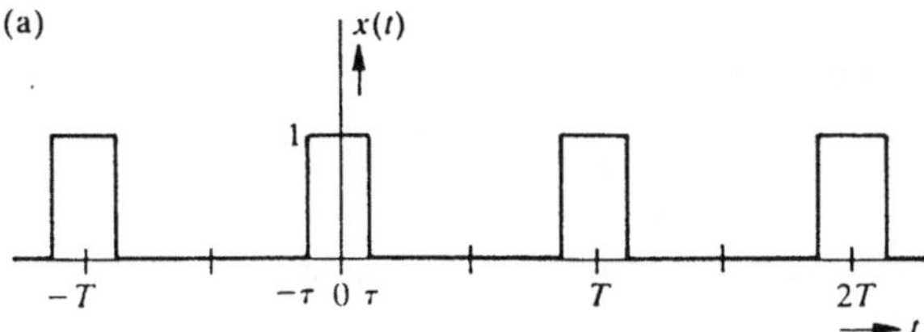

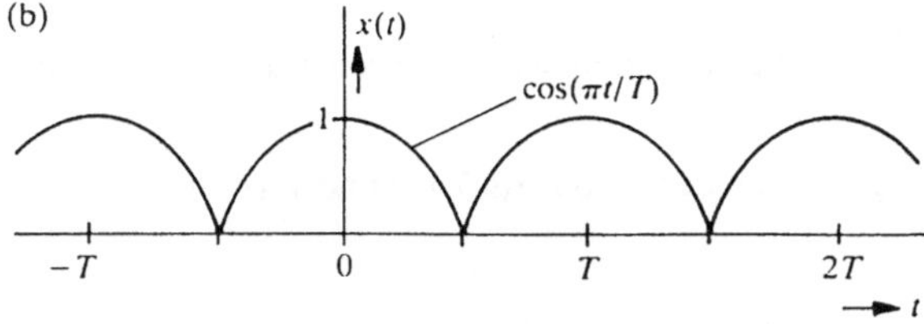

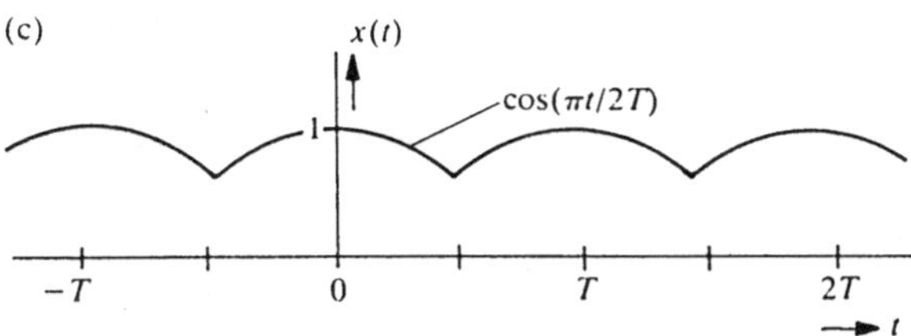

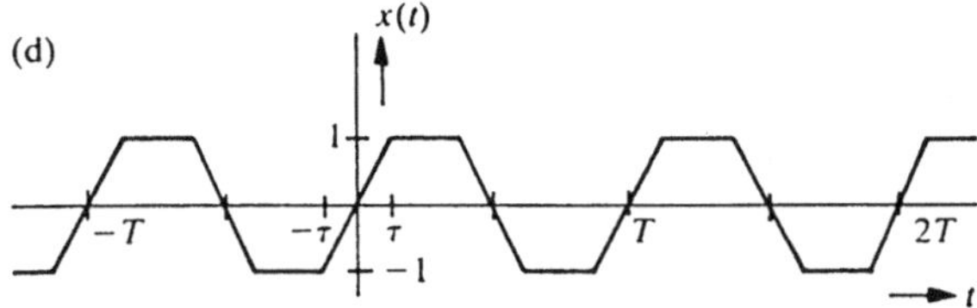

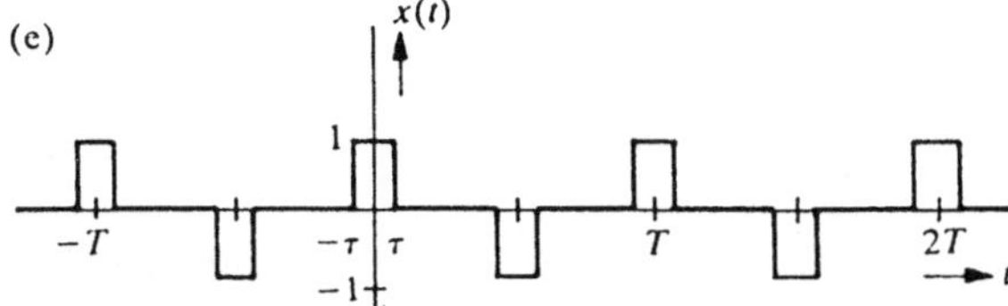

Bild 2.12 Aufgabe 2.3.

2.6 Die Funktion $x(t)$ ist folgendermaßen definiert:

$$x(t) = \sum_{n=-\infty}^{\infty} \delta(t - nT)$$

Stellen Sie diese Funktion grafisch dar. Bestimmen Sie die Fourierkoeffizienten α_k und die Fouriertransformierte $X(\omega)$.

Übungsaufgabe zu Abschnitt 2.8

2.7 Von dem in Bild 2.13 gegebenen Netzwerk sind zu bestimmen:

(a) die Differentialgleichung, die den Zusammenhang zwischen $x(t)$ und $y(t)$ angibt;

(b) die Übertragungsfunktion $H(\omega)$;

(c) die Impulsantwort $h(t)$; gehen Sie dabei von $H(\omega)$ aus und verwenden Sie die Korrespondenz:

$$x(t) = e^{-\alpha t}u(t) \quad \circ\!\!-\!\!\circ \quad X(\omega) = \frac{1}{\alpha + j\omega}$$

[$u(t)$ ist die Sprungfunktion mit $u(t) = 0$ für $t < 0$ und $u(t) = 1$ für $t > 0$. Welchen Wert sollten wir für $u(t)$ bei $t = 0$ nehmen?]

(d) das Ausgangssignal $y(t)$ bei $x(t) = u(t)$ (die Fouriertransformierte von $u(t)$ ist in Anhang I zu finden).

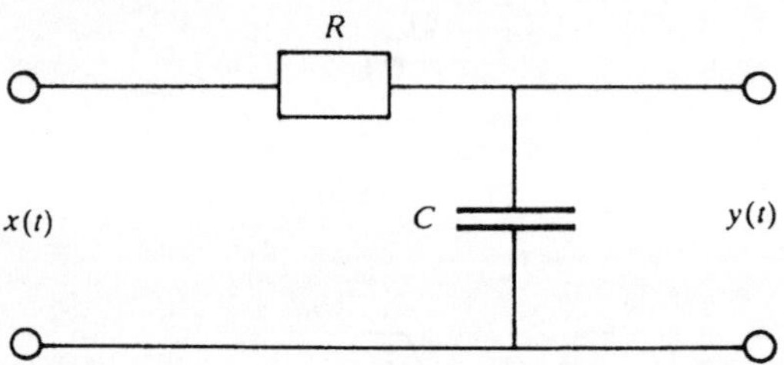

Bild 2.13 Aufgabe 2.7.

Übungsaufgaben zu Abschnitt 2.9

2.8 Ein System hat die Impulsantwort $h(t)$:

$$h(t) = \begin{cases} 1 & \text{für } |t| < 1 \\ 0 & \text{für } |t| > 1 \end{cases}$$

Bestimmen Sie das Ausgangssignal $y(t)$, sowohl durch Faltung im Zeitbereich (siehe hierzu Bild 2.9) als auch durch Multiplikation im Frequenzbereich, für folgende drei Eingangssignale (die Korrespondenzen aus Anhang I können benutzt werden):

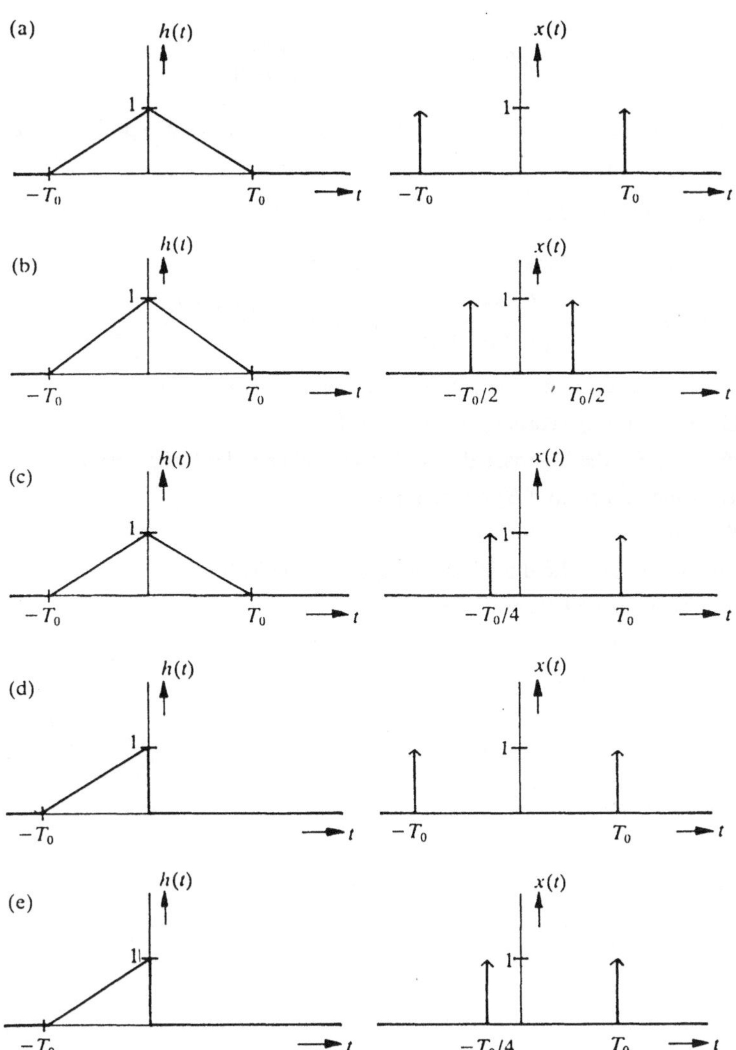

Bild 2.14 Aufgabe 2.9.

(a) die Sprungfunktion: $x(t) = \begin{cases} 0 & \text{für } |t| < 0 \\ 1 & \text{für } |t| > 0 \end{cases}$

(b) ein Rechteckimpuls: $x(t) = \begin{cases} 1 & \text{für } |t| < 1 \\ 0 & \text{für } |t| > 1 \end{cases}$

(c) eine Sinusfunktion, die bei $t = 0$ beginnt:

$$x(t) = \begin{cases} 0 & \text{für} \quad |t| < 0 \\ \sin(\pi t) & \text{für} \quad |t| > 0 \end{cases}$$

2.9 Für Bild 2.14 (a) bis (e) ist das Ergebnis der Faltung von $h(t)$ mit $x(t)$ grafisch darzustellen.

Übungsaufgabe zu Abschnitt 2.10

2.10 Gegeben sind die Systemfunktionen zweier Systeme:

$$H_1(p) = \frac{p^2 + 25}{(p-2)(p^2 + 6p + 25)} \quad \text{und} \quad H_2(p) = \frac{(p-2)(p^2 - 6p + 25)}{p^2 + 25}$$

(a) Berechnen und zeichnen Sie die Pol– und Nullstellen von H_1 und H_2 sowie die von der Kettenschaltung (Kaskade) von H_1 und H_2.

(b) Beschreiben Sie die Eigenschaften (ohne zu rechnen) der Netzwerke H_1, H_2 sowie die der Kaskade von H_1 und H_2 hinsichtlich:

  – Stabilität

  – Frequenzen, für die die Übertragungsfunktion Null oder Unendlich ist

  – minimalphasige Eigenschaften

  – "Allpaß"–Charakter

  – physikalische Realisierbarkeit.

3

Umsetzung zeitkontinuierlicher Signale in zeitdiskrete Signale und umgekehrt

3.1 Einleitung

Möchte man ein kontinuierliches (meistens: analoges) Signal $x_c(t)$ in einem diskretem System verarbeiten, muß zuerst $x_c(t)$ ohne Verlust an Information in ein diskretes Signal $x_d[n]$ umgesetzt werden. Ist das aber immer möglich? Die Antwort hierauf gibt das *Abtasttheorem*:[1]

> **Das Abtasttheorem:** Enthält ein kontinuierliches Signal $x_c(t)$ keine Frequenzkomponenten oberhalb von $\omega_{max} = 2\pi f_{max}$ [rad/s], so ist die gesamte Information von $x_c(t)$ exakt in den Werten $x_c(nT)$ enthalten, wenn $T < 1/(2f_{max})$ oder $1/T > 2f_{max}$ ist.

Die Werte $x_c(nT)$ können aus $x_c(t)$ durch "Abtastung" bei einer Abtastfrequenz von $f_s = 1/T$ erhalten werden. Wenn wir ein diskretes Signal $x_d[n]$ wie folgt definieren:

$$x_d[n] = x_c(nT) \tag{3.1}$$

so haben wir den Übergang von zeitkontinuierlich (engl.: continuous time oder CT) zu zeitdiskret (engl.: discrete time oder DT) vollzogen (siehe Bild 3.1). Gleichung (3.1) besagt, daß die diskrete Wertefolge $x_d[n]$ exakt mit den Werten von $x_c(nT)$ übereinstimmt. Es ist dabei völlig unwichtig, *wie* die Werte von $x_d[n]$ interpretiert werden. Sie können ebenso gut durch "Anhäufungen" von elektrischen Ladungen (wie in Schalter–Kondensator–Filtern) als auch binäre Worte (wie in einem Digitalrechner oder einem digitalen Filter) dargestellt werden. Die einzige Bedingung ist, daß die Ladungsanhäufungen oder die binären Worte, die Werte von $x_c(nT)$ genau wiedergeben.

Die aufeinanderfolgenden Werte (*Abtastwerte*) eines diskreten Signals stellen wir grafisch als stecknadelförmige Linien dar; damit soll z.B. der Unterschied zu Impulsfunktionen hervorgehoben werden, die im Grunde alle zu den zeitkontinuierlichen Funktionen gehören. Ebenso benutzen wir eckige Klammern für diskrete Signale, z.B. $x_d[n]$, wobei n eine ganze Zahl ist. Bei

---

[1]Das Abtasttheorem wird gewöhnlich Shannon zugeschrieben, der es gegen Ende der vierziger Jahre in die Informationstheorie eingeführt hat. Fast gleichzeitig wurde es auch in Rußland von Kotelnikov gefunden. Aber bereits einige Jahrzehnte früher wurde die eigentliche theoretische Grundlage von E.T. und J.A. Whittaker gelegt. Es ist vielleicht besser, dem Beispiel von A.J. Jerri [4] zu folgen und von dem WKS–Abtasttheorem zu sprechen, indem man den ersten Buchstaben der Namen aller Betroffenen benutzt.

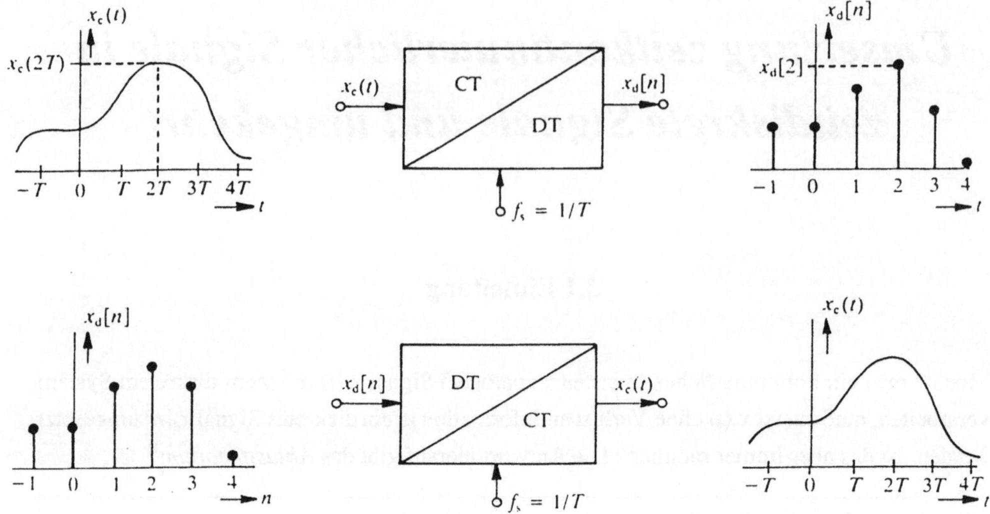

Bild 3.1 Für die Umsetzung eines zeitkontinuierlichen Signals in ein zeitdiskretes Signal wird ein CT/DT–Umsetzer verwendet; für die umgekehrte Operation benötigt man einen DT/CT–Umsetzer.

dieser Bezeichnung gibt es folglich keinen klaren Hinweis auf die Größe "absolute Zeit" (ausgedrückt in Sekunden oder anderen Einheiten der Zeit). Das kann ein Nachteil sein, wenn zum Beispiel das diskrete Signal aus einem kontinuierlichen Signal durch Abtastung mit einem Abstand von T Sekunden erzeugt wird, und wir von dem diskreten Signal eine Frequenzbeschreibung in absoluter Frequenz angeben möchten (d.h. in Hz oder in rad/s). Ebenso kann diese einfache Beschreibung in Situationen, in denen wir Signale mit verschiedenen Abtastabständen T_1 und T_2 (mit anderen Worten: mit unterschiedlichen Abtastfrequenzen) gleichzeitig behandeln, von Nachteil sein. In allen diesen Fällen werden wir die vollkommen äquivalente Bezeichnung $x[nT]$, $x[nT_1]$, $x[nT_2]$ usw. für $x[n]$ verwenden.[2]

Die Beziehung im Zeitbereich zwischen einem kontinuierlichem Signal $x_c(t)$ und dem daraus durch CT/DT–Umsetzung erzeugten diskreten Signal $x_d[n]$, wird durch Gleichung (3.1) beschrieben. Das ist auch leicht aus dem Beispiel von Bild 3.1 ersichtlich. Aber was für eine Relation besteht zwischen dem Spektrum $X_c(\omega)$ von $x_c(t)$ und dem Spektrum von $x_d[n]$? Und wie können wir von dem diskreten Zeitbereich wieder in den kontinuierlichen Zeitbereich

---

[2] Manchmal ist gerade das Gegenteil der Fall: man verwendet dann kaum die Tatsache, daß $x[n]$ eine Funktion der Variablen n ist, man möchte lediglich deutlich zwischen diskretem und kontinuierlichem Signal unterscheiden. Man kann dann die kompaktere Bezeichnung x_n verwenden.

zurückkommen, oder mit anderen Worten, wie können wir aus $x_d[n]$ wieder $x_c(t)$ zurückgewinnen? Um diese Fragen zu beantworten, machen wir in den folgenden zwei Abschnitten zum Schein einen kleinen Umweg.

3.2 Abtastung mit Dirac–Impulsen

Betrachten wir das Schema von Bild 3.2 etwas näher. Es wird hier ein kontinuierliches Signal $x(t)$ mit einer periodischen Folge von Dirac–Impulsen der Periode T, multipliziert. Man kann es

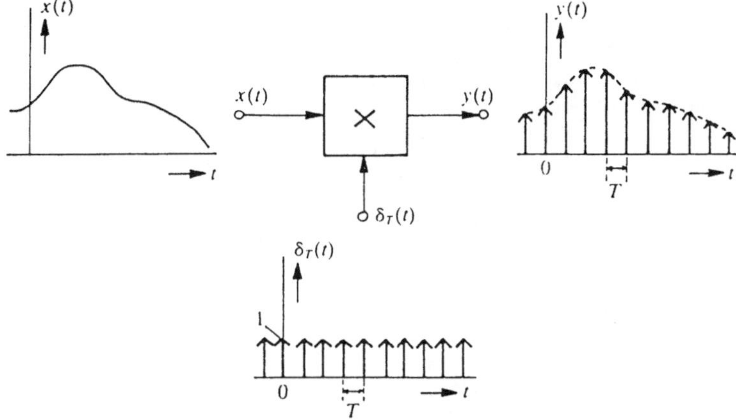

Bild 3.2 *Die Multiplikation eines kontinuierlichen Signals x(t) mit einer periodischen Folge von Dirac–Impulsen ergibt ein abgetastetes Signal y(t).*

als eine Abtastung auffassen. Das Ausgangssignal $y(t)$ ist eine kontinuierliche Funktion, die durch

$$y(t) = x(t)\delta_T(t) = x(t) \sum_{n=\infty}^{\infty} \delta(t - nT) \tag{3.2a}$$

$$= \sum_{n=\infty}^{\infty} x(t)\delta(t - nT) \tag{3.2b}$$

$$= \sum_{n=\infty}^{\infty} x(nT)\delta(t - nT) \tag{3.2c}$$

gegeben ist. Das Signal $y(t)$ besteht somit aus einer Folge äquidistanter (d.h. gleicher Abstand) Dirac–Impulse. Die Fläche unter dem Dirac–Impuls bei $t = nT$ ist gleich dem Wert von $x(t)$ in diesem Zeitpunkt. Man findet das Spektrum $Y(\omega)$ von $y(t)$ durch Bestimmung der Fouriertransformierten von Gleichung (3.2). In (3.2a) stellt $y(t)$ das Produkt der beiden Zeitfunktionen dar, die in Bild 3.2 miteinander multipliziert wurden. Aus (2.35) findet man $Y(\omega)$ als: konstanter Faktor $1/(2\pi)$, multipliziert mit der Faltung der bestehenden Korrespondenzen:

$$x(t) \; \circ\!\!-\!\!-\!\!\circ \; X(\omega) \tag{3.3}$$

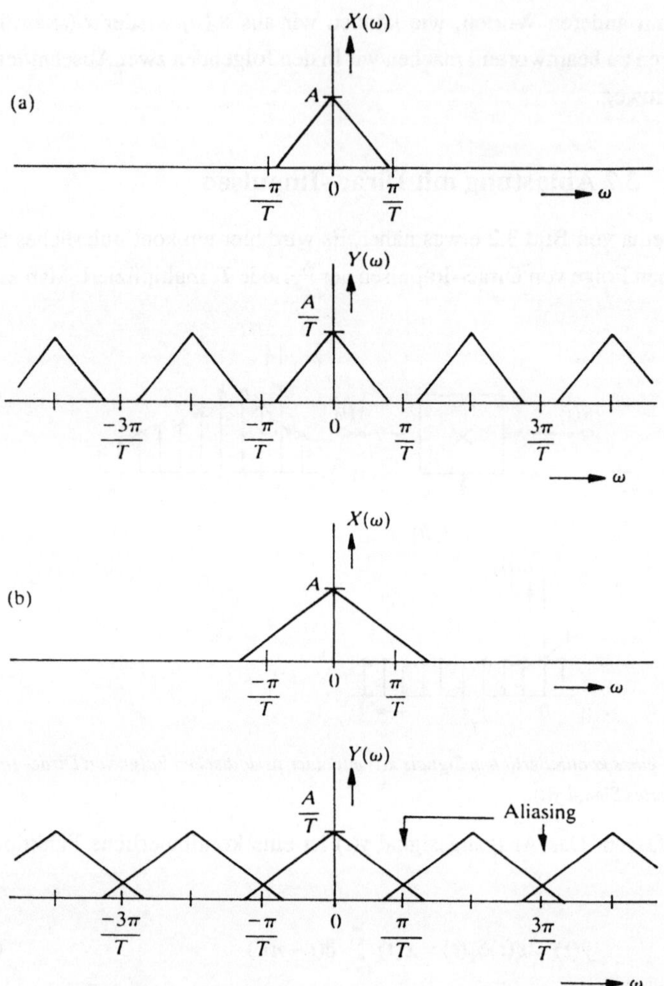

Bild 3.3 *Spektren von X(ω) und Y(ω) von Bild 3.2 für zwei verschiedene Situationen: in (a) ohne Aliasing und in*
(b) mit Aliasing

und (siehe auch Anhang I)

$$\sum_{n=-\infty}^{\infty} \delta(t-nT) \quad \circ\!\!-\!\!-\!\!\circ \quad \frac{2\pi}{T} \sum_{k=-\infty}^{\infty} \delta\!\left(\omega - \frac{2\pi k}{T}\right) \tag{3.4}$$

Somit wird

$$Y(\omega) = \frac{1}{2\pi}X(\omega) * \frac{2\pi}{T}\sum_{k=-\infty}^{\infty}\delta\left(\omega - \frac{2\pi k}{T}\right) \tag{3.5a}$$

$$= \frac{1}{T}\sum_{k=-\infty}^{\infty}X(\omega) * \delta\left(\omega - \frac{2\pi k}{T}\right) \tag{3.5b}$$

$$= \frac{1}{T}\sum_{k=-\infty}^{\infty}X\left(\omega - \frac{2\pi k}{T}\right) \tag{3.5c}$$

Gemäß Gleichung (3.5c) besteht $Y(\omega)$ aus der "periodischen Fortsetzung" des Spektrums $X(\omega)$, mit der Periode $2\pi/T$, multipliziert mit dem konstanten Faktor $1/T$. Bild 3.3(a) zeigt dies für den Fall, daß $X(\omega) = 0$ für $|\omega| > \pi/T$ und Bild 3.3(b) für den Fall, daß diese Bedingung *nicht* gilt.

Im zweiten Fall ist die Bedingung des Abtasttheorems *nicht* erfüllt. Das Ergebnis ist, daß die "periodischen Fortsetzungen" von $X(\omega)$ sich gegenseitig überlappen und so der Frequenzanteil von $Y(\omega)$ für bestimmte Werte von ω von mehr als einem Anteil (in diesem Beispiel: zwei) von $X(\omega)$ bestimmt wird. Diese meistens unerwünschte Überlappung wird im Englischen *Aliasing* genannt. Wenn dieser Effekt auftritt, kann man aus $Y(\omega)$ nicht mehr exakt $X(\omega)$ und $x(t)$ wie vor der Abtastung zurückgewinnen.

3.3 Signalrekonstruktion

Aus Bild 3.3(a) ist ersichtlich, wie man aus $Y(\omega)$ wieder $X(\omega)$ und also auch $x(t)$ aus $y(t)$ rekonstruieren kann, vorausgesetzt, daß $x(t)$ die Bedingung des Abtasttheorems erfüllt. Man braucht $Y(\omega)$ lediglich durch einen idealen Tiefpaß mit der Übertragungsfunktion $L(\omega)$

$$L(\omega) = \begin{cases} T & \text{für} \quad |\omega| < \pi/T \\ 0 & \text{für} \quad |\omega| > \pi/T \end{cases} \tag{3.6}$$

zu leiten. Die Impulsantwort dieses Filters (siehe auch Anhang I) ist:

$$l(t) = \frac{\sin(\pi t/T)}{\pi t/T} \tag{3.7}$$

Den Verlauf von $L(\omega)$ und $l(t)$ zeigt Bild 3.4. (Die typische Form von $l(t)$ wird "$(\sin x)/x$–Impuls" genannt.) Wenn an den Eingang des Filters das Signal $y(t)$ von (3.2c) gelegt wird, erhalten wir ein Ausgangssigal, das exakt das gleiche ist wie $x(t)$:

$$x(t) = l(t) * y(t) = \frac{\sin(\pi t/T)}{\pi t/T} * \sum_{n=-\infty}^{\infty} x(nT)\delta(t - nT)$$

$$= \sum_{n=-\infty}^{\infty} x(nT)\left\{\delta(t - nT) * \frac{\sin(\pi t/T)}{\pi t/T}\right\} \tag{3.8}$$

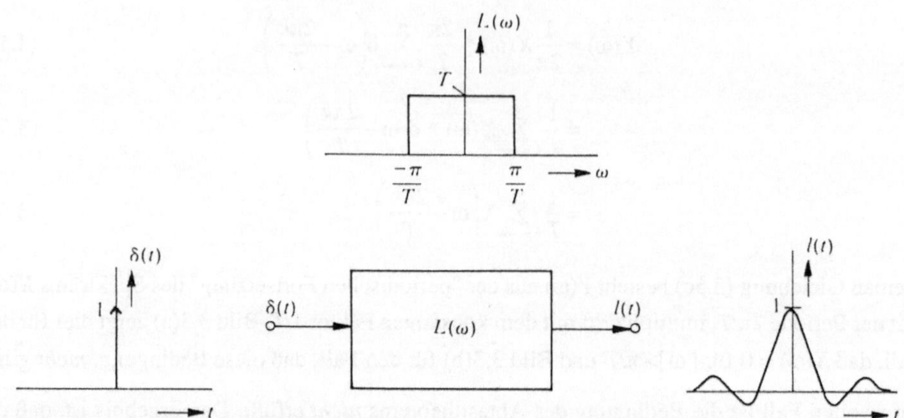

Bild 3.4 *Idealer Tiefpaß mit der Übertragungsfunktion L(ω) und der Impulsantwort l(t).*

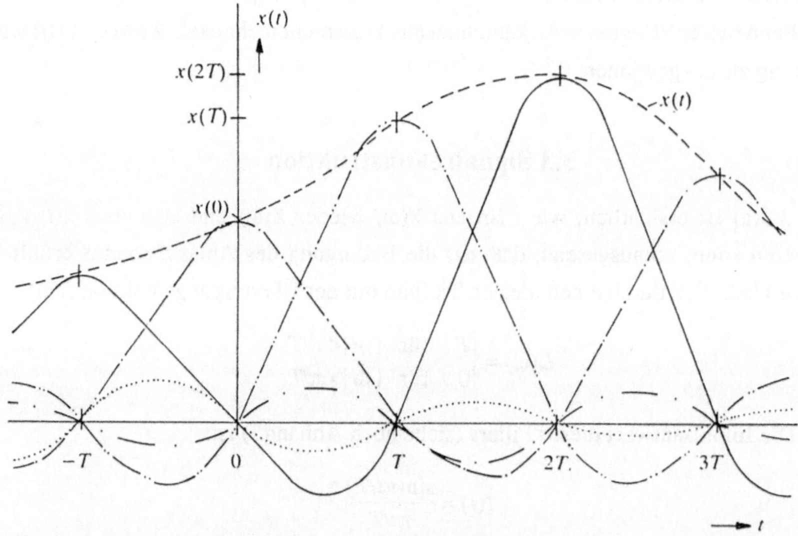

Bild 3.5 *Interpolation: das Signal x(t) kann aus den Abtastwerten x(nT) durch die Summierung von gewichteten und verschobenen (sin x)/x–Impulsen rekonstruiert werden.*

Mit (2.16f) erhält man:

$$x(t) = \sum_{n=-\infty}^{\infty} x(nT) \left(\frac{\sin(\pi(t-nT)/T)}{\pi(t-nT)/T} \right) \qquad (3.9)$$

Die ursprüngliche Funktion $x(t)$ kann so aus der Summe von unendlich vielen $(\sin x)/x$–Impulsen zurückerhalten werden. Der n–te $(\sin x)/x$–Impuls ist dabei um den Abstand nT bezüglich des Ursprungs verschoben und mit dem Faktor $x(nT)$ multipliziert ("gewichtet"). Diesen Vorgang des Zurückgewinnens nennt man *Interpolation*. Die Interpolation ist in Bild 3.5 dargestellt. Jeder einzelne $(\sin x)/x$–Impuls ist dabei mit einer anderen Linie angegeben.

3.4 Praktische Erwägungen

Mit der Verwendung von Dirac–Impulsen und einem idealen Tiefpaß haben wir uns in den vorangegangenen beiden Abschnitten auf ziemlich abstraktem Niveau bewegt:

- der Dirac–Impuls ist ein Signal, das in der Praxis nicht vorkommt, da es unendlich hoch und unendlich schmal ist;

- ein idealer Tiefpaß hat eine Impulsantwort, von $t = -\infty$ bis $t = \infty$; das bedeutet, daß so ein Filter nicht kausal ist und deshalb auch nicht realisiert werden kann.

Genau genommen haben wir uns in Abschnitt 3.2 und 3.3 entlang der Grenze zwischen zeit-kontinuierlichem und zeitdiskretem Bereich bewegt, ohne sie wirklich zu überschreiten. Der letzte Schritt, der durch Gleichung (3.1) beschrieben wird, fehlt noch. Wir können aber jetzt die Schlüsselposition verwenden, die der Dirac–Impuls in dem Grenzgebiet zwischen kontinuier-licher und diskreter Zeit einnimmt.

Wir wollen $Y(\omega)$ noch einmal berechnen, aber diesmal von Gleichung (3.2c) ausgehen. Wir verwenden die Korrespondenz (siehe auch Anhang I):

$$\delta(t - nT) \;\;\circ\!\!-\!\!-\!\!\circ\;\; e^{-j\omega nT} \tag{3.10}$$

Da $x(nT)$ keine Funktion von t ist, bewirkt die Fouriertransformation keine Veränderung; die Behandlung erfolgt wie bei einer Konstanten und aus (3.2c) erhält man:

$$Y(\omega) = \sum_{n=-\infty}^{\infty} x(nT)e^{-j\omega nT} \tag{3.11}$$

In Kapitel 4 werden wir sehen, daß für diskrete Signale eine spezielle Fouriertransformation, die sogenannte FTD, definiert werden kann. Für ein diskretes Signal, für das die Folge der Abtastwerte genau mit $x(nT)$ übereinstimmt, liefert die FTD eine Fouriertransformierte, die wir mit $X(e^{j\omega T})$ bezeichnen, und die exakt gleich der rechten Seite von (3.11) ist. Das oben Stehende läßt sich in einer Anzahl von Diagrammen zusammenfassen, siehe hierzu Bild 3.6. Wir haben nun so die erste Frage von Abschnitt 3.1 über die Beziehung zwischen dem Spektrum vor und nach der CT/DT–Umsetzung beantwortet.

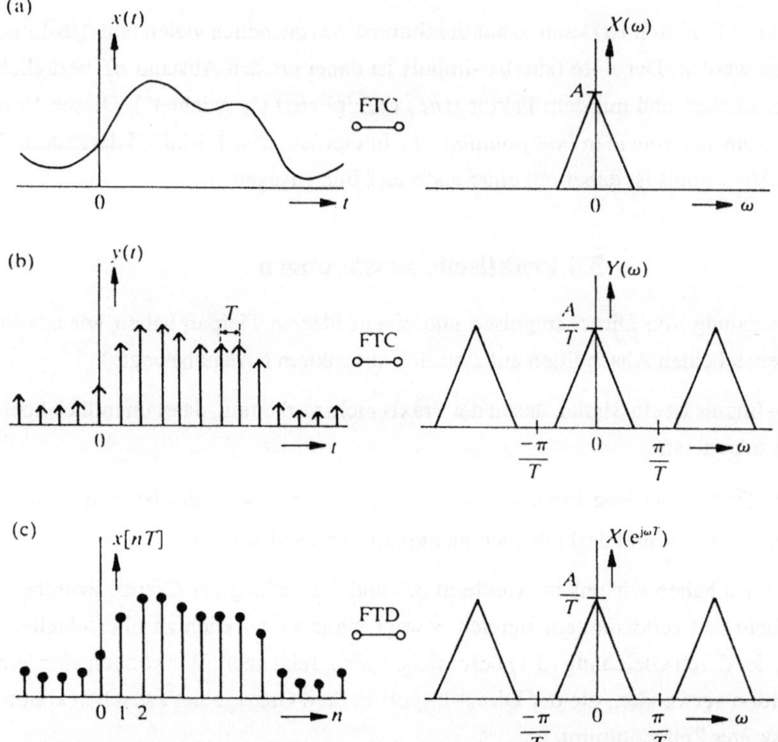

Bild 3.6 (a) Von einem kontinuierlichen Signal $x(t)$ kann mittels der FTC das Spektrum $X(\omega)$ bestimmt werden. (b) Durch Abtastung mit einer periodischen Folge von Dirac–Impulsen entsteht ein kontinuierliches Signal $y(t)$, dessen Spektrum $Y(\omega)$ auch wieder durch die FTC bestimmt werden kann. (c) Aus $x(t)$ kann auch das diskrete Signal $x[n]$ oder $x[nT]$ abgeleitet werden. Das Spektrum $X(e^{j\omega T})$ dieses diskreten Signals kann mit der FTD bestimmt werden. Man sieht, daß $X(e^{j\omega T}) = Y(\omega)$ ist.

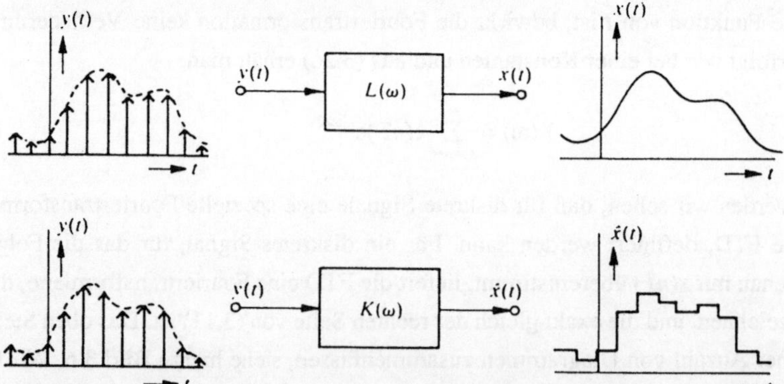

Bild 3.7 Wenn bei der Rekonstruktion von $x(t)$ aus $y(t)$ kein idealer Tiefpaß $L(\omega)$ sondern eine Halteschaltung nullter Ordnung $K(\omega)$ verwendet wird, erhält man eine treppenförmige Approximation $\hat{x}(t)$.

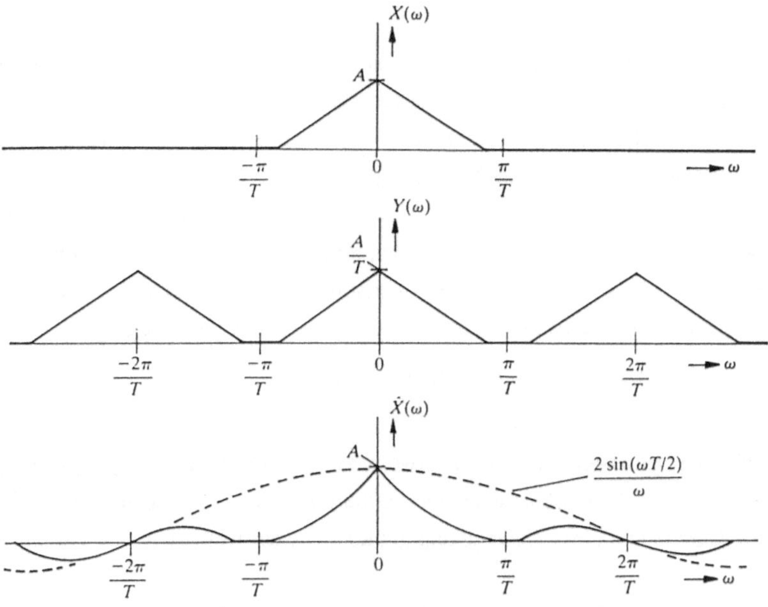

Bild 3.8 Spektren $X(\omega)$, $Y(\omega)$ und $\hat{X}(\omega)$ der Signale $x(t)$, $y(t)$ und $\hat{x}(t)$ aus Bild 3.7.

Für die Umsetzung in umgekehrter Richtung (von DT in CT) besteht noch das Problem des idealen Tiefpasses von Abschnitt 3.3. In der Praxis wird das gewöhnlich durch ein Filter mit rechteckiger Impulsantwort $k(t)$ gelöst:

$$k(t) = \begin{cases} 1 & \text{für } 0 < t < T \\ 0 & \text{für } t < 0 \text{ und } t > T \end{cases} \qquad (3.12)$$

Am Ausgang dieses Filters (auch als "Halteschaltung nullter Ordnung" bekannt) erhalten wir nicht $x(t)$ zurück, sondern nur eine schrittweise Approximation $\hat{x}(t)$ mit der Fouriertransformierten $\hat{X}(\omega)$, für die (siehe auch Bild 3.7) gilt:

$$\hat{X}(\omega) = K(\omega) \cdot Y(\omega)$$

$$= \frac{2 \sin(\omega T/2)}{\omega} e^{-j\omega T/2} Y(\omega) \qquad (3.13)$$

Bild 3.8 zeigt $X(\omega)$, $Y(\omega)$ und $\hat{X}(\omega)$ (der Term $e^{-j\omega T/2}$, dem eine Verzögerung von $T/2$ entspricht, ist hier nicht berücksichtigt). Wir sehen nun zwei wichtige Unterschiede zwischen den beiden Funktionen $X(\omega)$ und $\hat{X}(\omega)$, die im idealen Fall identisch sein sollen:

— In dem Gebiet $|\omega| < \pi/T$ hat $\hat{X}(\omega)$ eine $(\sin \omega T/2)/\omega$ – Verzerrung;

— $\hat{X}(\omega)$ enthält Frequenzanteile um Vielfache von $2\pi/T$.

3.5 Praktische Realisierung

Eine auf die Praxis bezogene schematische Darstellung zur Umsetzung von CT in DT und umgekehrt, zeigt Bild 3.9. Es sind darin möglichst alle Aspekte, die in diesem Kapitel angeklungen sind, berücksichtigt. Dem eigentlichen CT/DT–Umsetzer geht ein Tiefpaß–Vorfilter mit einem Durchlaßbereich bis zur halben Abtastfrequenz (π/T) voran. Das verhindert das Auftreten von Verzerrungen (Aliasing), die durch unerwünschte hohe Frequenzen verursacht werden können (u.a. auch Rauschen!). Der CT/DT–Umsetzer erzeugt das inzwischen bekannte periodisch wiederholte Spektrum $X_d(e^{j\omega T})$ von $x_d[n]$. Der DT/CT–Umsetzer liefert ein treppenförmiges Ausgangssignal $\hat{x}_c(t)$, das eine Näherung von $\overline{x}_c(t)$ ist. Nach einem sich anschließenden Tiefpaß–Nachfilter, das die Bandbreite wieder auf die halbe Abtastfrequenz begrenzt, erhält man $\tilde{x}_c(t)$, die geglättete Approximation von $\overline{x}_c(t)$. Von allen in Bild 3.9 schematisch dargestellten Signalen ist auch das dazugehörende Spektrum angegeben.

Im idealen Fall würde $\hat{X}_c(\omega)$ gleich $\overline{X}_c(\omega)$ sein. Man sieht aber noch deutlich die Auswirkungen der $(\sin x)/x$–Verzerrung in dem Bereich $|\omega| < \pi/T$. Das kann man aber wie folgt korrigieren: bei den zeitdiskreten Operationen, die normalerweise zwischen Punkt 2 und 3 an $x_d[n]$ ausgeführt werden, ist es im allgemeinen nicht zu schwierig, die komplementäre Verzerrung $x/(\sin x)$ mit einzubeziehen. Damit kann diese Abweichung gut kompensiert werden.

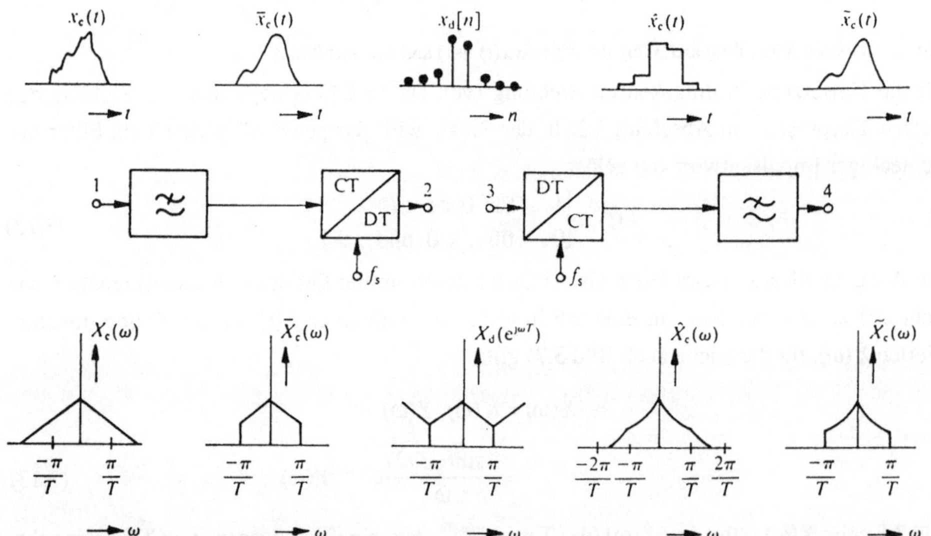

Bild 3.9 In einer praktischen Situation wird das Signal $x_c(t)$ vor der CT/DT–Umsetzung mit einem Tiefpaß–Vorfilter bearbeitet, damit $\overline{x}_c(t)$ die Bedingung des Abtasttheorems erfüllt. Nach der DT/CT–Umsetzung erhält man gewöhnlich eine treppenförmige Approximation $\hat{x}_c(t)$ von $\overline{x}_c(t)$. Mit einem Nachfilter (Rekonstruktionsfilter) können anschließend die steilen Übergänge geglättet werden, und man erhält $\tilde{x}_c(t)$. Zu jedem Signal ist auch das entsprechende Spektrum angegeben.

3.6 Abschließende Bemerkungen

Am Ende dieses Kapitels möchten wir nochmals betonen, daß nicht jedes diskrete Signal durch Abtastung aus einem kontinuierlichem Signal abgeleitet ist; es gibt auch Signale, die von Anfang an diskret sind. Ein einfaches Beispiel ist ein digitaler Tongenerator, der direkt eine Folge von Zahlen liefert, deren Werte sinusförmig variieren. Im übrigen werden auch dort die aufeinanderfolgenden Signalwerte als "Abtastwerte" bezeichnet.

Der häufig benutzte Analog/Digital–Umsetzer (kurz A/D–Umsetzer) besteht aus einer Kombination von dem in diesem Kapitel ausführlich behandelten CT/DT–Umsetzer und einem Umsetzer, der aus der kontinuierlichen Amplitude eine diskrete Amplitude liefert ("Quantisierer", siehe hierzu auch Kapitel 10: "Endliche Wortlänge bei digitalen Signalen und Systemen"). Wir können nun den Digital/Analog–Umsetzer als einen DT/CT–Umsetzer definieren, der sich nur für zeitdiskrete Signale mit einem diskreten Amplitudenverlauf eignet (also nur für digitale Signale eignet).

3.7 Übungsaufgaben

3.1 Gegeben ist $x(t) = \sin(2\pi t)$.

   (a) Bestimmen Sie $x(nT_1)$ für $-6 \leq n \leq 8$ und T_1 bei einer Abtastfrequenz von 4 Hz.

   (b) Bestimmen Sie $x(t)$ für $t = 1/8$ nach Gleichung (3.9), unter Verwendung des eben gefundenen $x(nT_1)$ mit $-6 \leq n \leq 8$ und vergleichen Sie das Ergebnis mit dem exakten Wert von $\sin(2\pi/8)$.
       Was fällt Ihnen auf?

   (c) Bestimmen Sie $x(nT_2)$ für $-6 \leq n \leq 8$ und T_2 bei einer Abtastfrequenz von 2 Hz.

   (d) Bestimmen Sie $x(t)$ für $t = 1/8$ nach Gleichung (3.9) unter Verwendung des eben gefundenen $x(nT_2)$ mit $-6 \leq n \leq 8$ und vergleichen Sie das Ergebnis mit dem exakten Wert von $\sin(2\pi/8)$.
       Was fällt Ihnen auf?

3.2 Bei Signalen, die einen Bandpaß–Charakter haben, d.h. daß nicht nur gilt: $X(\omega) = 0$ für $|\omega| > |\omega_h|$ sondern auch $X(\omega) = 0$ für $|\omega| < |\omega_l|$, führt die direkte Anwendung des Abtasttheorems zu einer unnötig hohen Abtastfrequenz $\omega_s = 2\omega_h$. Bei Signalen diesen Typs ist es möglich, mit einer tieferen Abtastfrequenz zu arbeiten.
Gegeben sei ein Signal $x(t)$ mit dem Spektrum $X(\omega)$ nach Bild 3.10:

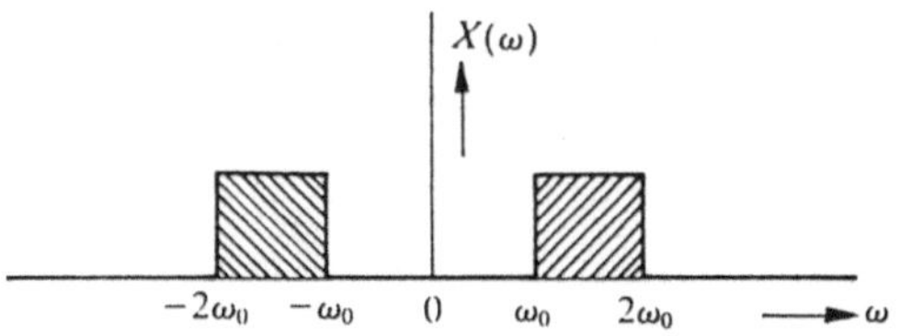

Bild 3.10 Aufgabe 3.2

(a) Stellen Sie das Spektrum $Y_1(\omega)$ grafisch dar, das bei Abtastung des Signals $x(t)$ mit der minimalen Frequenz $\omega_s = \omega_{min}$ nach dem Abtasttheorem entsteht.

(b) Stellen Sie das Spektrum $Y_2(\omega)$ grafisch dar, das bei der Abtastung von $x(t)$ mit der Abtastfrequenz $\omega_s = 2\omega_0$ entsteht.

(c) Wie kann man aus dem Spektrum $Y_2(\omega)$ das ursprüngliche Signal $x(t)$ zurückgewinnen?

3.3 Für bandbegrenzte Signale, wie in Aufgabe 3.2 definiert, ist die minimale Abtastfrequenz gegeben durch:

$$\omega_{min} = \frac{2\omega_h}{\text{größte ganze Zahl, die nicht größer ist als } \left\{\frac{\omega_h}{\omega_h - \omega_l}\right\}}$$

(a) Bestimmen Sie die minimalen Abtastfrequenzen $\omega_{min,1}$ und $\omega_{min,2}$ für die Signale $x_1(t)$ und $x_2(t)$, deren Spektren $X_1(\omega)$ und $X_2(\omega)$ in Bild 3.11a und b gegeben sind.

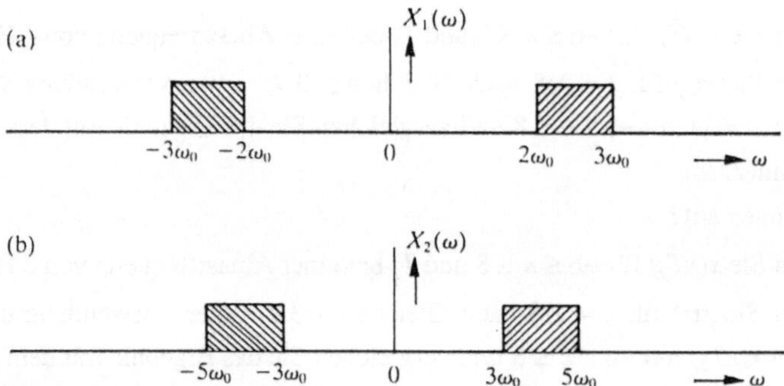

Bild 3.11 Aufgabe 3.3

(b) Stellen Sie die Spektren, die nach der Abtastung von $x_1(t)$ und $x_2(t)$ mit der minimalen Abtastfrequenz entstehen, grafisch dar.

(c) Stellen Sie die Spektren, die nach der Abtastung von $x_1(t)$ und $x_2(t)$ mit einer etwas *kleineren* Frequenz als die minimale Abtastfrequenz entstehen, grafisch dar.

(d) Stellen Sie die Spektren, die nach Abtastung von $x_1(t)$ und $x_2(t)$ mit einer etwas *größeren* Frequenz als die minimale Abtastfrequenz entstehen, grafisch dar.

4

Zeitdiskrete Signale und Systeme

4.1 Einführung

In dem vorangegangenem Kapitel haben wir gesehen, wie man aus einem zeitkontinuierlichen Signal ein zeitdiskretes Signal ableiten kann. Auch wurde erwähnt, daß es möglich ist, zeitdiskrete Signale zu erzeugen, ohne daß dafür vorher zeitkontinuierliche Signale vorhanden waren ("zeitdiskreter Signalgenerator"). Die Herkunft der zeitdiskreten Signale ist für ihre Verarbeitung nicht von Interesse, deshalb lassen wir sie von nun an außer Betracht.

Es ist vielleicht hilfreich, eine Anzahl der in den vorangegangenen Kapiteln erwähnten Vereinbarungen aufzulisten:

1. Mit "diskret" ohne weitere Kennzeichnung ist immer "zeitdiskret" gemeint.
2. Die aufeinanderfolgenden Werte oder Abtastwerte eines diskreten Signals werden grafisch als Linien mit runden Köpfen dargestellt (siehe hierzu Bild 3.1 und 3.9).
3. Ein diskretes Signal kann sowohl als Funktion von n als auch von nT dargestellt werden; z.B. als $x[n]$ oder $x[nT]$. Beide Bezeichnungen sind vollständig äquivalent, wenn wir $T = 1$ Sekunde setzen, das heißt, daß wir die Abtastfrequenz auf 1 Hertz normieren. Der Vorteil der ersten Bezeichnung liegt in der Einfachheit der Ausdrücke; wir werden sie deshalb häufig verwenden. Ein Nachteil ist, daß die Beziehung zu den "echten" Frequenzen (in Hz oder rad/s) etwas undeutlich geworden ist. Außerdem bekommen wir Schwierigkeiten, wenn in einem System Signale mit unterschiedlichen Abtastfrequenzen auftreten. Es ist dann von Vorteil, auf die zweite Bezeichnung überzuwechseln. Wir werden später in diesem Buch solchen Beispielen begegnen.
4. Wenn nicht ausdrücklich anders festgelegt, können die diskreten Signale alle möglichen Werte annehmen; das bedeutet, daß Amplituden–Quantisierungseffekte (solche die in digitalen Systemen auftreten) vorläufig vernachlässigt werden. Dem wird später ein eigenes Kapitel gewidmet.

Wir werden weiterhin in diesem Buch sehen, daß es eine Anzahl von grundlegenden Unterschieden zwischen diskreten und kontinuierlichen Signalen oder Systemen gibt. Es bestehen aber auch viele Analogien, die wir so häufig wie möglich verwenden werden.

4.2 Diskrete Signale – Beschreibung im Zeitbereich

Diskrete Signale sind nur an diskreten Werten der Zeit definiert. Die aufeinanderfolgenden Werte haben einen Abstand von T Sekunden (das Abtastintervall). Die Größe $1/T$ stellt die Abtastfrequenz in Hertz dar. Meistens arbeiten wir mit der Größe $2\pi/T$ (die Abtastkreisfrequenz in rad/s). Vorläufig setzen wir $T = 1$.

4.2.1 Beispiele

Bild 4.1 zeigt mehrere Beispiele für ein diskretes Signal $x[n]$.

– Das Signal $x_1[n]$ ist formal gegeben durch:

$$x_1[n] = \begin{cases} 0 & \text{für } n < 0 \text{ und } n > 3 \\ n & \text{für } 0 \le n \le 3 \end{cases} \tag{4.1}$$

Das ist ein diskretes Signal *endlicher Länge* (engl.: finite–duration discrete signal), das bedeutet, daß unterhalb eines bestimmten Wertes von n und oberhalb eines bestimmten Wertes von n, das Signal gleich Null ist. Das Signal ist jedoch für alle Werte von n definiert.

– Das Signal $x_2[n]$ ist formal gegeben durch:

$$x_2[n] = \begin{cases} 0 & \text{für } n < 0 \\ (0{,}9)^n & \text{für } n \ge 0 \end{cases} \tag{4.2}$$

Das ist ein diskretes Signal *unendlicher Länge,* (engl.: infinite–duration discrete signal).

(a)

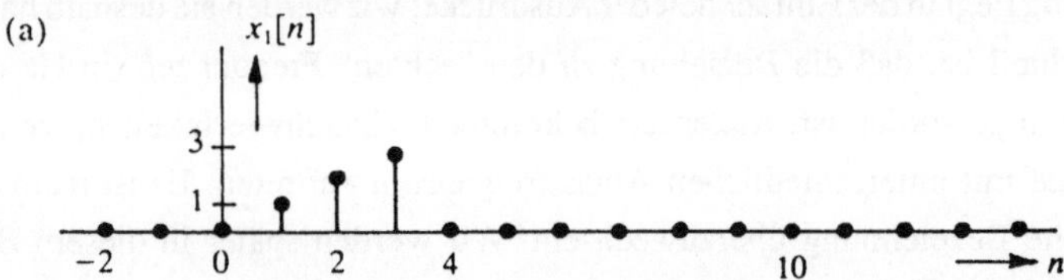

(b)

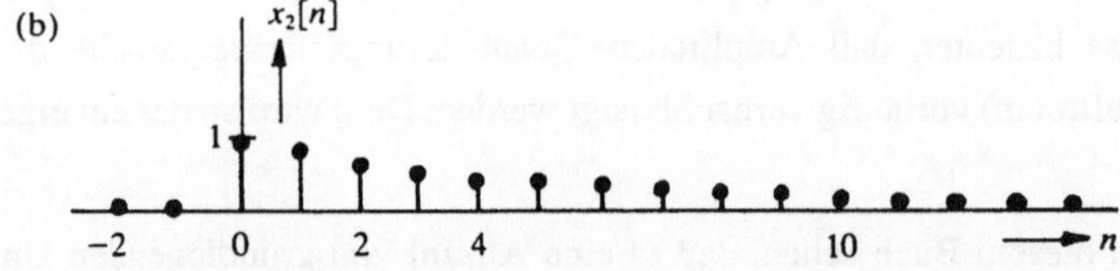

(c)

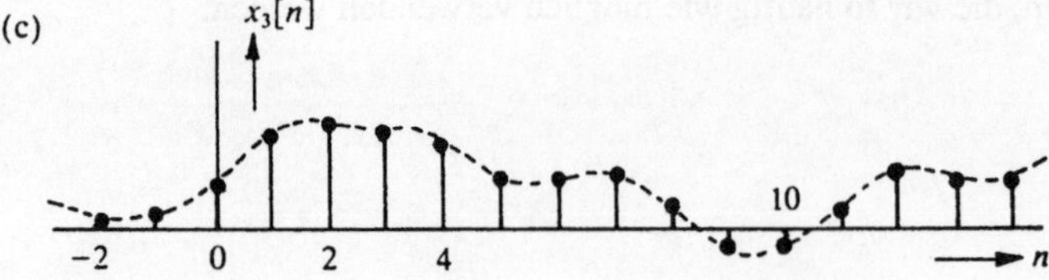

Bild 4.1 Beispiele von diskreten Signalen

– Das Signal $x_3[n]$ kann nicht direkt durch einen mathematischen Ausdruck beschrieben werden, es könnte z.B. eine diskrete Darstellung eines Ausschnittes analoger Sprache sein.

4.2.2 Wichtige diskrete Signale

Es gibt eine ganze Reihe von diskreten Signalen, die deshalb wichtig sind, weil sie häufig benutzt werden. Sie sind in Bild 4.2 dargestellt:

(a) Der diskrete Einheitsimpuls $\delta[n]$:

$$\delta[n] = \begin{cases} 1 & \text{für } n = 0 \\ 0 & \text{für } n \neq 0 \end{cases} \tag{4.3}$$

Der Einheitsimpuls erfüllt bei diskreten Systemen die gleiche Funktion wie der Dirac-Impuls (Abschnitt 2.4) bei kontinuierlichen Systemen. Bei diskreten Systemen haben wir jedoch keine Schwierigkeiten, eine gute Definition abzugeben (wir haben keine sog. Distributionen oder "verallgemeinerte Funktionen" zu betrachten).

(b) Der um ein Zeitintervall i verschobene Einheitsimpuls $\delta[n-i]$:

$$\delta[n - i] = \begin{cases} 1 & \text{für } n = i \\ 0 & \text{für } n \neq i \end{cases} \tag{4.4}$$

Mit Hilfe von $\delta[n-i]$ können diskrete Signale auch auf andere Art beschrieben werden, zum Beispiel (siehe Bild 4.1(c)):

$$x_3[n] = \sum_{i=\infty}^{\infty} x_3[i]\,\delta[n - i] \tag{4.5}$$

Es wird sich zeigen, daß das eine sehr nützliche Bezeichnung ist, die allgemein gilt und der wir noch oft begegnen werden. (Gleichung (4.5) ist exakt das diskrete Gegenstück zu Gleichung (2.24) für kontinuierliche Signale.)

(c) Die diskrete Sprungfunktion $u[n]$:

$$u[n] = \begin{cases} 0 & \text{für } n < 0 \\ 1 & \text{für } n \geq 0 \end{cases} \tag{4.6}$$

$u[n]$ kann auch folgendermaßen geschrieben werden:

$$u[n] = \sum_{i=\infty}^{\infty} u[i]\,\delta[n - i] = \sum_{i=0}^{\infty} \delta[n - i] \tag{4.7}$$

(d) und (e) Die diskreten Sinusfunktionen $x_4[n]$ und $x_5[n]$. In ihrer allgemeinsten Form lautet die Definition dieser Funktionen:

$$x[n] = A\,\sin(n\theta + \phi) \tag{4.8}$$

mit: A = Amplitude

θ = relative (normierte) Frequenz (absolute Frequenz $\omega = \theta/T$)

ϕ = Phase.

Hier sind zwei dieser diskreten Sinusfunktionen dargestellt (für $A = 1$, $\phi = 0$ und mit $\theta = \pi/4$ und $\theta = 1$). Wir können sehen, daß es einen interessanten Unterschied zwischen diesen beiden Funktionen gibt. Die Funktion $\sin(n\,\pi/4)$ ist eine periodische diskrete Funktion der Periode 8, da:

$$\sin(n\pi/4) = \sin(n\pi/4 + 2\pi) = \sin\{(n + 8)\pi/4\} \tag{4.9}$$

Die Funktion $\sin(n)$ dagegen ist nicht periodisch, da es keine ganze Zahl n_0 gibt, für die gilt:

$$\sin(n) = \sin(n + n_0) \tag{4.10}$$

Wir sehen hier, daß eine diskrete Sinusfunktion nicht immer ein periodisches Signal darstellt, obwohl das für eine kontinuierliche Sinusfunktion immer gilt.

(f)   Wir können noch etwas anderes feststellen, daß nämlich zwei diskrete Sinusfunktionen mit den relativen Frequenzen θ_1 und θ_2, mit $\theta_2 = \theta_1 + i2\pi$ (mit einer beliebigen ganzen Zahl i), vollkommen identisch und nicht voneinander zu unterscheiden sind:

$$\sin(\theta_2 n) = \sin\{(\theta_1 + i2\pi)n\} = \sin(\theta_1 n + ni2\pi) = \sin(\theta_1 n) \tag{4.11}$$

In Bild 4.2(f) ist das für die Funktionen $x_6[n] = \sin(n\pi/3)$ und $x_7[n] = \sin(n\pi/3 + 2\pi n) = \sin(7n\pi/3)$ gezeigt. Diese bestehen aus exakt derselben Folge von Abtastwerten. (Die gestrichelten Linien zeigen den Verlauf der Funktionen, wenn n auch alle nicht ganzen Zahlen repräsentieren dürfte.)

(g)   Es gibt tatsächlich noch mehr diskrete Sinusfunktionen mit anderen Frequenzen, die exakt die gleiche Folge von Abtastwerten wie $\sin(n\theta_1)$ haben. Das sind nämlich alle Signale, mit:

$$x[n] = -\sin(-n\theta_1 + 2\pi i n) \tag{4.12}$$

Als Beispiel sind in Bild 4.2(g) die Signale $x_6[n] = \sin(n\pi/3)$ und $x_8[n] = -\sin(-n\pi/3 + 2\pi n) = -\sin(5n\pi/3)$ dargestellt.

Bild 4.2(f) und (g) kann ebenso als eine Erläuterung des Abtasttheorems aus dem vorigen Kapitel aufgefaßt werden: für die drei angenommenen kontinuierlichen (=gestrichelten) Sinusfunktionen, die zu $x_6[n]$, $x_7[n]$ und $x_8[n]$ gehören, gilt nur für $x_6[n]$, daß mehr als zwei Abtastwerte innerhalb einer Sinusperiode liegen und nur für diesen Fall wäre die Abtastbedingung erfüllt.

Neben den reellen diskreten Funktionen, denen wir bisher begegnet sind, werden wir auch oft die komplexe Exponentialfunktion oder die komplexe e–Funktion

$$e^{jn\theta} = \cos(n\theta) + j\sin(n\theta) \tag{4.13}$$

verwenden. Diese Funktion spielt eine ähnliche Rolle wie die Funktion $e^{j\omega t}$ bei den zeitkontinuierlichen Systemen.

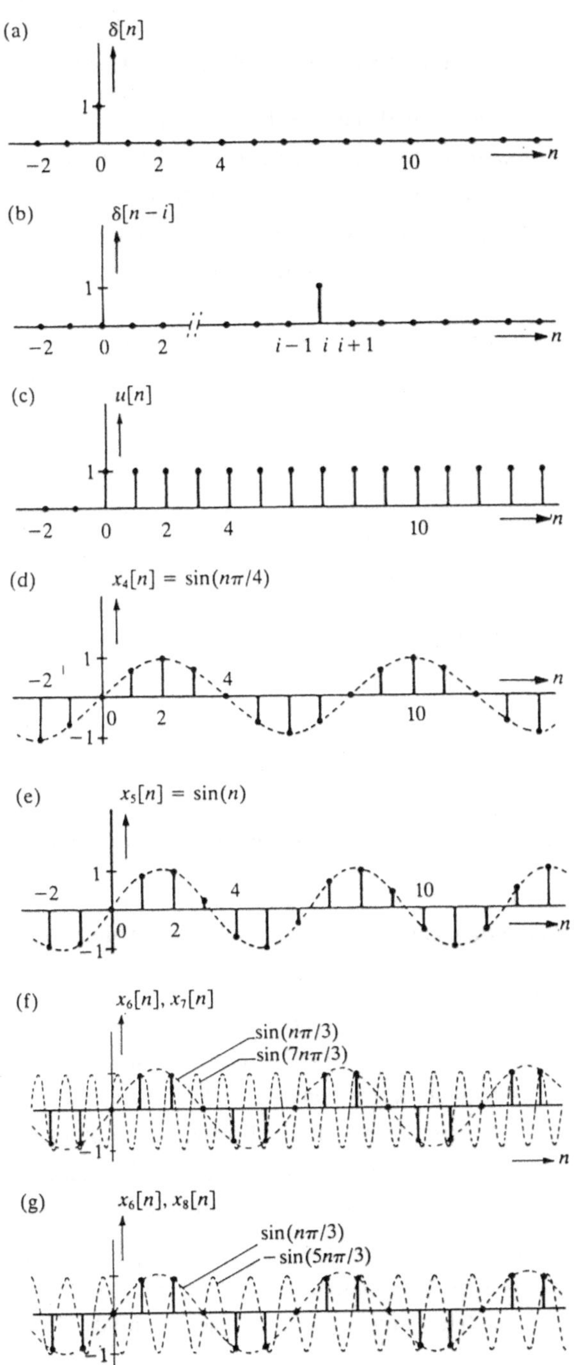

Bild 4.2 Einige häufig verwendete diskrete Signale.

4.3 Diskrete Signale – Beschreibung im Frequenzbereich

In Abschnitt 2.2 haben wir gesehen, wie kontinuierliche Signale im Frequenzbereich mit Hilfe der Fouriertransformation beschrieben werden können. Das gleiche ist auch für diskrete Signale möglich, wenn man ihre typische Eigenschaft, daß sie nämlich nur an bestimmten Werten der Zeit (und nicht dazwischen) definiert sind, berücksichtigt. Die Fouriertransformierte $X(e^{j\omega T})$ von einem beliebigen diskreten Signal $x[nT]$, oder die FTD von $x[nT]$, ist definiert zu:

$$\boxed{X(e^{j\omega T}) = \sum_{n=-\infty}^{\infty} x[nT]\,e^{-jn\omega T}} \qquad \text{(FTD)} \qquad (4.14)$$

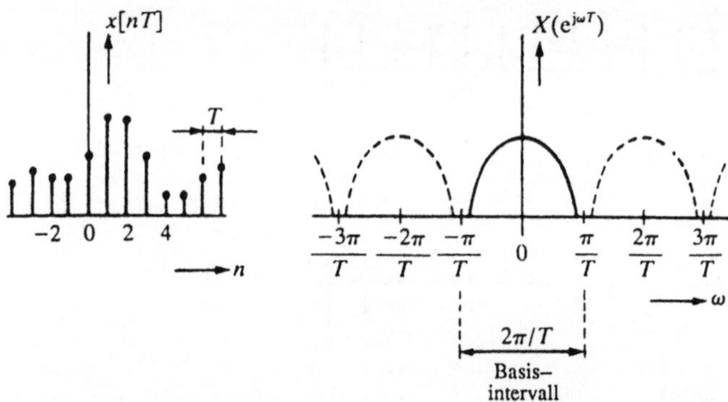

Bild 4.3 Schematische Darstellung einer Korrespondenz entsprechend Gleichung (4.14); ω ist die absolute Frequenz (in rad/s).

Man sieht zwei Unterschiede zur Fouriertransformation für kontinuierliche Signale (der FTC) entsprechend Gleichung (2.1):

– Das Integral ist durch eine Summenbildung ersetzt worden.

– Die Frequenzvariable ω auf der linken Seite ist durch $e^{j\omega T}$ ersetzt worden. Damit wird hervorgehoben, daß die Funktion X periodisch mit der Periode $2\pi/T$ ist. Ersetzt man auf der rechten Seite ω durch $\omega + 2k\pi/T$, so erhält man das gleiche Ergebnis der Summation. Das bedeutet, daß es bei der grafischen Darstellung von X genügt, nur ein Intervall der Breite $2\pi/T$ zu zeichnen. Allgemein verwendet man das Intervall $-\pi/T \leq \omega < \pi/T$ (Basisintervall); siehe Bild 4.3.

Die Funktion X (auch als Spektrum von $x[nT]$ bezeichnet) ist eine komplexe Funktion, die wir wahlweise in einen Realteil (R) und einen Imaginärteil (I) oder in eine Amplitude (A) und eine Phase (ϕ) aufteilen können:

$$X(e^{j\omega T}) = R(e^{j\omega T}) + jI(e^{j\omega T}) = A(e^{j\omega T})e^{j\phi(e^{j\omega T})} \qquad (4.15a)$$

oder kürzer:

$$X(e^{j\omega T}) = R + jI = A\,e^{j\phi} \tag{4.15b}$$

Die inverse Transformation oder Rücktransformation (IFTD) lautet:

$$x[nT] = \frac{T}{2\pi} \int\limits_{-\pi/T}^{\pi/T} X(e^{j\omega T}) e^{jn\omega T} d\omega \qquad \text{(IFTD)} \tag{4.16}$$

Die Funktionen $X(e^{j\omega T})$ und $x[nT]$ bilden eine Korrespondenz, weshalb sie auch mit dem Korrespondenzsymbol dargestellt werden:

$$x[nT] \;\circ\!\!-\!\!-\!\!\circ\; X(e^{j\omega T}) \tag{4.17}$$

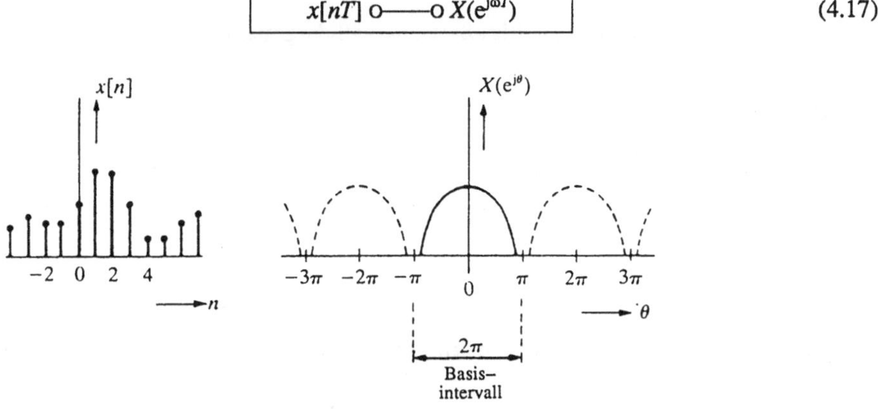

Bild 4.4 Schematische Darstellung einer Korrespondenz entsprechend Gleichung (4.18); $\theta = \omega T$ ist die relative Frequenz (in rad).

Wenn wir die relative Frequenz $\theta = \omega T$ verwenden, wird aus (4.14), (4.16) und (4.17):

$$X(e^{j\theta}) = \sum_{n=-\infty}^{\infty} x[nT] e^{-jn\theta} \qquad \text{(FTD)} \tag{4.18}$$

$$x[nT] = \frac{1}{2\pi} \int\limits_{-\pi}^{\pi} X(e^{j\theta}) e^{jn\theta} d\theta \qquad \text{(IFTD)} \tag{4.19}$$

$$x[n] \;\circ\!\!-\!\!-\!\!\circ\; X(e^{j\theta}) \tag{4.20}$$

Für die relative Frequenz θ erstreckt sich das Basisintervall von $-\pi \leq \theta < \pi$; (siehe Bild 4.4). Bild 4.3 und 4.4 sind völlig gleichwertig; es ist eine Ansichtssache, welches man in einer gegebenen Situation vorzieht.

4.3.1 Beispiele

Beispiel 1

Die FTD des diskreten Einheitsimpulses $\delta[n]$ ergibt:

$$\delta[n] \quad \circ\!\!-\!\!\!-\!\!\circ \quad X(e^{j\theta}) = \sum_{n=-\infty}^{\infty} \delta[n]e^{-jn\theta} = 1 \tag{4.21}$$

In Bild 4.5(a) sind $\delta[n]$ und $X(e^{j\theta}) = 1$ im Basisintervall dargestellt.

Beispiel 2

Für die FTD des Signals $x[n]$:

$$x[n] = \begin{cases} 0 & \text{für } n < 0 \\ a^n & \text{für } n \geq 0 \text{ mit } |a| < 1 \end{cases} \tag{4.22a}$$

oder:

$$x[n] = a^n u[n] \quad \text{mit} \quad |a| < 1 \tag{4.22b}$$

findet man:[1]

$$X(e^{j\theta}) = \sum_{n=0}^{\infty} a^n e^{-jn\theta} = \sum_{n=0}^{\infty} (ae^{-j\theta})^n$$

$$= \frac{1}{1-ae^{-j\theta}} = \frac{1}{1-a\cos(\theta)+ja\sin(\theta)} = Ae^{j\phi} \tag{4.23a}$$

mit

---

[1]Wir verwenden hier die elementare Eigenschaft der geometrischen Reihe:

$$\sum_{n=0}^{\infty} \alpha^n = 1+\alpha+\alpha^2+\ldots = \frac{1}{1-\alpha} \quad \text{für alle } |\alpha| < 1,$$

wobei α eine komplexe Zahl sein kann. Später werden wir auch die folgende Eigenschaft regelmäßig verwenden:

$$\sum_{n=0}^{N-1} \alpha^n = 1+\alpha+\alpha^2+\ldots+\alpha^{N-1} = \frac{1-\alpha^N}{1-\alpha} \quad \text{für alle } \alpha \neq 1$$

$$A(e^{j\theta}) = \sqrt{\frac{1}{1 - 2a\cos(\theta) + a^2}} \tag{4.23b}$$

$$\phi(e^{j\theta}) = -\arctan\left(\frac{a\sin(\theta)}{1 - a\cos(\theta)}\right) \tag{4.23c}$$

Der Betrag $A(e^{j\theta})$ und die Phase $\phi(e^{j\theta})$ sind in Bild 4.5(c) (für $a = 0{,}65$) dargestellt.

4.3.2 Eigenschaften der FTD

Viele der Eigenschaften, die in Anhang I für die FTC gegeben sind, haben ein entsprechendes Gegenstück in der FTD. Einige dieser Eigenschaften sollen hier kurz wiedergegeben werden. Wir werden dabei folgende Korrespondenzen verwenden, wobei $x[n]$, $x_1[n]$ und $x_2[n]$ beliebige diskrete Signale sind:

$$x[n] \circ\!\!-\!\!-\!\!\circ X(e^{j\theta})$$
$$x_1[n] \circ\!\!-\!\!-\!\!\circ X_1(e^{j\theta}) \tag{4.24}$$
$$x_2[n] \circ\!\!-\!\!-\!\!\circ X_2(e^{j\theta})$$

A. Linearität

$$\boxed{ax_1[n] + bx_2[n] \circ\!\!-\!\!-\!\!\circ aX_1(e^{j\theta}) + bX_2(e^{j\theta})} \tag{4.25}$$

wobei a und b beliebige Konstanten sind.

B. Zeitverschiebung

$$\boxed{x[n - i] \circ\!\!-\!\!-\!\!\circ e^{-ji\theta}X(e^{j\theta})} \tag{4.26}$$

wobei i eine beliebige ganze Zahl ist.

C. Frequenzverschiebung

$$\boxed{x[n]\, e^{j\theta_0} \circ\!\!-\!\!-\!\!\circ X(e^{j(\theta - \theta_0)})} \tag{4.27}$$

Eine einfache Frequenzverschiebung des Spektrums $X(e^{j\theta})$ führt zu einer komplexen Zeitfunktion. Bei einer zweifachen Frequenzverschiebung jedoch erhält man wieder die reelle Zeitfunktion (das tritt z.B. bei Modulation auf):

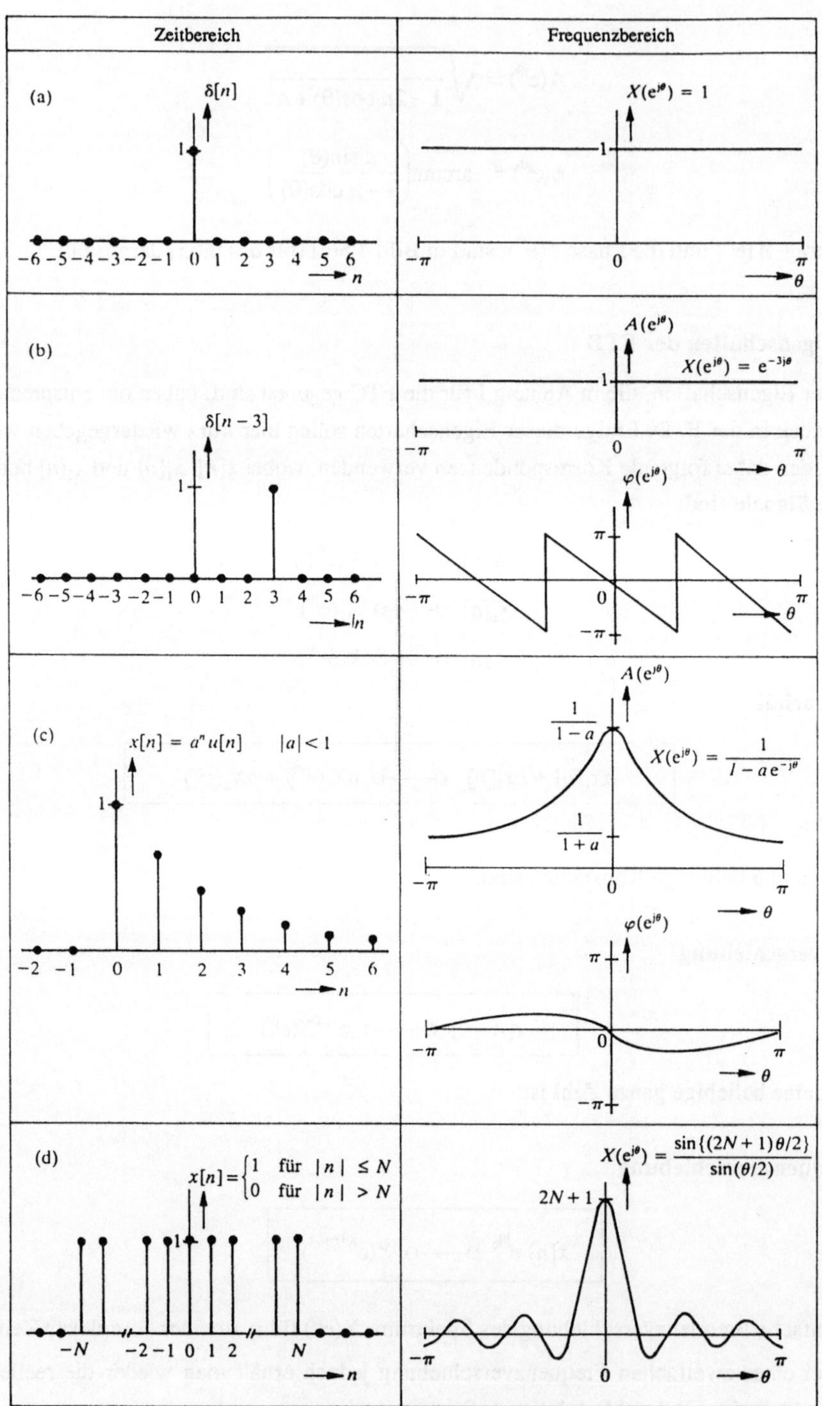

Bild 4.5 Beispiele für Korrespondenzen der Fouriertransformation für zeitdiskrete Signale (FTD)

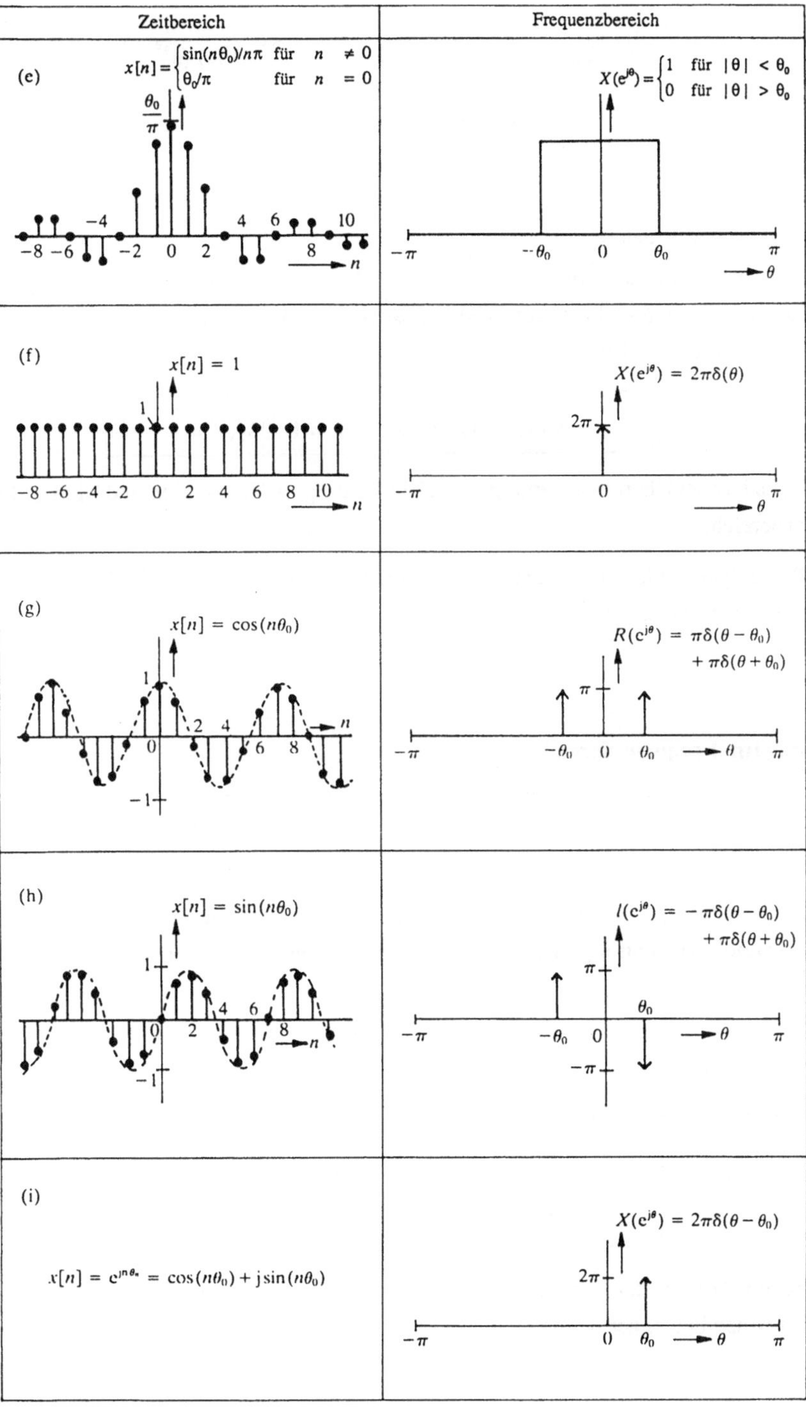

Bild 4.5 *(Fortsetzung)*

$$2x[n]\cos(n\theta_0) \quad \circ\!\!-\!\!-\!\!\circ \quad X(e^{j(\theta-\theta_0)}) + X(e^{j(\theta+\theta_0)})$$

$$2x[n]\sin(n\theta_0) \quad \circ\!\!-\!\!-\!\!\circ \quad \frac{1}{j}\left\{X(e^{j(\theta-\theta_0)}) - X(e^{j(\theta+\theta_0)})\right\}$$

(4.28)

D. Faltung im Zeitbereich

Die Faltung von diskreten Signalen ist mit der Faltung von kontinuierlichen Signalen vergleichbar und wird später in diesem Kapitel (Abschnitt 4.4.4) ausführlich behandelt; für die Faltung zweier diskreter Signale gilt:

$$\boxed{x_1[n] \;*\; x_2[n] \quad \circ\!\!-\!\!-\!\!\circ \quad X_1(e^{j\theta})X_2(e^{j\theta})}$$

(4.29)

Folglich: Es besteht Übereinstimmung zwischen Faltung im Zeitbereich und Multiplikation im Frequenzbereich.

Der Vollständigkeit halber sei hier schon erwähnt, daß die Faltung zweier diskreter Signale $x_1[n]$ und $x_2[n]$ definiert ist zu:

$$x_1[n] \;*\; x_2[n] = \sum_{i=-\infty}^{\infty} x_1[i]x_2[n-i]$$

(4.30)

E. Faltung im Frequenzbereich

$$\boxed{x_1[n]x_2[n] \quad \circ\!\!-\!\!-\!\!\circ \quad \frac{1}{2\pi}X_1(e^{j\theta}) \;*\; X_2(e^{j\theta})}$$

(4.31)

Folglich: Es besteht Übereinstimmung zwischen Multiplikation im Zeitbereich und Faltung im Frequenzbereich. Die Faltung zweier periodischer Frequenzfunktionen ist hier definiert zu:

$$X_1(e^{j\theta}) \;*\; X_2(e^{j\theta}) = \int_{-\pi}^{\pi} X_1(e^{jv})X_2(e^{j(\theta-v)})dv$$

(4.32)

F. Parseval'sches Theorem

$$\boxed{\sum_{n=-\infty}^{\infty} |x[n]|^2 \;=\; \frac{1}{2\pi}\int_{-\pi}^{\pi} |X(e^{j\theta})|^2 \, d\theta}$$

(4.33)

Das Theorem besagt, daß die "Energie" eines Signals sowohl im Zeitbereich als auch im Frequenzbereich berechnet werden kann.

G. Beliebige reelle Zeitfunktionen

Für beliebige diskrete reelle Funktionen $x[n]$ gilt, daß der Realteil der Transformierten $X(e^{j\theta})$ eine gerade und der Imaginärteil eine ungerade Funktion ist:

$$X(e^{j\theta}) = X^*(e^{-j\theta}) \qquad (4.34a)$$

(*bedeutet hierbei: konjugiert komplex)

oder ausgedrückt in Realteil R und Imaginärteil I:

$$R(e^{j\theta}) = R(e^{-j\theta}) \quad \text{und} \quad I(e^{j\theta}) = -I(e^{-j\theta}) \qquad (4.34b)$$

oder als Betrag A und Phase ϕ :

$$A(e^{j\theta}) = A(e^{-j\theta}) \quad \text{und} \quad \phi(e^{j\theta}) = -\phi(e^{-j\theta}) \qquad (4.34c)$$

Bemerkung: Von dieser Eigenschaft können wir eine interessante Schlußfolgerung ziehen: die Funktion $X(e^{j\theta})$ ist vollständig beschrieben, wenn wir ihre Werte in dem halben Basisintervall $0 \le \theta < \pi$ kennen. Die Werte von $X(e^{j\theta})$ für $-\pi \le \theta < 0$ lassen sich dann mit einer der oben stehenden Gleichungen direkt berechnen (das gleiche gilt natürlich auch, wenn man $X(e^{j\theta})$ von der anderen Hälfte des Basisintervalls $-\pi \le \theta < 0$ kennt); siehe beispielsweise Bild 4.5.

H. Gerade reelle Zeitfunktionen

Ist $x[n]$ eine *gerade* und *reelle* diskrete Funktion, d.h. $x[n] = x[-n]$, dann ist $X(e^{j\theta})$ eine *gerade* und *reelle* Funktion.

I. Ungerade reelle Zeitfunktionen

Ist $x[n]$ eine *ungerade reelle* diskrete Funktion, d.h. $x[n] = -x[-n]$, dann ist $X(e^{j\theta})$ eine *ungerade* und *imaginäre* Funktion.

J. Komplexe Zeitfunktionen

Auch für rein imaginäre und komplexe diskrete Funktionen können einige spezielle Regeln abgeleitet werden. Die Eigenschaften G, H, I und J sind in Tabelle 4.1 zusammengefaßt.

K. Wellenform–Zerlegung

Eine beliebige diskrete Funktion $x[n]$ kann immer als Summe einer geraden Funktion $x_e[n]$ und einer ungeraden Funktion $x_o[n]$ dargestellt werden:

$$x[n] = \frac{x[n] + x[-n]}{2} + \frac{x[n] - x[-n]}{2}$$

$$= x_e[n] + x_o[n] \qquad (4.35a)$$

mit

$$x_e[n] = \frac{x[n] + x[-n]}{2} \quad \text{und} \quad x_o[n] = \frac{x[n] - x[-n]}{2} \qquad (4.35b \text{ und } c)$$

Tabelle 4.1 Zusammenfassung der Eigenschaften G, H, I und J der FTD

	Eigenschaft	$x[n]$	$X(e^{j\theta})$
G	1	reell	Realteil gerade Imaginärteil ungerade
H	2	reell und gerade	reell und gerade
I	3	reell und ungerade	imaginär und ungerade
	4	imaginär	Realteil ungerade Imaginärteil gerade
	5	imaginär und gerade	imaginär und gerade
	6	imaginär und ungerade	reell und ungerade
	7	Realteil gerade Imaginärteil gerade	Realteil gerade Imaginärteil gerade
J	8	Realteil ungerade Imaginärteil ungerade	Realteil ungerade Imaginärteil ungerade
	9	Realteil gerade Imaginärteil ungerade	reell
	10	Realteil ungerade Imaginärteil gerade	imaginär

4.3.3 Häufig verwendete Korrespondenzen

Einige häufig verwendete Korrespondenzen sind in Bild 4.5 dargestellt. Wir haben dabei einige interessante Korrespondenzen dazu genommen, die sich nicht direkt mittels der FTD–Definition berechnen lassen, da ihre Summation einen unendlichen Wert ergeben würde (die Summation konvergiert nicht). Es handelt sich dabei um folgende Korrespondenzen:

$$x[n] = 1 \quad \circ\!\!-\!\!\!-\!\!\circ \quad X(e^{j\theta}) = 2\pi\delta(\theta) \qquad (4.36a)$$

$$x[n] = \cos(n\theta_0) \quad \circ\!\!-\!\!\!-\!\!\circ \quad X(e^{j\theta}) = \pi\delta(\theta - \theta_0) + \pi\delta(\theta + \theta_0) \qquad (4.36b)$$

$$x[n] = \sin(n\theta_0) \quad \circ\!\!-\!\!\!-\!\!\circ \quad X(e^{j\theta}) = -\pi j\delta(\theta - \theta_0) + \pi j\delta(\theta + \theta_0) \qquad (4.36c)$$

$$x[n] = e^{jn\theta_0} \quad \circ\!\!-\!\!\!-\!\!\circ \quad X(e^{j\theta}) = 2\pi\delta(\theta - \theta_0) \qquad (4.36d)$$

Wir finden hier also immer Impulsfunktionen im Frequenzbereich. Daß es sich tatsächlich um Korrespondenzen handelt, sieht man daran, daß sie problemlos mittels der IFTD vom Frequenzbereich in den Zeitbereich transformiert werden können (bitte beweisen!).

- *Bemerkung 1:* In Abschnitt 4.2.2 haben wir gesehen, daß zwei diskrete Sinusfunktionen mit den relativen Frequenzen θ_1 und θ_2, mit $\theta_2 = \theta_1 + i2\pi$ (i ganzzahlig), identisch sind. Sie haben deshalb auch die gleiche FTD. Um Mißverständnisse zu vermeiden, vereinbaren wir, daß sich von nun an θ_0 bei $\cos(n\theta_0)$, $\sin(n\theta_0)$ und $e^{jn\theta_0}$ immer auf den Wert im Basisintervall bezieht (d.h. $-\pi \leq \theta_0 < \pi$), falls nicht ausdrücklich anders vermerkt.

- *Bemerkung 2:* Man kann deutlich Parallelen zwischen den Korrespondenzen der FTD (4.36a)–(4.36d) und den Korrespondenzen der FTC aus Abschnitt 2.5 erkennen. Es besteht aber auch ein auffallender Unterschied: die in Abschnitt 2.5 betrachteten kontinuierlichen Signale waren alle periodisch, während die diskreten Signale $\sin(n\theta_0)$, $\cos(n\theta_0)$ und $e^{jn\theta_0}$ überhaupt nicht periodisch zu sein brauchen (siehe Abschnitt 4.2.2).

4.4 Lineare zeitinvariante diskrete Systeme

4.4.1 Einführung

Da wir nun diskrete *Signale* kennengelernt haben, können wir unsere Aufmerksamkeit den diskreten *Systemen* zuwenden. Ein diskretes System ist als ein System definiert, das ein oder mehrere diskrete Eingangssignale $x[n]$ nach bestimmten (diskreten) Regeln in ein oder mehrere diskrete Ausgangssignale $y[n]$ umsetzt. Im folgenden werden wir uns vornehmlich mit Systemen mit einem (reellen) Eingangssignal $x[n]$ und einem (reellen) Ausgangssignal $y[n]$ befassen.

Außerdem beschränken wir uns in erster Instanz auf die wichtige Klasse der linearen zeitinvarianten diskreten Systeme (engl.: linear time–invariant discrete oder LTD); dazu gehören praktisch die meisten diskreten (und daher auch digitalen) Filter. Ein solches System ist in Bild 4.6 dargestellt.

Die Eigenschaften *Linearität* und *Zeitinvarianz* definieren wir auf der Basis von $x[n]$ und $y[n]$.

Linearität: Ein diskretes System ist linear, wenn das Eingangssignal $ax_1[n] + bx_2[n]$ das Ausgangssignal $ay_1[n] + by_2[n]$ erzeugt, wobei a und b beliebige Konstanten sind. Ferner sind $x_1[n]$ und $x_2[n]$ beliebige Eingangssignale und $y_1[n]$ und $y_2[n]$ die dazugehörenden Ausgangssignale.

Zeitinvarianz: Ein diskretes System ist zeitinvariant, wenn das Eingangssignal $x[n - i]$ das Ausgangssignal $y[n - i]$ erzeugt. Dabei ist i eine beliebige ganze Zahl, $x[n]$ ein beliebiges Eingangssignal und $y[n]$ das dazugehörende Ausgangssignal.

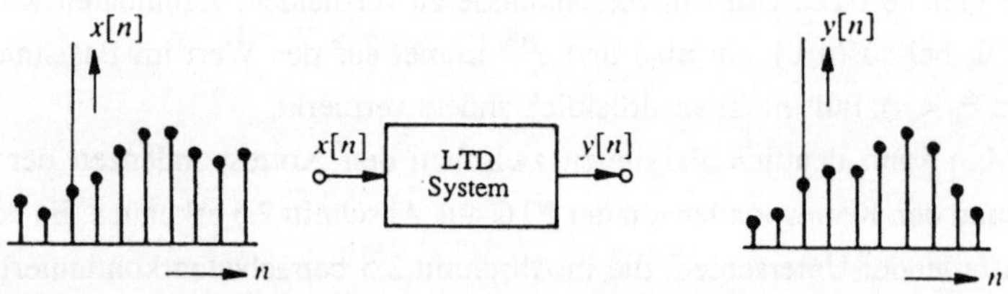

Bild 4.6 Ein LTD-System

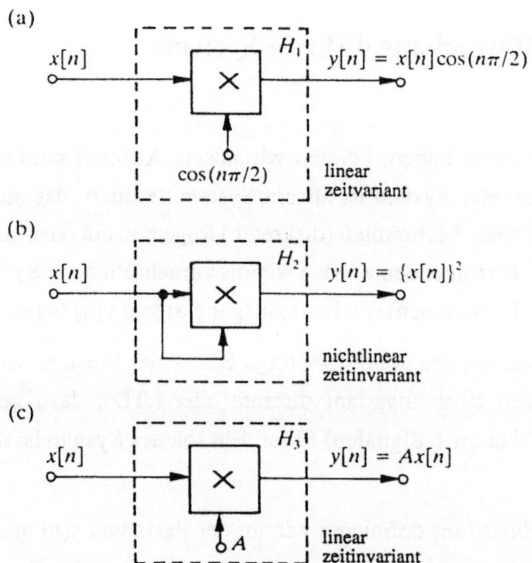

Bild 4.7 Linearität und Zeitinvarianz bei einigen einfachen diskreten Systemen

Die Begriffe Linearität und Zeitinvarianz lassen sich mit Hilfe der Systeme in Bild 4.7 erläutern, von denen jedes nur einen Multiplizierer enthält. Je nachdem, wofür die Multiplizierer verwendet werden, erhält man ganz unterschiedliche Eigenschaften. Das System H_1, nach Bild 4.7a, ist ein zeitvariantes System. Man kann das folgendermaßen einsehen: Ein Eingangssignal $x[n] = \delta[n]$

erzeugt ein Ausgangssignal $y[n] = \cos(n\pi/2)\delta[n] = \cos(0)\delta[n] = \delta[n]$. Wenn nun das Eingangssignal über ein Abtastintervall verschoben wird und so $\delta[n-1]$ an das System gelegt wird, erhält man $y[n] = \cos(n\pi/2)\delta[n-1] = \cos(\pi/2)\delta[n-1] = 0$; was sicher nicht das verschobene, vorher gefundene Ausgangssignal ist! Das System H_2 aus Bild 4.7b ist nichtlinear, da sich bei Verdoppelung des Eingangssignals das Ausgangssignal nicht verdoppelt sondern vervierfacht. Die anderen Eigenschaften der Systeme aus Bild 4.7 können leicht mit Hilfe der früher gegebenen Definitionen bewiesen werden (bitte beweisen Sie!).

Genauso wie bei kontinuierlichen Systemen sind auch bei diskreten Systemen die Begriffe Kausalität und Stabilität in Verbindung mit der praktischen Realisierbarkeit wichtig. Im allgemeinen fordert man von solchen Systemen, daß sie *stabil* und *kausal* sind. Formal gelten dafür die folgenden Definitionen.

Stabilität: Ein diskretes System ist stabil, wenn jedes beliebige Eingangssignal $x[n]$ mit endlicher Amplitude, (d.h. $|x[n]|_{max} \leq A$) ein Ausgangssignal $y[n]$ mit endlicher Amplitude (d.h. $|y[n]|_{max} \leq B$) erzeugt.

Kausalität: Ein diskretes System ist kausal, wenn das Ausgangssignal in einem beliebigen Zeitpunkt $n = n_0$ unabhängig von den Werten des Eingangssignals zu Zeiten später als n_0 ist.

(In Abschnitt 4.4.3 werden wir Beispiele von LTD–Systemen angeben, die stabil oder instabil, kausal oder nicht kausal sind.) LTD–Systeme haben einige besonders attraktive Eigenschaften. Die erste davon ist, daß alle realisierbaren Systeme dieser Art aus nur drei Grundelementen zusammengestellt werden können (Bild 4.8):

(a) Der Addierer, bei dem zwei Eingangssignale addiert werden, um ein Ausgangssignal zu erzeugen:

$y[n] = x_1[n] + x_2[n]$;

(b) Der Multiplizierer, bei dem ein Signal mit einer Konstanten multipliziert wird:

$y[n] = Ax[n]$;

(c) Der Verzögerer, mit dem ein Signal $x[n]$ um ein Abtastintervall verzögert wird:

$y[n] = x[n-1]$.

Mit diesen Elementen kann man z.B. einen Subtrahierer durch Kombination von einem Addierer und einem Multiplizierer mit $A = -1$ zusammenstellen; (siehe Bild 4.9a). Ein anderes einfaches aber realistisches LTD–System, bei dem alle Grundelemente auftreten, ist in Bild 4.9b zu sehen. Zwischen der Theorie der diskreten Signale, die wir schon zuvor behandelt haben und der Theorie der LTD–Systeme, besteht ein enger Zusammenhang. Das läßt sich sehr gut damit erklären, daß die wichtigsten Eigenschaften eines LTD–Systems von nur einem diskreten Signal abgeleitet

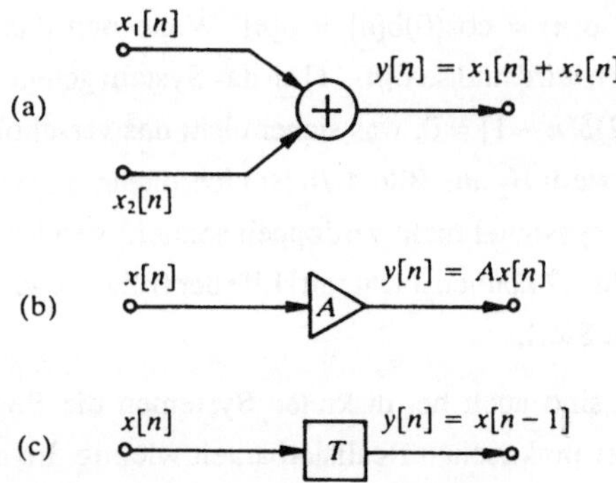

Bild 4.8 Die drei Grundelemente der LTD–Systeme

werden können: dem Ausgangssignal, das man bei Anlegen des diskreten Einheitsimpulses $\delta[n]$ an den Eingang des Systems erhält. Das Ausgangssignal nennt man die *Impulsantwort* $h[n]$ des LTD–Systems.

Die Impulsantwort $h[n]$ ist eine Systembeschreibung im Zeitbereich. Wenn wir die FTD auf $h[n]$ anwenden, erhalten wir die *Übertragungsfunktion* oder den *Frequenzgang* $H(e^{j\theta})$; dies ist eine Systembeschreibung im Frequenzbereich. Es ist ebenfalls möglich, LTD–Systeme mittels *Differenzengleichungen* zu beschreiben; was dann wieder eine Beschreibung im Zeitbereich wäre.

In den folgenden Abschnitten werden wir tiefer auf diese drei Möglichkeiten der System-beschreibung eingehen; beginnen werden wir mit der letzteren. (Später werden wir noch eine andere wichtige Möglichkeit, die *Systemfunktion* $H(z)$ kennenlernen.)

4.4.2 Die Differenzengleichung als Systembeschreibung

Das diskrete System von Bild 4.9b wird vollkommen durch die folgenden zwei einfachen Gleichungen beschrieben:

$$v[n] = ax[n] + bx[n-1] + y[n] \qquad (4.37a)$$

und

$$y[n] = cv[n-1] \qquad (4.37b)$$

Gleichungen diesen Typs, bei denen der Wert eines diskreten Signals in einem bestimmten Zeitpunkt (hier $v[n]$ und $y[n]$) als Funktion der Signalwerte in vorangegangenen Zeitpunkten ($x[n-1]$ und $v[n-1]$) gegeben ist, nennt man *Differenzengleichungen*.

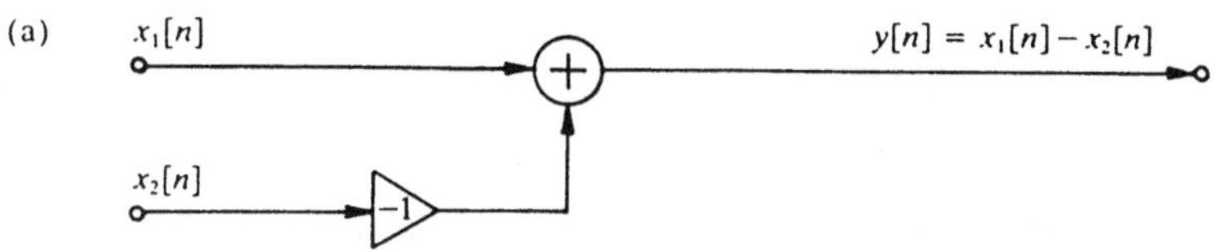

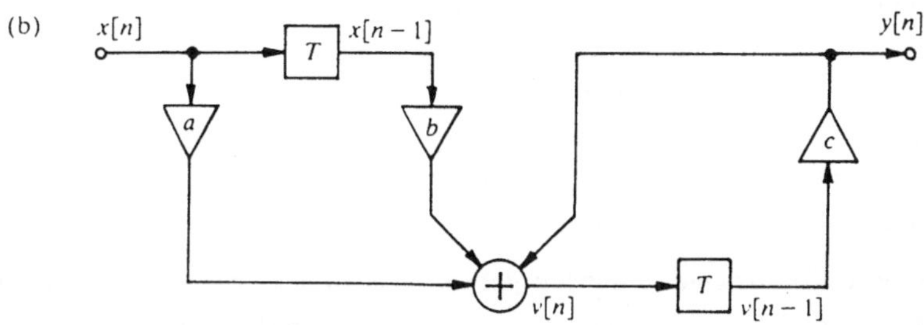

Bild 4.9 Zwei einfache LTD-Systeme

Die beiden oberen Gleichungen können wir zu einer einfachen Differenzengleichung zusammenfassen, in der nur verzögerte Eingangssignale $x[n]$ und verzögerte Ausgangssignale $y[n]$ auftreten:

$$y[n] = acx[n-1] + bcx[n-2] + cy[n-1]' \tag{4.38}$$

Mit dieser Gleichung können wir im Prinzip für jedes beliebige Eingangssignal $x[n]$ das Ausgangssignal $y[n]$ berechnen. Als Beispiel sei $x[n] = \delta[n]$ und wir nehmen an, daß $y[n] = 0$ für $n < 0$; somit wird

$$y[0] = acx[-1] + bcx[-2] + cy[-1] = 0$$

$$y[1] = acx[0] + bcx[-1] + cy[0] = ac$$

$$y[2] = acx[1] + bcx[0] + cy[1] = (b + ac)c$$

$$y[3] = acx[2] + bcx[1] + cy[2] = (b + ac)c^2 \tag{4.39a}$$

$$\cdot$$
$$\cdot$$
$$\cdot$$

$$y[n] = acx[n-1] + bcx[n-2] + cy[n-1] = (b + ac)c^{n-1}$$

Zusammenfassend finden wir für das Ausgangssignal:

$$y[n] = \begin{cases} 0 & \text{für } n \le 0 \\ ac & \text{für } n = 1 \\ (b+ac)c^{n-1} & \text{für } n \ge 2 \end{cases} \qquad (4.39b)$$

Die LTD–Systeme, mit denen wir häufig zu tun haben werden, können durch folgende Differenzengleichung beschrieben werden:

$$y[n] = b_0 x[n] + b_1 x[n-1] + \ldots + b_N x[n-N] + a_1 y[n-1] + \ldots + a_M y[n-M]$$

$$= \sum_{i=0}^{N} b_i x[n-i] + \sum_{i=1}^{M} a_i y[n-i] \qquad (4.40)$$

Das ist eine lineare Differenzengleichung mit konstanten Koeffizienten. Mit dieser Differenzengleichung läßt sich einiges anfangen:

— Sind $x[n]$ sowie die Koeffizienten a_i und b_i gegeben, so lassen sich –wie bereits für das System nach Bild 4.9b – die Werte $y[0]$, $y[1]$, . . . schrittweise berechnen. Das ist aber nur bei einfachen Systemen und einfachen Signalen sinnvoll.

— Man kann die allgemeine Theorie zur Berechnung von Differenzengleichungen verwenden, um direkt $y[n]$ als Funktion von n zu finden. Diese Methode weist große Analogien zur Lösungsmethode für Differentialgleichungen auf. Wir werden hier nicht weiter darauf eingehen, weil das im allgemeinen doch etwas zu umständlich ist.

— Die Differenzengleichung kann als Ausgangspunkt zu anderen Systembeschreibungen verwendet werden (im Frequenzbereich: ähnlich der Differentialgleichung für kontinuierliche Systeme). Wir haben es dann nicht mehr mit Differenzengleichungen sondern mit algebraischen Gleichungen zu tun, die viel einfacher zu berechnen sind.

— Die Differenzengleichung liefert einen direkten Hinweis auf eine mögliche Struktur eines Systems.

Beispiel

Ein System, das durch die Differenzengleichung

$$y[n] = \sum_{i=0}^{3} b_i x[n-i] + \sum_{i=1}^{3} a_i y[n-i] \qquad (4.41)$$

beschrieben wird, kann nach dem Schema von Bild 4.10 realisiert werden. Wir werden aber später sehen, daß es noch viele andere Strukturen gibt, die mit der gleichen Differenzengleichung beschrieben werden können.

4.4.3 Die Impulsantwort als Systembeschreibung

Wie erwähnt, kann ein LTD–System vollkommen durch seine Impulsantwort, d.h. durch das Ausgangssignal $h[n]$, das zu dem Eingangssignal $x[n]=\delta[n]$ gehört, beschrieben werden; (siehe Bild 4.11).

Manchmal läßt sich die Impulsantwort auf sehr einfache Weise bestimmen. In anderen Fällen sind kompliziertere Methoden notwendig, die beispielsweise auf der Beschreibung mit einer Differenzengleichung basieren.

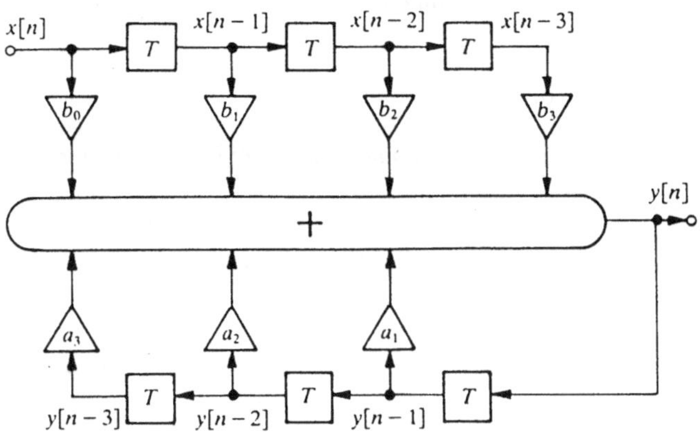

Bild 4.10 LTD–System entsprechend Gleichung (4.41).

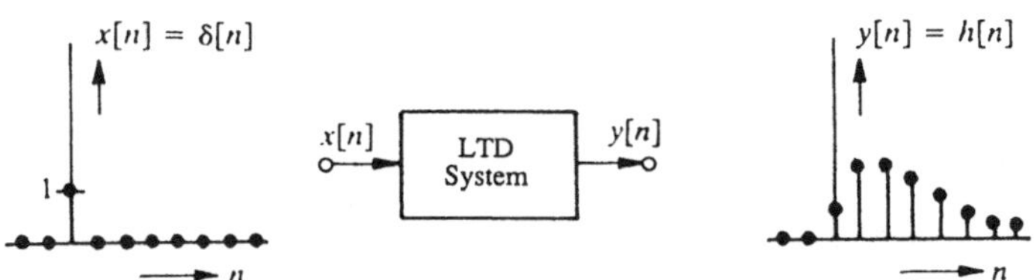

Bild 4.11 Ein LTD–System und seine Impulsantwort h[n].

Beispiel 1

Es ist unmittelbar ersichtlich, daß die Impulsantwort des Systems nach Bild 4.12 durch

$$h_A[n] = 2\delta[n] - 0{,}5\delta[n - 1] \tag{4.42}$$

gegeben ist. Diese Impulsantwort hat eine endliche Länge und man nennt das System ein FIR–Filter (engl.: finite impulse response filter).

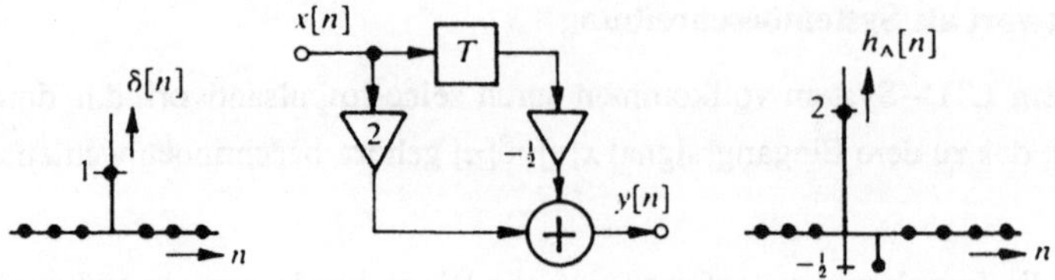

Bild 4.12 LTD–System A

Beispiel 2

Die Impulsantwort des Systems nach Bild 4.13 lautet:

$$h_{\mathrm{B}}[n] = (-3/4)^n u[n-1] \qquad (4.43)$$

Das ist eine Impulsantwort mit unendlicher Länge und man nennt das System ein IIR–Filter (engl.: infinite impulse response filter).

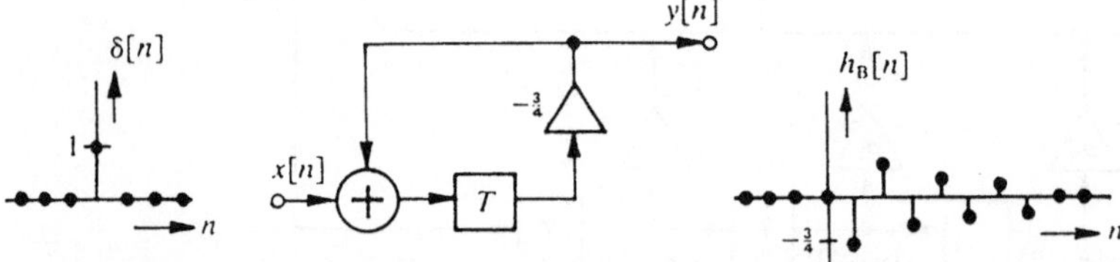

Bild 4.13 LTD–System B

Beispiel 3

Die Impulsantwort des Systems nach Bild 4.14 (Kaskadenschaltung der Systeme von Beispiel 1 und 2) kann man nicht so leicht erkennen.

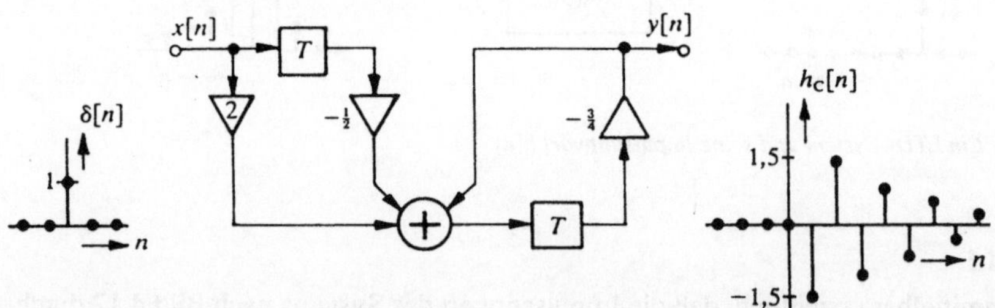

Bild 4.14 Kaskadenschaltung der LTD–Systeme A und B

Da wir aber schon in Bild 4.9b dem gleichen System mit $\delta[n]$ als Eingangssignal begegnet sind, können wir Gleichung (4.39b) verwenden. Wir substituieren $a = 2$; $b = -1/2$; $c = -3/4$ und erhalten:

$$h_{\mathrm{C}}[n] = \begin{cases} 0 & \text{für } n \le 0 \\ -1,5 & \text{für } n = 1 \\ -2(-0,75)^{n-1} & \text{für } n \ge 2 \end{cases} \qquad (4.44)$$

Ebenso kann man dafür schreiben (bitte überprüfen!):

$$h_{\mathrm{C}}[n] = -1,5\delta[n-1] - 2(-0,75)^{n-1}u[n-2] \qquad (4.45)$$

Kennt man die Impulsantwort $h[n]$ eines LTD–Systems, so kann man das zu einem beliebigen Eingangssignal $x[n]$ gehörende Ausgangssignal $y[n]$ berechnen. Das läßt sich folgendermaßen einsehen (wir wenden (4.5) im vierten Schritt an):

1. Per Definition erzeugt das Eingangssignal $\delta[n]$ das Ausgangssignal $h[n]$.
2. Wegen der Zeitinvarianz erzeugt dann das Eingangssignal $\delta[n-i]$ das Ausgangssignal $h[n-i]$.
3. Wegen der Linearität erzeugt dann das Eingangssignal $x[i]\delta[n-i]$ das Ausgangssignal $x[i]h[n-i]$.
4. Dann erzeugt (ebenfalls wegen der Linearität) das Eingangssignal

$$x[n] = \sum_{i=-\infty}^{\infty} x[i]\,\delta[n-i]$$

das Ausgangssignal

$$y[n] = \sum_{i=-\infty}^{\infty} x[i]\,h[n-i]$$

Zusammenfassend finden wir, daß ein LTD–System mit der Impulsantwort $h[n]$ und dem Eingangssignal $x[n]$ folgendes Ausgangssignal $y[n]$ erzeugt:

$$y[n] = \sum_{i=-\infty}^{\infty} x[i]\,h[n-i] \qquad (4.46)$$

An der Impulsantwort $h[n]$ eines LTD–Systems läßt sich unmittelbar erkennen, ob das System stabil oder kausal oder beides ist.

Für ein *stabiles* LTD–System gilt:

$$\sum_{i=-\infty}^{\infty} |h[i]| < \infty \qquad (4.47)$$

Für ein *kausales* LTD–System gilt:

$$h[n] = 0 \quad \text{für } n < 0 \qquad (4.48)$$

Als Beispiel ist die Impulsantwort für vier Systeme mit den dazugehörenden Schlußfolgerungen entsprechend (4.47) und (4.48) in Bild 4.15 dargestellt.

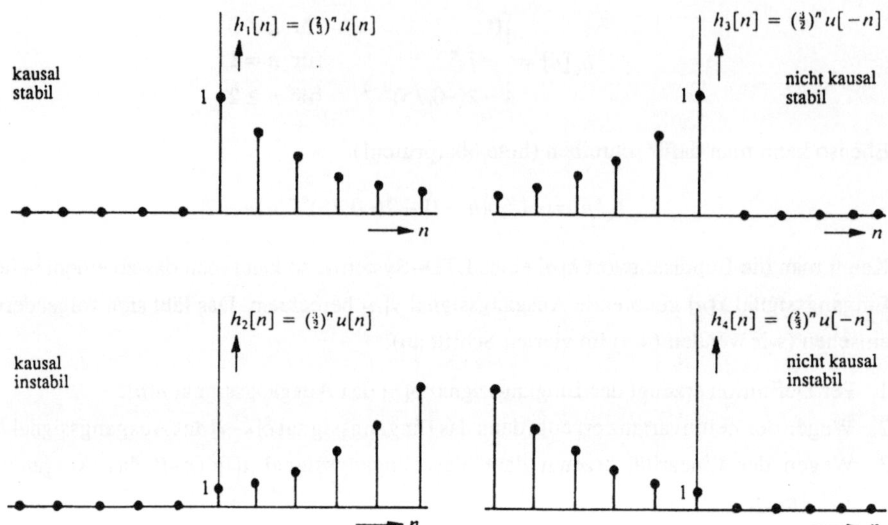

Bild 4.15   Stabilität und Kausalität

4.4.4 Die diskrete Faltung

Gleichung (4.46) gibt die sogenannte Faltung von $x[n]$ mit $h[n]$ an und wird in folgender Kurzform dargestellt:

$$y[n] = x[n] * h[n] \tag{4.49}$$

Substitution von $i' = n - i$ in Gleichung (4.46) und weiteres Ersetzen von i' durch i ergibt:

$$y[n] = \sum_{i=\infty}^{\infty} x[i]h[n-i] = \sum_{i=-\infty}^{\infty} h[n]x[n-i] \tag{4.50}$$

oder

$$y[n] = x[n] * h[n] = h[n] * x[n] \tag{4.51}$$

Zur Veranschaulichung ist die Berechnung der Faltung zweier Signale $x[n]$ und $h[n]$ in Bild 4.16 schrittweise dargestellt. Ausgehend von $h[i]$ und $x[i]$ führen wir die folgenden Operationen durch:

  I. Umklappen bzw. Falten von $h[i]$: ergibt $h[-i]$.

  II. Verschieben von $h[-i]$ um n: ergibt $h[n - i]$ (in Bild 4.16 haben wir $n = 2$ gewählt).

  III. Multiplikation von $x[i]$ mit $h[n - i]$: ergibt $x[i]h[n - i]$.

  IV. Summation des Produktes über alle i: ergibt in Bild 4.16 den Signalwert $y[2]$.

  V. Variation von n zwischen $-\infty$ bis $+\infty$: ergibt $y[n]$.

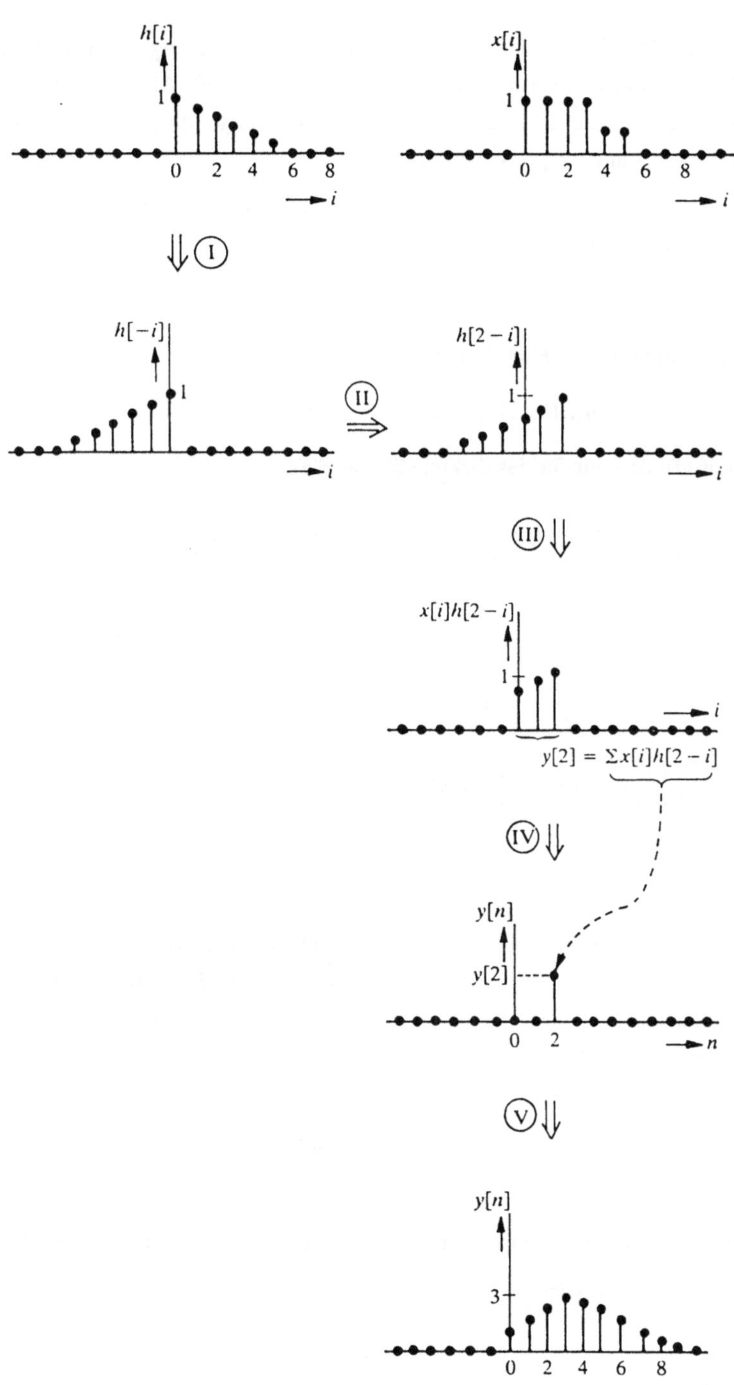

Bild 4.16 Schematische Darstellung der Faltung in fünf Schritten

Aus Bild 4.16 ist ersichtlich, daß das Signal $y[n]$, das man nach der Faltung erhält, von größerer Länge ist als jedes der beiden ursprünglichen Signale $h[n]$ und $x[n]$. Allgemein erzeugt die Faltung zweier diskreter Signale $h[n]$ und $x[n]$ von endlicher Länge (N_1 und N_2) ein diskretes Signal $y[n]$ der endlichen Länge $N_1 + N_2 - 1$.

Wenn wenigstens eines der beiden Signale $h[n]$ und $x[n]$ von unendlicher Länge ist, kann $y[n]$ ebenfalls von unendlicher Länge sein.

Beispiel

Wir bestimmen die Faltung $y[n] = h[n] * x[n]$ für

$$h[n] = a^n u[n] \quad \text{und} \quad x[n] = b^n u[n] \tag{4.52}$$

Mit Gleichung (4.50) finden wir für das diskrete Signal $y[n]$:

$$y[n] = \sum_{i=-\infty}^{\infty} h[i]x[n-i] = \sum_{i=-\infty}^{\infty} a^i u[i] b^{n-i} u[n-i] = \left\{\sum_{i=0}^{n} a^i b^{n-i}\right\} u[n]$$

$$= \left\{b^n \sum_{i=0}^{n}\left(\frac{a}{b}\right)^i\right\} u[n] = b^n \frac{1-(a/b)^{n+1}}{1-a/b} u[n]$$

$$= \frac{b^{n+1}\{1-(a/b)^{n+1}\}}{b-a} u[n]$$

$$= \frac{b}{b-a} b^n u[n] - \frac{a}{b-a} a^n u[n] \tag{4.53}$$

4.4.5 Die Übertragungsfunktion als Systembeschreibung

Genauso wie bei LTC–Systemen hat die Beschreibung von LTD–Systemen im Frequenzbereich häufig große Vorteile gegenüber Beschreibungen im Zeitbereich. Für ein gegebenes LTD–System mit der Impulsantwort $h[n]$ werden wir nun das Ausgangssignal $y[n]$ für ein cosinusförmiges Eingangssignal $x[n] = \cos(n\theta)$ berechnen (das ist *nicht* die Impulsantwort!). Wegen:

$$x[n] = \cos(n\theta) = \frac{e^{j\theta n}}{2} + \frac{e^{-j\theta n}}{2} \tag{4.54}$$

berechnen wir zuerst $y_1[n]$ für das komplexe exponentielle Eingangssignal $x_1[n] = e^{j\theta n}$. Mit Hilfe von Gleichung (4.50) erhalten wir:

$$y[n] = \sum_{i=\infty}^{\infty} h[i]x_1[n-i] = \sum_{i=-\infty}^{\infty} h[i]e^{j\theta(n-i)}$$

$$= e^{j\theta n} \sum_{i=\infty}^{\infty} h[i]e^{-j\theta i} \qquad (4.55)$$

Die Auswertung der Summe der rechten Seite der Gleichung (4.55) ist infolge (4.18) exakt gleich der FTD $H(e^{j\theta})$ von $h[n]$.

Es gilt somit:

$$y_1[n] = e^{j\theta n}H(e^{j\theta}) \qquad (4.56)$$

Das Ausgangssignal $y_1[n]$ scheint nichts anderes zu sein, als das mit $H(e^{j\theta})$ multiplizierte, komplexe exponentielle Signal $x_1[n]$. $H(e^{j\theta})$ wird als die *Übertragungsfunktion* des LTD–Systems mit der Impulsantwort $h[n]$ bezeichnet. Gleichung (4.56) läßt sich auch darstellen zu:

$$y_1[n] = e^{j\theta n}H(e^{j\theta}) = e^{j\theta n}A e^{j\phi} = A e^{j(\theta n + \phi)} \qquad (4.57)$$

mit

$$A = |H(e^{j\theta})| \quad \text{und} \quad \phi = \arg\{H(e^{j\theta})\}$$

Auf die gleiche Weise findet man das Ausgangssignal $y_2[n]$ für das Eingangssignal $x_2[n] = e^{-j\theta n}$:

$$y_2[n] = e^{-j\theta n}H(e^{-j\theta})$$

Infolge der Linearität kennen wir nun auch das Ausgangssignal $y[n]$ für das Signal $x[n] = \cos(n\theta)$ $= (x_1[n] + x_2[n])/2$:

$$y[n] = \frac{1}{2}\{e^{j\theta n}H(e^{j\theta}) + e^{-j\theta n}H(e^{-j\theta})\}$$

Die Impulsantwort $h[n]$ ist praktisch immer eine reelle Funktion. Mit Hilfe von (4.34c) findet man dann:

$$y[n] = \frac{1}{2}A[e^{j(\theta n + \phi)} + e^{-j(\theta n + \phi)}] = A\cos(\theta n + \phi) \qquad (4.58)$$

Aus dieser Gleichung ist ersichtlich, daß ein cosinusförmiges Eingangssignal durch ein LTD–System in ein cosinusförmiges Ausgangssignal gleicher Frequenz umgesetzt wird; wobei Amplitude und Phase von der Übertragungsfunktion $H(e^{j\theta})$ bei dieser Frequenz abhängen. Dieses wird als eine der wichtigsten Grundeigenschaften eines LTD–Systems aufgefaßt.

Oben haben wir gesehen, wie man $H(e^{j\theta})$ verwenden kann, wenn das Eingangssignal aus einer oder zwei komplexen e–Funktionen besteht. Mit $H(e^{j\theta})$ kann man aber noch viel mehr anfangen. In Abschnitt 4.3 fanden wir mittels der FTD in (4.19) für ein beliebiges Signal $x[n]$:

$$x[n] = \frac{1}{2\pi} \int_{-\pi}^{\pi} X(e^{j\theta}) e^{jn\theta} d\theta \tag{4.59}$$

Das bedeutet, daß $x[n]$ als eine unendliche Summe komplexer e–Funktionen aufgefaßt werden kann, mit der "Frequenz" θ zwischen $-\pi$ und π, wobei die einzelnen Amplituden und Phasen von der Funktion $X(e^{j\theta})$ bestimmt werden. Aufgrund der Linearität transformiert ein LTD–System das Eingangssignal $x[n]$ in ein Ausgangssignal $y[n]$ indem jede komplexe e–Funktion mit dem entsprechenden Wert von $H(e^{j\theta})$ multipliziert wird:

$$y[n] = \frac{1}{2\pi} \int_{-\pi}^{\pi} X(e^{j\theta}) H(e^{j\theta}) e^{jn\theta} d\theta \tag{4.60}$$

Die linke Seite der Gleichung bildet laut Definition eine Korrespondenz mit $Y(e^{j\theta})$ und die rechte Seite ist die IFTD des Produktes $X(e^{j\theta}) H(e^{j\theta})$. Es gilt somit:

$$Y(e^{j\theta}) = X(e^{j\theta}) H(e^{j\theta}) \tag{4.61}$$

und natürlich auch:

$$y[n] = x[n] * h[n] \tag{4.62}$$

Auf diese Weise haben wir die Aussage von (4.29) abgeleitet, daß nämlich die Faltung im Zeitbereich einer Multiplikation im Frequenzbereich entspricht.

Damit wird wiederholt die Bedeutung der Übertragungsfunktion $H(e^{j\theta})$ betont: die relativ schwierige Operation der Faltung im Zeitbereich kann durch die relativ einfache Operation der Multiplikation im Frequenzbereich ersetzt werden. In Bild 4.17 ist das noch einmal schematisch dargestellt.

– *Bemerkungen:*

1. $H(e^{j\theta})$ ist die FTD von $h[n]$.

2. Folglich ist $H(e^{j\theta})$ (wie jede FTD) periodisch in θ mit der Periode 2π (siehe Bild 4.4).

3. Für reelle $h[n]$, was meistens der Fall ist, ist der Realteil von H eine gerade symmetrische und der Imaginärteil eine ungerade symmetrische Funktion; siehe (4.34b).

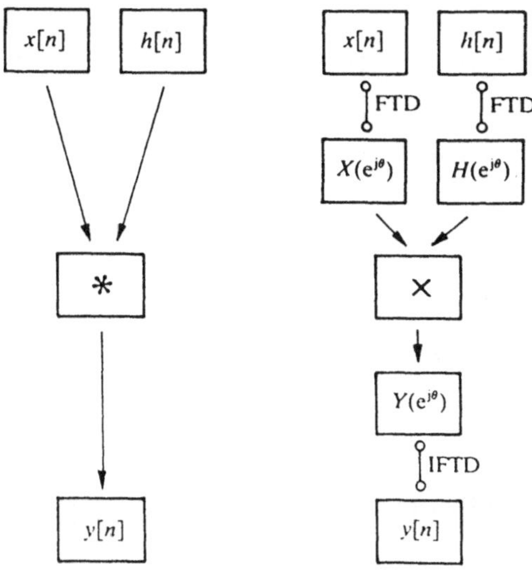

Bild 4.17 Zwei verschiedene Wege zur Bestimmung des Ausgangssignals y[n] eines LTD-Systems

Mit der bisher behandelten Theorie stehen uns drei Methoden zur Bestimmung der Übertragungsfunktion eines gegebenen Systems zur Verfügung:

Methode 1: als FTD der Impulsantwort $h[n]$

Methode 2: durch Anlegen des Signals $x[n] = e^{j\Theta n}$ an den Eingang des Systems; das Ausgangssignal ist dann $y[n] = H(e^{j\Theta})e^{j\Theta n}$; hieraus läßt sich die Übertragungsfunktion $H(e^{j\Theta})$ bestimmen.

Methode 3: aus der Differenzengleichung des Systems mit Hilfe der Zeitverschiebung (4.26); siehe Beispiel 1 unten.

– *Bemerkung:* Methode 1 basiert auf der Verwendung des Einheitsimpulses $\delta[n]$ als Eingangssignal; bei Methode 2 wird die komplexe e–Funktion als Eingangssignal verwendet und bei Methode 3 bleibt das Eingangssignal völlig unbestimmt. Diese drei Methoden werden an folgendem Beispiel erläutert.

Beispiel 1

Wir bestimmen die Übertragungsfunktion $H(e^{j\Theta})$ des in Bild 4.18 gegebenen Systems mit $|a| < 1$[2].

---

[2]Das System in Bild 4.18 ist nur für $|a| < 1$ stabil, da für andere Werte von a die Impulsantwort $h[n]$ mit zunehmendem n unbestimmt groß wird (bitte beweisen!). Die FTD von $h[n]$ kann dann nicht berechnet werden (sie "konvergiert" nicht) und somit existiert die Übertragungsfunktion $H(e^{j\Theta})$ nicht. Bei Methode 2 und 3 wird stillschweigend davon ausgegangen, daß $H(e^{j\Theta})$ existiert. Eigentlich müßte das ausdrücklich kontrolliert werden. Später werden wir sehen, daß die Stabilität eines Systems relativ einfach mit Hilfe von Polen und Nullstellen nachgeprüft werden kann.

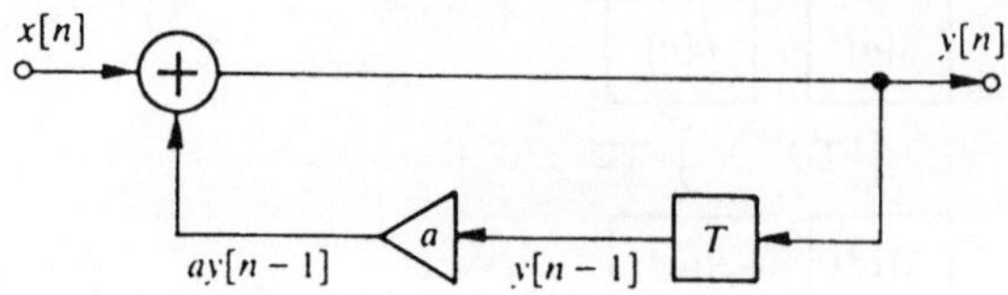

Bild 4.18 Einfaches LTD–System

Die Übertragungsfunktion ist dann:

$$H(e^{j\theta}) = \sum_{n=-\infty}^{\infty} h[n]e^{-jn\theta} = \sum_{n=0}^{\infty} a^n e^{-jn\theta} = \sum_{n=0}^{\infty} (ae^{-j\theta})^n$$

$$= \frac{1}{1-ae^{-j\theta}} \quad (\text{da} \quad |a|<1) \tag{4.63}$$

– Methode 2

Das Eingangssignal sei $x[n] = e^{j\theta n}$. Das Ausgangssignal $y[n]$ ist dann $H(e^{j\theta})e^{j\theta n}$ und es gilt $y[n-1]$ $= H(e^{j\theta})e^{j\theta(n-1)}$. Das Ausgangssignal $y[n]$ kann geschrieben werden zu:

$$y[n] = x[n] + ay[n-1].$$

Daraus folgt, daß:

$$H(e^{j\theta})e^{j\theta n} = e^{j\theta n} + aH(e^{j\theta})e^{j\theta(n-1)}$$

und somit:

$$H(e^{j\theta}) = \frac{e^{j\theta n}}{e^{j\theta n} - ae^{j\theta(n-1)}} = \frac{1}{1-ae^{-j\theta}} \tag{4.64}$$

– Methode 3

Die Differenzengleichung, die das System beschreibt, ist auch schon bei Methode 2 aufgetreten:

$$y[n] = x[n] + ay[n-1] \tag{4.65}$$

Es werden folgende Korrespondenzen verwendet:

$$x[n] \quad \circ\!\!-\!\!-\!\!\circ \quad X(e^{j\theta})$$

$$y[n] \quad \circ\!\!-\!\!-\!\!\circ \quad Y(e^{j\theta})$$

Mit dem Verschiebungssatz (4.26) ergibt sich:

$$y[n-1] \quad \circ\!\!-\!\!-\!\!\circ \quad e^{-j\theta}Y(e^{j\theta})$$

Deshalb ist Gleichung (4.65) äquivalent zu:

$$Y(e^{j\theta}) = X(e^{j\theta}) + a\,e^{-j\theta}Y(e^{j\theta})$$

und da $Y(e^{j\theta}) = H(e^{j\theta})\,X(e^{j\theta})$, findet man:

$$H(e^{j\theta}) = \frac{Y(e^{j\theta})}{X(e^{j\theta})} = \frac{1}{1 - a\,e^{-j\theta}} \tag{4.66a}$$

Für verschiedene Werte von a sind Betrag $A(e^{j\theta})$ (in dB) und Phase $\phi(e^{j\theta})$ von H in Bild 4.19 gezeichnet. Beweisen Sie, daß dabei gilt:

$$A(e^{j\theta}) = \frac{1}{\sqrt{1 + a^2 - 2a\cos\theta}} \tag{4.66b}$$

$$\phi(e^{j\theta}) = \arctan\!\left(\frac{-a\sin\theta)}{1 - a\cos\theta}\right) \tag{4.66c}$$

Beispiel 2

Wir bestimmen das Ausgangssignal $y[n]$ von Bild 4.18, für $x[n] = b^n u[n]$. Aus Beispiel 1 und Bild 4.5c finden wir :

$$H(e^{j\theta}) = \frac{1}{1 - a\,e^{-j\theta}} \quad \text{und} \quad X(e^{j\theta}) = \frac{1}{1 - b\,e^{-j\theta}}$$

Deshalb ist die FTD des Ausgangssignals:

$$Y(e^{j\theta}) = X(e^{j\theta})H(e^{j\theta}) = \frac{1}{(1 - b\,e^{-j\theta})(1 - a\,e^{-j\theta})}$$

$$= \frac{b}{b-a}\frac{1}{1 - b\,e^{-j\theta}} - \frac{a}{b-a}\frac{1}{1 - a\,e^{-j\theta}} \tag{4.67}$$

Nach Rücktransformation (wobei wir die Korrespondenz von Bild 4.5c verwenden) erhalten wir:

$$y[n] = \frac{b}{b-a}b^n u[n] - \frac{a}{b-a}a^n u[n] \tag{4.68}$$

Vergleichen Sie (4.68) mit dem Ergebnis von (4.53), das durch Faltung im Zeitbereich erhalten wurde.

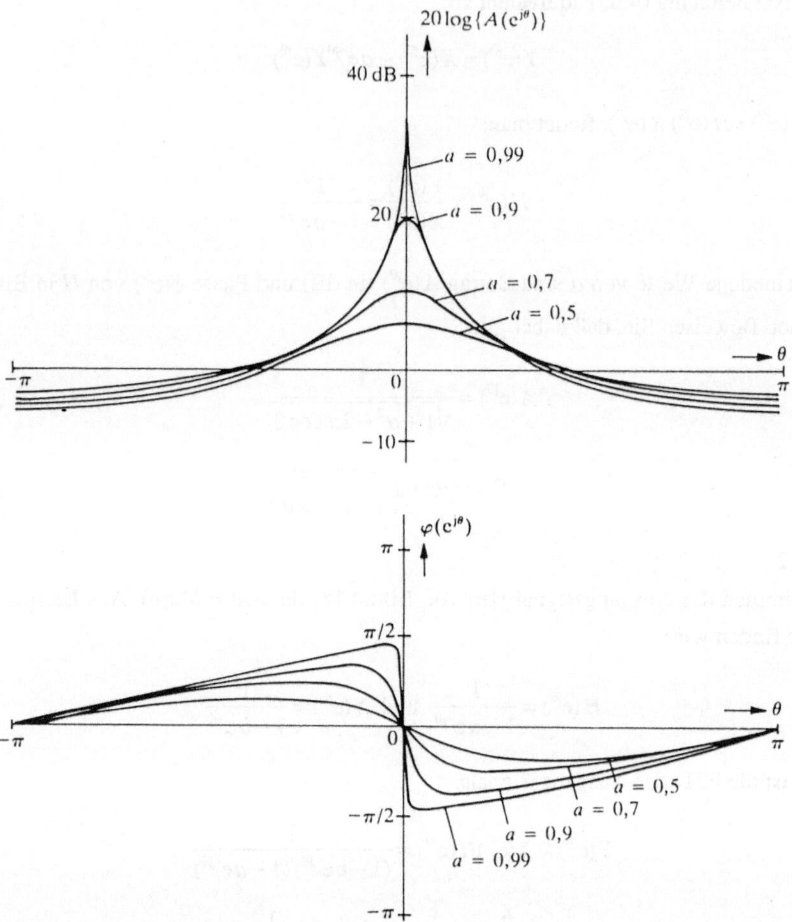

Bild 4.19 Betrag $A(e^{j\theta})$ und Phase $\phi(e^{j\theta})$ von $H(e^{j\theta}) = 1/(1-ae^{-j\theta})$ für verschiedene Werte von a.

4.5 Die z–Transformation

4.5.1 Definition und Beispiele

Von LTC–Systemen (siehe Abschnitt 2.10) ist uns bekannt, daß es mitunter sehr vorteilhaft ist, von der *reellen* Frequenz ω zur *komplexen* Frequenz p überzuwechseln. Dadurch wird es möglich, ein System (und die meisten Signale) eindeutig mit Hilfe von Polen und Nullstellen zu beschreiben. Aus dem PN–Schema können viele Eigenschaften des betreffenden Systems (oder Signals) abgeleitet werden.

Für LTD–Systeme werden wir jetzt neben der *reellen* Frequenz ω (und der relativen (normierten) reellen Frequenz θ) auch eine komplexe Frequenzvariable einführen, die gewöhnlich mit dem Symbol z bezeichnet wird. Mit Hilfe der sogenannten *z–Transformation* ist es möglich, von dem diskreten Zeitbereich in den komplexen Frequenzbereich überzugehen. Nach einer kurzen formalen Behandlung werden wir sehen, daß die z–Transformation in vielen Fällen zu einfachen Lösungsverfahren führt:

— Man kann beispielsweise häufig von einem Blockschema eines diskreten Systems direkt die z–Transformierte der Impulsantwort aufschreiben. Diese z–Transformierte nennt man *Systemfunktion.*

— Die in Abschnitt 4.3 behandelte FTD kann man auch über die z–Transformation erhalten, indem man für z bestimmte Werte einsetzt (wir werden später sehen, um welche Werte es sich handelt).

Das alles macht die z–Transformation zu einem universellen Instrument bei der Untersuchung der diskreten Systeme. Was die Theorie betrifft, werden wir uns auf den Teil beschränken, der notwendig ist, um die Anwendungen in ausreichendem Maße zu verstehen. Für detailliertere theoretische Beschreibungen verweisen wir auf die vorhandene Literatur [8,9,29].

Die z–Transformierte (ZT) eines diskreten Signals $x[n]$ ist definiert zu:

$$\boxed{X(z) = \sum_{n=-\infty}^{\infty} x[n]z^{-n}} \qquad \text{(ZT)} \qquad (4.69)$$

wobei z jeden beliebigen komplexen Wert annehmen kann.

Beispiel 1
Die z–Transformierte des diskreten Einheitsimpulses $x_1[n] = \delta[n]$ ist:

$$X_1(z) = \sum_{n=-\infty}^{\infty} x_1[n]z^{-n} = \sum_{n=-\infty}^{\infty} \delta[n]z^{-n} = z^{-0} = 1 \qquad (4.70)$$

Beispiel 2
Die z–Transformierte des um k verschobenen Einheitsimpulses $x_2[n] = \delta[n-k]$ ist:

$$X_2(z) = \sum_{n=-\infty}^{\infty} x_2[n]z^{-n} = \sum_{n=-\infty}^{\infty} \delta[n-k]z^{-n} = z^{-k} \qquad (4.71)$$

Beispiel 3
Die z–Transformierte einer endlichen Folge von Einheitsimpulsen,

$$x_3[n] = \begin{cases} 1 & \text{für } |n| \le N \\ 0 & \text{für } |n| > N \end{cases} \qquad (4.72)$$

dargestellt in Bild 4.20, ist:

$$X_3(z) = \sum_{n=-N}^{N} z^{-n} = z^{N} + z^{N-1} + \dots + z^{-N} \qquad (4.73)$$

Beispiel 4

Die z–Transformierte von $x_4[n] = a^n u[n]$, dargestellt in Bild 4.21, mit a einer beliebigen Konstanten, ist:

$$X_4(z) = \sum_{n=-\infty}^{\infty} a^n u[n] z^{-n} = \sum_{n=0}^{\infty} (az^{-1})^n$$

$$= 1 + az^{-1} + a^2 z^{-2} + a^3 z^{-3} \dots \qquad (4.74)$$

Auf dem obigen Beispiel beruht eine Interpretation von $X(z)$, die mitunter sehr nützlich ist: wenn $X(z)$ die Form eines Polynoms in z^{-1} hat, dann stimmt der Faktor, der zu z^{-i} gehört, vollständig mit den Werten von $x[n]$ in dem Zeitpunkt $n = i$ überein. Bitte beweisen Sie das (diese Interpretation kann übrigens auch direkt aus der Definition (4.69) abgeleitet werden).

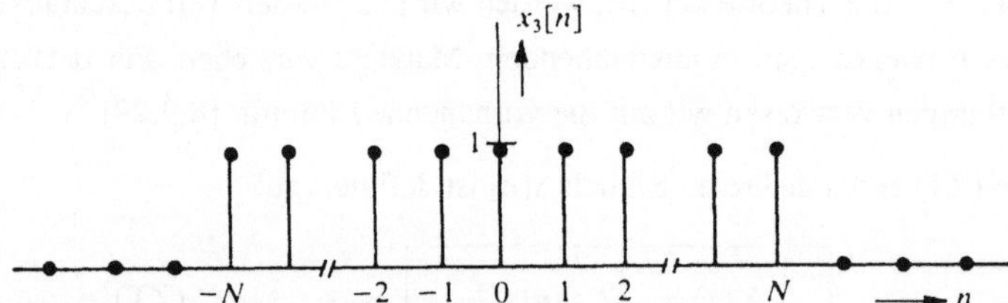

Bild 4.20 *Endliche Folge von Einheitsimpulsen*

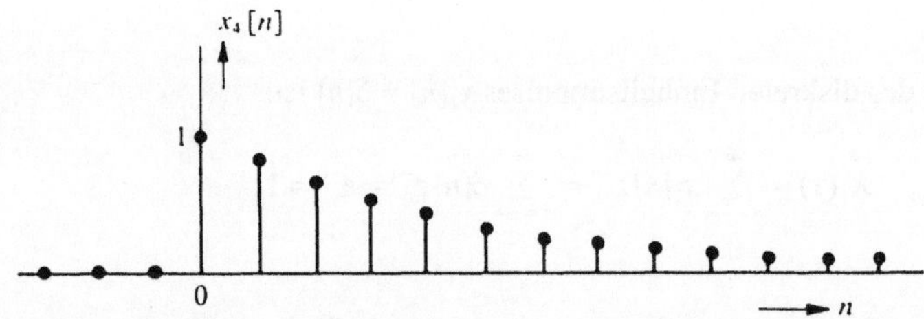

Bild 4.21 *Die diskrete Funktion $x_4[n] = a^n u[n]$*

4.5.2 Konvergenzeigenschaften der z–Transformation

Wir wollen $X_4(z)$ aus dem letzten Beispiel etwas näher betrachten. Für einige Werte von z findet man endliche Werte für $X_4(z)$; das heißt, daß $X_4(z)$ dann konvergiert. Für andere Werte von z wird $X_4(z)$ unendlich; das heißt, daß $X_4(z)$ dann nicht konvergiert. Für $z = 2a$ finden wir beispielsweise:

$$X_4(2a) = \sum_{n=0}^{\infty} (a/2a)^n = \sum_{n=0}^{\infty} \left(\frac{1}{2}\right)^n = \frac{1}{1-\frac{1}{2}} = 2 \quad \text{(d.h. } X_4 \text{ konvergiert)}$$

und $z = a/2$ ergibt:

$$X_4(a/2) = \sum_{n=0}^{\infty} (2a/a)^n = \sum_{n=0}^{\infty} (2)^n = \infty \quad \text{(d.h. } X_4 \text{ konvergiert nicht)}$$

Man kann leicht nachweisen, daß $X_4(z)$ für alle Werte von z konvergiert, für die $|az^{-1}| < 1$ gilt, also $|z| > |a|$. Dann kann $X_4(z)$ anstelle einer unendlichen Summe wie in (4.74) auch folgendermaßen geschrieben werden:

$$X_4(z) = \frac{1}{1-az^{-1}} = \frac{z}{z-a} \quad \text{für} \quad |z| > |a| \tag{4.75}$$

Die Bedingung $|z| > |a|$ entspricht dem schraffierten Bereich in der z–Ebene von Bild 4.22

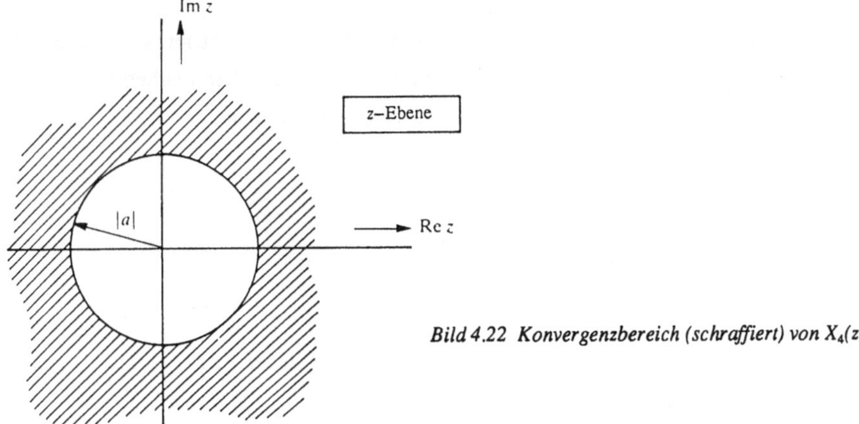

Bild 4.22 Konvergenzbereich (schraffiert) von $X_4(z)$

Es ist zu beachten, daß es nur sinnvoll ist, uns mit den Werten z von $X(z)$ zu befassen, die innerhalb des Konvergenzbereichs liegen. Deshalb müssen wir formal angeben, welche Werte von z mit dem Konvergenzbereich übereinstimmen. In der Praxis führt das selten zu Problemen und diese Konvergenzbedingungen sind uns selbst nicht immer bewußt. Die Konvergenzbedingungen sind aber unentbehrlich, wenn man auf formalem Weg aus der z–Transformierten wieder die ursprüngliche Zeitfunktion zurückgewinnen möchte. Wir werden das anhand des folgenden Beispiels sehen.

Beispiel 5

Betrachten Sie die Zeitfunktionen $x_5[n] = u[n]$ und $y_5[n] = -u[-n-1]$ von Bild 4.23.

Für die z–Transformierten erhalten wir:

$$X_5(z) = \sum_{n=0}^{\infty} z^{-n} = \frac{1}{1-z^{-1}} = \frac{z}{z-1} \quad \text{für} \quad |z| > 1 \tag{4.76}$$

und

$$Y_5(z) = \sum_{n=-\infty}^{-1} -z^{-n} = 1 - \sum_{n=-\infty}^{0} z^{-n} = 1 - \sum_{n=0}^{\infty} z^{n}$$

$$= 1 - \frac{1}{1-z} = \frac{z}{z-1} \quad \text{für} \quad |z| < 1 \tag{4.77}$$

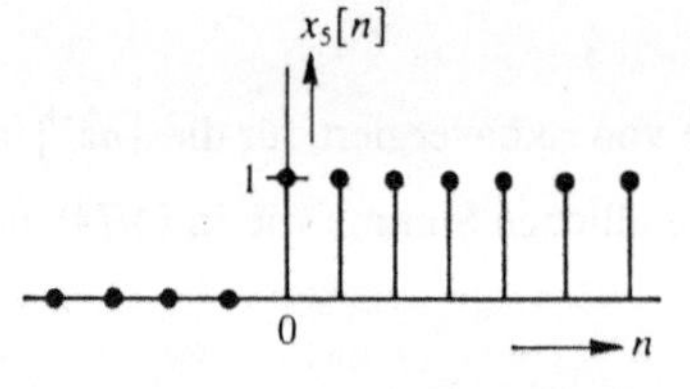
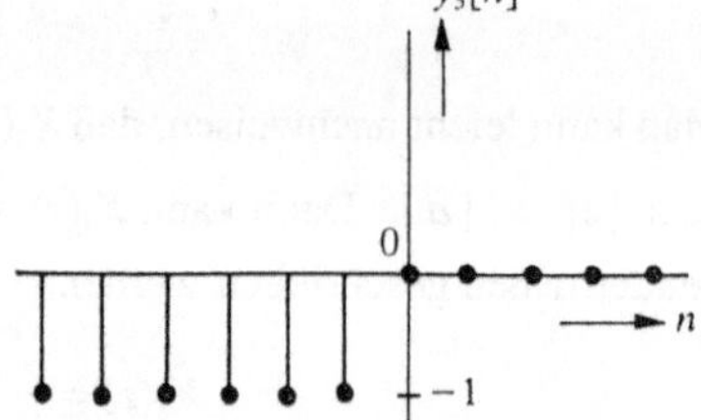

Bild 4.23 Die diskreten Funktionen $x_5[n] = u[n]$ und $y_5[n] = -u[-n-1]$

Die Konvergenzbereiche für $X_5(z)$ und $Y_5(z)$ sind in Bild 4.24 schraffiert gezeichnet. Man sieht, daß die z–Transformierte von $x_5[n]$ und die von $y_5[n]$ den gleichen mathematischen Ausdruck haben; sie konvergieren jedoch für ganz verschiedene Werte von z.

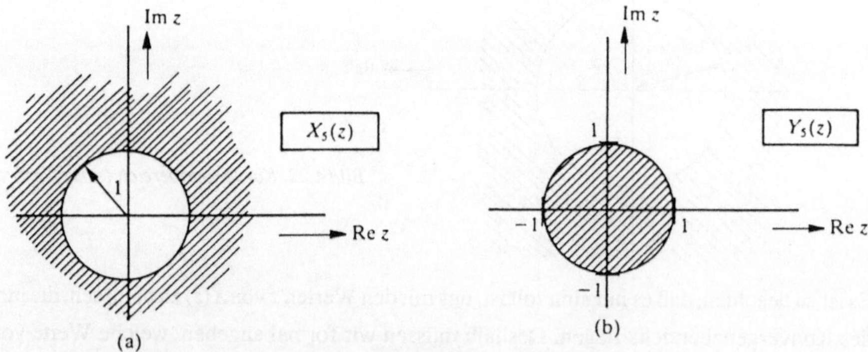

Bild 4.24 (a) Konvergenzbereich von $X_5(z)$, (b) Konvergenzbereich von $Y_5(z)$

Um jede der beiden ursprünglichen Folgen von $X(z) = z/(z-1)$ zurückzugewinnen, muß man den Konvergenzbereich kennen. In der Praxis werden wir selten dieser Zweideutigkeit begegnen, da wir fast immer mit Signalen $x[n]$ arbeiten, die unterhalb eines bestimmten Werten von n immer Null sind. Dadurch wird eindeutig der Konvergenzbereich bestimmt (es ist die gesamte z-Ebene außerhalb eines Kreises mit einem bestimmten Radius und dem Ursprung als Mittelpunkt). Deshalb werden wir bezüglich der Konvergenzbedingungen auf wenige Schwierigkeiten stoßen und diese sogar ganz häufig unerwähnt lassen.

Ohne mathematischen Beweis haben wir in Tabelle 4.2 einige allgemeingültige, globale Konvergenz-Eigenschaften zusammengefaßt.

Tabelle 4.2 Einige allgemeingültige Konvergenz-Eigenschaften (die Konvergenzbereiche in der z-Ebene sind schraffiert gezeichnet)

$x[n]$	$X(z)$	z-Ebene
$x[n]$ ist rechtsseitig, d.h. $x[n] = 0$ für alle n kleiner als ein bestimmtes n_0	$X(z)$ konvergiert für alle z *außerhalb* eines Kreises mit einem bestimmten Radius	
$x[n]$ ist linksseitig, d.h. $x[n] = 0$ für alle n größer als ein bestimmtes n_0	$X(z)$ konvergiert für alle z *innerhalb* eines Kreises mit einem bestimmten Radius	
$x[n]$ ist von endlicher Länge, d.h. $x[n] = 0$ für alle $n < n_1$ und alle $n > n_2$, mit $n_1 < n_2$	$X(z)$ konvergiert für *alle Werte* von z, eventuell ausgenommen $z = 0$ und $z = \infty$	
$x[n]$ ist beidseitig	*Wenn $X(z)$ konvergiert, dann liegt der Konvergenzbereich zwischen zwei Kreisen*	

Beispiel 6

Die Funktion $x_6[n] = a^n \cos(n\xi)u[n]$ ist in Bild 4.25 dargestellt (für $a = 0{,}9$ und $\xi = \pi/4$). Die z-Transformierte $X_6(z)$ ist:

$$X_6(z) = \sum_{n=-\infty}^{\infty} a^n \cos(n\xi)u[n]\, z^{-n} = \frac{1}{2}\sum_{n=0}^{\infty} a^n (e^{jn\xi} + e^{-jn\xi})z^{-n}$$

$$= \frac{1}{2}\sum_{n=0}^{\infty} (ae^{j\xi}z^{-1})^n + \frac{1}{2}\sum_{n=0}^{\infty} (ae^{-j\xi}z^{-1})^n$$

$$= \frac{1}{2}\left(\frac{1}{1 - ae^{j\xi}z^{-1}} + \frac{1}{1 - ae^{-j\xi}z^{-1}} \right) \text{ für } |z| > |a|$$

Nach weiteren Umformungen erhält man:

$$X_6(z) = \frac{1}{2}\left[\frac{2 - az^{-1}(e^{j\xi} + e^{-j\xi})}{1 - az^{-1}(ae^{j\xi} + e^{-j\xi}) + a^2 z^{-2}}\right] = \frac{1 - az^{-1}\cos(\xi)}{1 - 2az^{-1}\cos(\xi) + a^2 z^{-2}}$$

$$= \frac{z\{z - a\cos(\xi)\}}{z^2 - 2az\cos(\xi) + a^2} \quad \text{für} \quad |z| > |a| \tag{4.78}$$

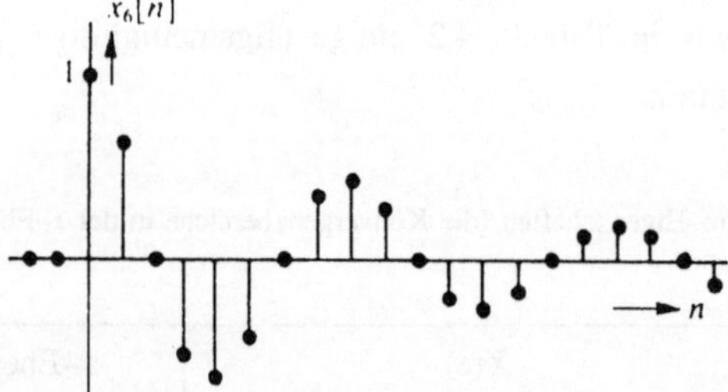

Bild 4.25 Die diskrete Funktion $x_6[n] = a^n\cos(n\xi)u[n]$ für $a = 0{,}9$ und $\xi = \pi/4$

Beispiel 7

Auf dem gleichen Weg wie bei dem vorangegangenen Beispiel läßt sich die z–Transformierte von $x_7[n] = a^n\sin(n\xi)u[n]$ berechnen; man erhält (Überprüfen Sie bitte!):

$$X_7(z) = \frac{1 - az^{-1}\sin(\xi)}{1 - 2az^{-1}\cos(\xi) + a^2 z^{-2}} = \frac{a\sin(\xi)}{z^2 - 2az\cos(\xi) + a^2} \quad \text{für} \quad |z| > |a| \tag{4.79}$$

4.5.3 Die inverse z–Transformation

Um aus einer gegebenen z–Transformierten die ursprüngliche diskrete Funktion zurückzugewinnen, kann man die inverse z–Transformation (IZT) verwenden:

$$\boxed{x[n] = \frac{1}{2\pi j}\oint_C X(z)z^{n-1}\,\mathrm{d}z} \qquad \text{(IZT)} \tag{4.80}$$

Das stellt ein Linienintegral über einen beliebigen geschlossenen Weg, entgegen dem Uhrzeigersinn in der z–Ebene, in dem Konvergenzbereich, der den Ursprung $z = 0$ umschließt, dar. In der Praxis wird diese formale Rücktransformation selten verwendet. Ein Beispiel für die Anwendung von (4.80) ist in Anhang III zu finden.

Da wir in unseren Anwendungen fast immer mit z–Transformierten der Art

$$X(z) = \frac{N(z)}{D(z)} = \frac{b_0 + b_1 z^{-1} + b_2 z^{-2} + \ldots + b_N z^{-N}}{1 - a_1 z^{-1} - a_2 z^{-2} - \ldots - a_M z^{-M}} \tag{4.81}$$

Tabelle 4.3 Einige häufig auftretende Korrespondenzen der z–Transformation

	$x[n]$	$X(z) = \sum\limits_{n=-\infty}^{\infty} x[n]z^{-n}$
1	$\delta[n]$	1
2	$\delta[n-i]$	z^{-i}
3	$u[n] = \begin{cases} 1 & \text{für } n \geq 0 \\ 0 & \text{für } n < 0 \end{cases}$	$z/(z-1)$
4	$a^n u[n]$	$z/(z-a)$
5	$nu[n]$	$z/(z-1)^2$
6	$n^2 u[n]$	$z(z+1)/(z-1)^3$
7	$x[n]$	$X(z)$
7(a)	$x[n-i]$	$z^{-i}X(z)$
7(b)	$a^n x[n]$	$X(z/a)$
7(c)	$nx[n]$	$-z\,\mathrm{d}\{X(z)\}/\mathrm{d}z$
8(a)	$a^n \cos(n\xi)u[n]$	$\dfrac{z^2 - az\cos(\xi)}{z^2 - 2az\cos(\xi) + a^2}$
8(b)	$a^n \sin(n\xi)u[n]$	$\dfrac{az\sin(\xi)}{z^2 - 2az\cos(\xi) + a^2}$
8(c)	$a^n \sin(n\xi + \psi)u[n]$	$\dfrac{z^2\sin(\psi) + az\sin(\xi - \psi)}{z^2 - 2az\cos(\xi) + a^2}$
9	$\dfrac{1}{n}u[n-1]$	$\ln\left(\dfrac{z}{z-1}\right)$

zu tun haben werden, können wir die Rücktransformierte meistens auch durch *Partialbruchzerlegung* und Rückführung auf schon bekannte z–Transformierte finden.

In bestimmten Fällen ist eine einfache Division ausreichend; man kann diese Methode der *fortlaufenden Division* auch anwenden, um von einer im z–Bereich gegebenen Funktion, eine bestimmte Anzahl von Werten (z.B. die ersten 5) der dazugehörenden diskreten Funktion zu erhalten.

Schließlich besteht noch die Möglichkeit, *Tabellen* von z–Korrespondenzen zu verwenden, die in der Literatur zu finden sind [29]. Eine Übersicht von häufig auftretenden z–Korrespondenzen ist in Tabelle 4.3 zusammengestellt.

Die drei erwähnten Methoden (Partialbruchzerlegung, fortlaufende Division und Anwendung von Tabellen) für das Auffinden der Rücktransformierten, sollen nun anhand von drei Beispielen erläutert werden.

Beispiel 8 (*fortlaufende Division*)

Durch fortlaufende Division der Funktion $X_8(z) = (1 - z^{-1} - 5z^{-2} - 3z^{-3})/(1 - 3z^{-1})$ erhält man:

$$
\begin{array}{rl}
& \quad 1 \quad + \quad 2z^{-1} \quad + \quad z^{-2} \\
\hline
1 - 3z^{-1}\ \big|\ & \ 1 \ - \ z^{-1} \ - \ 5z^{-2} \ - \ 3z^{-3} \\
& \underline{-\ 1 \ - \ 3z^{-1}} \\
& \quad\quad\ 2z^{-1} \ - \ 5z^{-2} \ - \ 3z^{-3} \\
& \quad\quad \underline{-\ 2z^{-1} \ - \ 6z^{-2}} \\
& \quad\quad\quad\quad\quad\quad z^{-2} \ - \ 3z^{-3} \\
& \quad\quad\quad\quad\quad\quad \underline{-\ z^{-2} \ - \ 3z^{-3}} \\
& \quad\quad\quad\quad\quad\quad\quad\quad\quad 0
\end{array}
$$

Wegen $X_8(z) = 1 + 2z^{-1} + z^{-2}$ sowie Verwendung der Korrespondenzen (1) und (2) aus Tabelle 4.3 erhält man (siehe Bild 4.26):

$$x_8[n] = \delta[n] + 2\delta[n-1] + \delta[n-2] \tag{4.82}$$

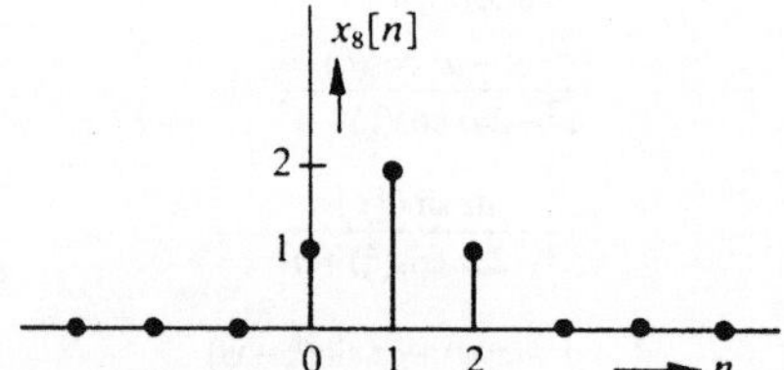

Bild 4.26 *Die diskrete Funktion $x_8[n]$*

Beispiel 9 (*fortlaufende Division*)

Die fortlaufende Division der Funktion $X_9(z) = 1/(1 - az^{-1})$ ergibt

$$
\begin{array}{rl}
& \quad 1 \quad + \quad az^{-1} \quad + \quad (az^{-1})^2 \quad + \ldots \\
\hline
1 - az^{-1}\ \big|\ & \ 1 \\
& \underline{-\ 1 \ - \ az^{-1}} \\
& \quad\ az^{-1} \\
& \quad \underline{-\ az^{-1} \ - \ (az^{-1})^2} \\
& \quad\quad\quad\quad (az^{-1})^2 \\
& \quad\quad\quad\quad \underline{-\ (az^{-1})^2 \ - \ (az^{-1})^3} \\
& \quad\quad\quad\quad\quad\quad\quad (az^{-1})^3 \quad \text{u.s.w.}
\end{array}
$$

Wegen $X_9(z) = 1 + az^{-1} + a^2 z^{-2} + \ldots$ sowie unter zu Hilfenahme von Tabelle 4.3 erhält man:

$$x_9[n] = \delta[n] + a\delta[n-1] + a^2\delta[n-2] + \ldots = a^n u[n] \tag{4.83}$$

Die diskrete Funktion $x_9[n]$ stimmt mit der Funktion in Bild 4.21 überein.

Beispiel 10 (*Partialbruchzerlegung*)

Die z-Transformierte von $x_{10}[n]$ lautet:

$$X_{10}(z) = \frac{z}{(z-\alpha)(z-\beta)} \tag{4.84}$$

Durch Zerlegung von (4.84) in Partialbrüche (siehe Anhang II) erhält man:

$$X_{10}(z) = \frac{Az}{z-\alpha} + \frac{Bz}{z-\beta} = \frac{z^2(A+B) - z(A\beta + B\alpha)}{(z-\alpha)(z-\beta)}$$

Man findet: $A + B = 0$ und $A\beta + B\alpha = -1$ oder:

$$A = \frac{1}{\alpha - \beta} \quad \text{und} \quad B = \frac{-1}{\alpha - \beta}$$

Daraus folgt für $X_{10}(z)$:

$$X_{10}(z) = \frac{1}{\alpha - \beta}\left(\frac{z}{z-\alpha} - \frac{z}{z-\beta} \right)$$

Die diskrete Funktion $x_{10}[n]$ erhält man nach Rücktransformation von $X_{10}(z)$, siehe Tabelle 4.3:

$$x_{10}[n] = \frac{1}{\alpha - \beta}(\alpha^n - \beta^n)u[n] \tag{4.85}$$

Beispiel 11 (*Verwendung der Tabelle*)

Gegeben ist folgende Funktion:

$$X_{11}(z) = \frac{z^2 + 2z/3}{z^2 - 2z/3 + 4/9} \tag{4.86}$$

Vergleicht man Gleichung (4.86) mit der Korrespondenz (8c) aus Tabelle 4.3, erkennt man, daß $X_{11}(z)$ ein Spezialfall der allgemeinen Form:

$$X_{11}(z) = \frac{Az^2 \sin(\psi) + Aaz \sin(\xi - \psi)}{z^2 - 2az \cos(\xi) + a^2} \tag{4.87a}$$

ist und deshalb gilt:

$$x_{11}[n] = Aa^n \sin(n\xi + \psi)u[n] \tag{4.87b}$$

Mit einer geeigneten Wahl von A, a, ξ und ψ kann man die Ausdrücke (4.86) und (4.87a) einander gleich machen. Es folgt unmittelbar, daß:

$$\left.\begin{array}{l} A\sin(\psi) = 1 \\ Aa\sin(\xi - \psi) = 2/3 \\ 2a\cos(\xi) = 2/3 \\ a^2 = 4/9 \end{array}\right\} \rightarrow \left\{\begin{array}{l} a = 2/3 \\ \xi = \pi/3 \\ A = 2 \\ \psi = \pi/6 \end{array}\right.$$

Substitution dieser Werte in (4.87b) ergibt:

$$x_{11} = 2(2/3)^n \sin(n\pi/3 + \pi/6)u[n] \tag{4.88}$$

4.5.4 Eigenschaften der z–Transformation

Viele Eigenschaften der FTD (siehe Abschnitt 4.3.2) haben ein entsprechendes Gegenstück in der z–Transformation. Eine Zusammenstellung darüber wird unten angegeben.

Im folgenden verwenden wir die z – Korrespondenzen,

$$\begin{array}{l} x[n] \;\; \circ\!\!-\!\!-\!\!\circ\;\; X(z) \\ x_1[n] \;\; \circ\!\!-\!\!-\!\!\circ\;\; X_1(z) \\ x_2[n] \;\; \circ\!\!-\!\!-\!\!\circ\;\; X_2(z) \end{array} \tag{4.89}$$

wobei $x[n]$, $x_1[n]$ und $x_2[n]$ beliebige diskrete Signale sind.

A. Linearität

$$\boxed{ax_1[n] + bx_2[n] \;\; \circ\!\!-\!\!-\!\!\circ\;\; aX_1(z) + bX_2(z)} \tag{4.90}$$

wobei a und b beliebige Konstanten sind.

B. Zeitverschiebung

$$\boxed{x[n-i] \;\; \circ\!\!-\!\!-\!\!\circ\;\; z^{-i}X(z)} \tag{4.91}$$

wobei i eine beliebige ganze Zahl ist.

Diese Eigenschaft werden wir häufig verwenden um eine Systembeschreibung in Form einer Differenzengleichung, direkt in eine Beschreibung in den z–Bereich zu übertragen.

C. Multiplikation mit einer exponentiellen Folge

$$\boxed{a^n x[n] \;\; \circ\!\!-\!\!-\!\!\circ\;\; X(z/a)} \tag{4.92}$$

wobei a eine beliebige Konstante ist.

Diese Eigenschaft ist verwandt mit der Frequenzverschiebung bei der FTD.

D. Faltung im Zeitbereich

$$\boxed{\quad x_1[n] * x_2[n] \quad \circ\!\!-\!\!-\!\!\circ \quad X_1(z)X_2(z) \quad} \qquad (4.93)$$

Faltung im diskreten Zeitbereich entspricht einer Multiplikation im z–Bereich.

E. Faltung im z–Bereich

$$\boxed{\quad x_1[n]x_2[n] \quad \circ\!\!-\!\!-\!\!\circ \quad \frac{1}{2\pi \mathrm{j}} \oint_C X_1(v)X_2(z/v)v^{-1}\mathrm{d}v \quad} \qquad (4.94)$$

Diese Beziehung drückt aus, daß die Faltung im z–Bereich einer Multiplikation im diskreten Zeitbereich entspricht. Wir werden diese Beziehung in dem übrigen Teil des Buches nicht benutzen, sie ist nur der Vollständigkeit halber hier angegeben.

F. Parseval'sches Theorem

$$\boxed{\quad \sum_{n=-\infty}^{\infty} |x[n]|^2 = \frac{1}{2\pi \mathrm{j}} \oint_C X(z)X^*(1/z)z^{-1}\mathrm{d}z \quad} \qquad (4.95)$$

wobei * konjugiert komplex bedeutet.

Das Theorem besagt, daß die "Energie" eines diskreten Signals sowohl im Zeitbereich als auch im z–Bereich berechnet werden kann; es ist an dieser Stelle nur der Vollständigkeit halber angegeben.

4.5.5 Die Beziehung zwischen der z–Transformation und der FTD

Wir wiederholen an dieser Stelle die Definitionen der z–Transformation (4.69) und der FTD (4.18) für ein beliebiges diskretes Signal $x[n]$:

$$X(z) = \sum_{n=-\infty}^{\infty} x[n]z^{-n} \qquad (4.96a)$$

und

$$X(e^{j\theta}) = \sum_{n=-\infty}^{\infty} x[n]e^{-j\theta n} \qquad (4.96b)$$

Man erkennt sofort, daß $X(e^{j\theta})$ durch Substitution von $z = e^{j\theta}$ mit $-\pi \le \theta \le \pi$ aus $X(z)$ gefunden werden kann, d.h. man betrachtet alle Werte von z, für die gilt: $|z| = 1$ (Einheitskreis in der z–Ebene). Außerdem sieht man, daß $\theta = 0$ $z = 1$, und $\theta = \pm\pi$ $z = -1$ entspricht. Diese Beziehung ist für eine beliebig gewählte Funktion $X(e^{j\theta})$ in Bild 4.27 grafisch dargestellt.

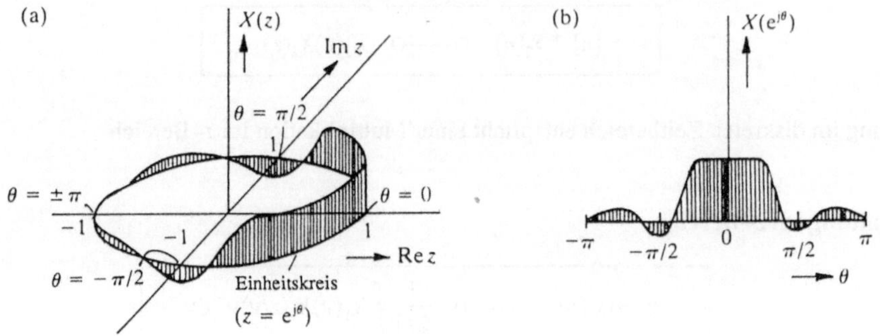

Bild 4.27 Beziehung zwischen der z–Transformierten X(z) und der FTD X(e^{j\theta})

— *Bemerkung:* Wir sehen nun auch den tieferen Hintergrund bezüglich der Wahl der eher etwas komplizierten Schreibart $X(e^{j\theta})$ für die FTD anstelle der viel einfacheren Schreibart $X(\theta)$. Durch diese Wahl erhält man für die FTD und die ZT von $x[n]$ exakt die gleiche mathematische Funktion und kann das Symbol X für beide verwenden.

4.5.6 Die Systemfunktion als Systembeschreibung

Hat ein LTD–System die Impulsantwort $h[n]$, so wird seine z–Transformierte $H(z)$ *System-funktion* oder z – *Übertragungsfunktion* genannt. Früher haben wir die FTD $H(e^{j\theta})$ der gleichen Impulsantwort $h[n]$ als *Übertragungsfunktion*[3] des Systems bezeichnet.

Auf Grund des vorangegangenen Abschnittes können wir eine direkte Beziehung zwischen $H(z)$ und $H(e^{j\theta})$ aufstellen:

> Die Übertragungsfunktion $H(e^{j\theta})$ eines LTD–Systems stimmt mit der Systemfunktion $H(z)$ für $|z| = 1$ überein.

---

[3]Anmerkung des Übersetzers: Im Deutschen werden die Begriffe Übertragungsfunktion und Systemfunktion häufig synonym gebraucht. In diesem Buch werden sie jedoch der Deutlichkeit halber konsequent voneinander unterschieden.

Eine der wichtigsten Anwendungen der Systemfunktion $H(z)$ ist die Rückführung der Faltung im Zeitbereich auf eine Multiplikation im z–Bereich (siehe Eigenschaft 4.93).

Mit anderen Worten: Wenn wir an ein System mit der Impulsantwort $h[n]$ das Eingangssignal $x[n]$ legen, dann ist das Ausgangssignal $y[n]$:

$$y[n] = \sum_{i=-\infty}^{\infty} x[i]h[n-i] = x[n] * h[n] \tag{4.97a}$$

und im z–Bereich:

$$Y(z) = X(z)H(z) \tag{4.97b}$$

Das kann man folgendermaßen einsehen: Aus (4.97a) erhält man

$$Y(z) = \sum_{n=-\infty}^{\infty} y[n]z^{-n} = \sum_{n=-\infty}^{\infty} \left\{ \sum_{i=-\infty}^{\infty} x[i]h[n-i] \right\} z^{-n}$$

Wir verändern nun die Reihenfolge der Summation und substituieren $k = n - i$:

$$Y(z) = \sum_{i=-\infty}^{\infty} x[i] \sum_{n=-\infty}^{\infty} h[n-i]z^{-n} = \sum_{i=-\infty}^{\infty} x[i] \sum_{n=-\infty}^{\infty} h[n-i]z^{-(n-i)}z^{-i}$$

$$= \sum_{i=-\infty}^{\infty} x[i]z^{-i} \sum_{k=-\infty}^{\infty} h[k]z^{-k} = X(z)H(z) \tag{4.98}$$

Das ist genau das, was wir beweisen wollten.

Zur Bestimmung der Systemfunktion $H(z)$ eines System mit der Impulsantwort $h[n]$ gibt es drei Methoden.

Methode 1: Durch die z–Transformation der Impulsantwort $h[n]$.

Methode 2: Durch Anlegen des komplexen Eingangssignals $x[n] = z^n$. Das Ausgangssignal $y[n]$ wird dann:

$$y[n] = \sum_{i=-\infty}^{\infty} h[i]x[n-i] = \sum_{i=-\infty}^{\infty} h[i]z^{n-i}$$

$$= z^n \sum_{i=-\infty}^{\infty} h[i]z^{-i} = z^n H(z) \tag{4.99}$$

Zu dem komplexen Eingangssignal $x[n] = z^n$ gehört ein komplexes Ausgangssignal $y[n] = z^n H(z)$; $H(z)$ erhält man durch die Division $y[n]$ durch z^n.

Methode 3: Aus der Differenzengleichung des Systems unter Anwendung der Zeitverschiebung (4.91).

Wir werden diese Methoden mit Hilfe der zwei folgenden Beispiele erläutern.

Beispiel 1

Zu bestimmen ist die Systemfunktion $H(z)$ des in Bild 4.28 gegebenen Systems.

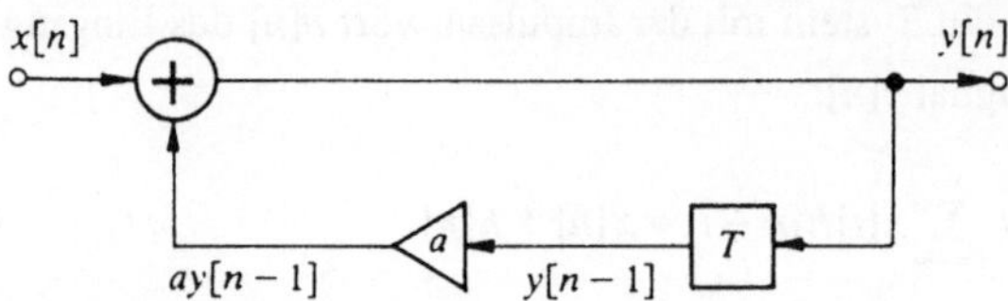

Bild 4.28 Einfaches LTD–System

– Methode 1

Die Impulsantwort $h[n]$ ist:

$$h[n] = a^n u[n] \qquad (4.100)$$

Nach Tabelle 4.3 erhält man für die Systemfunktion:

$$H(z) = \frac{z}{z-a} \quad \text{für} \quad |z| > |a| \qquad (4.101)$$

– Methode 2

Ist das Eingangssignal $x[n] = z^n$, so ist das Ausgangssignal $y[n] = H(z)z^n$ und es gilt auch $y[n-1] = H(z)z^{n-1}$. Für das Ausgangssignal $y[n]$ von Bild 4.28 gilt:

$$y[n] = x[n] + ay[n-1] \qquad (4.102)$$

Durch Einsetzen erhält man:

$$H(z)z^n = z^n + aH(z)z^{n-1}$$

und so:

$$H(z) = \frac{z^n}{z^n - az^{n-1}} = \frac{z}{z-a} \qquad (4.103)$$

– Methode 3

Wir verwenden die Differenzengleichung (4.102) und die beiden Korrespondenzen:

$$x[n] \; \circ\!\!-\!\!\!-\!\!\circ \; X(z)$$
$$y[n] \; \circ\!\!-\!\!\!-\!\!\circ \; Y(z)$$

Aufgrund der Zeitverschiebung (4.91) ist:

$$y[n-1] \circ\!\!-\!\!-\!\!\circ z^{-1}Y(z)$$

Man erhält:

$$Y(z) = X(z) + az^{-1}Y(z)$$

und schließlich:

$$H(z) = \frac{Y(z)}{X(z)} = \frac{1}{1-az^{-1}} = \frac{z}{z-a} \tag{4.104}$$

— *Bemerkung*: Bei der dritten Methode geht man oft dazu über, anstelle des Ausschreibens der Differenzengleichung im Zeitbereich, eine Realisierungsstruktur zu erstellen, in dem die Signale direkt als z–Transformierte gegeben sind und jedes Verzögerungselement mit seiner Systemfunktion z^{-1} bezeichnet wird. Für das System von Bild 4.28 erhält man dann die Realisierungsstruktur von Bild 4.29.

Aus Bild 4.29 erhält man direkt:

$$Y(z) = X(z) + az^{-1}Y(z)$$

oder:

$$H(z) = \frac{Y(z)}{X(z)} = \frac{z}{z-a} \tag{4.105}$$

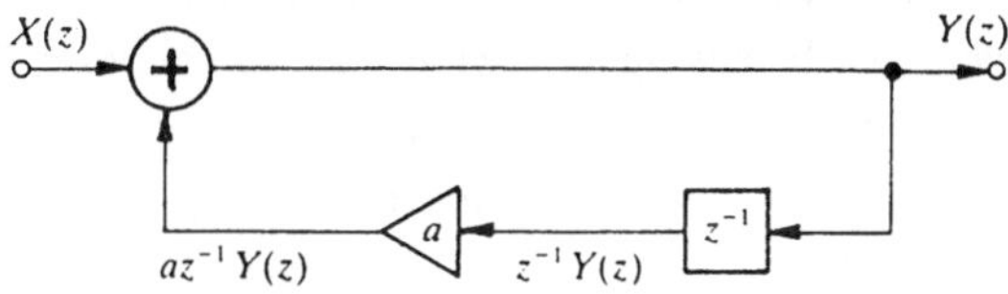

Bild 4.29 Realisierungsstruktur im z–Bereich für die Schaltung von Bild 4.28

Beispiel 2

Die Systemfunktion des Systems von Bild 4.30 ist zu bestimmen.

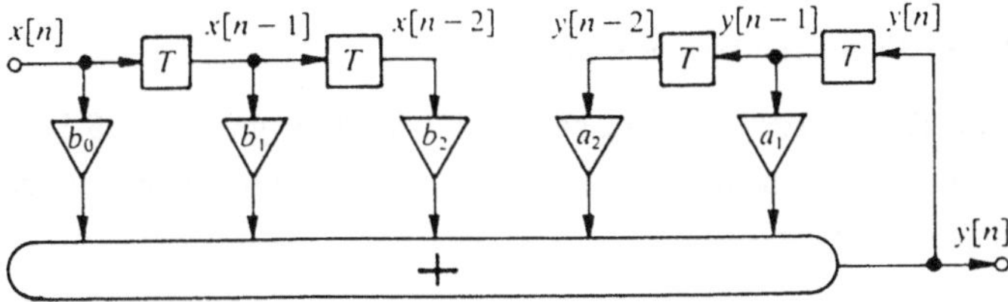

Bild 4.30 LTD–System zweiter Ordnung

Wir wenden hier nur Methode 3 an (Methode 1 ist zu umständlich und bezüglich Methode 2 verweisen wir auf Aufgabe 4.14 in Abschnitt 4.6). Die Realisierungsstruktur wird durch Bild 4.31 ersetzt.

Es ist direkt ersichtlich, daß:

$$Y(z) = b_0 X(z) + b_1 z^{-1} X(z) + b_2 z^{-2} X(z) + a_1 z^{-1} Y(z) + a_2 z^{-2} Y(z)$$

Hieraus folgt:

$$H(z) = \frac{Y(z)}{X(z)} = \frac{b_0 + b_1 z^{-1} + b_2 z^{-2}}{1 - a_1 z^{-1} - a_2 z^{-2}} \tag{4.106}$$

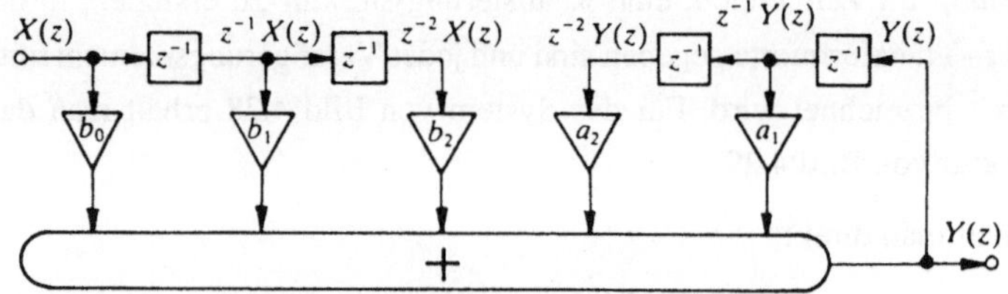

Bild 4.31 Alternative Realisierungsstruktur für den Schaltkreis von Bild 4.30

– *Bemerkung*: In diesem Beispiel haben wir von einem System die Systemfunktion bestimmt, dem wir noch häufig begegnen werden: einem sogenannten Teilsystem zweiter Ordnung. Aus der Systemfunktion kann man – wie bereits früher gezeigt – die Übertragungsfunktion $H(e^{j\theta})$ ableiten. Für jede Kombination der Parameter b_0, b_1, b_2, a_1 und a_2 erhält man dann eine andere Funktion. Zur Vereinfachung betrachten wir den speziellen Fall $b_0 = 1$ und $b_1 = b_2 = 0$ und erhalten:

$$H(e^{j\theta}) = \frac{1}{1 - a_1 e^{-j\theta} - a_2 e^{-2j\theta}} = A e^{j\phi} \tag{4.107}$$

Der Betrag A (in dB) und das Argument ϕ sind in Bild 4.32 im Basisintervall $-\pi \leq \theta < \pi$ für verschiedene Kombinationen von a_1 und a_2 dargestellt.

4.5.7 Pole und Nullstellen als Systembeschreibung

In Abschnitt 4.4.2 über die Differenzengleichung haben wir bereits festgestellt, daß die kausalen LTD–Systeme mit denen wir es hauptsächlich zu tun haben, durch eine lineare Differenzengleichung beschrieben werden können:

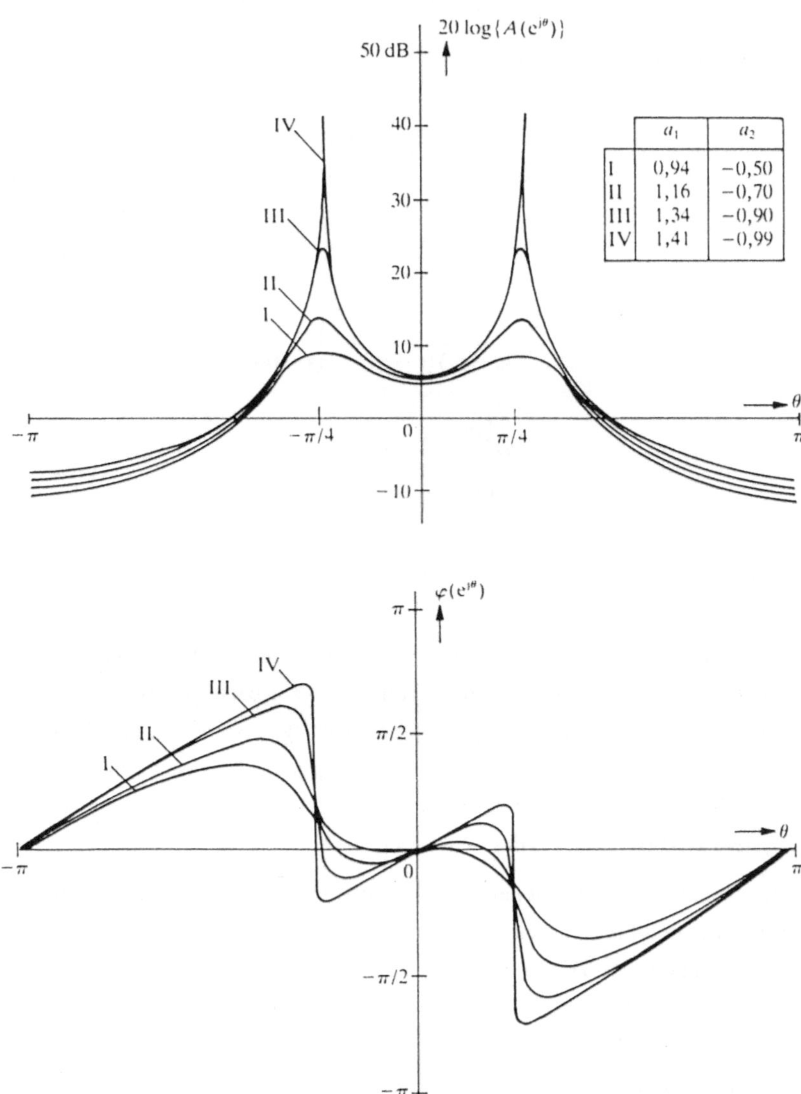

	a_1	a_2
I	0,94	−0,50
II	1,16	−0,70
III	1,34	−0,90
IV	1,41	−0,99

Bild 4.32 *Betrag und Argument der Übertragungsfunktion $H(e^{iθ})$ für ein Teilsystem zweiter Ordnung mit $b_0 = 1$ und $b_1 = b_2 = 0$ sowie a_1 und a_2 entsprechend der Tabelle.*

$$y[n] = \sum_{i=0}^{N} b_i x[n-i] + \sum_{i=1}^{M} a_i y[n-i] \qquad (4.108)$$

Die dazugehörende Systemfunktion $H(z)$ ist:

$$H(z) = \frac{Y(z)}{X(z)} = \frac{\sum_{i=0}^{N} b_i z^{-i}}{1 - \sum_{i=1}^{M} a_i z^{-i}} \qquad (4.109)$$

oder auch:

$$H(z) = b_0 \frac{(z-z_1)(z-z_2)\cdots(z-z_N)}{(z-p_1)(z-p_2)\cdots(z-p_M)} z^{M-N}$$

$$= b_0 \frac{\prod_{i=1}^{N}(z-z_i)}{\prod_{i=1}^{M}(z-p_i)} z^{M-N} \qquad (4.110)$$

Die komplexen Größen z_i werden *Nullstellen* von $H(z)$ und die komplexen Größen p_i *Pole* von $H(z)$ genannt; wenn $z = z_i$, dann ist $H(z) = 0$ und wenn $z = p_i$, dann ist $H(z) = \infty$.

Wir sehen, daß $H(z)$ bis auf die Konstante b_0 vollkommen durch die Werte von z_i und p_i bestimmt wird. Die Pole und Nullstellen können in der komplexen z–Ebene grafisch dargestellt werden. Für die vier Teilsysteme zweiter Ordnung, deren Übertragungsfunktion in Bild 4.32 zu sehen ist, ist das Pol–Nullstellenschema in Bild 4.33(a) dargestellt. In diesen vier Fällen handelt es sich um zwei Pole und zwei Nullstellen (im Ursprung). Für ein vollkommen beliebig ausgewähltes System zeigt Bild 4.33(b) das PN–Schema.

Mit den Begriffen Pole und Nullstellen sind wir schon bei LTC–Systemen konfrontiert worden. Dabei spielte bei der Formulierung der Beziehung zwischen den Pol–Nullstellen und der Übertragungsfunktion des LTC–Systems, die vertikale Achse in der komplexen p–Ebene (siehe z.B. Bild 2.11) eine wichtige Rolle. Für LTD–Systeme hat der Einheitskreis in der komplexen z–Ebene eine ähnliche Bedeutung: die Systemfunktion $H(z)$ auf dem Einheitskreis ist immer genau gleich der Übertragungsfunktion $H(e^{j\theta})$.

Da wir immer mit Systemen zu tun haben werden, für die die Koeffizienten a_i und b_i von $H(z)$ reell sind, können die Nullstellen nur reell sein oder als konjugiert komplexe Paare auftreten; das gleiche gilt für die Pole. Deshalb sind die Bilder 4.33(a) und 4.33(b) spiegelsymmetrisch zur horizontalen Achse.

Aus dem PN–Schema eines praktisch realisierbaren LTD–Systems ergeben sich direkt einige Folgerungen. Die wichtigsten sind hier (ohne Beweis) aufgezählt:

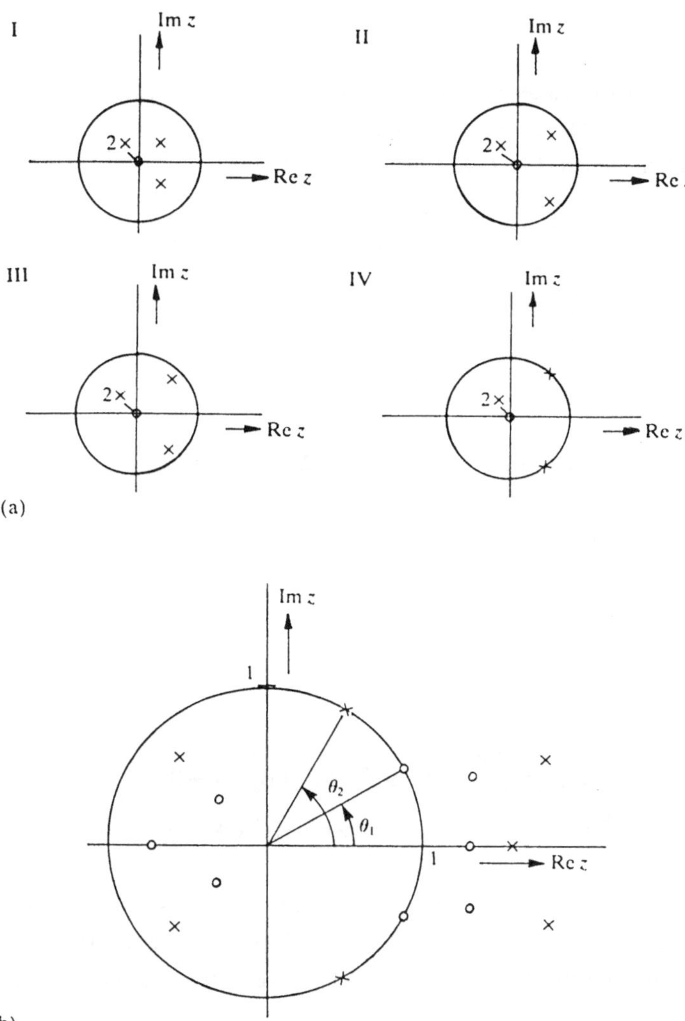

Bild 4.33 (a) Pole (×) und Nullstellen (o) der vier Teilsysteme zweiter Ordnung von Bild 4.32 (b) PN–Schema eines beliebigen LTD–Systems

1. Bei einem stabilen System liegen alle Pole innerhalb des Einheitskreises $|z| = 1$ (das System von Bild 4.33(b) ist also nicht stabil); Nullstellen können innerhalb, außerhalb oder auf dem Einheitskreis liegen.

2. Die Beziehung zwischen den Pol–Nullstellen und der Übertragungsfunktion $H(e^{j\theta}) = A e^{j\phi}$ kann man für die Frequenz $\theta = \theta_0$ folgendermaßen ermitteln: Den Betrag $A(e^{j\theta_0}) = |H(e^{j\theta_0})|$ erhält man, indem man das Produkt aller Abstände zwischen dem Punkt $z = e^{j\theta_0}$ und den Nullstellen durch das Produkt aller Abstände zwischen $z = e^{j\theta_0}$ und den Polen dividiert.

Die Phase $\phi(e^{j\theta_0})$ erhält man, indem man alle Phasenbeiträge der Nullstellen addiert und davon alle Phasenbeiträge der Pole subtrahiert. Das ist in Bild 4.34 für ein System 2.Ordnung (d.h. $M = 2$) mit zwei Nullstellen ($N = 2$) grafisch dargestellt:

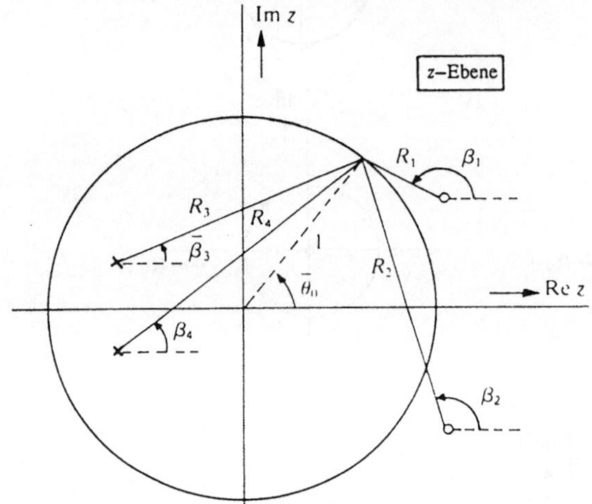

Bild 4.34 Grafische Bestimmung von $A(e^{j\theta_0})$ und $\phi(e^{j\theta_0})$

$$A\left(e^{j\theta_0}\right)=\frac{R_1 R_2}{R_3 R_4} \quad \text{und} \quad \phi\left(e^{j\theta_0}\right)=\beta_1+\beta_2-\beta_3-\beta_4 \qquad (4.111)$$

(Zur Vereinfachung haben wir $b_0 = 1$ angenommen.) Man erkennt, daß jeder Pol oder jede Nullstelle den größten Einfluß in dem Frequenzbereich (entsprechend einem bestimmten Abschnitt auf dem Einheitskreis) hat, wo der Abstand zu der Pol– bzw. Nullstelle am kleinsten ist. Außerdem ist die relative Wirkung einer Pol– oder einer Nullstelle umso größer, je dichter er bzw. sie am Einheitskreis liegt. Im extremen Fall, wenn eine Nullstelle auf dem Einheitskreis liegt, wie z.B. bei $z = e^{j\theta_1}$ in Bild 4.33(b) ist die Amplitude der Übertragungsfunktion gleich Null bei $\theta = \theta_1$ und es tritt an dieser Stelle ein Phasensprung von π auf. Andererseits ergibt ein Pol auf dem Einheitskreis, wie z.B. bei $z = e^{j\theta_2}$ in Bild 4.33(b), einen unendlich großen Betrag bei $\theta = \theta_2$ ebenfalls mit einem Phasensprung von π.

3. Liegen alle Nullstellen innerhalb des Einheitskreises, haben wir es mit einem "minimalphasigen Netzwerk"[4] zu tun. Durch "Spiegelung" von (einigen) Nullstellen am Einheitskreis verändert sich die Phasencharakteristik des Systems, nicht aber die Amplitudencharakteristik

---

[4] Bei einem minimalphasigen Netzwerk ist bei einer gegebenen Amplitudencharakteristik die *Gruppenlaufzeit* $\tau_g = -d\phi/d\theta$ für alle Frequenzen minimal.

(eventuell bis auf eine Konstante). "Spiegelung" am Einheitskreis bedeutet, daß eine Nullstelle $z_i = r_i e^{j\theta_i}$ durch eine Nullstelle $z_i = (1/r_i)e^{-j\theta_i}$ ersetzt wird. Bild 4.35(a) und (b) zeigt ein Beispiel einer solchen Spiegelung für ein minimalphasiges System mit drei Polen im Ursprung und drei Nullstellen. In Bild 4.35 sind auch die entsprechenden Amplituden–, Phasen– und Gruppenlaufzeitcharakteristiken wiedergegeben. Man sieht deutlich, daß die Phasencharakteristik des minimalphasigen Systems viel weniger stark variiert und so die Gruppenlaufzeit kleiner ist als bei dem System, das nicht minimalphasig ist. Diese Feststellung ist allgemeingültig.

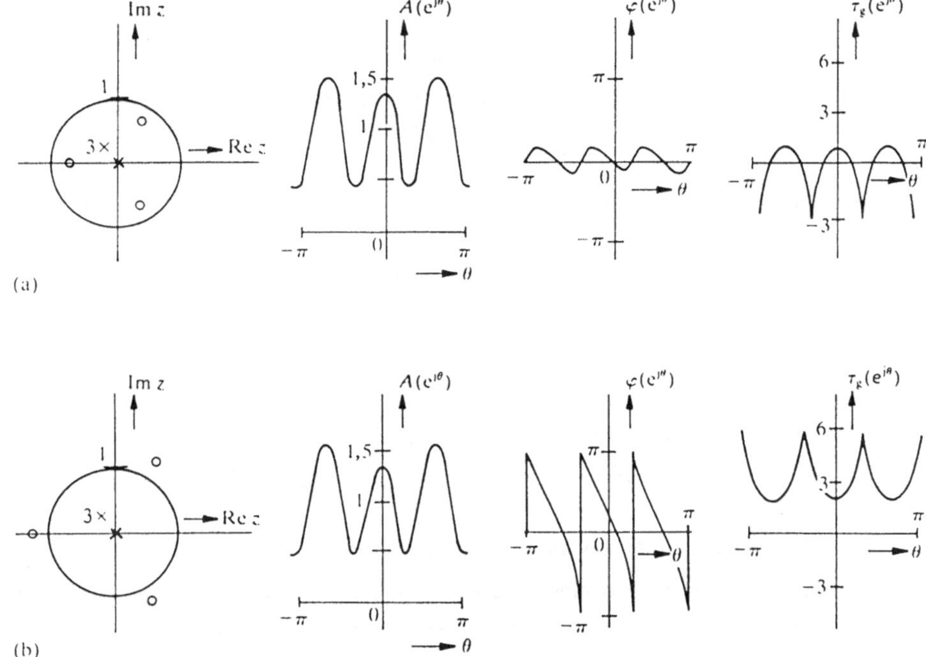

Bild 4.35 (a) Minimalphasiges System mit drei Polen im Ursprung und drei Nullstellen. (b) Nicht minimalphasiges System, erhalten aus (a) durch Spiegelung der Nullstellen am Einheitskreis. Das führt zu einer größeren Gruppenlaufzeit τ_g

4. Bei einem stabilen Phasenschieber oder einem "Allpaß"–Netzwerk (d.h. $|H(e^{j\theta})| = 1$ für $-\pi \leq \theta < \pi$) liegen alle Pole innerhalb des Einheitskreises und alle Nullstellen außerhalb des Einheitskreises. Pole und Nullstellen treten immer paarweise, am Einheitskreis gespiegelt, auf. Bild 4.36(a) zeigt ein Beispiel dazu (sowohl das PN–Schema als auch die Amplituden– und Phasencharakteristik).

5. Hat ein System (außerhalb des Ursprungs) nur Pole, spricht man von einem "Allpol"–Netzwerk (Bild 4.36(b)).

6. Hat ein System (außerhalb des Ursprungs) nur Nullstellen, die außerdem noch paarweise am Einheitskreis gespiegelt auftreten (und eventuell Nullstellen auf dem Einheitskreis), dann hat die Phasencharakteristik einen linearen Verlauf und man spricht von einem "linearphasigen Netzwerk" (Bild 4.36(c), siehe ebenso Kapitel 8, "Entwurfsmethoden diskreter Filter").

7. PN–Schemen von Systemen, die in Kaskade geschaltet sind, können in einem Schema kombiniert werden. Treffen ein Pol und eine Nullstelle übereinander, so heben sie sich gegenseitig auf.

8. Bei einem LTD–System ist die Anzahl der Pole größer oder gleich der Anzahl der Nullstellen (dabei werden Pole und Nullstellen in $z = 0$ mitgezählt). Um das zu zeigen, schreiben wir den allgemeinen Ausdruck für die Systemfunktion $H(z)$ derart, daß sowohl im Zähler als auch im Nenner nur positive Potenzen von z auftreten (so z.B. z^3, aber nicht z^{-3}):

$$H(z) = \frac{c_0 z^N + c_1 z^{N-1} + \ldots + c_N}{z^M + d_1 z^{M-1} + \ldots + d_M} \tag{4.112}$$

wobei $c_0 \neq 0$ und c_N und d_M nicht beide Null sein dürfen. Die anderen c_i's und d_i's können beliebig sein (auch gleich 0). Man sagt, daß $H(z)$ ein System M–ter Ordnung beschreibt, wobei die Ordnung von der größten Potenz von z im Nenner bestimmt wird. $H(z)$ hat M Pole und N Nullstellen. Nach fortlaufender Division erhält man:

$$H(z) = e_0 z^{N-M} + e_1 z^{N-M-1} + e_2 z^{N-M-2} + \ldots \tag{4.113}$$

Die dazugehörende Impulsantwort lautet:

$$h[n] = e_0 \delta[n+N-M] + e_1 \delta[n+N-M-1] + e_2 \delta[n+N-M-2] + \ldots \tag{4.114}$$

Dieses Signal ist nur für $M \geq N$ kausal (bitte nachprüfen!).

9. Wird ein LTD–System von einem bestehenden LTC–System abgeleitet, (das ist nicht ungewöhnlich, wie wir später sehen werden) so ist die Kausalitätsbedingung $M \geq N$ praktisch immer erfüllt (siehe Punkt vorher).

Beispiel 1

In Bild 4.37 sind einige Impulsantworten $h[n]$ mit dazugehörender Systemfunktion $H(z)$ als mathematische Beschreibung und als PN–Schema gegeben.

Beispiel 2

Für die praktische Realisierung kommen im allgemeinen nur stabile Systeme in Frage. Eine Ausnahme bildet der "diskrete Oszillator", ein Beispiel zeigt Bild 4.38. Die Systemfunktion $H(z)$ ist:

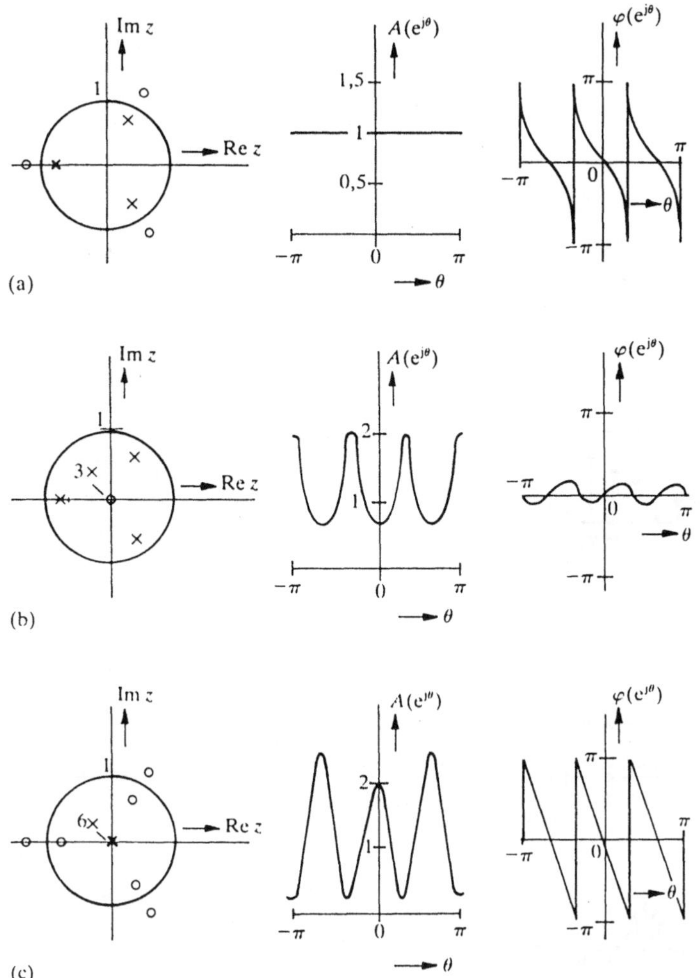

Bild 4.36 (a) "Allpaß"–Netzwerk mit drei Polen und Nullstellen. (b) "Allpol"–Netzwerk. (c) Linearphasiges Netzwerk.

$$H(z) = \frac{Y(z)}{X(z)} = \frac{z^{-1}}{1 - 2\cos(\theta_0)z^{-1} + z^{-2}} \tag{4.115}$$

Für die Berechnung der Pole und Nullstellen wird die Funktion umgeformt zu:

$$H(z) = \frac{z}{z^2 - 2z\cos(\theta_0) + 1} = \frac{z}{(z - e^{-j\theta_0})(z - e^{j\theta_0})} \tag{4.116}$$

Pole und Nullstellen dieses Systems zeigt Bild 4.38(b). Entsprechend Gleichung (8b) aus Tabelle 4.3, gehört zur Systemfunktion $H(z)$ von (4.115) folgende Impulsantwort:

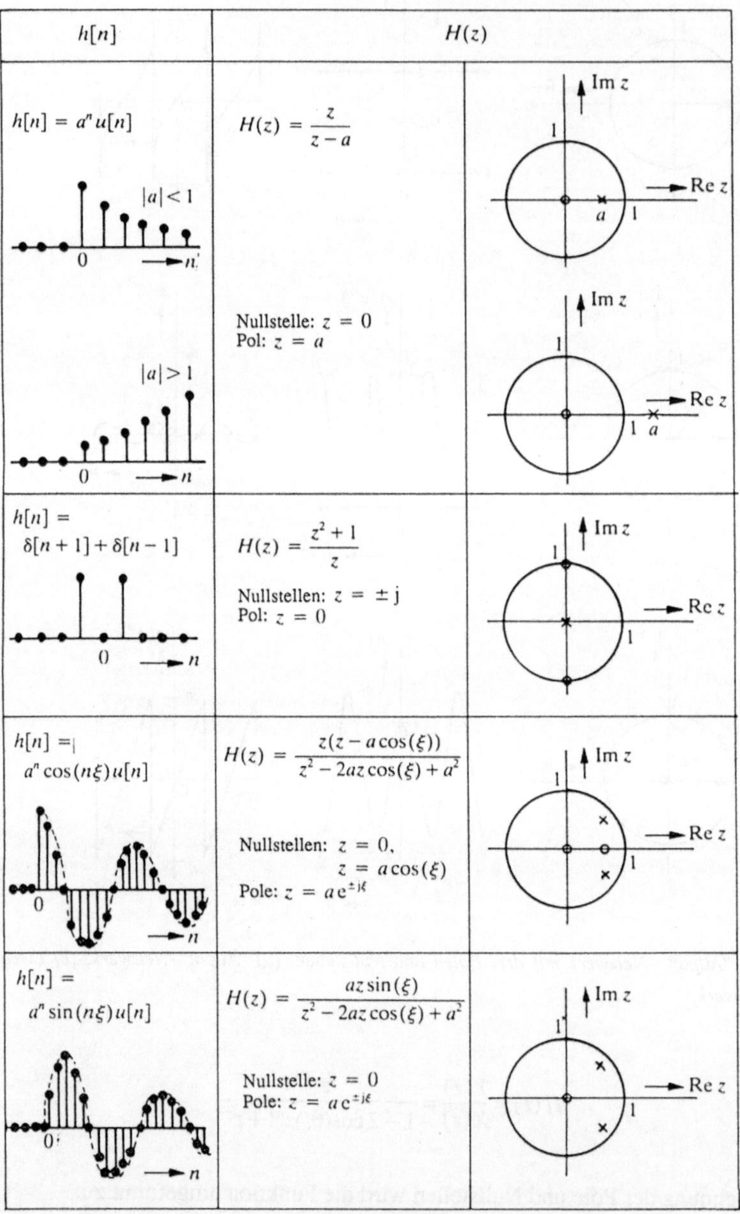

Bild 4.37 *Beispiele für die Impulsantwort h[n] und der dazugehörenden Systemfunktion H(z).*

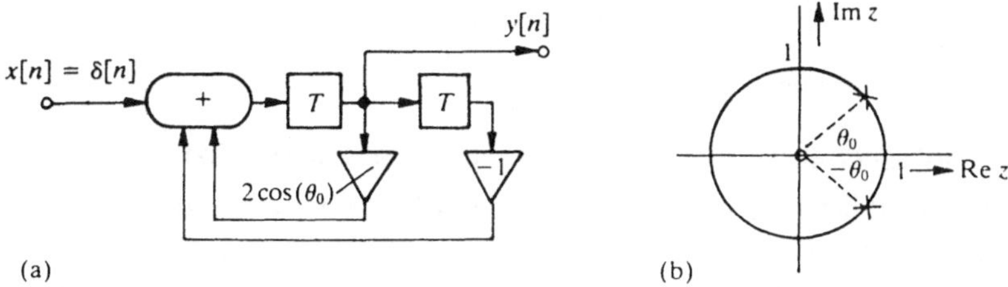

Bild 4.38 Diskreter Oszillator. (a) Realisierungsstruktur, (b) PN–Schema

$$h[n] = \frac{1}{\sin(\theta_0)} \cdot \sin(n\theta_0)u[n] \tag{4.117}$$

Die Funktion $h[n]$ zeigt Bild 4.39 für $\theta_0 = 0{,}6$.

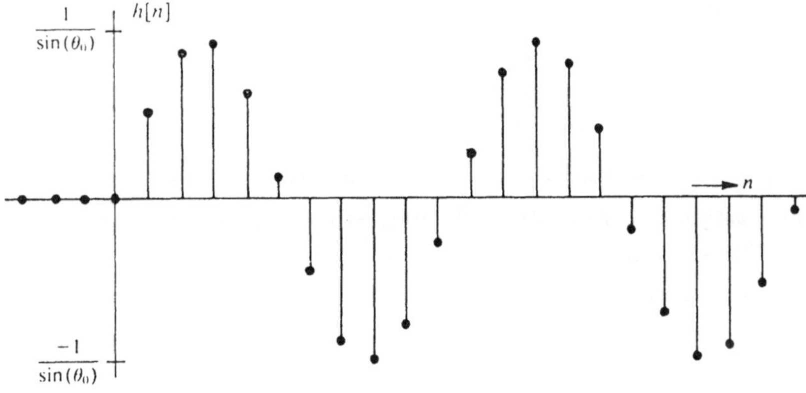

Bild 4.39 Impulsantwort des diskreten Oszillators

– *Bemerkung:* Wir sehen an diesem Beispiel deutliche Unterschiede zum zeitkontinuierlichen Oszillator; indem wir Amplituden–Quantisierungseffekte außer acht gelassen haben, und davon ausgegangen sind, daß der Inhalt der Verzögerungselemente für $n < 0$, Null ist, haben wir es mit einem linearen System zu tun (deshalb können wir über die Systemfunktion sprechen!). Das bedeutet einerseits, daß wir kein Ausgangssignal (keine Oszillation) erhalten, wenn kein Eingangssignal anliegt. Andererseits ist die Amplitude des Ausgangssignals direkt vom Eingangssignal abhängig.

4.6 Übungsaufgaben

Übungsaufgaben zu Abschnitt 4.2

4.1 In (4.9) wurde gezeigt, daß die diskrete Sinusfunktion $\sin(n\pi/4)$ periodisch mit der Periode 8 ist, während in Gleichung (4.10) gezeigt wurde, daß $\sin(n)$ nicht periodisch ist. Bestimmen Sie für welchen Wert oder für welche Werte von θ die Funktion $A\sin(n\theta + \phi)$ periodisch ist und bestimmen Sie die dazugehörige(n) Periode(n).

4.2 Zeichnen Sie folgende diskrete Signale, für $-5 \leq n \leq 5$

  (a) $x[n] = 1$

  (b) $x[n] = \cos(2\pi n)$

  (c) $x[n] = \cos(\pi n)$

  (d) $x[n] = \sin(\pi n/2 + \pi/4)$

  (e) $x[n] = \sum\limits_{i=-\infty}^{\infty} \sin(i\pi/2)\delta[n - i]$

  (f) $x[n] = \begin{cases} 0 & \text{für } n < 0 \\ 1 & \text{für } n = 0 \\ 0{,}8 \cdot x[n - 1] & \text{für } n > 0 \end{cases}$

4.3 Wenn $x[n] = e^{j\pi n/2}$, so kann $x[n]$ in einen Realteil $\mathrm{Re}\{x[n]\}$ und in einen Imaginärteil $\mathrm{Im}\{x[n]\}$ aufgeteilt werden: $x[n] = \mathrm{Re}\{x[n]\} + j\mathrm{Im}\{x[n]\}$. Zeichnen Sie $\mathrm{Re}\{x[n]\}$ und $\mathrm{Im}\{x[n]\}$ für $-5 \leq n \leq 5$.

4.4 Berechnen Sie die Werte für $-5 \leq n \leq 5$, von:

  (a) $x[n] = e^{j\pi n/4}$

  (b) $x[n] = e^{jn}$

  Sind diese Signale periodisch? Wenn ja, welche Periode haben sie?

Übungsaufgaben zu Abschnitt 4.3

4.5 (a) Berechnen Sie $X(e^{j\theta})$ nach Bild 4.5(b), ausgehend von dem dazugehörenden $x[n]$.

  (b) Wie (a), aber nach Bild 4.5(d).

  (c) Berechnen Sie $x[n]$ nach Bild 4.5(e), ausgehend von dem dazugehörenden $X(e^{j\theta})$.

4.6 Berechnen Sie die folgenden zwei Integrale unter Anwendung des Parseval'schen Theorems und der Korrespondenzen von Bild 4.5:

$$I_1 = \int\limits_{-\pi}^{\pi} \left| \frac{\sin\{(2N + 1)\theta/2\}}{\sin(\theta/2)} \right|^2 d\theta$$

und

$$I_2 = \int\limits_{-\pi}^{\pi} \left| \frac{1}{1-a e^{-j\theta}} \right|^2 \, d\theta \quad \text{mit} \quad |a| < 1$$

4.7 Berechnen Sie folgende Summe (verwenden Sie das Parseval'sche Theorem):

$$S_1 = \sum_{n=-\infty}^{\infty} |x[n]|^2$$

$$\text{mit } x[n] = \begin{cases} \sin(n\theta_0)/n\pi & \text{für } n \neq 0 \\ \theta_0/\pi & \text{für } n = 0 \end{cases}$$

Übungsaufgaben zu Abschnitt 4.4

4.8 Zeigen Sie, daß für ein beliebiges lineares System mit dem Eingangssignal $x[n]$ und dem Ausgangssignal $y[n]$, gilt: $y[n] = 0$ für alle n, wenn $x[n] = 0$ für alle n.

4.9 Gegeben ist ein System mit dem Eingangssignal $x[n]$ und dem Ausgangssignal $y[n]$. Das System wird durch die Differenzengleichung $y[n] = x[n]-ay[n-1]$ beschrieben, wobei $y[-1] = 1$.

(a) Für folgende Eingangssignale $x[n]$ ist $y[n]$ zu bestimmen:

$x_1[n] = 0$

$x_2[n] = \delta[n]$

$x_3[n] = 2\delta[n]$

$x_4[n] = \delta[n-1]$

(b) Bestimmen Sie unter Verwendung der Ergebnisse von (a), ob das System linear oder zeitinvariant ist, oder beides.

(c) Können Sie das Ergebnis von (b) erklären?

4.10 Bestimmen Sie für die Signale von Bild 4.40(a), (b) und (c) die Faltung $y[n] = x[n] * h[n]$.

4.11 (a) Bestimmen Sie von dem System in Bild 4.41 die Impulsantwort $h[n]$.

(b) Zeigen Sie, daß $h[n]$ als Faltung zweier zeitdiskreter Funktionen $h_1[n]$ und $h_2[n]$ aufgefaßt werden kann: $h[n] = h_1[n] * h_2[n]$

$$\text{mit } h_1[n] = \begin{cases} 0 & \text{für } n < 0 \text{ und } n > 1 \\ 1 & \text{für } 0 \leq n \leq 1 \end{cases}$$

$$\text{und } h_2[n] = \begin{cases} 0 & \text{für } n < 0 \\ \left(\dfrac{1}{2}\right)^n & \text{für } n \geq 0 \end{cases}$$

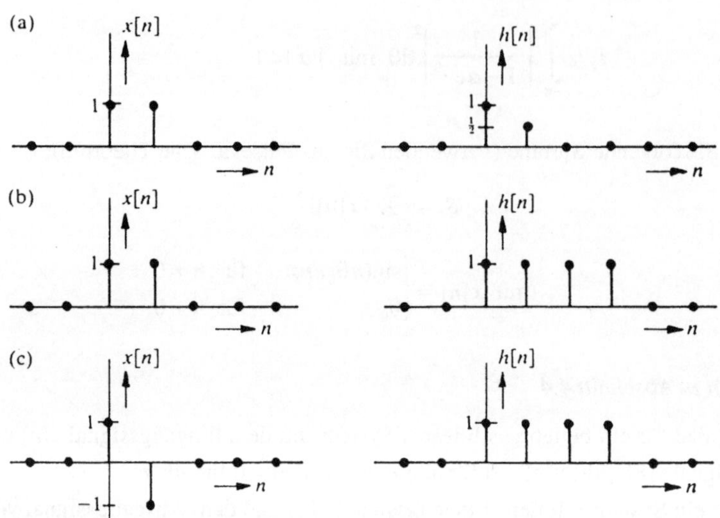

Bild 4.40 Aufgabe 4.10

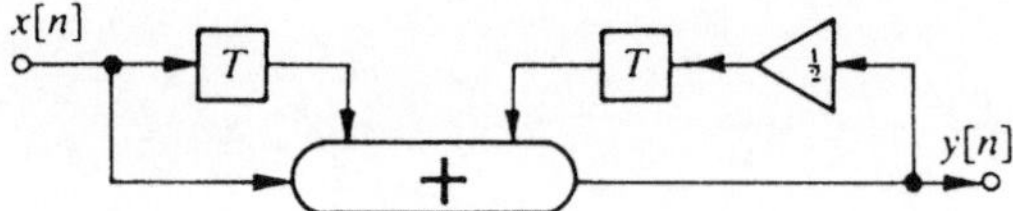

Bild 4.41 Aufgabe 4.11

4.12 Das System H, von Bild 4.42, wird durch die Kaskade zweier LTD–Systeme H_1 und H_2 gebildet.

(a) Zeigen Sie, daß wenn H_1 und H_2 stabil sind, H stabil ist.

(b) Zeigen Sie, daß wenn H_1 und H_2 kausal sind, H kausal ist.

(c) Das Umgekehrte von (a) und (b) gilt *nicht* allgemein! Wenn H stabil ist, müssen H_1 und H_2 nicht unbedingt beide stabil sein. Ist H kausal, so müssen H_1 und H_2 nicht unbedingt beide kausal sein. Weisen Sie nach anhand der folgenden Impulsantworten:

$$h_1[n] = \begin{cases} 1 & \text{für } n \geq -1 \\ 0 & \text{für } n < -1 \end{cases}$$

und

$$h_2[n] = \begin{cases} 1 & \text{für } n = 1 \\ -1 & \text{für } n = 2 \\ 0 & \text{für } n \leq 0 \text{ und } n \geq 3 \end{cases}$$

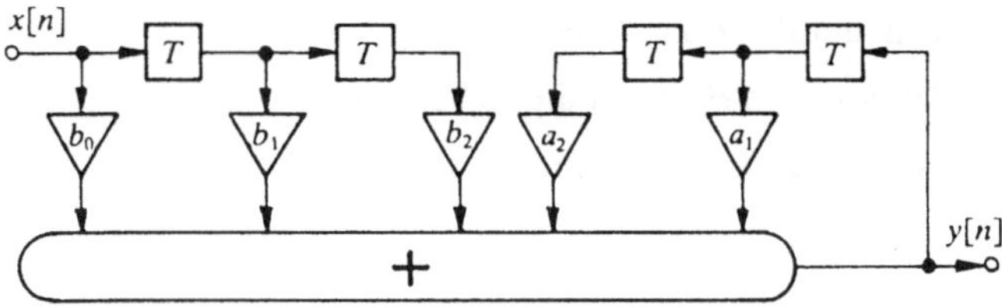

Bild 4.42 Aufgabe 4.12

4.13 Wenn die Impulsantwort $h[n]$ und das Eingangssignal $x[n]$ eines LTD–Systems den Bedingungen $h[n] = 0$ für $n < N_0$ und $n > N_1$ sowie $x[n] = 0$ für $n < N_2$ und $n > N_3$ mit $N_0 \leq N_1$ und $N_2 \leq N_3$ genügen, so ist $y[n] = 0$ für $n < N_4$ und $n > N_5$.
Bestimmen Sie N_4 und N_5 als Funktion von N_0, N_1, N_2, und N_3.

4.14 Verwenden Sie Methode 2 und 3, um die Übertragungsfunktion $H(e^{j\theta})$ des Systems von Bild 4.43 zu bestimmen.

Bild 4.43 Aufgabe 4.14

4.15 (Für Enthusiasten!) Bestimmen Sie für jedes der folgenden Systeme mit dem Eingangssignal $x[n]$ und dem Ausgangssignal $y[n]$, ob es stabil, kausal, linear und zeitinvariant ist.

   (a) $y[n] = \cos(n)x[n]$

   (b) $y[n] = \sum_{i=0}^{n} x[i]$

   (c) $y[n] = \sum_{i=n-1}^{n+1} x[i]$

   (d) $y[n] = x[n-1]$

   (e) $y[n] = e^{x[n]}$

   (f) $y[n] = ax[n] + b$

Übungsaufgaben zu Abschnitt 4.5

4.16 Bestimmen Sie die z–Transformation folgender Funktionen:

   (a) $x_a[n] = u[n] - u[n-3]$

   (b) $x_b[n] = \alpha^n(u[n] - u[n-3])$

   (c) $x_c[n] = \alpha^n u[n] - \alpha^{n-3} u[n-3]$

   (d) $x_d[n] = \begin{cases} n+1 & \text{für } 0 \leq n \leq 2 \\ 5-n & \text{für } 2 < n \leq 4 \\ 0 & \text{für } n < 0 \text{ und } n > 4 \end{cases}$

4.17 Bestimmen Sie die Rücktransformierte folgender Funktionen und stellen Sie diese grafisch dar:

(a) $X_e(z) = \dfrac{1 - 0.5z^{-1}}{1 - 0.25z^{-1}}$

(b) $X_f(z) = \dfrac{1 - 0.5z^{-1}}{1 - 0.25z^{-2}}$

(c) $X_g(z) = \dfrac{z^2}{(z - 0.5)(z - 0.75)}$

(d) $X_h(z) = \dfrac{1}{(z - 0.5)^2}$

4.18 Bestimmen Sie Pole und Nullstellen aller in Aufgabe 4.16 und 4.17 gegebenen Funktionen. Skizzieren Sie die entsprechenden PN–Schemen.

4.19 In Bild 4.44 ist ein System mit Polen und Nullstellen gegeben.

(a)   Bestimmen Sie $H(z)$, $h[n]$ und $H(e^{j\theta})$ für dieses System.

(b)   Stellen Sie $h[n]$ grafisch dar. Ist das System kausal?

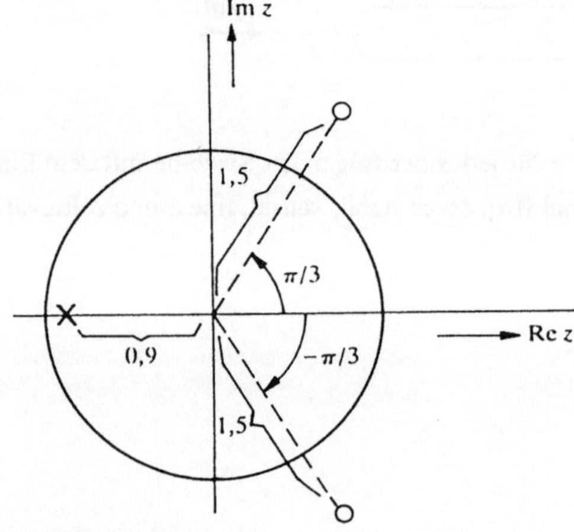

Bild 4.44 Aufgabe 4.19

(c) Ist das System stabil?

(d) Handelt es sich um ein minimalphasiges System?

Falls es kein minimalphasiges System ist, lösen Sie bitte folgende Teilaufgaben:

(e) Zeichnen Sie das PN–Schema eines minimalphasigen Systems mit der gleichen $|H(e^{j\theta})|$.

(f) Bestimmen Sie von diesem minimalphasigen System die Systemfunktion, die Impulsantwort und die Übertragungsfunktion.

(g) Zeichnen Sie die Impulsantwort. Ist das minimalphasige System kausal?

4.20 Gegeben ist das System nach Bild 4.45.

(a) Bestimmen Sie die Systemfunktion $H(z)$ dieses Systems nach Methode 2 und 3.

(b) Setzen Sie $b_0 = b_2 = 1$, $b_1 = 2$, $a_1 = 1{,}4$ und $a_2 = -0{,}5$. Bestimmen Sie die Pole und Nullstellen von $H(z)$. Ist das System stabil? Ist es ein minimalphasiges System?

(c) Setzen Sie $b_0 = b_2 = 1$, $b_1 = 2{,}5$, $a_1 = 1$ und $a_2 = -2$. Gleiche Aufgabenstellung wie unter (b).

(d) Setzen Sie $b_1 = b_2 = 0$, $b_0 = 1$, $a_1 = 1$ und $a_2 = -0{,}99$. Bestimmen Sie $H(z)$.

(e) Bestimmen Sie die Systemantwort des unter (d) definierten Systems für das Eingangssignal $x[n] = A\,\cos(n\pi/3)$.

(f) Setzen Sie $b_0 = 1$, $b_1 = -0{,}35$, $b_2 = 0$, $a_1 = 0{,}7$ und $a_2 = -0{,}49$. Bestimmen Sie erneut $H(z)$ und die Impulsantwort $h[n]$.

(g) Bestimmen Sie die Werte der Impulsantwort $h[n]$ für $-5 \leq n \leq 9$.

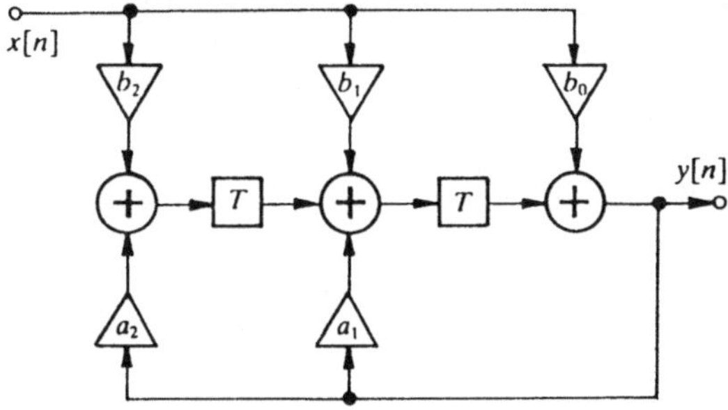

Bild 4.45 Aufgabe 4.20

4.21 (a) Welches System der Bilder 4.35 oder 4.36 erhält man, wenn die Systeme von Bild 4.36(b) und 4.36(c) in Kaskade geschaltet werden?

(b) Was erhält man, wenn die Systeme von Bild 4.35(a) und 4.36(a) in Kaskade geschaltet werden?

4.22 Gegeben ist die Impulsantwort $h[n] = 2^n \cos(n\pi/4)u[n]$ eines Systems.

(a) Zeichnen Sie $h[n]$ für $0 \leq n \leq 5$.

(b) Berechnen Sie die Systemfunktion $H(z)$.

   (c) Zeichnen Sie das PN–Schema von $H(z)$.

   (d) Ist das System stabil oder instabil?

4.23 Gegeben ist das System von Bild 4.46.

   (a) Stellen Sie $y_1[n]$ als Funktion von $y_1[n-1]$, $y_2[n-1]$ und $x[n]$ dar; verfahren Sie ebenso
        mit $y_2[n]$.

   (b) Setzen Sie $A = \cos(\theta_0)$

                      $B = \sin(\theta_0)$

                      $y_1[-1] = \cos(-\theta_0)$

                      $y_2[-1] = \sin(-\theta_0)$

        Zeigen Sie, daß (wenn $x[n] = 0$) gilt:

        $y_1[n] = \cos(n\theta_0)$ und $y_2[n] = \sin(n\theta_0)$.

        Anmerkung: Für diese Werte von A, B, $y_1[n]$ und $y_2[n]$ stellt die Schaltung einen
        diskreten Oszillator dar, der ein sinusförmiges und ein cosinusförmiges Signal der
        gleichen Frequenz erzeugt (bitte beweisen!).

   (c) Berechnen Sie (für beliebige A und B) die Systemfunktion $H_1(z) = Y_1(z)/X(z)$ und
        $H_2(z) = Y_2(z)/X(z)$.

   (d) Setzen Sie $A = B = \frac{1}{2}\sqrt{2}$. Zeichnen Sie das PN–Schema für $H_1(z)$ und $H_2(z)$.

   (e) Setzen Sie $A = B = \frac{1}{2}\sqrt{2}$ und $x[n] = \delta[n]$. Berechnen und zeichnen Sie die Impuls-

        antworten $h_1[n]$ und $h_2[n]$ für $-2 \leq n \leq 10$.

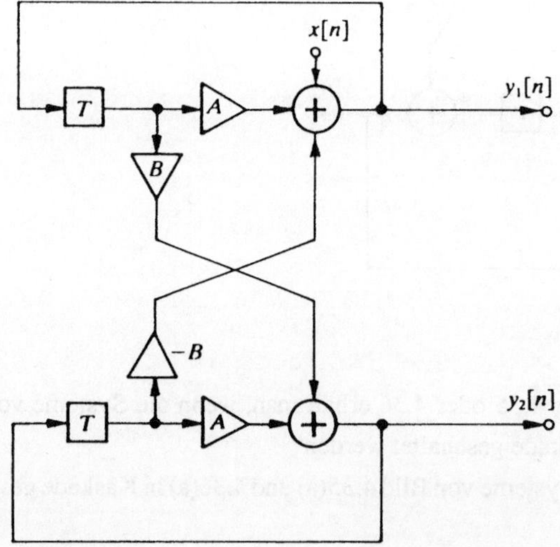

Bild 4.46 Aufgabe 4.23

5

Die DFT und die FFT

5.1 Die DFT für periodische diskrete Signale

In Abschnitt 4.3 wurde gezeigt, wie für ein beliebiges diskretes Signal $x[n]$ die Fouriertransformierte (FTD) definiert wird. Wir wiederholen an dieser Stelle noch einmal die Gleichungen für die Hin– und Rücktransformation (Gleichungen 4.18 und 4.19) und verwenden dabei die relative Frequenz $\theta = \omega T$:

$$X(e^{j\theta}) = \sum_{n=-\infty}^{\infty} x[nT] e^{-jn\theta}$$

(FTD) (5.1)

$$x[n] = \frac{1}{2\pi} \int_{-\pi}^{\pi} X(e^{j\theta}) e^{jn\theta} d\theta$$

(IFTD) (5.2)

Wir betrachten nun den speziellen Fall der periodischen Funktion $x_p[n]$ mit der Periode N, so daß für alle n gilt:

$$x_p[n] = x_p[n + lN] \quad \text{mit } l = 0, \pm 1, \pm 2 ... \tag{5.3}$$

Die Gleichungen (5.1) und (5.2) lassen sich nicht ohne weiteres auf dieses Signal anwenden, da bei der Berechnung der Summe und des Integrals Konvergenzprobleme auftreten. Deshalb geht man bei periodischen diskreten Signalen, um eine Darstellung im Frequenzbereich zu erhalten, anders vor. Wir verwenden dabei unsere Vorkenntnisse über $x_p[n]$ und wissen, daß bei Auftreten von periodischem $x_p[n]$:

1. bei einer Beschreibung im Frequenzbereich nur solche Beiträge auftreten, die ein vielfaches der Grundfrequenz θ_0, einschließlich Beiträge bei $\theta = 0$, sind. Der Wert der Grundfrequenz ist durch $\theta_0 = 2\pi/N$ gegeben. Das kann folgendermaßen eingesehen werden: Ein cosinusförmiges Signal dieser Frequenz kann formal als $\cos(2\pi n/N + \phi)$, wobei ϕ eine beliebige Phase ist, dargestellt werden. Die Periode dieses Signals ist genau N und stellt die Grundharmonische von $x_p[n]$ dar.

2. die gesamte Frequenzinformation aus einer einzigen Periode des Signals $x_p[n]$ gewonnen werden kann.

Diese beiden Gründe führen zur Definition der sogenannten (N–Punkte) diskreten Fouriertransformation (DFT):

$$X_p[k] = \sum_{n=0}^{N-1} x_p[n]\, e^{-j(2\pi/N)kn} \qquad \text{(DFT)}$$

(5.4)

und der (N–Punkte) inversen diskreten Fouriertransformation (IDFT):

$$x_p[n] = \frac{1}{N} \sum_{k=0}^{N-1} X_p[k]\, e^{j(2\pi/N)kn} \qquad \text{(IDFT)}$$

(5.5)

Sind die N Werte $x_p[0]$, $x_p[1]$,..., $x_p[N-1]$ oder das *Basisintervall* der Folge $x_p[n]$ im Zeitbereich gegeben, so kann man mit Hilfe der DFT die Frequenzfunktion $X_p[k]$ für *jeden* ganzzahligen Wert k bestimmen. Die Funktion $X_p[k]$ ist ebenfalls periodisch mit der Periode N, da:

$$X_p[k+lN] = \sum_{n=0}^{N-1} x_p[n]\, e^{-j(2\pi/N)(k+lN)n} = \sum_{n=0}^{N-1} x_p[n]\, e^{-j(2\pi/N)kn}\, e^{-j2\pi ln}$$

$$= \sum_{n=0}^{N-1} x_p[n]\, e^{-j(2\pi/N)kn} = X_p[k]$$

Deshalb liefern uns die N Werte $X_p[0]$, $X_p[1]$,..., $X_p[N-1]$, d.h. das *Basisintervall* von $X_p[k]$, genügend Information, um $X_p[k]$ vollständig zu beschreiben (siehe Bild 5.1)

Aus den Werten von $X_p[k]$ im Basisintervall findet man mit Hilfe von (5.5) wieder $x_p[n]$. Für eine grafische Darstellung der Funktionen $x_p[n]$ und $X_p[k]$ genügt es, das Basisintervall zu zeichnen. In Bild 5.1 sind die Werte innerhalb dieses Intervalls durch durchgehende Linien und außerhalb durch gestrichelte Linien gekennzeichnet.

Der Faktor $1/N$, der vor dem Summenzeichen der IDFT steht, ist so gewählt, daß man nach Durchführung der Hin– und Rücktransformation genau wieder die ursprüngliche Funktion $x_p[n]$ erhält. Die Funktionen $x_p[n]$ und $X_p[k]$ bilden eine Korrespondenz (Fourierpaar):

$$x_p[n] \quad \circ\!\!-\!\!-\!\!\circ \quad X_p[k]$$

(5.6)

Beispiel 1

Die 4–Punkte DFT der periodischen Funktion $x_1[n]$:

$$x_1[n] = \begin{cases} 1 & \text{für } n = 4l \text{ mit } l = 0, \pm 1, \pm 2... \\ 0 & \text{sonst} \end{cases}$$

(5.7)

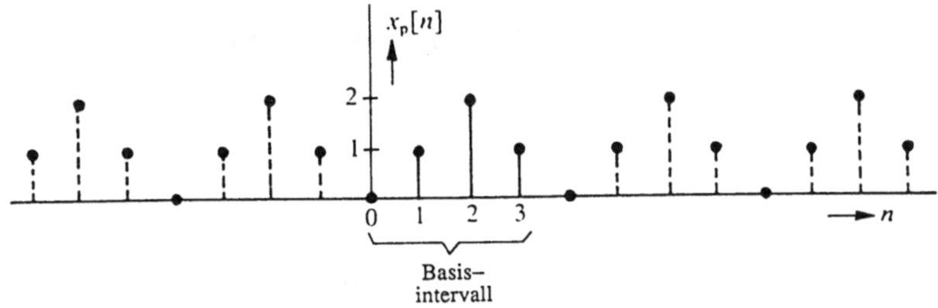

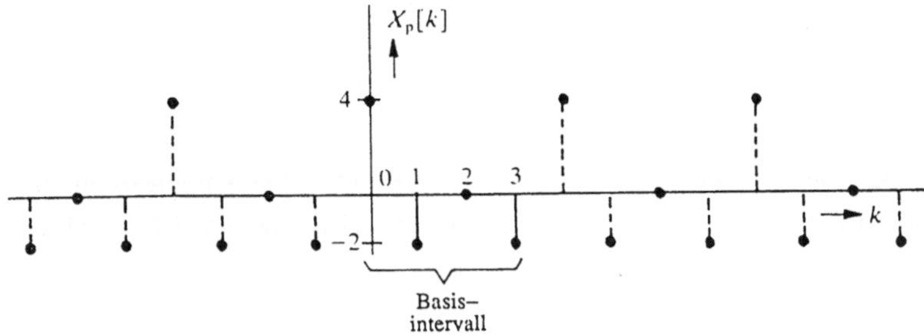

Bild 5.1 Beispiel eines DFT-Paares $x_p[n]$ und $X_p[k]$ mit $N = 4$

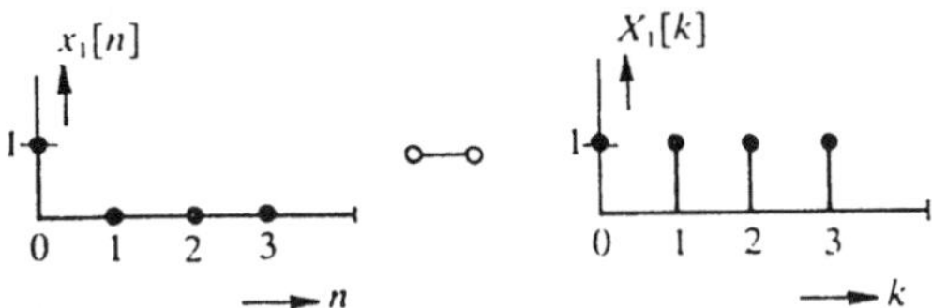

Bild 5.2 Das 4-Punkte DFT-Paar $x_1[n]$ und $X_1[k]$

folgt direkt aus Gleichung (5.4):

$$X_1[k] = \sum_{n=0}^{3} x_1[n]\,e^{-(2\pi/4)kn} = e^{-j(2\pi/4)k0} = e^{-j0} = 1 \qquad (5.8)$$

Das Basisintervall von $x_1[n]$ und von $X_1[k]$ zeigt Bild 5.2.

Die Rücktransformierte erhält man durch Substitution von (5.8) in (5.5):

$$x_1[n] = \frac{1}{4}\sum_{k=0}^{3} X_1[k]\,e^{j(2\pi/4)kn} = \frac{1}{4}(1 + e^{j\pi n/2} + e^{j2\pi n/2} + e^{j3\pi n/2})$$

Folglich:

$$x_1[0] = \frac{1}{4}(1 + 1 + 1 + 1) = 1; \quad x_1[1] = \frac{1}{4}(1 + j - 1 - j) = 0$$

$$x_1[2] = \frac{1}{4}(1 - 1 + 1 - 1) = 0; \quad x_1[3] = \frac{1}{4}(1 - j - 1 + j) = 0$$

Beispiel 2

Die 4–Punkte DFT der periodischen Funktion $x_2[n]$:

$$x_2[n] = \begin{cases} 1 & \text{für } n = 4l + 1 \text{ mit } l = 0, \pm 1, \pm 2... \\ 0 & \text{sonst} \end{cases} \tag{5.9}$$

erhält man mit Gleichung (5.4) zu:

$$X_2[k] = \sum_{n=0}^{3} x_2[n] e^{-j(2\pi/4)kn} = e^{-j2\pi k/4} = e^{-j\pi k/2} \tag{5.10}$$

Das Basisintervall von $x_2[n]$ sowie das von $X_2[k]$ zeigt Bild 5.3. Die komplexe Funktion $X_2[k]$ ist dabei nicht nur als Betrag $A_2[k]$ und Phase $\phi_2[k]$ sondern auch als Realteil $R_2[k]$ und Imaginärteil $I_2[k]$ wiedergegeben.

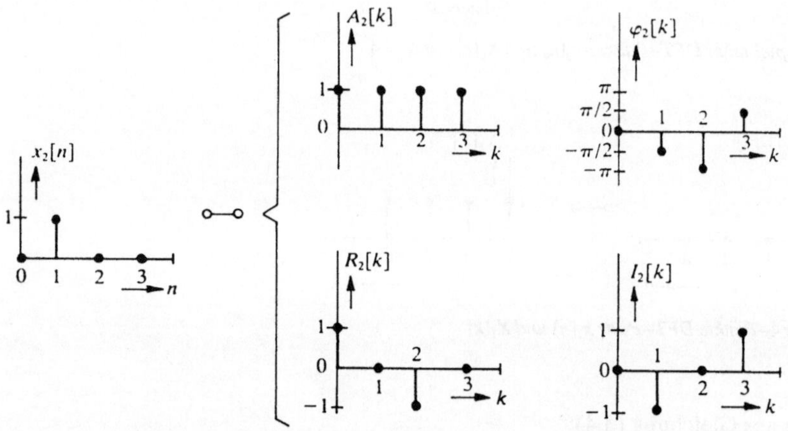

Bild 5.3 *Das 4–Punkte DFT–Paar* $x_2[n]$ *und* $X_2[k] = A_2[k]e^{j\phi_2[k]} = R_2[k] + jI_2[k]$

Beispiel 3

Die 16–Punkte IDFT von $X_3[k]$:

$$X_3[k] = \begin{cases} 1 & \text{für } k = 2 + 16l \text{ und } k = 14 + 16l \\ 0 & \text{sonst} \end{cases} \tag{5.11}$$

erhält man durch Substitution von $X_3[k]$ in (5.5):

$$x_3[n] = \frac{1}{16}\sum_{k=0}^{15} X_3[k]\,e^{j2\pi kn/16} = \frac{1}{16}\left(e^{j4\pi n/16} + e^{j28\pi n/16}\right)$$

$$= \frac{1}{16}\left(e^{j\pi n/4} + e^{j7\pi n/4}\right) = \frac{1}{16}\left(e^{j\pi n/4} + e^{-j\pi n/4}e^{j2\pi n}\right)$$

$$= \frac{1}{16}\left(e^{j\pi n/4} + e^{-j\pi n/4}\right) = \frac{\cos(\pi n/4)}{8} \tag{5.12}$$

Die Basisintervalle von $x_3[n]$ und von $X_3[k]$ sind in Bild 5.4 zu sehen.

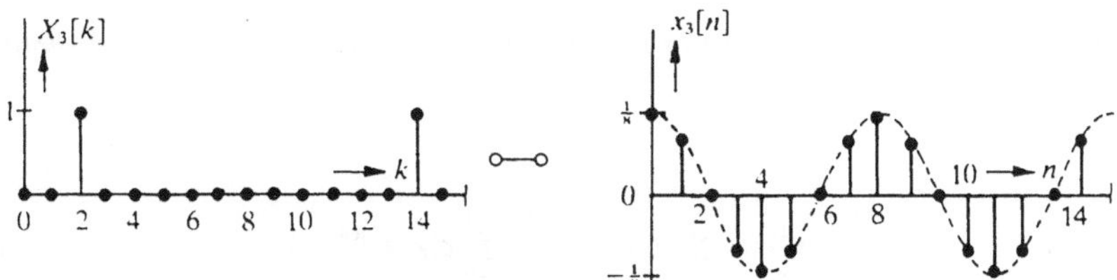

Bild 5.4 Das 16–Punkte DFT–Paar $X_3[k]$ und $x_3[n] = 0{,}125\,\cos(\pi n/4)$

5.2 Die DFT für diskrete Signale endlicher Länge

Wir nehmen an, daß uns ein Signal endlicher Länge, $x[n]$, mit

$$x[n] = 0 \quad \text{für} \quad n < 0 \quad \text{und} \quad n \ge N \tag{5.13}$$

gegeben ist. Ohne viel nachzudenken, wenden wir die N–Punkte DFT–Gleichung (5.4) auf dieses Signal an und erhalten die diskrete Frequenzfunktion $X[k]$. Dabei drängen sich zwei Fragen auf:

1. Was stellt $X[k]$ dar?

2. Kann man eine Beziehung zwischen $X[k]$ und der Funktion $\bar{X}(e^{j\theta})$ finden? $\bar{X}$ erhält man, wenn man $x[n]$ in die FTD–Gleichung (5.1) einsetzt. (Wir verwenden hier zwei verschiedene Symbole X und $\bar{X}$ da wir diese Funktionen auf unterschiedlichem Weg aus $x[n]$ erhalten haben.)

Zu Frage 1: Von $X[k]$ kann man nicht erkennen, ob wir von $x[n]$, wie in (5.13) definiert, ausgegangen sind oder von der Funktion $x_p[n]$, die für $0 \le n < N$ der Funktion $x[n]$ gleich ist, und sich periodisch mit der Periode N wiederholt, wie in Bild 5.5 dargestellt (als Beispiel wurde $N = 4$ gewählt). Anwendung der Rücktransformation (5.5) auf $X[k]$ liefert jedoch per Definition das periodische Signal $x_p[n]$. Man könnte sagen, daß wir bei der Anwendung der DFT auf ein Signal endlicher Länge, die Periodizität dieses Signals still voraussetzen. Nach Hin– und Rücktransformation erhalten wir wieder das ursprüngliche Signal $x[n]$ indem wir die Abtastwerte von $x_p[n]$ im Basisintervall $0 \le n < N$ nehmen und außerhalb $x[n] = 0$ setzen.

Zu Frage 2: Anwendung der FTD–Gleichung (5.1) auf das Signal $x[n]$ liefert:

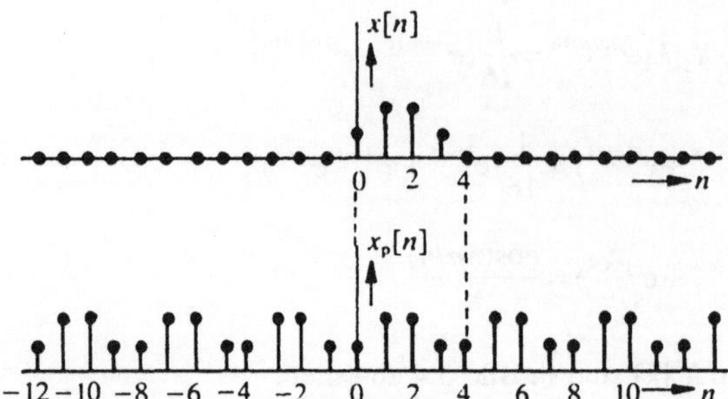

Bild 5.5 Die diskrete Funktion x[n] von endlicher Länge und die Funktion $x_p[n]$, die eine periodische Fortsetzung von x[n] ist.

$$\bar{X}(e^{j\theta}) = \sum_{n=-\infty}^{\infty} x[n]\,e^{-j\theta n} = \sum_{n=0}^{N-1} x[n]\,e^{-j\theta n} \tag{5.14}$$

Anwendung der DFT–Gleichung (5.4) liefert:

$$X[k] = \sum_{n=0}^{N-1} x[n]\,e^{-j(2\pi k/N)n} \tag{5.15}$$

Vergleich der Gleichungen (5.14) und (5.15) zeigt, daß:

$$X[k] = \bar{X}(e^{j2\pi k/N}) \tag{5.16}$$

d.h. daß die Funktion $\bar{X}$ für die Frequenzen $\theta_k = 2\pi k/N$ den gleichen (komplexen) Wert wie $X[k]$ hat. Das ist grafisch in Bild 5.6 veranschaulicht.

Wir können ebenso sagen, daß $X[k]$ eine abgetastete Version (im Frequenzbereich) von $\bar{X}$ ist. Die Werte $X[k]$ für $0 \le k < N$ beschreiben vollständig das Signal $x_p[n]$ und deshalb auch $x[n]$ und $\bar{X}(e^{j\theta})$. Das erinnert uns an das Abtasttheorem für zeitkontinuierliche Signale, dem wir schon früher begegnet sind. Es besagt, daß ein zeitkontinuierliches Signal vollkommen durch Abtastwerte beschrieben werden kann, wenn das dazugehörende Frequenzspektrum bandbegrenzt ist. Wir sehen hier ein Beispiel zu dem Sachverhalt, daß ein kontinuierliches Frequenzspektrum vollkommen durch Abtastwerte beschrieben werden kann, wenn das dazugehörende Signal zeitbegrenzt oder, mit anderen Worten, von endlicher Länge ist.

Wir haben in dem vorangegangenem gesehen, daß die DFT ein gutes Hilfsmittel für die Beschreibung von periodischen diskreten Signalen sowie von diskreten Signalen endlicher Länge im Frequenzbereich ist. Der große Vorteil der DFT ist, daß sowohl im Zeitbereich als auch im Frequenzbereich beide Funktionen des Fourierpaares diskret sind und vollständig durch N (komplexe) Zahlen $x_p[n]$ oder $X_p[k]$ beschrieben werden. Deshalb ist die DFT sehr gut geeignet für die Berechnung an digitalen Computern. Tatsächlich ist es möglich, die DFT in einer größeren Anzahl von Fällen, als hier erwähnt, anzuwenden. Wir werden später in diesem Kapitel noch einmal darauf zurückkommen.

Es soll an dieser Stelle erwähnt werden, daß noch eine andere, sehr effiziente Methode zur Berechnung der DFT existiert (die schnelle Fourier–Transformation oder die FFT). Auch mit dieser werden wir uns später noch auseinandersetzen.

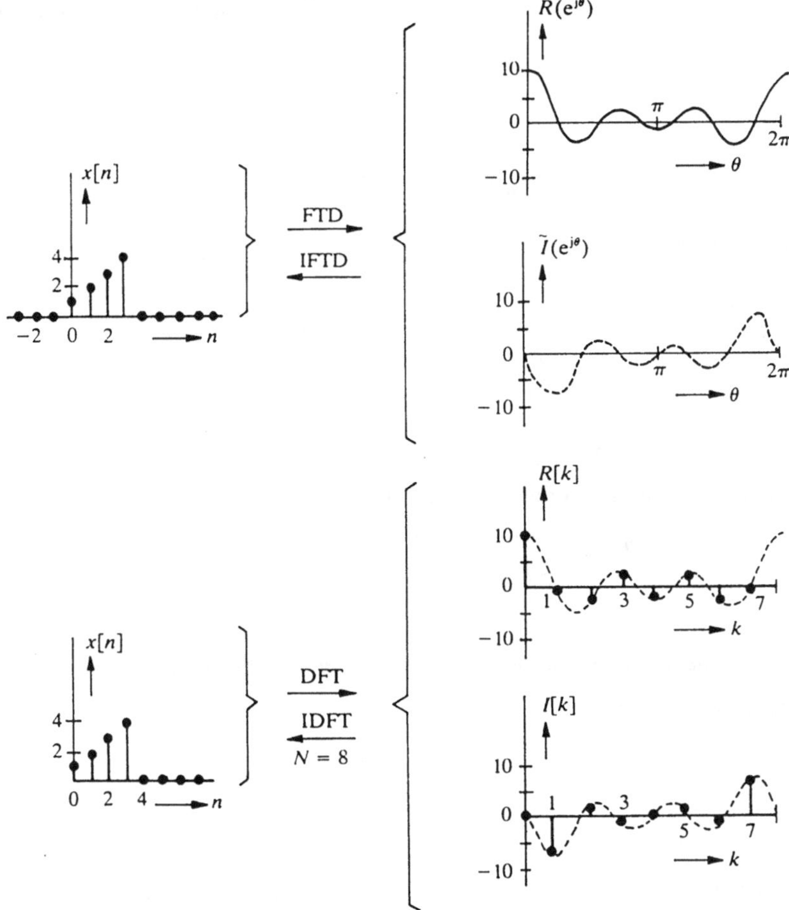

Bild 5.6 Beziehung zwischen $\tilde{X}(e^{j\theta}) = \tilde{R}(e^{j\theta}) + j\tilde{I}(e^{j\theta})$ *und* $X[k] = R[k] + jI[k]$, *wenn x[n] ein Signal endlicher Länge ist.*

5.3 Eigenschaften der DFT

Viele der Eigenschaften, denen wir vorher bei anderen Signaltransformationen begegnet sind, haben ihr Gegenstück in der DFT. Wie wir gesehen haben, wurde die DFT ursprünglich für periodische Signale definiert. Aber inzwischen sind wir in der Lage, die DFT auch für nicht-periodische Signale endlicher Länge anzuwenden, wenn wir annehmen, daß diese sich periodisch fortsetzen (deshalb verwenden wir soweit möglich, den Index "p"). Bei der Anwendung einiger DFT–Eigenschaften ist es äußerst wichtig, daß wir uns genau erinnern, von welcher der beiden Signalarten wir ausgegangen sind. Die verschiedenen Konsequenzen und die zugrunde liegenden Ursachen werden wir dann besprechen, wenn diese Eigenschaften eine Rolle spielen.

Die wichtigsten DFT–Eigenschaften sollen hier kurz zusammengestellt werden; es werden dabei folgende DFT–Paare verwendet:

$$f_p[n] \quad \circ\!\!-\!\!-\!\!\circ \quad F_p[k]$$

$$g_p[n] \quad \circ\!\!-\!\!-\!\!\circ \quad G_p[k] \tag{5.17}$$

$f_p[n]$ und $g_p[n]$ sind beliebige periodische diskrete Funktionen, mit der Periode N.

A. Linearität

$$\boxed{a f_p[n] + b g_p[n] \quad \circ\!\!-\!\!-\!\!\circ \quad a F_p[k] + b G_p[k]} \tag{5.18}$$

wobei a und b beliebige Konstanten sind.

B. Zeit/Frequenzsymmetrie (Vertauschungssatz)

$$\boxed{\frac{1}{N} F_p[n] \quad \circ\!\!-\!\!-\!\!\circ \quad f_p[-k]} \tag{5.19}$$

Achtung: F_p stellt hier die Zeitfunktion und f_p die Frequenzfunktion dar.

C. Zyklische Zeitverschiebung

$$\boxed{f_p[n - i] \quad \circ\!\!-\!\!-\!\!\circ \quad e^{-j(2\pi/N)ki} F_p[k]} \tag{5.20}$$

i ist eine beliebige ganze Zahl.

Diese Eigenschaft sollte mit Vorsicht interpretiert werden, falls $f_p[n-i]$ aus der periodischen Fortsetzung eines Signals $f[n]$ endlicher Länge, d.h. $f[n] = 0$ für $n < 0$ und $n \geq N$, erhalten wird. Das ist in Bild 5.7 dargestellt. Man erkennt, daß für eine Zeitverschiebung der Funktion $f_p[n]$, über ein Abtastintervall, die normale Interpretation gilt. Betrachtet man aber das Basisintervall von $f_p[n-1]$, um wieder zu einem Signal endlicher Länge zurückzukommen, findet man nicht die übliche, linear verschobene Version $f[n-1]$, sondern die zyklisch verschobene Version $f_c[n-1]$ (siehe Bild 5.7(d)). Bei zyklischer Verschiebung bleibt das Signal außerhalb des

Basisintervalls immer gleich Null. Die zyklische Verschiebung hat den Effekt, daß die Abtastsignale, die bei der normalen Verschiebung aus dem Basisintervall verschwinden, auf der anderen Seite wieder auftreten. Die zyklische Verschiebung ist nicht auf Verschiebungen $i \leq N$ beschränkt. Es ist leicht einzusehen, daß für das Signal $f[n]$ aus Bild 5.7 gilt:

$$f_c[n-5] = f_c[n-1] \quad \text{und} \quad f_c[n-8] = f_c[n-4] = f_c[n] = f[n]$$

Bei zyklischer Verschiebung (mit der Periode N) gilt allgemein:

$$f_c[n-i] = f_c[n-i+lN] \quad \text{mit} \quad l = 0, \pm 1, \pm 2, \ldots \tag{5.21}$$

D. Frequenzverschiebung

$$\boxed{\; e^{j(2\pi/N)ni} f_p[n] \quad \circ\!\!-\!\!-\!\!\circ \quad F_p[k-i] \;} \tag{5.22}$$

wobei i eine beliebige ganze Zahl ist.

Man sieht, daß das Verschieben des Spektrums $F_p[k]$ zu einer *komplexen* Zeitfunktion führt. Eine *reelle* Zeitfunktion erhält man, wenn man die Frequenzverschiebung zweimal auf $F_p[k]$ anwendet; dies ist zum Beispiel bei Modulation der Fall:

$$2f_p[n] \cos(2\pi ni/N) \quad \circ\!\!-\!\!-\!\!\circ \quad F_p[k-i] + F_p[k+i] \tag{5.23}$$

— *Bemerkung:* Betrachtet man das Basisintervall von $F_p[k]$, $F_p[k-1]$,... so erkennt man den gleichen Effekt, der vorher bei der Zeitverschiebung beschrieben wurde: Im Basisintervall haben wir es immer mit zyklischer Verschiebung zu tun. Das ist in Bild 5.8 dargestellt. Das Bild zeigt das Basisintervall einer beliebigen periodischen Funktion $F_p[k]$ der Periode 16 und ihre verschobenen Versionen $F_p[k-1]$ und $F_p[k-2]$.

E. Zyklische Faltung[1] im Zeitbereich

$$\boxed{\; f_p[n] \circledast g_p[n] \quad \circ\!\!-\!\!-\!\!\circ \quad F_p[k] G_p[k] \;} \tag{5.24}$$

Die zyklische Faltung im Zeitbereich entspricht einer Multiplikation im Frequenzbereich.

F. Zyklische Faltung[1] im Frequenzbereich

$$\boxed{\; f_p[n] g_p[n] \quad \circ\!\!-\!\!-\!\!\circ \quad \frac{1}{N} F_p[k] \circledast G_p[k] \;} \tag{5.25}$$

Die zyklische Faltung im Frequenzbereich entspricht einer Multiplikation im Zeitbereich.

---

[1]Auf die Definition der zyklischen Faltung, hier mit dem Symbol $\circledast$ dargestellt, kommen wir noch einmal in Abschnitt 5.5 zurück.

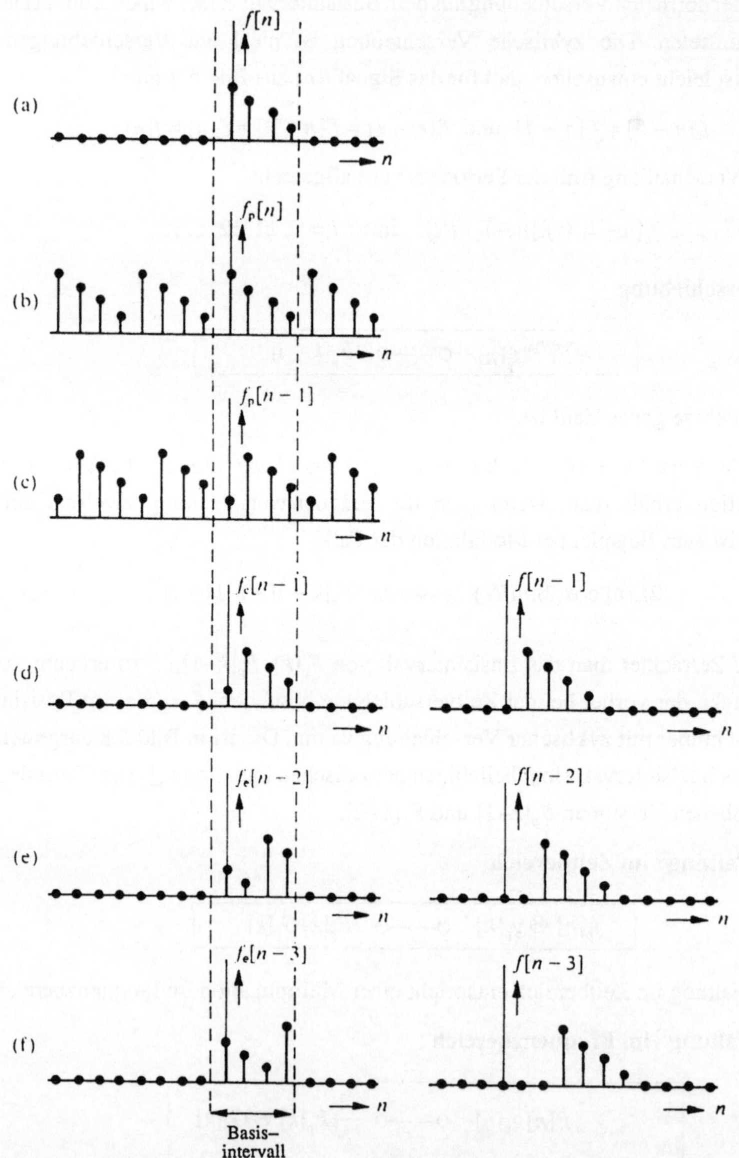

Bild 5.7 Durch zyklische Verschiebung (mit N = 4) eines Signals f[n] von endlicher Länge über ein, zwei oder drei Abtastintervalle erhält man $f_c[n-1]$, $f_c[n-2]$ und $f_c[n-3]$. Zum Vergleich sind auch die "linear" verschobenen Signale f[n−1], f[n−2] und f[n−3] dargestellt.

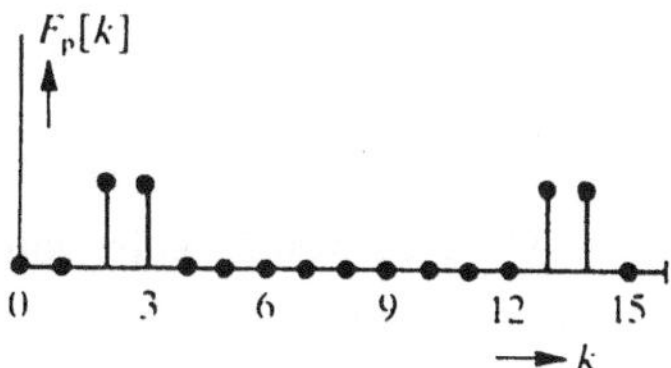

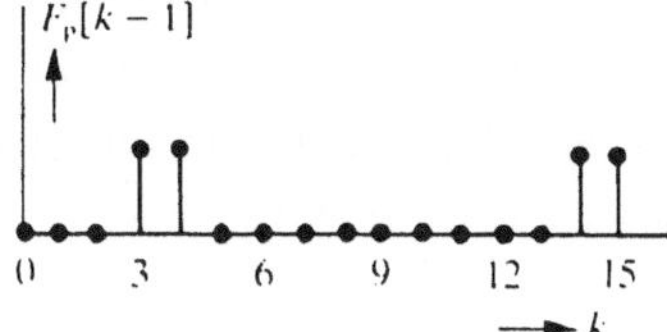

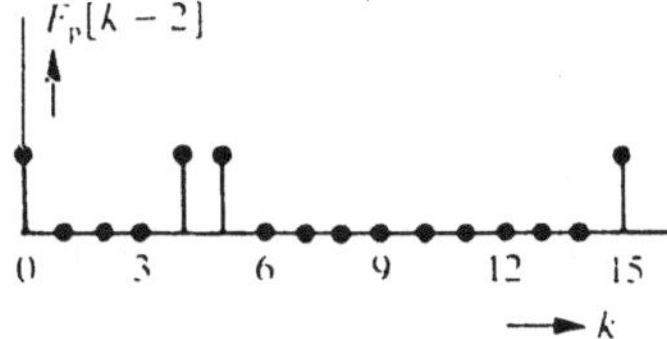

Bild 5.8 Zyklische Frequenzverschiebung

G. Parseval'sches Theorem

$$\sum_{n=0}^{N-1} |f_p[n]|^2 \;=\; \frac{1}{N}\sum_{k=0}^{N-1} |F_p[k]|^2 \tag{5.26}$$

Das Theorem besagt, daß die "Energie" eines periodischen diskreten Signals sowohl im Zeitbereich als auch im Frequenzbereich berechnet werden kann.

H. Beliebige reelle Zeitfunktionen

Bei beliebigen periodischen reellen Funktionen $f_p[n]$, ist der Realteil der Transformierten $F_p[k]$ gerade und der Imaginärteil ungerade:

$$F_p[k] = F_p^*[N-k] \tag{5.27a}$$

(* bedeutet: konjugiert komplex)

oder als Realteil R_p und Imaginärteil I_p ausgedrückt:

$$R_p[k] = R_p[N-k] \quad \text{und} \quad I_p[k] = -I_p[N-k] \tag{5.27b}$$

oder als Betrag A_p und Phase ϕ_p:

$$A_p[k] = A_p[N - k] \quad \text{und} \quad \phi_p[k] = -\phi_p[N - k] \tag{5.27c}$$

Zu beachten: Aus dieser Eigenschaft, die für alle reellen periodischen Zeitfunktionen $f_p[n]$ gilt, kann man zu einer interessanten Schlußfolgerung kommen: Die Funktion $F_p[k]$ ist vollständig bestimmt, wenn man ihre Werte für $0 \le k \le N/2$ bei geradem N kennt oder für $0 \le k \le (N-1)/2$ bei ungeradem N. Die Werte von $F_p[k]$ im übrigen Teil des Basisintervalls können direkt aus den oben stehenden Gleichungen bestimmt werden. (Für $N = 4$ benötigen wir nur die ersten drei Werte von $F_p[k]$; für $N = 5$ ebenfalls die ersten drei. Für $N = 100$ oder für $N = 101$ benötigen wir lediglich die ersten 51 Werte.) Was können Sie allgemein aus (5.27a) in Bezug auf $F_p[N/2]$ für gerade N folgern? Prüfen Sie das anhand von Beispiel 1 bis 3 in Abschnitt 5.1 nach.

I. Gerade reelle Zeitfunktionen

Ist $f_p[n]$ eine *gerade* und *reelle* Funktion, mit $f_p[n] = f_p[N - n]$, so ist auch die Frequenzfunktion $F_p[k]$ *gerade* und *reell*.

J. Ungerade reelle Zeitfunktionen

Ist $f_p[n]$ eine *ungerade* und *reelle* Funktion, mit $f_p[n] = -f_p[N - n]$, so ist die Frequenzfunktion $F_p[k]$ *ungerade* und *imaginär*.

K. Komplexe Zeitfunktionen

Die DFT, siehe Gleichung (5.4) und (5.5), ist auch für komplexe Zeitsignale $f_p[n]$ definiert. Bei speziellen komplexen Zeitfunktionen $f_p[n]$ (z.B. gerade oder ungerade), hat $F_p[k]$ die gleichen Eigenschaften wie sie bereits früher für die Funktionen $x[n]$ und $X(e^{j\theta})$ in Tabelle 4.1 zusammengestellt wurden.

L. Wellenform–Zerlegung

Eine beliebige periodische diskrete Funktion $f_p[n]$ kann immer als Summe einer geraden Funktion (engl.: even) $f_{pe}[n]$ und einer ungeraden Funktion (engl.: odd) $f_{po}[n]$ aufgefaßt werden:

$$f_p[n] = \frac{f_p[n] + f_p[N - n]}{2} + \frac{f_p[n] - f_p[N - n]}{2}$$

$$= f_{pe}[n] + f_{po}[n] \tag{5.28}$$

mit

$$f_{pe}[n] = \frac{f_p[n] + f_p[N - n]}{2} \quad \text{und} \quad f_{po}[n] = \frac{f_p[n] - f_p[N - n]}{2}$$

M. Alternative Rücktransformationsgleichung

Die IDFT von Gleichung (5.5) kann auch anders dargestellt werden:

$$f_\mathrm{p}[n] = \frac{1}{N}\left[\sum_{k=0}^{N-1} F_\mathrm{p}^*[k]\, e^{-j(2\pi/N)kn}\right]^* \tag{5.29}$$

(wobei * konjugiert komplex bedeutet)

In dieser inversen Transformationsgleichung ist die Potenz von "e" gleich der der DFT–Gleichung (5.4); das bedeutet, daß man für die Hin– und Rücktransformation (beinahe) das gleiche Computerprogramm verwenden kann.

N. Orthogonalitätseigenschaft

Eine Eigenschaft, die genau genommen nichts mit den gegebenen Definitionen für die DFT oder die IDFT zu tun hat, aber für die Berechnung dieser sehr nützlich sein kann, ist die "Orthogonalitätseigenschaft":

$$\sum_{n=0}^{N-1} e^{j(2\pi/N)nk} = \begin{cases} N & \text{für } k = lN \text{ mit } l \text{ ganzzahlig} \\ 0 & \text{sonst} \end{cases} \tag{5.30a}$$

oder auch anders formuliert:

$$\sum_{n=0}^{N-1} e^{j(2\pi/N)n(k-m)} = \begin{cases} N & \text{für } k = lN + m \text{ mit } l \text{ ganzzahlig} \\ 0 & \text{sonst} \end{cases} \tag{5.30b}$$

Der Beweis dieser Eigenschaft ist eine Übungsaufgabe am Ende dieses Kapitels.

5.4 Die Wahl von N

Bei der Verwendung der DFT oder der IDFT müssen wir die Anzahl der Abtastwerte N bestimmen (siehe Gleichung (5.4) und (5.5)), die wir dann bei der Berechnung zu berücksichtigen haben. Es scheint naheliegend, für periodische diskrete Signale, N immer gleich der Anzahl der Abtastwerte zu sezten, die in einer Periode auftreten, und bei diskreten Signalen endlicher Länge N gleich der Anzahl der Abtastwerte zu setzen, die von Null verschieden sind. Das ist jedoch eigentlich gar nicht notwendig. Außerdem ist noch unklar, ob wir die DFT für die Berechnung von Signalen verwenden können, die nicht periodisch *und* nicht von endlicher Länge sind. Auf diese Aspekte werden wir jetzt näher eingehen.

5.4.1 Die Wahl von N für periodische Signale

Wir betrachten das Signal $x[n] = \cos(2\pi n/6)$. Dieses Signal hat die Periode 6 und ist in Bild 5.9 dargestellt.

Da das Signal $x[n]$ cosinusförmig ist (allerdings diskret), erwartet man bei einer Beschreibung im Frequenzbereich nur einen Beitrag bei einer bestimmten Frequenz. Wir wollen einmal prüfen,

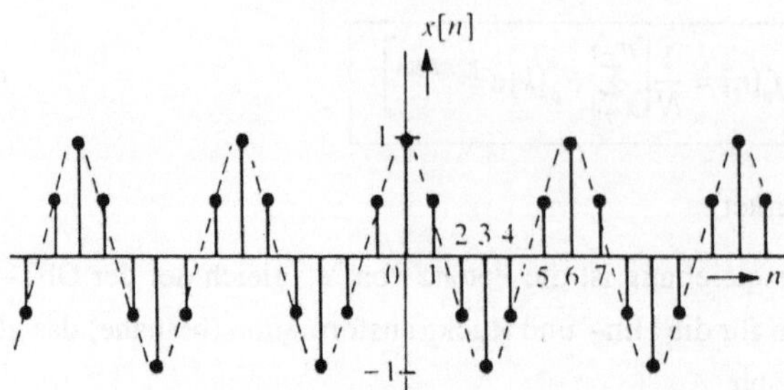

Bild 5.9 Das Signal x[n] = cos(2πn/6).

ob die DFT ein Ergebnis liefert, das diese Erwartung erfüllt. Wir wenden dazu die DFT für unterschiedlich gewählte N an. Als Beispiel wählen wir $N = 6$, $N = 12$ und $N = 16$. Man erhält folgende Ergebnisse:

– *Für N = 6*:

$$X_1[k] = \sum_{n=0}^{5} x[n]\,\mathrm{e}^{-\mathrm{j}(2\pi/6)kn} = \sum_{n=0}^{5} \cos(2\pi n/6)\,\mathrm{e}^{-\mathrm{j}(2\pi/6)kn}$$

$$= \frac{1}{2}\sum_{n=0}^{5} (\mathrm{e}^{\mathrm{j}2\pi n/6} + \mathrm{e}^{-\mathrm{j}2\pi n/6})\,\mathrm{e}^{-\mathrm{j}(2\pi/6)kn}$$

$$= \frac{1}{2}\sum_{n=0}^{5} (\mathrm{e}^{\mathrm{j}(2\pi/6)n(1-k)} + \mathrm{e}^{\mathrm{j}(2\pi/6)n(-1-k)})$$

Durch Verwendung von Eigenschaft (5.30b) findet man für $X_1[k]$:

$$X_1[k] \;=\; \begin{cases} 3 & \text{für } k = 6l+1 \text{ mit ganzzahligem } l \\ 3 & \text{für } k = 6l-1 \text{ mit ganzzahligem } l \\ 0 & \text{sonst} \end{cases} \tag{5.31}$$

– *Für N = 12*:

$$X_2[k] = \sum_{n=0}^{11} x[n]\,\mathrm{e}^{-\mathrm{j}(2\pi/12)kn}$$

Auf dem gleichen Weg wie vorher erhält man:

$$X_2[k] \;=\; \begin{cases} 6 & \text{für } k = 12l+2 \text{ mit ganzzahligem } l \\ 6 & \text{für } k = 12l-2 \text{ mit ganzzahligem } l \\ 0 & \text{sonst} \end{cases} \tag{5.32}$$

– *Für N = 16:*

$$X_3[k] = \sum_{n=0}^{15} x[n]\,e^{-j(2\pi/16)kn}$$

$$= \frac{1}{2}\sum_{n=0}^{15}(e^{j2\pi n/6} + e^{-j2\pi n/6})e^{-j(2\pi/16)kn} \tag{5.33}$$

$$= \frac{1}{2}\sum_{n=0}^{15}[e^{j(2\pi/48)n(8-3k)} + e^{-j(2\pi/48)n(8+3k)}]$$

Achtung: Diese Gleichung kann nicht durch die Verwendung der Orthogonalitätseigenschaft (5.30) weiter vereinfacht werden, da die Summation bis 15 geht und der Nenner des Exponenten 48 ist (und *nicht* 15 + 1).

Das Basisintervall für jede der Funktionen X_1, X_2 und X_3 ist in Bild 5.10 grafisch dargestellt, von X_3 wurde nur der Betrag genommen.

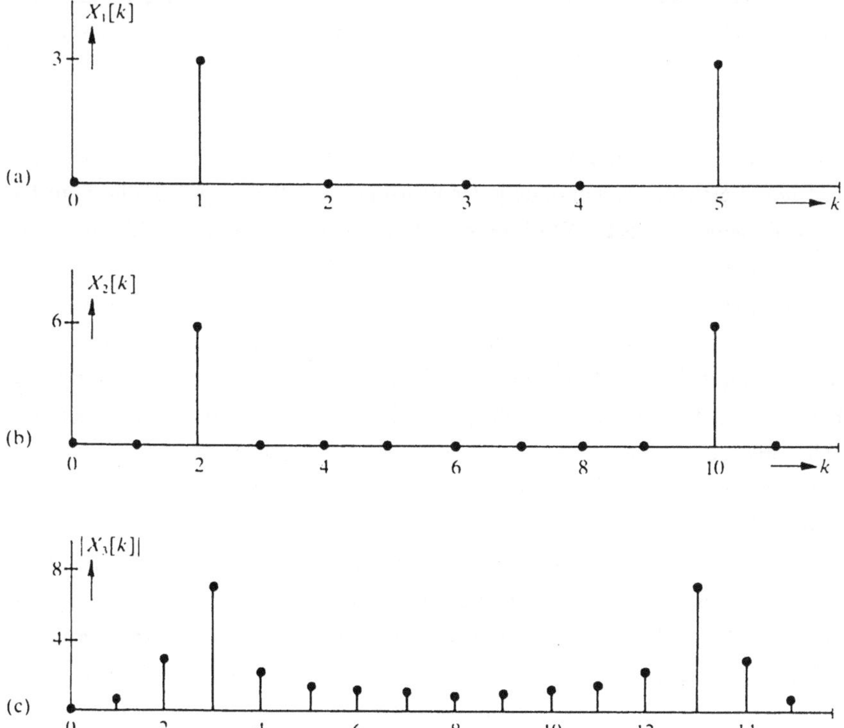

Bild 5.10 Das Basisintervall der Frequenzfunktionen X_1, X_2 und $|X_3|$.

In Bild 5.10(a) kann man einen Beitrag bei $k = 1$ sehen. Das ist die tiefste Frequenz (außer der Frequenz Null), die mit der DFT reproduziert werden kann; sie entspricht genau einer Periode von $x[n]$. Der Beitrag von $X_1[k]$ bei $k = 5$ ergibt sich, weil wir von einer reellen Zeitfunktion ausgegangen sind; siehe Eigenschaft (5.27).

In Bild 5.10(b) kann man einen Beitrag bei $k = 2$ sehen, da die 12–Punkte DFT, die wir verwenden, genau zwei Perioden von $x[n]$ berücksichtigt. Das bedeutet, daß $x[n] = \cos(2\pi n/6)$ nicht die tiefste Frequenz darstellt, für die genau eine Periode in das Basisintervall $0 \leq n < 12$ paßt. Man kann sagen, daß die 12–Punkte DFT eine höhere Frequenzauflösung ermöglicht als die 6–Punkte DFT.

In Bild 5.10(c) kann man einen sehr interessanten Effekt sehen. Da die Anzahl der Perioden, von $x[n]$, die in das Basisintervall passen, keine ganze Zahl, sondern 8/3 ist, stimmt keine der möglichen diskreten Frequenzen $\theta_k = 2\pi k/N = 2\pi k/16$ exakt mit der Frequenz des Cosinussignals, von dem wir ausgegangen sind, überein. Es ergibt sich deshalb ein Frequenzbild, das völlig unterschiedlich zu den anderen beiden in Bild 5.10(a) und (b) ist. Man findet nun Beiträge bei allen möglichen Frequenzen von $X_3[k]$ von denen die bei $k \approx 8/3$ und $k \approx 16 - 8/3$ die größten sind. Dieser Effekt wird Leckeffekt (engl.: leakage) genannt und kann durch eine nähere Betrachtung im Zeitbereich verdeutlicht werden.

Wenn die Periode von $x[n]$ genau auf die Anzahl der Abtastwerte im Basisintervall der DFT paßt, so liefert eine Zusammenfügung der Basisintervalle das ursprüngliche Signal $x[n]$, d.h. $x_p[n] = x[n]$; siehe Bild 5.11. Wird diese Bedingung nicht erfüllt, so erhält man bei Zusammenfügen der Basisintervalle nicht das ursprüngliche Signal und es ist $x_p[n] \neq x[n]$. Man sieht Unregelmäßigkeiten bei Abständen von N Abtastwerten (siehe Bild 5.12). Es braucht uns deshalb nicht zu wundern, wenn die DFT für diese zwei Situationen ganz verschiedene Ergebnisse liefert. Um den Leckeffekt bei der Anwendung der DFT auf periodische Signale zu vermeiden, sollte der Faktor N am besten gleich einem ganzzahligen Vielfachen der Anzahl der Abtastwerte gewählt werden, die in eine Periode des Signals passen. Es gibt jedoch gute Gründe (wir werden darauf später im Abschnitt über die FFT zurückkommen), um N gleich einer ganzen Potenz von 2 zu wählen (so z.B. $N = 8, 16, 32, \ldots$). Man muß dann auf einem anderen Weg den Leckeffekt so gut wie möglich beschränken. Das kann beispielsweise durch die Verwendung eines *Zeitfensters* (engl.: window), erreicht werden. Das bedeutet, daß man die Signalwerte von $x[n]$ im Basisintervall der DFT so modifiziert, daß bei einer Zusammenfügung von diesen Intervallen keine Unregelmäßigkeiten in $x_p[n]$ mehr auftreten. Das wird in Bild 5.13 gezeigt, wobei ein Hanning–Fenster[2] $w[n]$ (mit $N = 16$) verwendet wird:

---

[2]Manchmal wird eine abweichende Definition des Hanning–Fensters verwendet. Wir kommen darauf noch im Abschnitt 8.2.1 zurück.

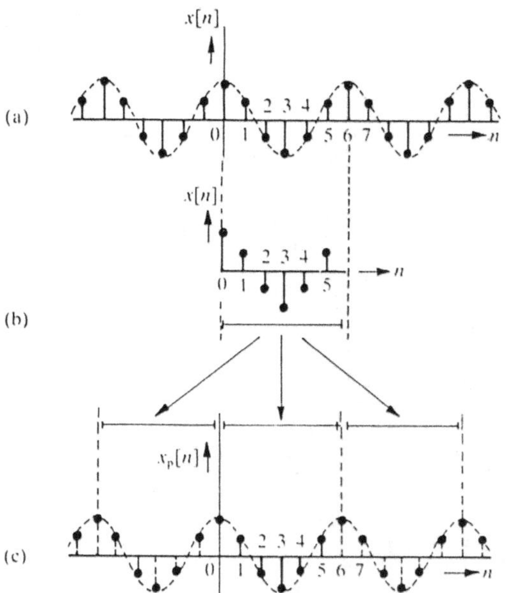

Bild 5.11 (a) *Das Signal* $x[n] = \cos(2\pi n/6)$. (b) *Basisintervall mit* $N = 6$. (c) *Periodische Fortsetzung des Basisintervalls*

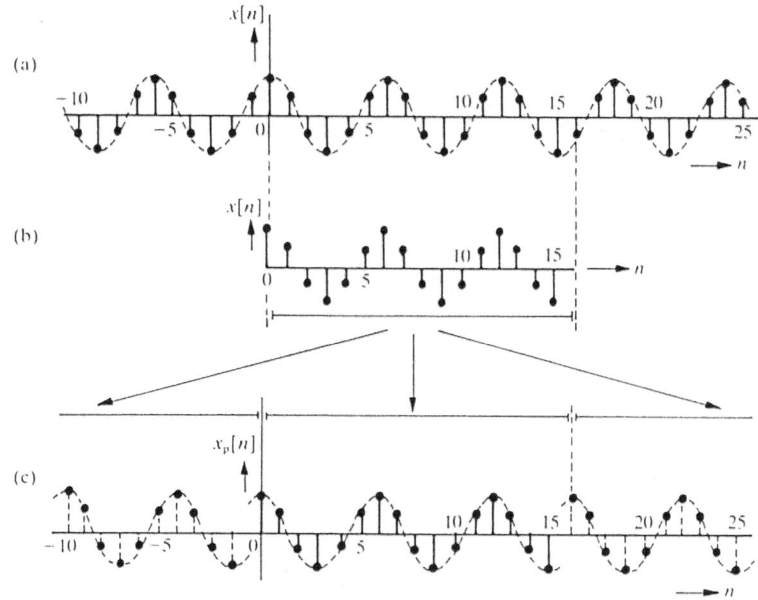

Bild 5.12 Wie Bild 5.11, aber jetzt mit $N = 16$; *es tritt nun im Frequenzspektrum* $X_p[k]$ *der Leckeffekt (Leakage) auf.*

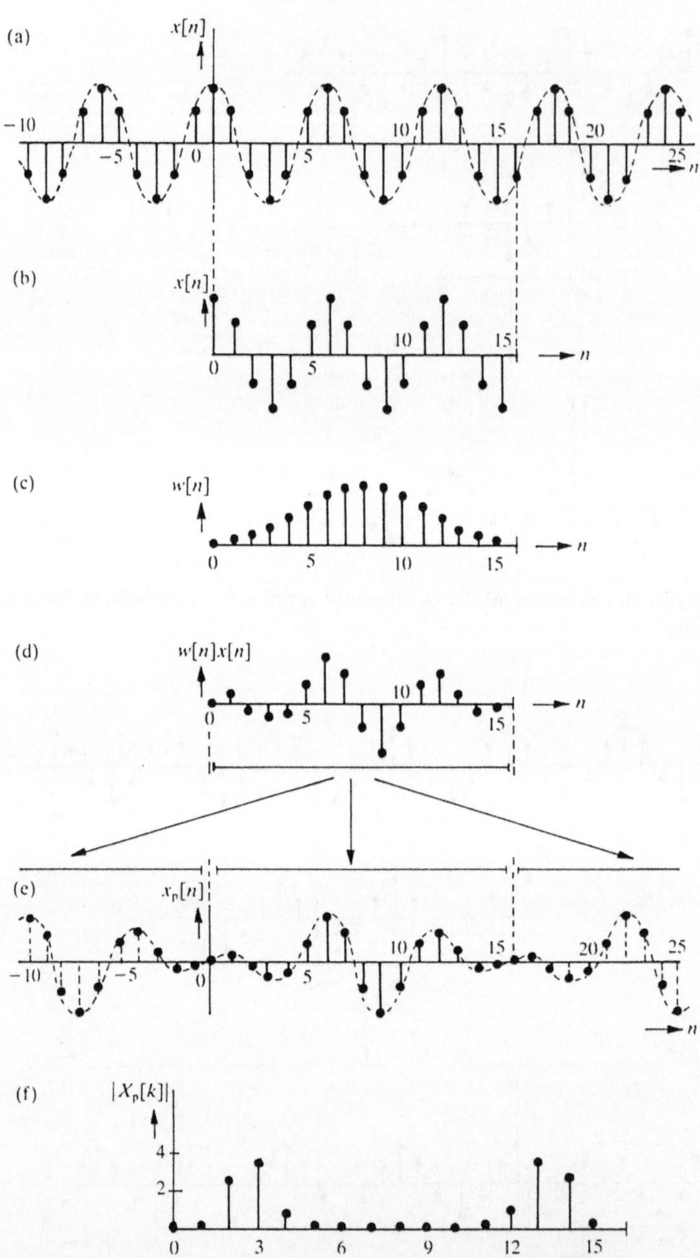

Bild 5.13 Die Verwendung einer Fensterfunktion für das Reduzieren des Leckeffektes.

$$w[n] = \frac{1 - \cos(2\pi n/N)}{2} \quad \text{mit} \quad 0 \le n \le N - 1 \tag{5.34}$$

Durch die Multiplikation der ursprünglichen Abtastwerte $x[n]$ im Basisintervall mit den Werten, die durch die Fensterfunktion $w[n]$ gegeben sind, erhält man eine neue Funktion $x[n]w[n]$, deren periodische Wiederholung eine Funktion $x_p[n]$ liefert, die keine großen Unregelmäßigkeiten aufweist (siehe Bild 5.13(e)). Obwohl die Funktion $x_p[n]$ sich deutlich von der ursprünglichen Funktion $x[n]$ unterscheidet, liefert die Anwendung der DFT (siehe Bild 5.13(f)) ein Ergebnis, bei dem der Leckeffekt stark reduziert ist. Die DFT ist noch nicht in der Lage die exakte Frequenz der ursprünglichen Cosinusfunktion wiederzugeben, aber alle Frequenzbeiträge sind stärker um $k \approx 8/3$ und $k \approx 16 - 18/3$ konzentriert (Vergleichen Sie Bild 5.10(c) und 5.13(f)). Es werden später noch mehr Situationen auftreten, bei denen wir Fensterfunktionen verwenden und wir werden auch noch andere Arten von Fenstern behandeln. Es wird auch tiefer auf die Hintergründe bei der Verwendung von Fensterfunktionen eingegangen werden, u.a. durch eine Interpretation im Frequenzbereich.

Wir möchten diesen Abschnitt mit noch einer Bemerkung abschließen. In Abschnitt 4.2.2 haben wir gesehen, daß die diskrete Cosinusfunktion nicht immer periodisch ist; z.B. $x[n] = \cos(n)$. Wenn man auf so ein Signal die DFT anwenden möchte, kann man N nicht so wählen, daß es mit einer ganzzahligen Anzahl von Perioden von $x[n]$ übereinstimmt. In diesem Fall läßt sich der Leckeffekt nie ganz vermeiden, man versucht lediglich, ihn so klein wie möglich zu halten indem man N so wählt, daß bei der periodischen Wiederholung des Basisintervalls die Unregelmäßigkeiten möglichst klein sind. Natürlich kann man zusätzlich noch eine Fensterfunktion anwenden.

5.4.2 Die Wahl von N für Signale endlicher Länge

Gegeben sei ein Signal endlicher Länge mit:

$$x[n] = 0 \quad \text{für} \quad n < 0 \quad \text{und} \quad n \ge 4 \tag{5.35}$$

Dieses Signal hat nur vier von Null verschiedene Werte, $x[0]$, $x[1]$, $x[2]$ und $x[3]$. Wie hat man N zu wählen, wenn man von diesem Signal mittels der DFT eine Darstellung im Frequenzbereich erhalten möchte? Es ist sofort klar, daß N auf jeden Fall mindestens gleich vier sein muß, da wir sonst nicht alle Information, die wir über $x[n]$ haben, bei der Berechnung der DFT verwenden können. Aber wie groß soll nun N exakt gewählt werden?

In Bild 5.14 ist grafisch dargestellt, was man erhält, wenn man auf $x[n]$ eine N-Punkte DFT mit $N = 4$, $N = 6$ und $N = 16$ anwendet. Für jede Wahl $N \ge 4$, findet man eine eindeutige Frequenzdarstellung; lediglich die Anzahl der Frequenzwerte ist verschieden. Sämtliche Frequenzinformation über $x[n]$ erhält man bereits durch Anwendung der DFT mit der minimalen Länge $N = 4$. Für größere N erhält man eine größere Frequenzauflösung aber man erhält dadurch

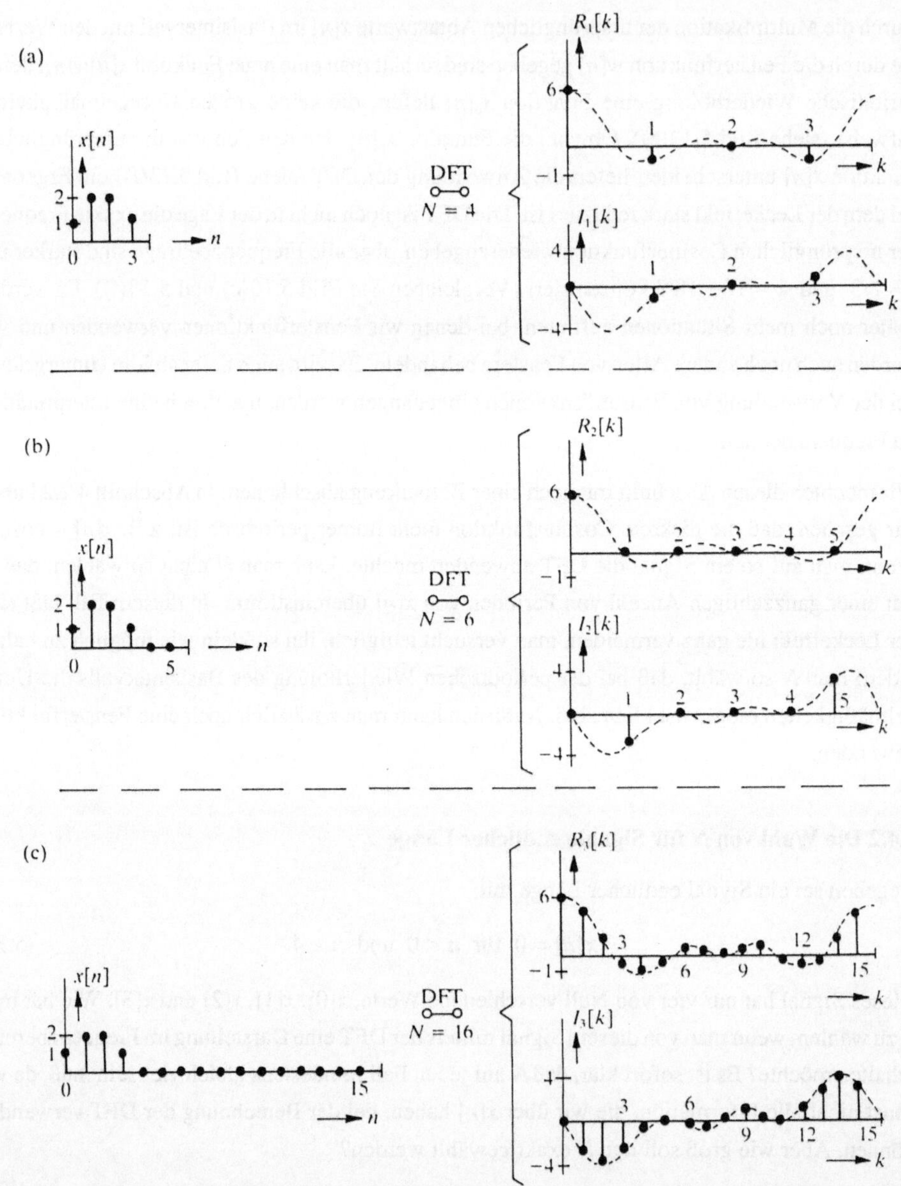

Bild 5.14 *Auswirkungen von N bei Signalen endlicher Länge*

mehr Information über $x[n]$. Dieser Tatbestand wird etwas deutlicher, wenn man sich an die Beziehung zwischen der FTD und der DFT für ein diskretes Signal endlicher Länge (siehe (5.16) und Bild 5.6) erinnert. Die DFT kann als eine abgetastete Version der FTD aufgefaßt werden. Für den kleinsten Wert für N erhält man die minimale Anzahl der Abtastwerte, die für eine eindeutige diskrete Darstellung der FTD notwendig sind. Für größere Werte N erhält man mehr Werte von der FTD, die aber keine zusätzliche Information liefern. (Die gestrichelten Hüllkurven in Bild 5.14 stellen die FTD des Signals $x[n]$ dar.) In Abschnitt 5.5.1 werden wir sehen, daß man für das Ausführen von bestimmten Operationen (speziell bei der Berechnung der Faltung) gezwungen ist, eine DFT anzuwenden, bei der N größer als der Minimalwert ist, der mit der Länge des Signals mit dem man arbeitet, übereinstimmt.

5.4.3 Die Wahl von N bei nichtperiodischen Signalen unendlicher Länge

Für nichtperiodische diskrete Signale unendlicher Länge kann man nur durch die Anwendung der FTD eine exakte Beschreibung im Frequenzbereich erhalten, da man bei der DFT gezwungen ist, immer nur eine endliche Anzahl von Abtastwerten des Signals zu berücksichtigen. Bei genügend großer Wahl von N, kann man jedoch eine genäherte Beschreibung im Frequenzbereich erhalten, die für praktische Anwendungen häufig ausreichend ist.

Dies soll anhand eines Beispiels veranschaulicht werden. Wir betrachten dazu das Signal $x[n] = \left(\frac{1}{2}\right)^n u[n]$. In Bild 5.15(a) ist das Signal mit der dazugehörenden FTD (nur die Amplitude) dargestellt. Bild 5.15(b) zeigt die Frequenzfunktion $|\bar{X}[k]|$, die man durch Anwendung der DFT auf die ersten vier von Null verschiedenen Werte von $x[n]$ erhält. Die Werte von $|\bar{X}[k]|$ stellen jetzt keine abgetastete Version von $|X(e^{j\theta})|$ sondern von $|\bar{X}(e^{j\theta})|$ dar; d.h. von der FTD von $\bar{x}[n]$, wobei

$$\bar{x}[n] = \begin{cases} x[n] & \text{für } 0 \leq n < 4 \\ 0 & \text{sonst} \end{cases}$$

In dem Maße, wie $\bar{x}[n]$, $x[n]$ gleicht (d.h. je größer wir N wählen, und je mehr Werte von $x[n]$ genommen werden), umso mehr gleicht auch $|\bar{X}(e^{j\theta})|$ der Funktion $|X(e^{j\theta})|$ und deshalb stellt auch $|\bar{X}[k]|$ eine umso bessere Näherung von $|X(e^{j\theta})|$ dar. In dem Beispiel von Bild 5.15(b) ist die Abweichung zwischen $|X(e^{j\theta})|$ und den Werten von $|\bar{X}[k]|$, die man bei einer DFT mit $N = 4$ erhält, kleiner als 7%.

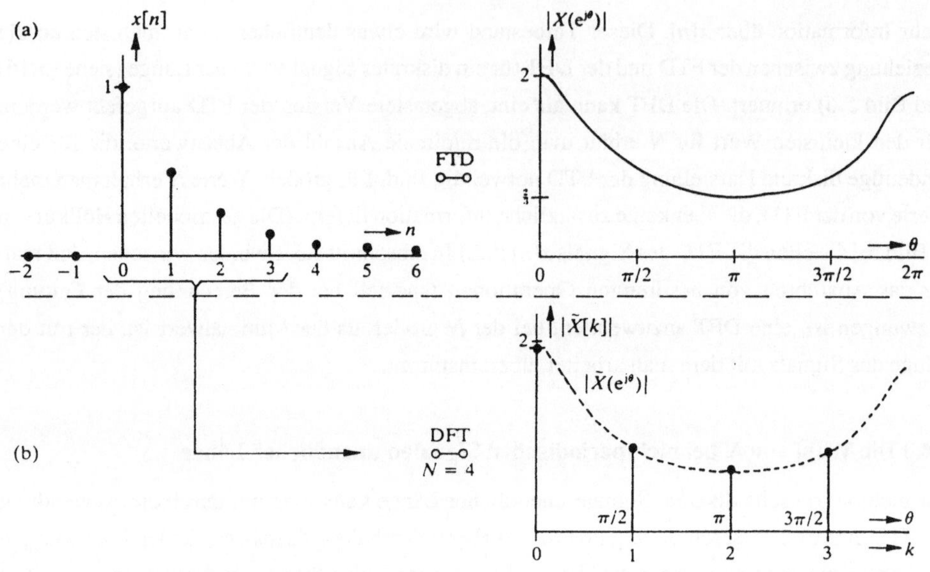

Bild 5.15 (a) Die FTD von $x[n] = \left(\frac{1}{2}\right)^n u[n]$. (b) Die DFT von $x[n] = \left(\frac{1}{2}\right)^n u[n]$ mit $N = 4$.

5.5 Die zyklische Faltung

Eine der wichtigsten Anwendungen der Fourier–Transformation ist das Zurückführen der Faltung im Zeitbereich auf eine Multiplikation im Frequenzbereich. Wir haben damit bereits bei der FTC und der FTD zu tun gehabt. Es wäre wünschenswert auch die DFT zu diesem Zweck zu verwenden. In Abschnitt 5.3 haben wir bereits ohne weitere Erklärung die Eigenschaft der (zyklischen) Faltung der DFT angegeben; siehe Gleichung (5.24):

$$y_\mathrm{p}[n] = x_\mathrm{p}[n] \circledast h_\mathrm{p}[n] \quad \circ\!\!-\!\!\!-\!\!\!-\!\!\circ \quad Y_\mathrm{p}[k] = X_\mathrm{p}[k] H_\mathrm{p}[k] \tag{5.36}$$

Die *zyklische Faltung* zweier Signale, die periodisch mit der Periode N sind, wird mit dem Symbol $\circledast$ gekennzeichnet und ist definiert zu:

$$y_\mathrm{p}[n] = \sum_{i=0}^{N} x_\mathrm{p}[i] h_\mathrm{p}[n-i] = \sum_{i=0}^{N} h_\mathrm{p}[i] x_\mathrm{p}[n-i] \tag{5.37}$$

Diese Definition unterscheidet sich deutlich von der "gewöhnlichen" Faltung zweier zeitdiskreter Signale, der wir schon früher in (4.50) begegnet sind:

$$y[n] = \sum_{i=-\infty}^{\infty} x[i] h[n-i] = \sum_{i=-\infty}^{\infty} h[i] x[n-i] = x[n] * h[n] \tag{5.38}$$

Um zwischen diesen beiden zu unterscheiden, verwenden wir von nun an den Begriff der *linearen Faltung*, die wir mit dem Symbol * kennzeichnen, wenn wir uns auf Gleichung (4.50) oder (5.38) beziehen.

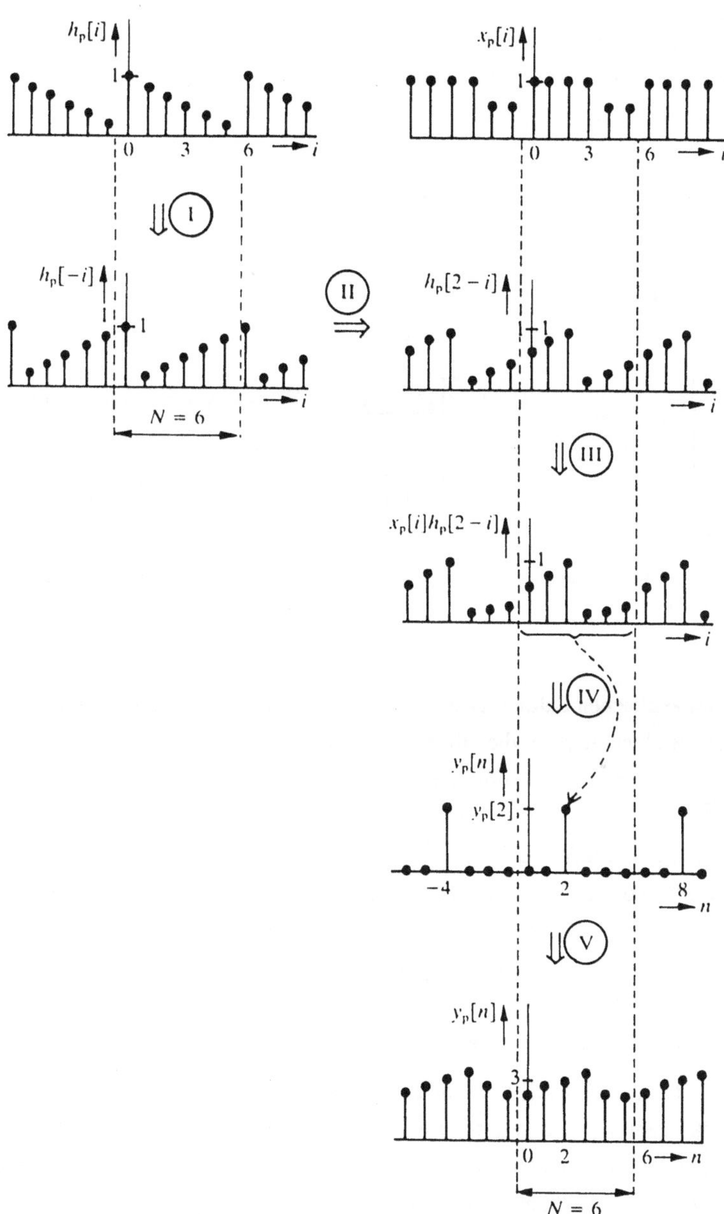

Bild 5.16   *Grafische Darstellung der zyklischen Faltung* $y_\mathrm{p}[n] = x_\mathrm{p}[n] \circledast h_\mathrm{p}[n]$ *(abgebildet ist die Berechnung für $n = 2$).*

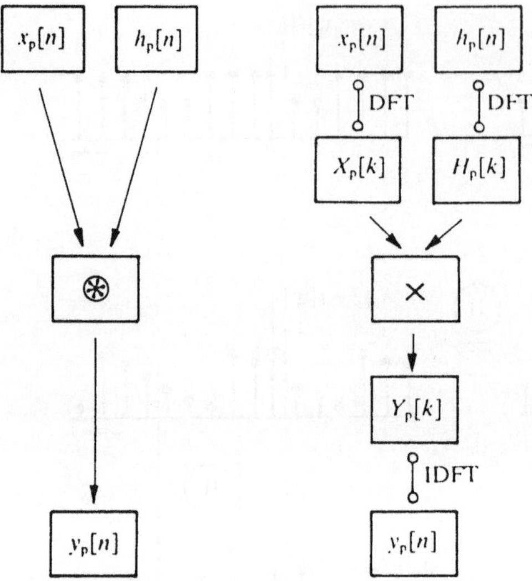

Bild 5.17 Zwei Wege zur Bestimmung von $y_p[n]$ als Ergebnis der zyklischen Faltung zweier periodischer Signale $x_p[n]$ und $h_p[n]$.

Ein Beispiel einer zyklischen Faltung zweier periodischer Funktionen $x_p[n]$ und $h_p[n]$ zeigt Bild 5.16. In diesem Bild sieht man die üblichen Operationsabläufe bei dem Faltungsprozeß: umklappen (I), verschieben (II), multiplizieren (III), summieren (IV) und variieren von n (V). Gemäß Gleichung (5.36) kann man auch das Basisintervall von $y_p[n]$ aus den Basisintervallen $x_p[n]$ und $h_p[n]$ gewinnen, indem man $x_p[n]$ und $h_p[n]$ durch eine (6–Punkte) DFT in $X_p[k]$ und $H_p[k]$ transformiert und dann das Produkt $Y_p[k] = X_p[k]H_p[k]$ durch eine (6–Punkte) IDFT zurücktransformiert. Das ist in Bild 5.17 schematisch dargestellt. Da der scheinbare Umweg über die DFT und die IDFT – vor allem für größere Werte von N – weniger Rechenaufwand als eine direkte Berechnung der Faltung erfordert (siehe Abschnitt 5.7), bezeichnet man diesen "Umweg" auch als die *schnelle Faltung* (engl.: fast convolution).

Welchen Nutzen bringt die zyklische Faltung? Einerseits ist die zyklische Faltung nur für periodische Funktionen definiert, während wir die lineare Faltung für solche Funktionen nicht berechnen können, da das Ergebnis von (5.38) unendlich groß wird. Andererseits haben wir meistens ein Interesse an der linearen Faltung zweier Funktionen von denen wenigstens eine von endlicher Länge ist. Die Bedeutung der zyklischen Faltung ist, daß man in diesem Fall in dem Basisintervall dieselben Ergebnisse erzielt wie mit der linearen Faltung, vorausgesetzt, man trifft geeignete Vorkehrungen. In den zwei folgenden Unterabschnitten werden wir näher darauf eingehen.

Zum Schluß dieses Abschnittes soll die Eigenschaft (5.36) bewiesen werden. Wir bestimmen dazu die DFT von $y_p[n]$ und verwenden dabei (5.37):

$$Y_p[k] = \sum_{n=0}^{N-1} y_p[n]\, e^{-j(2\pi/N)kn} = \sum_{n=0}^{N-1}\sum_{i=0}^{N-1} x_p[i]\, h_p[n-i]\, e^{-j(2\pi/N)kn} \tag{5.39a}$$

Vertauschen der Reihenfolge der Summation ergibt:

$$Y_p[k] = \sum_{i=0}^{N-1} x_p[i] \sum_{n=0}^{N-1} h_p[n-i]\, e^{-j(2\pi/N)kn}$$

$$= \sum_{i=0}^{N-1} x_p[i] \sum_{n=0}^{N-1} h_p[n-i]\, e^{-j(2\pi/N)(n-i)k}\, e^{-j(2\pi/N)ik} \tag{5.39b}$$

Durch Substitution von $n - i = l$ in der obigen Gleichung erhält man:

$$Y_p[k] = \sum_{i=0}^{N-1} x_p[i]\, e^{-j(2\pi/N)ik} \sum_{l=-i}^{N-1-i} h_p[l]\, e^{-j(2\pi/N)lk}$$

$$= \sum_{i=0}^{N-1} x_p[i]\, e^{-j(2\pi/N)ik} \sum_{l=0}^{N-1} h_p[l]\, e^{-j(2\pi/N)lk}$$

$$= X_p[k]\, H_p[k] \tag{5.39c}$$

5.5.1 Die Faltung von zwei Signalen endlicher Länge

Angenommen, wir möchten die lineare Faltung zweier Signale endlicher Länge $x[n]$ und $h[n]$, die sich nur für $0 \leq n < 6$ von Null unterscheiden (siehe Bild 5.18), bestimmen. Diese Signale stellen genau das Basisintervall der Signale $h_p[i]$ und $x_p[i]$ von Bild 5.16 dar. Die *zyklische* Faltung von $x[n]$ und $h[n]$ durch Anwendung einer 6–Punkte DFT und IDFT liefert so dasselbe Ergebnis $y_p[n]$ wie in Bild 5.16.

Wenn man nun aus $y_p[n]$ auf die übliche Weise ein Signal endlicher Länge erzeugen möchte, indem man das Basisintervall mit Nullen auffüllt, erhält man das ebenfalls in Bild 5.18 dargestellte Signal $y[n]$. Aber dieses Signal ähnelt nicht im geringsten der *linearen* Faltung von $x[n]$ und $h[n]$, nach Bild 4.16! Das ist auch nicht verwunderlich, da eine *lineare* Faltung zweier Signale endlicher Länge (mit der Länge N_1 und N_2) ein Signal der Länge $N_1 + N_2 - 1$ erzeugt. In unserem Beispiel wissen wir, daß die *lineare* Faltung von $x[n]$ und $h[n]$ deshalb ein Signal der Länge $6 + 6 - 1 = 11$ liefert. Durch die Berechnungsmethode finden wir allerdings ein Signal mit der Länge des Basisintervalls; d.h. mit der Länge 6.

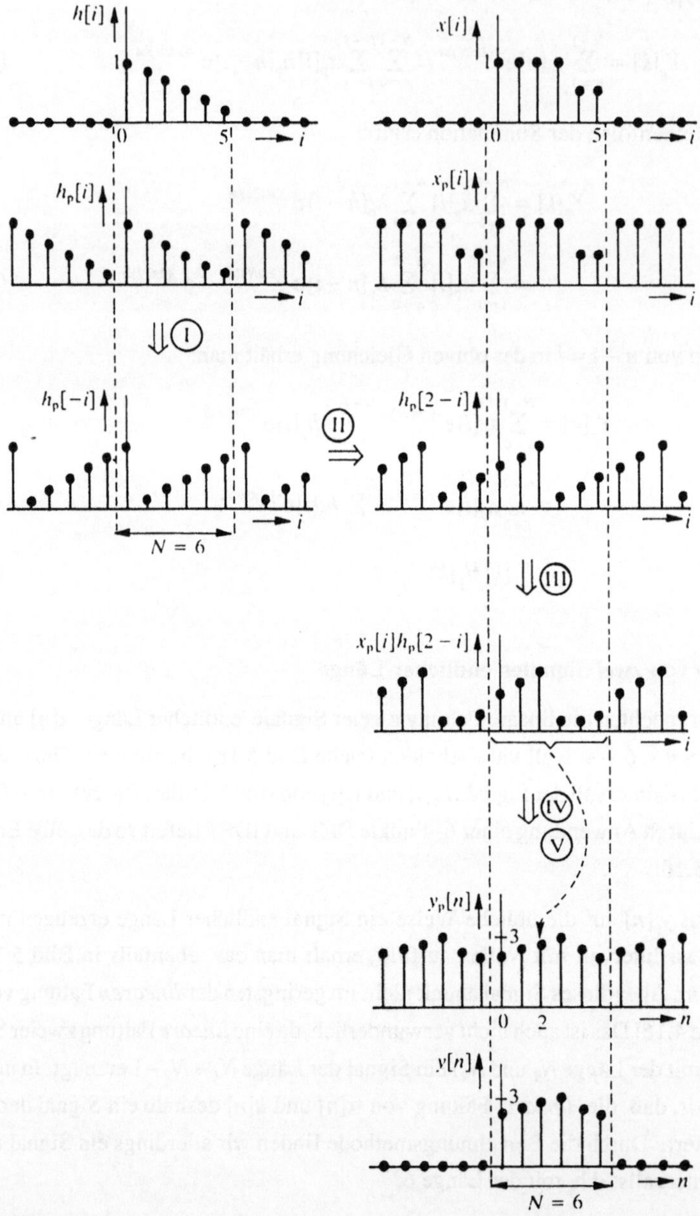

Bild 5.18 *Zyklische Faltung zweier Signale endlicher Länge mit N = 6 (die Länge des Basisintervalls ist ebenfalls gleich 6).*

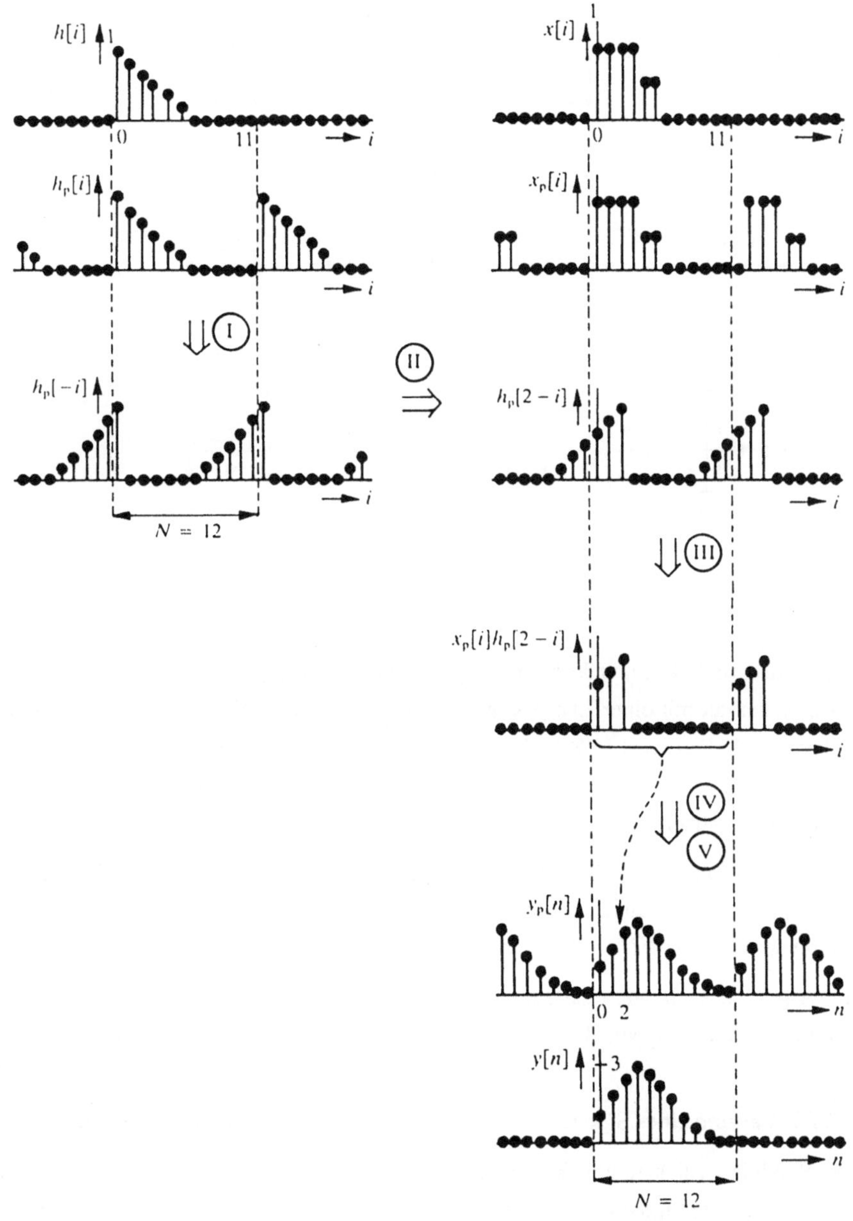

Bild 5.19 Zyklische Faltung zweier Signale endlicher Länge mit N = 6 (die Länge des Basisintervalls beträgt hier N = 12).

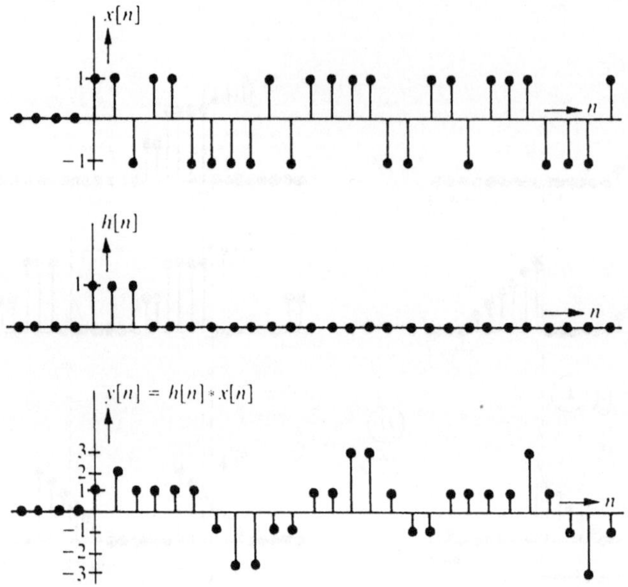

Bild 5.20 *Die lineare Faltung eines Signals von unendlicher Länge x[n] mit einem Signal h[n] endlicher Länge.*

Die Situation verändert sich deshalb völlig, wenn man $x[n]$ und $h[n]$ so behandelt, als hätten sie ein Basisintervall mit einer Länge von mindestens 11; dann erhält $y[n]$ auch eine Länge von mindestens 11! Das wird in Bild 5.19 gezeigt, bei dem ein Basisintervall der Länge $N = 12$ gewählt wurde. Man sieht, daß wir jetzt ein Ergebnis erhalten, das exakt mit der gewünschten linearen Faltung übereinstimmt.

Man kann nun folgenden wichtigen Schluß ziehen: die *lineare* Faltung zweier Signale endlicher Länge N_1 und N_2 kann aus dem Basisintervall der *zyklischen* Faltung gewonnen werden, indem man mit der Länge $N \geq N_1 + N_2 - 1$ rechnet.

Nun wissen wir auch, wie man die Faltung für zwei Signale endlicher Länge mit zwei DFT's und einer IDFT schnell berechnen kann; wir müssen nur darauf achten, N groß genug zu wählen.

5.5.2 Die Faltung eines Signals endlicher Länge mit einem Signal unendlicher Länge

In der Praxis ist es nicht unüblich, daß man die lineare Faltung zweier Signale berechnen möchte, von denen das eine Signal von endlicher Länge N_1 und das andere von sehr großer (unendlicher) Länge ist. Diese Situation tritt z.B. dann auf, wenn man eine diskrete Version $x[n]$ von einem kontinuierlichem Sprachsignal mit einem Filter, dessen Impulsantwort $h[n]$ die endliche Länge N_1 hat, herausfiltern möchte. Das Ausgangssignal $y[n]$ findet man dann aus (siehe Bild 5.20):

$$y[n] = x[n] * h[n] = \sum_{i=-\infty}^{\infty} x[i]h[n-i] \qquad (5.40)$$

Natürlich kann man $y[n]$ durch Berechnung der Summation von (5.40) für jeden Wert n ("direkte Berechnung") erhalten. Wir haben aber bereits des öfteren erwähnt, daß eine indirekte Berechnung der Faltung mittels zwei Fouriertransformationen, Multiplikation im Frequenzbereich und Rücktransformation, oft mit viel weniger Rechenaufwand verbunden ist. Vielleicht ist in diesem Fall ähnliches möglich? Auf den ersten Blick scheint das nicht der Fall zu sein. Die DFT von $h[n]$ zu bestimmen, ist wegen der endlichen Länge kein wesentliches Problem; jedoch bereitet die Bestimmung der DFT des sehr langen ("unendlichen") Signals $x[n]$, Schwierigkeiten. Wir müssen dabei nämlich warten, bis wir das komplette Signal $x[n]$ zur Verfügung haben. Das würde zu einer sehr großen Verzögerung führen, bevor auch nur die ersten Werte von $y[n]$ ausgerechnet wären. Auch würde die Berechnung dieser DFT sehr umfangreich sein (und eine entsprechend große Speicherkapazität benötigen).

Glücklicherweise gibt es eine Lösung für dieses Problem. Man geht dabei so vor, daß man das Signal $x[n]$ als eine Aufeinanderfolge der Signale $x_1[n]$, $x_2[n]$,... auffaßt, wobei jedes Signal von der endlichen Länge N_2 ist. Aus Gleichung (5.40) wird dann:

$$y[n] = \sum_{i=-\infty}^{\infty} x_1[i]h[n-i] + \sum_{i=-\infty}^{\infty} x_2[i]h[n-i] + \ldots$$

$$= y_1[n] + y_2[n] + \ldots \qquad (5.41)$$

wobei $y_1[n]$, $y_2[n]$, ... immer Faltungen von zwei Signalen endlicher Länge N_1 bzw, N_2 sind. Diese können einzeln berechnet und anschließend, um $y[n]$ zu erhalten, addiert werden. Das ist in Bild 5.21 dargestellt. Das Signal $x[n]$ wurde dabei in Segmente von $N_2 = 5$ unterteilt, von denen jeweils die dazugehörende lineare Faltung ausgeführt wurde. Diese Methode beruht auf der Tatsache, daß man die Teilergebnisse $y_1[n]$, $y_2[n]$, ... ohne Schwierigkeiten durch schnelle Faltung (mittels DFT und IDFT) erhält, vorausgesetzt, daß man N groß genug wählt (siehe vorangegangenen Abschnitt). In dem angegebenen Beispiel soll gelten: $N > N_1 + N_2 - 1 = 3 + 5 - 1 = 7$.

Da sich die Teilergebnisse leicht überlappen, wird diese Methode im Englischen auch als "*overlap–add method*" bezeichnet.

Der Vollständigkeit halber möchten wir noch erwähnen, daß anstelle dieser Methode noch eine Alternative existiert, die im Englischen "*overlap–save method*" genannt wird. Die Methode beruht ebenfalls auf der Aufteilung von Signalen unendlicher Länge in Signale endlicher Länge.

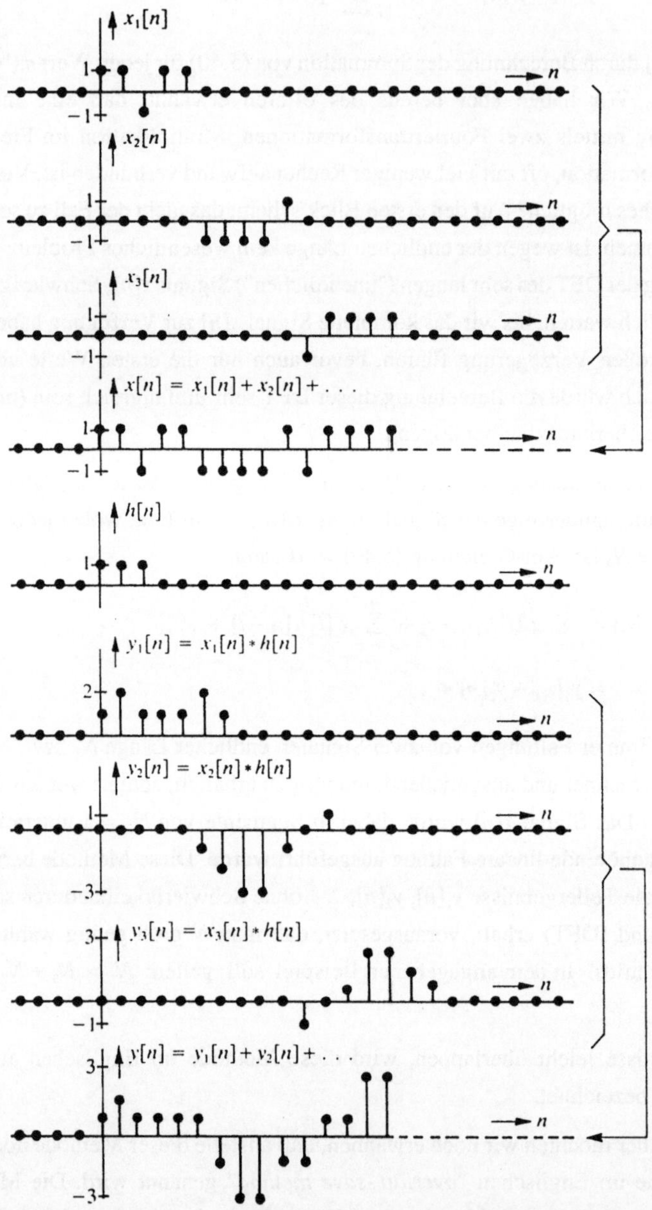

Bild 5.21 Berechnung einer linearen Faltung durch Aufteilen eines Signals unendlicher Länge in Signale endlicher Länge.

5.6 Die Anwendung der DFT auf kontinuierliche Signale

Obwohl die DFT (und auch die im folgenden Abschnitt noch zu behandelnde FFT) für *diskrete* Signale definiert ist, stellt sie ein nützliches Instrument zur Berechnung von Spektren dar, die oft bei (nicht periodischen) *kontinuierlichen* Signalen angewendet werden. Mit Hilfe der DFT läßt sich das Spektrum eines kontinuierlichen Signals näherungsweise berechnen. Diese Näherung beruht auf der Tatsache, daß die DFT eine endliche Anzahl (N) von Abtastwerten im Zeitbereich als Eingangssignal benötigt und eine endliche Anzahl (auch N) von Abtastwerten im Frequenzbereich als Ergebnis liefert.

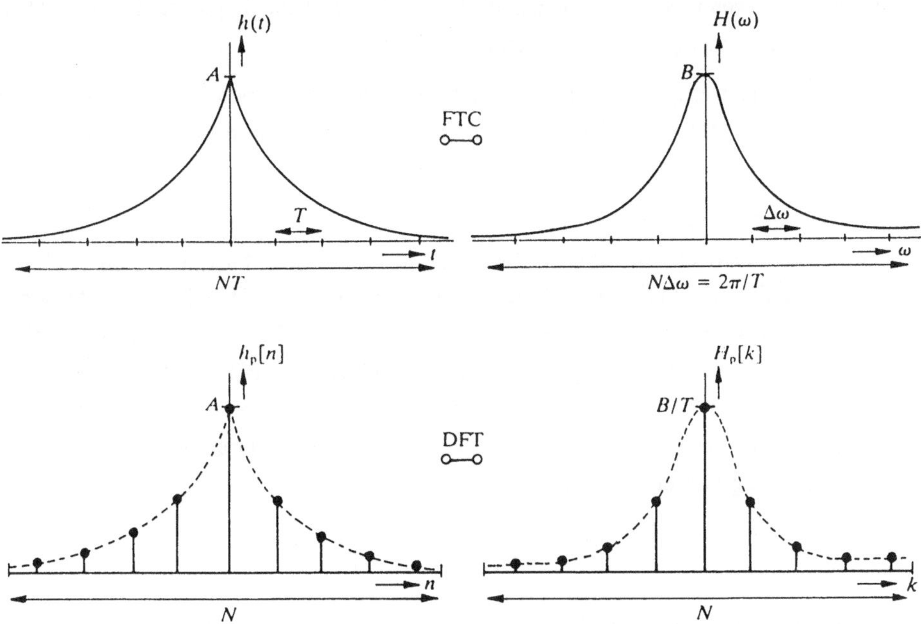

Bild 5.22 Näherung des Spektrums H(ω) des kontinuierlichen Signals h(t) mit Hilfe der DFT.

Bild 5.22 zeigt als Beispiel ein kontinuierliches Signal $h(t)$ mit dem dazugehörenden Frequenzspektrum $H(\omega)$, das man mittels der FTC erhalten kann. Um die DFT anwenden zu können, leiten wir uns ein diskretes Signal von $h(t)$ ab, indem wir in dem Zeitintervall NT, N Abtastwerte im Abstand T nehmen. Dieses Signal erhält die Bezeichnung $h_p[n]$, wobei der Index "p" auf die periodische Fortsetzung, die wir bereits in Verbindung mit der DFT kennen, hinweist. Anwendung der DFT auf $h_p[n]$ liefert die Frequenzfunktion $H_p[k]$. Es wird sich zeigen, daß die N Abtastwerte von $H_p[k]$ eine *Näherung* der N Werte von $H(\omega)$ sind.

Zunächst eine Anzahl wichtiger Bemerkungen: Bei dem Übergang von $h(t)$ nach $h_p[n]$ haben wir das Abtastintervall T und eine Anzahl von Abtastwerten N zu wählen. Das Produkt NT bestimmt den Fehler, den wir einführen, weil wir nur einen Teil von $h(t)$ in Betracht ziehen. Andererseits kann man die beiden Parameter N und T direkt in dem Ergebnis der DFT wiedererkennen: das gesamte Frequenzintervall von $H(\omega)$, das wir durch eine Näherung darstellen, hat eine Breite von $2\pi/T$ und der Abstand $\Delta\omega$ zwischen aufeinanderfolgenden Frequenzabtastwerten beträgt $2\pi/NT$, so daß:

$$\Delta\omega = 2\pi/NT \quad \text{oder} \quad T \cdot \Delta\omega = 2\pi/N \tag{5.42}$$

Zusätzlich findet man einen Faktor $1/T$, um den sich die Amplituden von $H(\omega)$ und $H_p[k]$ unterscheiden. Diese Zusammenhänge sind in Bild 5.22 dargestellt. Wählt man T genügend schmal und N genügend groß, so kann man die Funktion $H(\omega)$ beliebig gut mit der DFT nähern (auf Kosten eines immer größer werdenden Rechenaufwandes).

Wir wollen uns nun eingehender mit den Ursachen der Fehler beschäftigen, die bei den Abtastwerten von $H_p[k]$ gegenüber den eigentlichen Werten von $H(\omega)$, die wir berechnen möchten, auftreten. Dazu verwenden wir Bild 5.23.

Der Übergang der Funktion $h(t)$ zur Funktion $h_p[n]$ kann in eine Anzahl aufeinanderfolgender Schritte zerlegt werden. Zuerst erzeugen wir ein Signal endlicher Länge $\hat{h}(t)$ durch Multiplikation von $h(t)$ mit der Fensterfunktion $w(t)$, die das Spektrum $W(\omega)$ hat (Bild 5.23(b)). Das Spektrum von $\hat{h}(t) = h(t)w(t)$ ist durch $\hat{H}(\omega) = H(\omega) * W(\omega)$ gegeben (Bild 5.23(c)). Anschließend bilden wir aus $\hat{h}(t)$ das diskrete Signal $\bar{h}[n] = \hat{h}(nT)$. Hierzu gehört ein periodisches Spektrum $\bar{H}(e^{j\omega T})$, das man mittels FTD aus $\bar{h}[n]$ finden kann (Bild 5.23(d)). Aus Kapitel 3, das sich mit Abtasten befaßt, ist bekannt (Gleichung 3.5c), daß man das resultierende Spektrum $\bar{H}$ auch in $\hat{H}$ mittels folgender Gleichung darstellen kann:

$$\bar{H}(e^{j\omega T}) = \frac{1}{T} \sum_{i=-\infty}^{\infty} \hat{H}\left(\omega - \frac{2\pi i}{T}\right) \tag{5.43}$$

Schließlich kann man die N von Null verschiedenen Abtastwerte von $\bar{h}[n]$ als das Basisintervall des periodischen diskreten Signals $h_p[n]$ auffassen und darauf eine N–Punkte DFT anwenden (Bild 5.23(e)). Die resultierende Frequenzfunktion $H_p[k]$ liefert im Basisintervall, N Abtastwerte der Funktion $\bar{H}(e^{j\omega T})$:

$$H_p[k] = \bar{H}(e^{j2\pi k/N}) \tag{5.44}$$

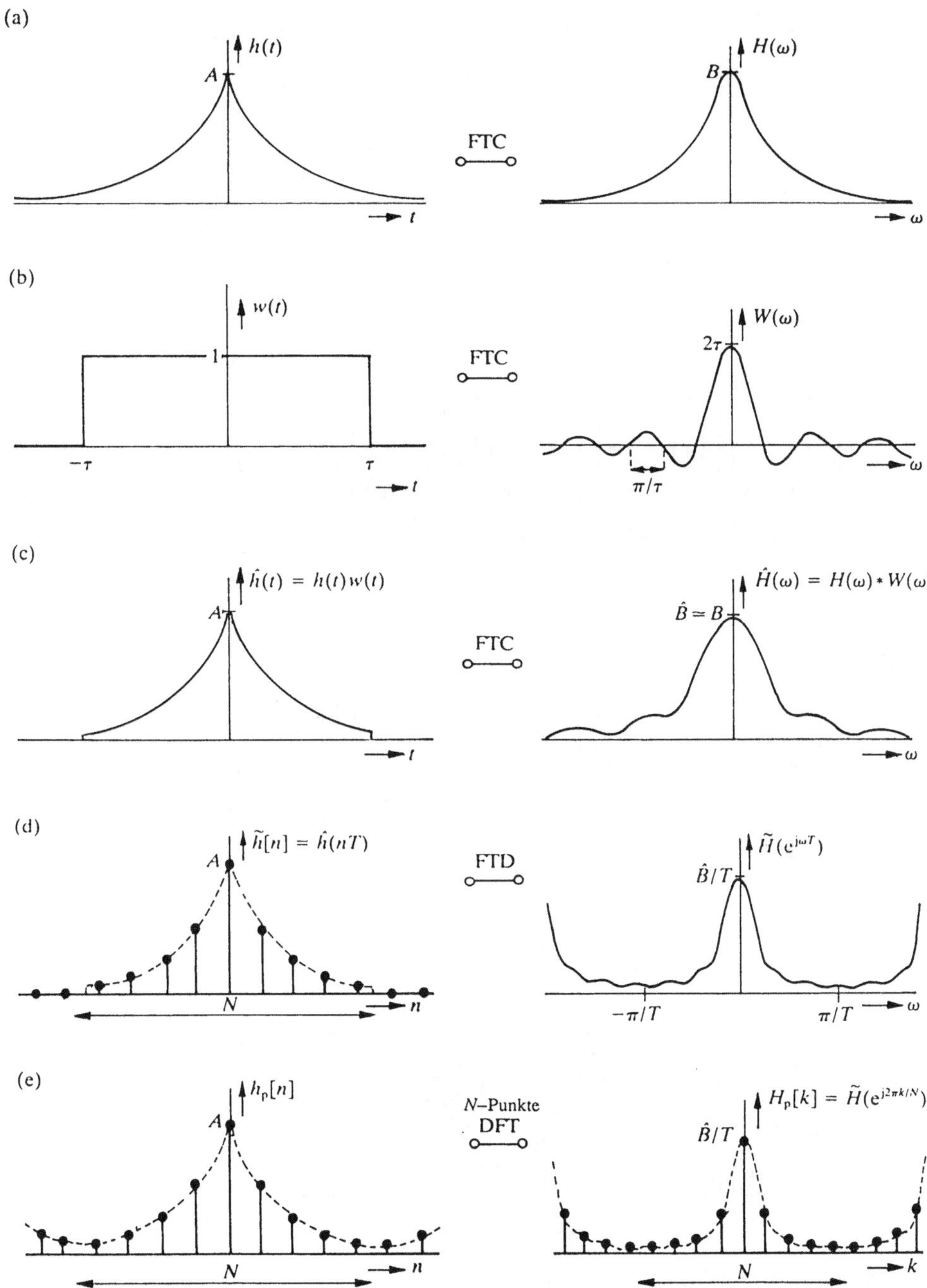

Bild 5.23 *Fehlerquellen bei der Näherung des Spektrums H(ω) eines kontinuierlichen Signals h(t) mit Hilfe der DFT.*

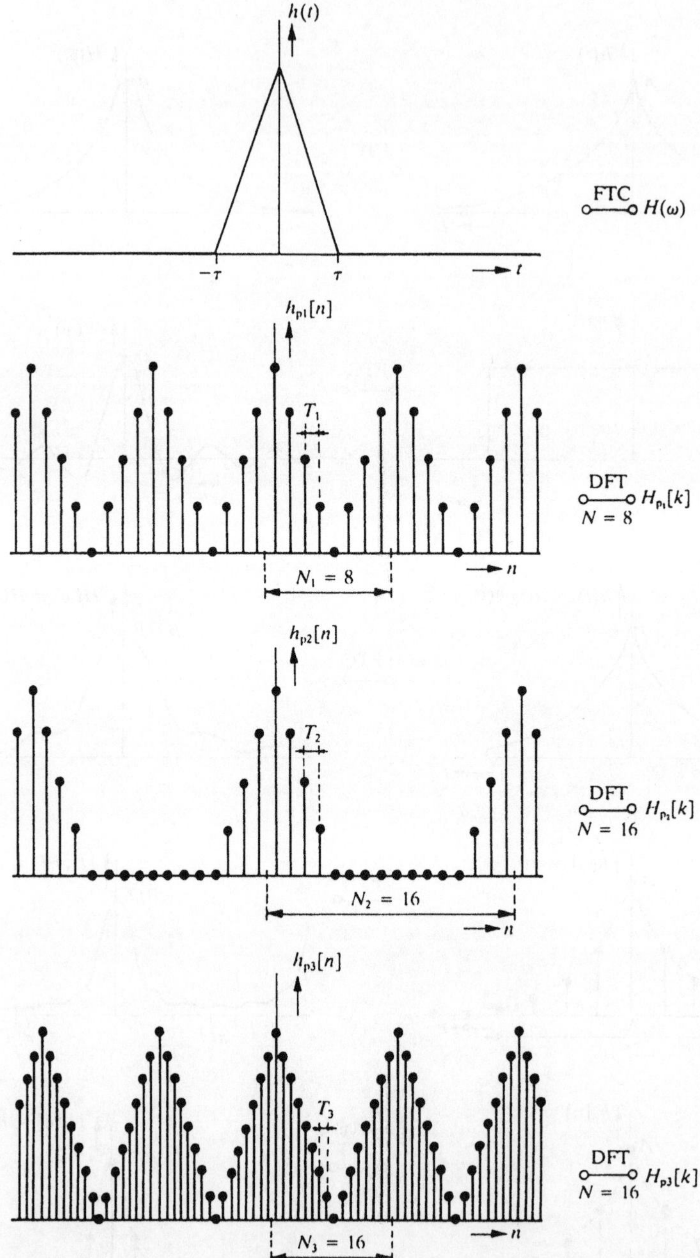

Bild 5.24 *Einfluß der Wahl von N und T auf die DFT – Näherung des Spektrums H(ω) eines kontinuierlichen Signals h(t).*

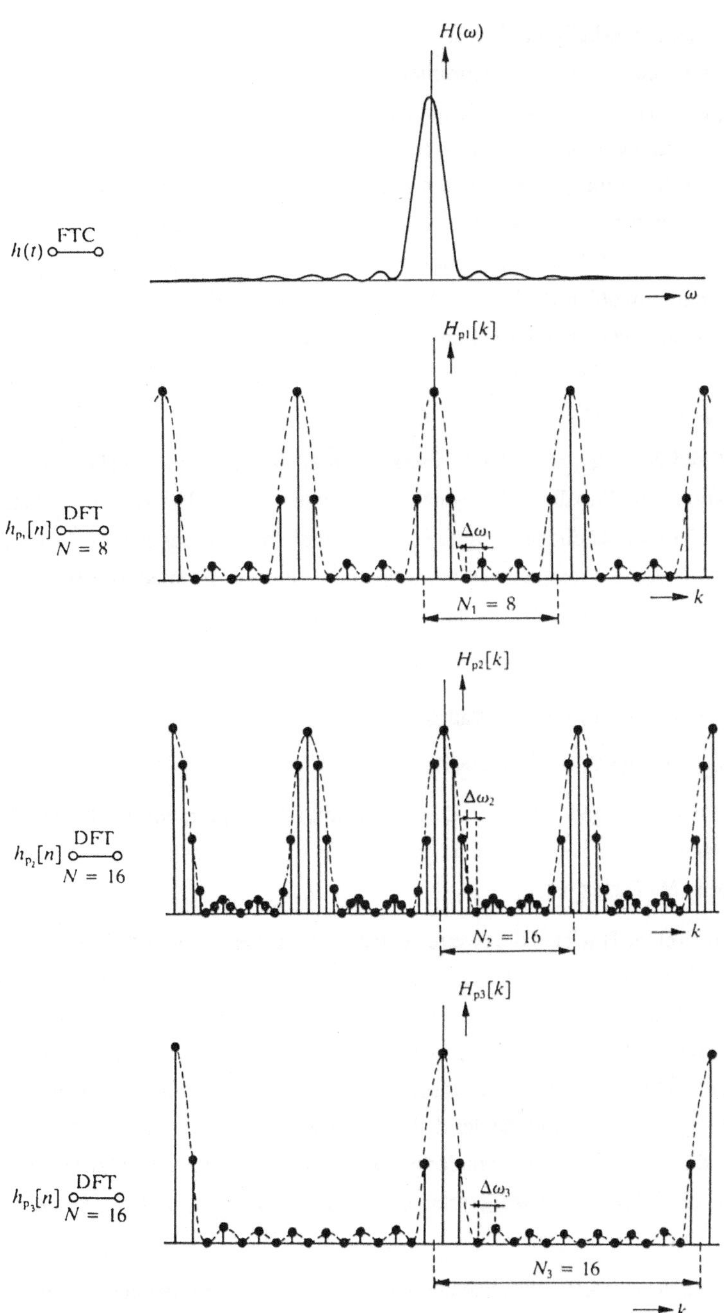

Bild 5.24 (Fortsetzung)

Es gibt zwei Gründe, weshalb die Abtastwerte von $H_p[k]$ nicht exakt mit denen der Funktion $H(\omega)$ bei gleichen Frequenzen übereinstimmen (abgesehen von dem konstanten Faktor $1/T$, der leicht zu korrigieren ist). Die erste Fehlerquelle ist die Multiplikation von $h(t)$ mit der Fensterfunktion $w(t)$, wodurch wir nicht mehr mit $H(\omega)$ sondern mit $\hat{H}(\omega)$ umzugehen haben. $\hat{H}(\omega)$ ist eine umso bessere Näherung von $H(\omega)$, je größer das verwendete Fenster ist. Die zweite Fehlerquelle entsteht bei der Abtastung von $\hat{h}(t)$, wodurch Aliasing im Frequenzbereich auftreten kann (wie in Abschnitt 3.2 behandelt und in Bild 5.23(d) dargestellt). Da es physikalisch unmöglich ist, daß sowohl $h(t)$ als auch $H(\omega)$ *beide* eine endliche Länge haben, ist es per Definition unmöglich, *beide* Fehlerquellen bei dieser Näherung zu vermeiden. Schließlich wird eine von beiden immer auftreten und in der Praxis werden beide Fehlerquellen eine mehr oder weniger wichtige Rolle spielen.

Anhand von Bild 5.24 sollen noch die Auswirkungen einer bestimmten Wahl von N und T für die Approximation von $H(\omega)$ durch $H_p[k]$, näher betrachtet werden. Es handelt sich hier um eine kontinuierliche Funktion endlicher Länge, $h(t)$, mit einer dazugehörenden FTC $H(\omega)$, die sich in dem Intervall $-\infty \le \omega \le \infty$ erstreckt. Wir werden nun auf drei verschiedenen Wegen mit Hilfe der DFT eine Näherung von $H(\omega)$ berechnen. Hierzu wählen wir:

Fall 1: $N_1 = 8$ und $T_1 = \tau/4$, so daß $\Delta\omega_1 = 2\pi/N_1T_1 = \pi/\tau$;

Fall 2: $N_2 = 16$ und $T_2 = \tau/4$, so daß $\Delta\omega_2 = \pi/2\tau$;

Fall 3: $N_3 = 16$ und $T_3 = \tau/8$, so daß $\Delta\omega_3 = \pi/\tau$.

Da $h(t)$ von endlicher Länge ist, kann in diesem Beispiel der Fehler, der bei der Multiplikation mit der Fensterfunktion entsteht, vollständig eliminiert werden, indem dafür gesorgt wird, daß für alle drei Fälle $N \cdot T \ge 2\tau$ ist.

Es ist sinnvoll auch einen Blick auf die zweite Fehlerquelle zu werfen, dem Auftreten von Aliasing im Frequenzbereich. Sowohl in Fall 1 als auch in Fall 2 liegen die Abtastwerte der diskreten Zeitfunktion im Abstand von $\tau/4$, was darauf hinausläuft, daß man das gleiche Aliasing erhält. In Fall 2 findet man zweimal so viel Frequenzabtastwerte wie in Fall 1, aber diese Frequenzabtastwerte ergeben *keine* bessere Näherung von $H(\omega)$ trotz Anwendung einer zweimal so großen DFT. In Fall 3 liegen die Abtastwerte der diskreten Zeitfunktion zweimal so dicht beieinander, so daß das Basisintervall von $H_{p3}[k]$ ein doppelt so großes Frequenzgebiet darstellt wie $H_{p1}[k]$. Fehler in $H_{p3}[k]$ als Folge von Aliasing treten im Vergleich zu $H_{p1}[k]$ und $H_{p2}[k]$ stark reduziert auf.

– *Bemerkung:* In diesem Abschnitt haben wir das Basisintervall immer zentriert um $n = 0$ und $k = 0$ gezeichnet, um einen einfachen Vergleich mit den kontinuierlichen Funktionen zu ermöglichen. Bei praktischen Berechnungen werden wir gewöhnlich mit den "nicht-zentrierten" Werten $h_p[0], \ldots, h_p[N-1]$ und $H_p[0], \ldots, H_p[N-1]$ arbeiten. Durch den periodischen Charakter von h_p und H_p stellt das kein grundsätzliches Problem dar.

5.7 Die FFT

In dem vorangegangen Abschnitt haben wir uns ausführlich mit der DFT befaßt, da diese Transformation bei der diskreten Signalverarbeitung eine bedeutende Rolle spielt. Bei der praktischen Anwendung der DFT ist die Anzahl der erforderlichen Operationen (Multiplikationen und Additionen) von großer Wichtigkeit, da dadurch festgelegt wird, wieviel Zeit und welche Hilfsmittel (z.B. der Computertyp) wir zur Berechnung einer bestimmten DFT benötigen. Wir wollen deshalb Gleichung (5.4), die wir zur direkten Berechnung einer N–Punkte DFT benutzen, genauer betrachten (zur Vereinfachung wird Index "p" weggelassen):

$$X[k] = \sum_{n=0}^{N-1} x[n]\, e^{-j(2\pi/N)kn} \tag{5.45}$$

Für die Berechnung jedes einzelnen Wertes der N Abtastwerte von $X[k]$ müssen wir N Multiplikationen vom Typ $x[n] \times e^{-j(2\pi/N)kn}$ und $N-1$ Additionen durchführen. Insgesamt ergeben sich deshalb N^2 Multiplikationen und $N(N-1)$ Additionen. Im allgemeinsten Fall, wenn $x[n]$ komplex ist, handelt es sich dabei um komplexe Multiplikationen und um komplexe Additionen.

Wir sehen also, daß die direkte Berechnung einer DFT mit N Abtastwerten eine Anzahl komplexer Operationen erfordert, die in der Größenordnung von N^2 liegen. Für $N = 4$ macht dies 16, aber für $N = 2048$ sind wir schon bei $N^2 = 4194304$. Besonders in den letzten Jahren wurde nach Methoden gesucht, die es ermöglichen, eine DFT der Länge N mit bedeutend weniger Operationen zu berechnen. Dieses hat zu verschiedenen mathematischen Verfahren geführt, die tatsächlich das gewünschte Resultat ermöglichen. Das Prinzip ist dabei stets, zuerst eine Anzahl von DFT's kürzerer Länge zu berechnen und dann die Ergebnisse passend zu kombinieren. Das kann auf sehr unterschiedlichen Wegen geschehen. Man faßt sie unter dem Begriff *schnelle Fourier-Transformation* (engl.: fast Fourier transform oder FFT) zusammen, da ihr gemeinsames Kennzeichen die Verringerung der Anzahl der Operationen und folglich auch die der erforderlichen Rechenzeit ist.

In der Literatur über die FFT ist es üblich, den Ausdruck $e^{-j(2\pi/N)kn}$ der DFT durch W_N^{kn} zu ersetzen, wobei W_N als *Drehfaktor* (engl.: twiddle factor) bezeichnet wird:

$$W_N = e^{-j(2\pi/N)} \tag{5.46}$$

Bei den verschiedenen FFT – Versionen wird stets eine Anzahl typischer Eigenschaften des Drehfaktors ausgenutzt:

$$W_N^{kn} = W_N^{k(n+N)} = W_N^{(k+N)n} \qquad (5.47a)$$

$$W_N^{2kn} = W_{N/2}^{kn} \qquad (5.47b)$$

$$W_N^{k(N-n)} = (W_N^{kn})^* \qquad (5.47c)$$

(* bedeutet hierbei: konjugiert komplex)

Die bekanntesten und am häufigsten verwendeten FFT – Algorithmen sind diejenigen, bei denen N eine ganzzahlige Potenz von zwei ist, d.h. $N = 2^M$.

Mit diesen Algorithmen ist es möglich, die Anzahl der erforderlichen Operationen auf die Größenordnung von $N \cdot \mathrm{ld}(N) = N \cdot M$ zu reduzieren. In Tabelle 5.1 ist eine Übersicht von N^2, $N \cdot \mathrm{ld}(N)$ und $N/\mathrm{ld}(N)$ für verschiedene Werte von N gegeben. Die letzte Spalte zeigt an, um welchen Faktor die Rechengeschwindigkeit erhöht wird, wenn anstelle einer direkten Berechnung der DFT mit der FFT gearbeitet wird.

Der Zuwachs an Geschwindigkeit, bei der Anwendung der FFT im Vergleich zur DFT wird noch deutlicher, wenn die Ergebnisse von Tabelle 5.1 grafisch dargestellt werden. Siehe hierzu Bild 5.25.

Tabelle 5.1 Vergleich der Anzahl der Operationen einer direkten Berechnung der DFT mit der Anzahl der Operationen einer FFT

N	N^2	$N \cdot \mathrm{ld}(N)$	$N/\mathrm{ld}(N)$
2	4	2	2,00
4	16	8	2,00
8	64	24	2,67
16	256	64	4,00
32	1 024	160	6,40
64	4 096	384	10,67
128	16 384	896	18,29
256	65 536	2 048	32,00
512	262 144	4 608	56,89
1024	1 048 576	10 240	102,40
2048	4 194 304	22 528	186,18

Um eine Vorstellung von der Art der angewendeten Techniken bei der FFT zu vermitteln, wollen wir demonstrieren, wie eine N–Punkte DFT (wobei N gerade ist) ausgeführt werden kann, indem man zwei DFT's der Länge $N/2$ berechnet und deren Ergebnisse kombiniert. Wir nehmen ein

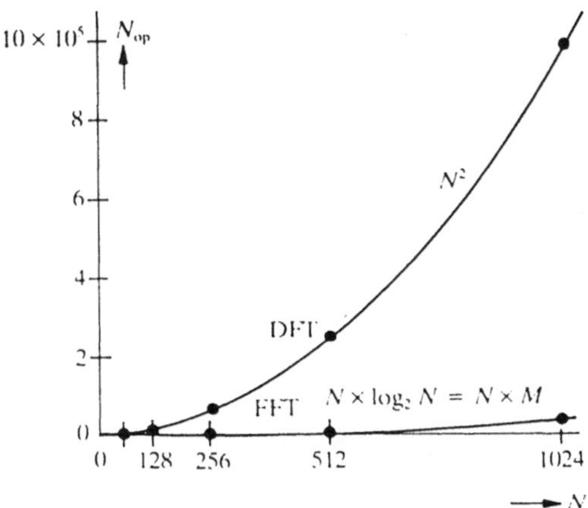

Bild 5.25 Vergleich der Anzahl der erforderlichen Operationen bei der direkten Berechnung einer DFT und bei der Berechnung einer FFT.

diskretes Signal $x[n]$ mit N Abtastwerten an (wobei N gerade ist). Anschließend definieren wir zwei neue Signale $x_1[n]$ bzw. $x_2[n]$, beide mit je $N/2$ Abtastwerten, die aus den geraden bzw. ungeraden Abtastwerten von $x[n]$ bestehen:

$$\left.\begin{aligned} x_1[n] &= x[2n] \\ x_2[n] &= x[2n+1] \end{aligned}\right\} \quad \text{mit } n = 0,1,\ldots,(N/2)-1 \tag{5.48}$$

Durch Anwendung des Drehfaktors W_N, erhalten wir für die DFT von $x[n]$:

$$X[k] = \sum_{n=0}^{N-1} x[n] W_N^{nk} = \underset{(\text{gerade } n)}{\sum_{n=0}^{N-1}} x[n] W_N^{nk} + \underset{(\text{ungerade } n)}{\sum_{n=0}^{N-1}} x[n] W_N^{nk}$$

$$= \sum_{n=0}^{(N/2)-1} x[2n] W_N^{2nk} + \sum_{n=0}^{(N/2)-1} x[2n+1] W_N^{(2n+1)k} \tag{5.49a}$$

und mit (5.47b) und (5.48) ergibt sich:

$$X[k] = \sum_{n=0}^{(N/2)-1} x_1[n] W_{N/2}^{nk} = W_N^k \sum_{n=0}^{(N/2)-1} x_2[n] W_{N/2}^{nk}$$

$$= X_1[k] + W_N^k X_2[k] \tag{5.49b}$$

Hierbei stellen $X_1[k]$ und $X_2[k]$ genau die $N/2$ – Punkte DFT's von $x_1[n]$ und $x_2[n]$ dar!

– *Bemerkung:* Obwohl $X_1[k]$ und $X_2[k]$ periodisch mit der Periode $N/2$ sind, ist W_N periodisch mit der Periode N; folglich ist $X[k]$ ebenfalls periodisch mit der Periode N.

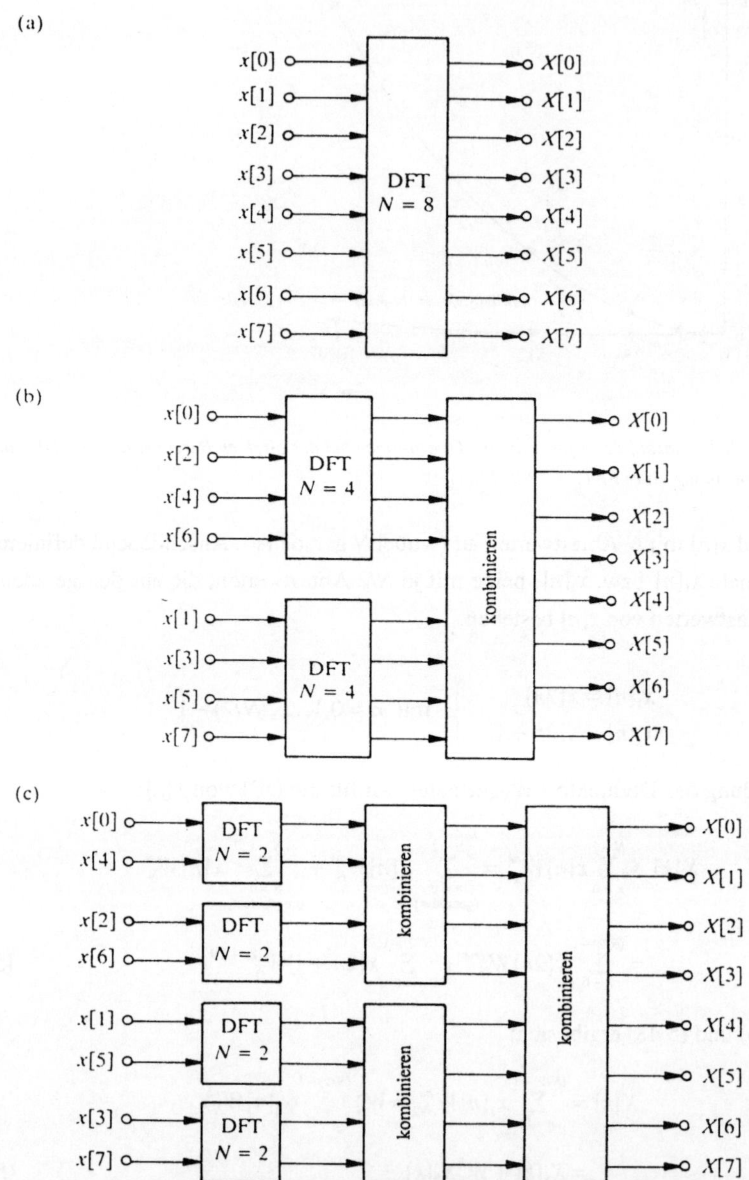

Bild 5.26 Das Prinzip der FFT für N = 8. (a) 8 – Punkte DFT; (b) Zerlegung einer 8 – Punkte DFT in zwei 4 – Punkte DFT's; (c) Zerlegung einer 8 – Punkte DFT in vier 2 – Punkte DFT's.

Für die direkte Berechnung von jeder dieser kleineren DFT's benötigen wir eine Anzahl von Operationen in der Größenordnung von $(N/2)^2$, das macht zusammen $2(N/2)^2 = N^2/2$. Für die Berechnung aller Werte von $X[k]$ kommt noch die Multiplikation von W_N^k mit $X_2[k]$ und die Addition von $X_1[k]$ und $W_N^k X_2[k]$ hinzu. Für große Werte von N bleibt die Gesamtzahl der Operationen trotzdem in der Größenordnung von $N^2/2$. So haben wir im Vergleich zur direkten Berechnung von $X[k]$ einen um 50% verringerten Rechenaufwand! Wenn nun $N/2$ ebenfalls eine gerade Zahl ist, können wir die Berechnung von $X_1[k]$ und $X_2[k]$ wieder auf kleinere DFT's zurückführen (diesmal mit der Länge $N/4$) und haben damit den Rechenaufwand nochmals reduziert. Wenn dabei $N/4$ wiederum eine gerade Zahl ist, können wir dieses Verfahren solange wiederholen, bis wir schließlich zu DFT's mit nur zwei Abtastwerten kommen.

Dieses Prinzip ist in Bild 5.26 für eine DFT mit 8 Abtastwerten dargestellt. (Es ist interessant zu bemerken, daß die wiederholte Zerlegung der Eingangswerte in gerade und ungerade Abtastwerte eine Umsortierung (engl.: shuffling) bedeutet.

Aus Bild 5.26 ist noch nicht direkt ersichtlich, welche Operationen in den Blöcken, die mit "kombinieren" bezeichnet sind, ausgeführt werden. Am leichtesten läßt sich das mit Hilfe der sogenannten FFT "butterfly" zeigen. Diese besteht aus einer Operation, bei der aus zwei komplexen Zahlen A und B zwei neue komplexe Zahlen Y und Z wie folgt berechnet werden:

$$Y = A + W_N^p B \qquad \text{und} \qquad Z = A - W_N^p B \qquad\qquad (5.50)$$

In (5.50) ist W_N der bekannte Drehfaktor und p eine bestimmte ganze Zahl zwischen 0 und $N-1$. Gleichung (5.50) kann man wie in Bild 5.27 schematisch darstellen.

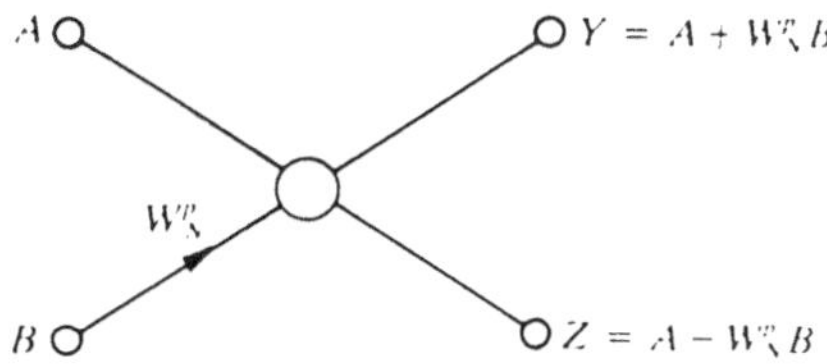

Bild 5.27 Eine FFT–butterfly.

Die FFT–butterfly mit $p = 0$ gibt genau die Relation zwischen den Eingangswerten $x[0] = A$ und $x[1] = B$ und den Ausgangswerten $X[0] = Y$ und $X[1] = Z$ einer DFT mit 2 Abtastwerten an (dies kann mit Hilfe der Gleichungen (5.45) und (5.50) mit $N = 2$ und $p = 0$ nachgewiesen werden). Mit Hilfe der "butterfly" können wir nun Bild 5.26c erneut in detaillierterer Form zeichnen (Bild 5.28). Darstellungen dieser Art sind häufig in der umfangreichen Literatur über die FFT anzutreffen .

– *Bemerkung 1:* Die in Bild 5.28 dargestellte Version der FFT ist in der Literatur unter der englischen Bezeichnung "Radix–two decimation–in–time FFT" bekannt.

– *Bemerkung 2:* Bei der 8 – Punkte FFT in Bild 5.28 können wir drei aufeinanderfolgende Schritte unterscheiden, die immer vier "butterflies" enthalten mit je einem komplexen Multiplikationsfaktor. Für eine beliebige FFT mit N Abtastwerten, wobei N eine ganzzahlige Potenz von 2 ist, finden wir auf die gleiche Weise ld(N) Schritte, die stets $N/2$ "butterflies" enthalten. Insgesamt sind für die Berechnung einer FFT nach diesem Schema $(N/2) \cdot \mathrm{ld}(N)$ komplexe Multiplikationen erforderlich. Das stimmt mit unserer vorangegangenen Behauptung überein, daß zur Berechnung einer FFT mit N Abtastwerten eine Anzahl von Operationen in der Größenordnung von $N \cdot \mathrm{ld}(N)$ erforderlich ist.

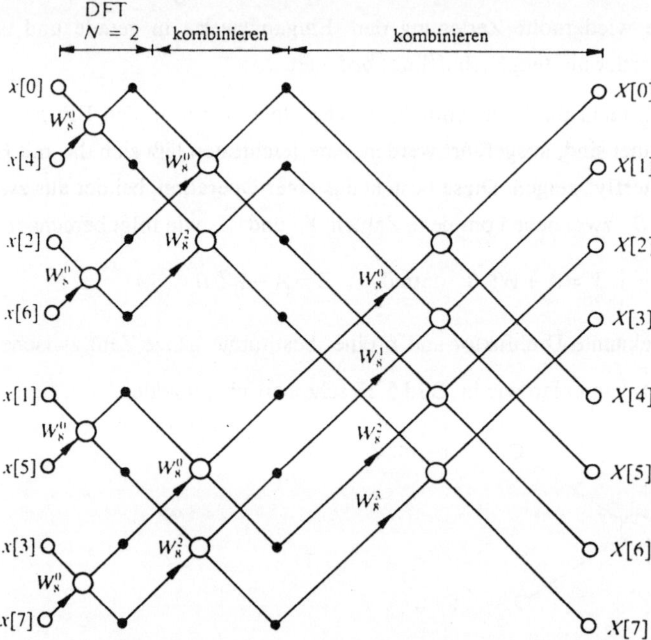

Bild 5.28 Die FFT der Länge 8 in ausführlicher Darstellung mit der FFT – butterfly.

5.8 Übungsaufgaben

Übungsaufgaben zu Abschnitt 5.1 und 5.2

5.1 Gegeben sind zwei periodischen Funktionen $x_1[n]$ und $x_2[n]$ mit der Periode $N = 4$:

$$x_1[n] \;=\; \begin{cases} 0 & \text{für} & n = 4l \\ 1 & \text{für} & n = 4l+1 \quad \text{und} \quad n = 4l+3 \\ 2 & \text{für} & n = 4l+2 \end{cases}$$

$$x_2[n] \;=\; \begin{cases} 1 & \text{für} & n = 4l \quad\;\; \text{und} \quad n = 4l+3 \\ 2 & \text{für} & n = 4l+1 \quad \text{und} \quad n = 4l+2 \end{cases}$$

mit $l = 0, \pm 1, \pm 2, \ldots$

(a) Berechnen Sie die DFT von $x_1[n]$ und $x_2[n]$ für $N = 4$.

(b) Berechnen Sie die FTD der Signale $\tilde{x}_1[n]$ und $\tilde{x}_2[n]$:

$$\tilde{x}_1[n] \;=\; \begin{cases} x_1[n] & \text{für} & 0 \leq n < 4 \\ 0 & \text{für} & n < 0 \quad\quad \text{und} \quad n \geq 4 \end{cases}$$

$$\tilde{x}_2[n] \;=\; \begin{cases} x_2[n] & \text{für} & 0 \leq n < 4 \\ 0 & \text{für} & n < 0 \quad\quad \text{und} \quad n \geq 4 \end{cases}$$

(c) Zeigen Sie, daß die DFT eine abgetastete Version der FTD ist.

5.2 Berechnen Sie die IDFT $x_3[n]$ der periodischen Funktion $X_3[k]$ mit der Periode $N = 16$:

$$X_3[k] \;=\; \begin{cases} 2 & \text{für } k = 16l+1 \quad \text{und } k = 16l+15 \\ 1 & \text{für } k = 16l+3 \quad \text{und } k = 16l+13 \\ 0 & \text{sonst} \end{cases}$$

mit $l = 0, \pm 1, \pm 2, \ldots$

Übungsaufgaben zu Abschnitt 5.3

5.3 (a) Berechnen Sie die DFT $X[k]$ der folgenden Funktion (Setzen Sie $N = 4$):

$$x[n] \;=\; \begin{cases} 1 & \text{für } n = 0 \\ 2 & \text{für } n = 1 \\ 0 & \text{sonst} \end{cases}$$

(b) Zeigen Sie, daß man $X[k]$ ebenso aus Gleichung (5.8) und (5.10) unter Verwendung der Linearitätseigenschaft (5.18) erhalten kann.

5.4 (a) Berechnen Sie die DFT $X_p[k]$ der folgenden periodischen Funktion mit $N = 4$:

$$x_p[n] = 1 \;\text{ für } 0 \leq n < 4$$

(b) Zeigen Sie, daß man $X_p[k]$ ebenso aus Gleichung (5.7) und (5.8) unter Verwendung der Zeit/Frequenzsymmetrie (5.19) erhalten kann.

5.5 Zeigen Sie, daß Gleichung (5.10) unmittelbar aus Gleichung (5.8) folgt. Verwenden Sie dabei die Eigenschaft der Zeitverschiebung (5.20).

5.6 Beweisen Sie die Gültigkeit des Parseval'schen Theorems für die bestehenden Korrespondenzen von Aufgabe 5.1 und 5.2.

5.7 Beweisen Sie die Eigenschaft der Orthogonalität (5.30a):

$$\frac{1}{N}\sum_{n=0}^{N-1} e^{j(2\pi/N)nk} = \begin{cases} 1 & \text{für} \quad k = lN \\ 0 & \text{sonst} \end{cases}$$

Hinweis: Beweisen Sie diese Eigenschaft zunächst für $k = lN$ und verwenden Sie dann für $k \neq lN$ die Beziehung:

$$\sum_{n=0}^{N-1} a^n = \frac{1-a^N}{1-a} \quad \text{für} \quad a \neq 1$$

Übungsaufgabe zu Abschnitt 5.4

5.8 Gegeben ist ein Signal endlicher Länge $x[n]$:

$$x[n] = \begin{cases} 1 & \text{für} \quad n = 0 \quad \text{und} \quad n = 3 \\ 2 & \text{für} \quad n = 1 \quad \text{und} \quad n = 2 \\ 0 & \text{sonst} \end{cases}$$

Bestimmen Sie von diesem Signal die DFT $X[k]$, mit $N = 4$, $N = 6$ und $N = 16$. Kontrollieren Sie, ob die Ergebnisse mit den grafisch dargestellten Ergebnissen in Bild 5.14 übereinstimmen.

Übungsaufgaben zu Abschnitt 5.5

5.9 Die Funktionen $x_p[n]$ und $h_p[n]$ sind periodisch mit der Periode N und im Basisintervall wie folgt definiert:

$$x_p[n] = \begin{cases} (0{,}5)^n & \text{für} \quad n = 0,1,2,3 \\ 0 & \text{für} \quad n = 4,5,\ldots,N-1 \end{cases}$$

und

$$h_p[n] = \begin{cases} 1 & \text{für} \quad n = 0,1,2 \\ 0 & \text{für} \quad n = 3,4,\ldots,N-1 \end{cases}$$

(a) Zeichnen Sie $x_p[n]$ und $h_p[n]$ für $N = 4$, $N = 6$ und $N = 8$.

(b) Bestimmen Sie grafisch die zyklische Faltung $y_p[n] = x_p[n] \circledast h_p[n]$ für $N = 4$, $N = 6$ und $N = 8$.

5.10 (a) Berechnen Sie die lineare Faltung der Signale $y[n] = x[n] * h[n]$ der Signale $x[n]$ und $h[n]$ aus Bild 5.20.

(b) Berechnen Sie die lineare Faltung $y_1[n] = x_1[n] * h[n]$, $y_2[n] = x_2[n] * h[n]$ und $y_3[n] = x_3[n] * h[n]$ der Signale $x_1[n]$, $x_2[n]$, $x_3[n]$ und $h[n]$ aus Bild 5.21.

(c) Überprüfen Sie, ob gilt: $y[n] = y_1[n] + y_2[n] + y_3[n] + \ldots$.

Übungsaufgaben zu Abschnitt 5.7

5.11 Beweisen Sie die Gültigkeit der Gleichungen (5.47a), (5.47b) und (5.47c).

5.12 In Abschnitt 5.7 wurde beschrieben, daß die "FFT–butterfly" (mit $p = 0$) aus Bild 5.27 eine 2–Punkte DFT darstellt. Das zeigt Bild 5.29. Beweisen Sie, daß die "butterfly" aus Bild 5.29 tatsächlich eine 2–Punkte DFT darstellt.

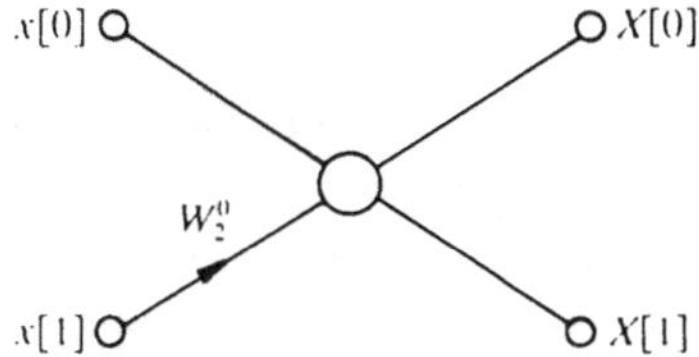

Bild 5.29 Aufgabe 5.12

5.13 Zeigen Sie, daß die in Bild 5.30 schematisch dargestellte FFT mit einer 4–Punkte DFT übereinstimmt.

5.14 Gegeben ist ein diskretes Signal $x[n]$:

$$x[n] \;=\; \begin{cases} n+1 & \text{für} \quad 0 \le n < 4 \\ 0 & \text{sonst} \end{cases}$$

(a) Berechnen Sie $X[k]$ unter Verwendung von Gleichung (5.4); setzen Sie $N = 4$.

(b) Berechnen Sie $X[k]$ unter Verwendung des Schemas aus Bild 5.30.

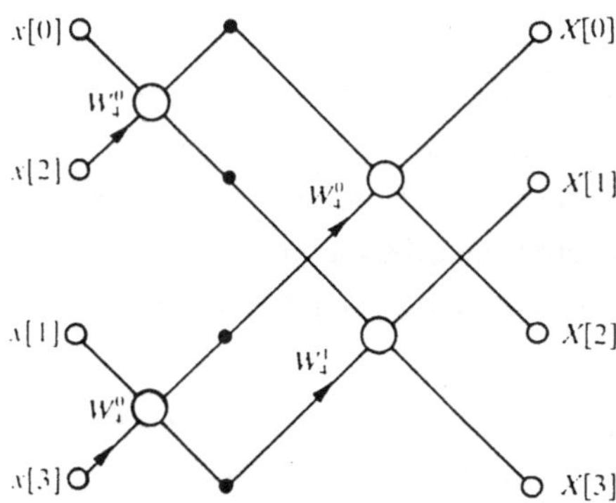

Bild 5.30 Aufgabe 5.13 und 5.14.

6

Übersicht von Signaltransformationen

6.1 Einführung

In den vorangegangenen Kapiteln haben wir eine große Anzahl von Signaltransformationen kennengelernt. Mit ihrer Hilfe ist es möglich, von der Zeitbeschreibung eines Signals in die Beschreibung im Frequenzbereich überzugehen und umgekehrt. Die Wahl einer bestimmten Transformation hängt einerseits von den Eigenschaften des Signals (periodisch oder nicht periodisch, zeitkontinuierlich oder zeitdiskret); und andererseits von dem Ziel der Transformation (Beschreibung mit Hilfe einer reellen oder einer komplexen Frequenzvariablen) ab.

Es wurde gezeigt wie – unter bestimmten Bedingungen – ein kontinuierliches Signal $x(t)$ in ein diskretes Signal $x[n]$ umgesetzt werden kann und wie – wiederum unter bestimmten Bedingungen – aus diesem Signal ein periodisches diskretes Signal $x_p[n]$ erzeugt werden kann. Für jedes dieser Signale existiert eine spezifische Signaltransformation. Zwischen diesen Signaltransformationen bestehen jedoch sehr deutliche Zusammenhänge. Oft zieht man es vor, von einer Signaldarstellung in eine andere überzugehen (und damit auch von einer Signaltransformation in eine andere), um beispielsweise rechentechnische Vorteile zu erhalten. Man nimmt dabei in Kauf, oft nur eine Näherung und/oder eine abgetastete Version des eigentlichen Spektrums als Resultat zu erhalten.

In diesem Kapitel soll auf die bestehenden Zusammenhänge zwischen den verschiedenen Arten der Zeit– und Frequenzbeschreibungen näher eingegangen werden. Zuvor möchten wir noch genauer die Bezeichnungen klären, die wir bisher verwendet haben. Das ist notwendig, damit bei der großen Anzahl von Zeit– und Frequenzfunktionen, die wir voneinander zu unterscheiden haben, keine Verwechslungen entstehen. Für den Rest dieses Kapitels sollen deshalb folgende Absprachen gelten (siehe Bild 6.1):

– $x_c(t)$ ist ein *nichtperiodisches, zeitkontinuierliches* Signal, das mittels der Fouriertransformation für kontinuierliche Signale (FTC) das Spektrum $X_c(\omega)$ liefert.

– $x_d[n]$ ist ein *nichtperiodisches, zeitdiskretes* Signal, das mittels der Fouriertransformation für diskrete Signale (FTD) das Spektrum $X_d(e^{j\theta})$ liefert.

– $x_p[n]$ ist ein *periodisches, zeitdiskretes* Signal, das mittels der N–Punkte diskreten Fouriertransformation (DFT) das Spektrum $X_p[k]$ liefert.

– $x_h(t)$ ist ein *periodisches, zeitkontinuierliches* Signal, das mittels der Fourierreihenentwicklung (FR) die Koeffizienten α_k liefert, die als diskrete Funktion von k aufgefaßt werden können.

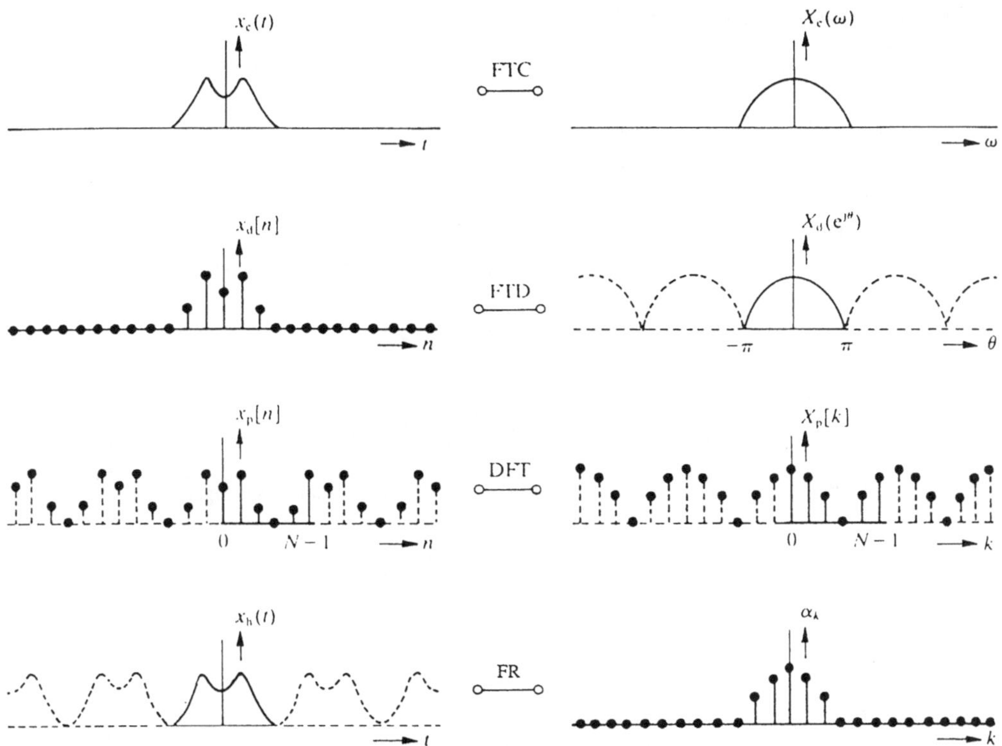

Bild 6.1 Vier verschiedene Signalarten $x_c(t)$, $x_d[n]$, $x_p[n]$, $x_h(t)$ und die mittels unterschiedlicher Signaltransformationen dazugehörenden Frequenzspektren sowie $X_c(\omega)$, $X_d(e^{j\theta})$, $X_p[k]$ und α_k.

Bild 6.1 zeigt stilisierte Beispiele von all diesen Zeit–und Frequenzfunktionen mit ihren charakteristischsten Eigenschaften. Aus dieser Darstellung läßt sich folgende einfache Faustregel ableiten: wenn eine Zeitfunktion und eine Frequenzfunktion eine Korrespondenz bilden, und eine der beiden eine diskrete Funktion ist, so ist die andere periodisch (und umgekehrt!).

Der Vollständigkeit halber sind in Tabelle 6.1 alle bisher behandelten Signaltransformationen in einer Übersicht zusammengestellt. Aus der Tabelle findet man für jeden Signaltyp die geeignetste Transformation.

6.2 Ein qualitativer Vergleich

Die acht Funktionen aus Bild 6.1 lassen sich in einer symbolischen Übersicht nach Bild 6.2 darstellen. Die vier Zeitfunktionen sind als vier Kreise im Zentrum dargestellt und die vier

Tabelle 6.1 Übersicht von Signaltransformationen

Nicht-periodiche Signale	Zeit-kontinuierliches Signal $x_c(t)$	Reelle Frequenz-variable ω	**Fouriertransformation für kontinuierliche Signale** $$X_c(\omega) = \int_{-\infty}^{\infty} x_c(t)\,\mathrm{e}^{-j\omega t}\,\mathrm{d}t$$	FTC
			$$x_c(t) = \frac{1}{2\pi} \int_{-\infty}^{\infty} X_c(\omega)\,\mathrm{e}^{j\omega t}\,\mathrm{d}\omega$$	IFTC
		Komplexe Frequenz-variable p	**(zweiseitige) Laplace–Transformation[1]** $$X_c(p) = \int_{-\infty}^{\infty} x_c(t)\,\mathrm{e}^{-pt}\,\mathrm{d}t$$	LT
			$$x_c(t) = \frac{1}{2\pi j} \int_{\sigma-j\infty}^{\sigma+j\infty} X_c(p)\,\mathrm{e}^{pt}\,\mathrm{d}p$$	ILT
	Zeit-diskretes Signal $x_d[n]$	Reelle Frequenz-variable θ	**Fourier–Transformation für diskrete Signale** $$X_d(\mathrm{e}^{j\theta}) = \sum_{n=-\infty}^{\infty} x_d[n]\,\mathrm{e}^{-jn\theta}$$	FTD
			$$x_d[n] = \frac{1}{2\pi} \int_{-\pi}^{\pi} X_d(\mathrm{e}^{j\theta})\,\mathrm{e}^{jn\theta}\,\mathrm{d}\theta$$	IFTD
		Komplexe Frequenz-variable z	**(zweiseitige) z – Transformation** $$X_d(z) = \sum_{n=-\infty}^{\infty} x_d[n]\,z^{-n}$$	ZT
			$$x_d[n] = \frac{1}{2\pi j} \oint_C X_d(z)\,z^{n-1}\,\mathrm{d}z$$	IZT
Periodische Signale	Zeitdiskretes Signal $x_p[n]$	Reelle Frequenz-variable k	**N – Punkte diskrete Fourier–Transformation[2]** $$X_p[k] = \sum_{n=0}^{N-1} x_p[n]\,\mathrm{e}^{-j(2\pi/N)kn}$$	DFT
			$$x_p[n] = \frac{1}{N} \sum_{k=0}^{N-1} X_p[k]\,\mathrm{e}^{j(2\pi/N)kn}$$	IDFT
	Zeit-kontinuierliches Signal $x_h(t)$	Reelle Frequenz-variable k	**Fourierreihe** $$\left.\begin{aligned} \alpha_k &= \frac{1}{T} \int_{-T/2}^{T/2} x_h(t)\,\mathrm{e}^{-jk\omega_0 t}\,\mathrm{d}t \\[2em] x_h(t) &= \sum_{k=-\infty}^{\infty} \alpha_k\,\mathrm{e}^{jk\omega_0 t} \end{aligned}\right\} \text{ mit } \omega_0 = \frac{2\pi}{T}$$	FR

[1] Die Gleichungen für die Laplace-Transformation (engl.: Laplace transform oder LT) und Rücktransformation (engl.: inverse Laplace transform oder ILT) werden in diesem Buch nicht mehr auftreten.

[2] Berechnung ggf. mit der "Schnellen Fourier Transformation" oder FFT möglich

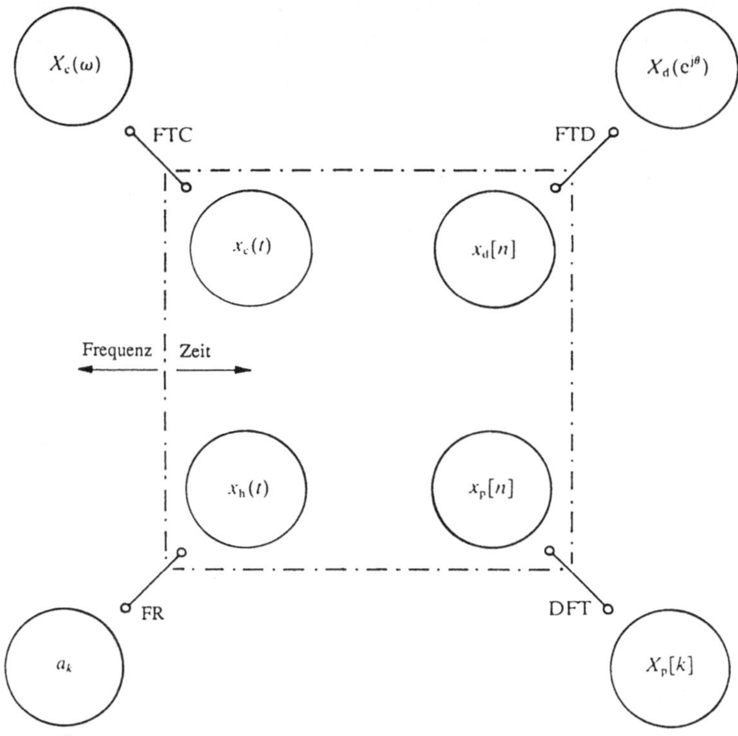

Bild 6.2 Symbolische Übersicht der Korrespondenzen aus Bild 6.1. Die Strich–Punkt–Linie gibt die Grenze zwischen Zeit– und Frequenzbereich an.

dazugehörenden Frequenzfunktionen durch die anderen Kreise an den Außenkanten. Die Strich–Punkt–Linie stellt die Grenze zwischen Zeit– und Frequenzbereich dar. Diese Grenze kann mit Hilfe der angegebenen Transformationen überschritten werden.

Bild 6.3 (a) zeigt die gleiche symbolische Übersicht, es ist lediglich eine Grenze zwischen kontinuierlichen Funktionen (in Zeit oder in Frequenz) und diskreten Funktionen (in Zeit oder Frequenz) gezogen. In Kapitel 3 "Umsetzung von zeitkontinuierlichen Signalen in zeitdiskrete Signale und umgekehrt" sind wir ausführlich auf den Übergang von einer zeitkontinuierlichen Funktion zu einer zeitdiskreten Funktion ("Abtasten") und auf den Übergang in umgekehrte Richtung ("Interpolieren") eingegangen. Auf ähnliche Weise erfolgt der Übergang von einer frequenzkontinuierlichen zu einer frequenzdiskreten Funktion und umgekehrt. Auch dann spricht man von Abtasten (**S**, Sampling) und Interpolieren (**I**), aber jetzt im Frequenzbereich. In Bild 6.3 (b) sind mit einem durchgehenden Pfeil die Übergänge gekennzeichnet, die dem Interpolieren entsprechen und der unterbrochene Pfeil kennzeichnet die Übergänge, die dem Abtasten entsprechen. In Bild 6.3 (c) ist noch einmal schematisch dargestellt, was man genau unter Abtastung und Interpolation versteht; längs der horizontalen Achse kann als Variable sowohl die Zeit (t oder n) als auch die Frequenz (ω, θ oder k) stehen.

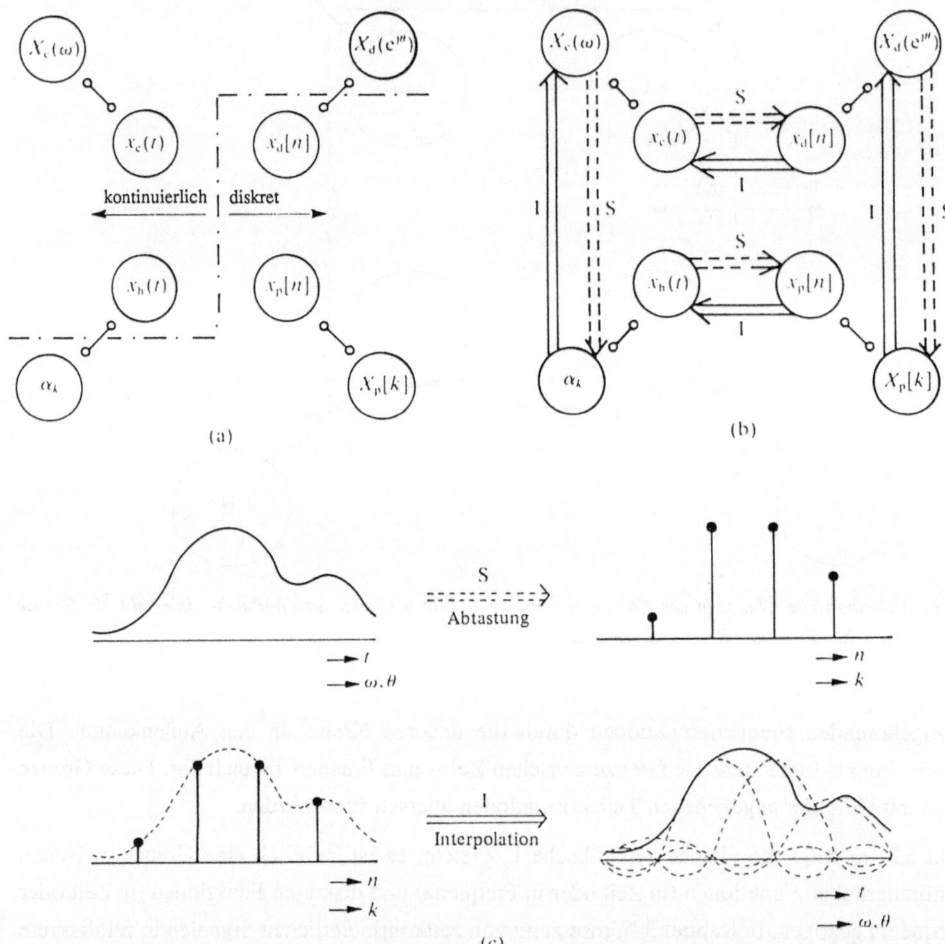

*Bild 6.3 (a) Symbolische Darstellung von verschiedenen Korrespondenzen. Die Strich – Punkt – Linie kennzeichnet die Grenze zwischen kontinuierlichen und diskreten Funktionen. (b) Durch Abtastung (sampling, **S**) oder Interpolation (**I**) mit Hilfe der (sin x)/x – Funktionen können Funktionen von einer Art in die andere umgesetzt werden. (c) Schematische Darstellung der Operationen **S** und **I**.*

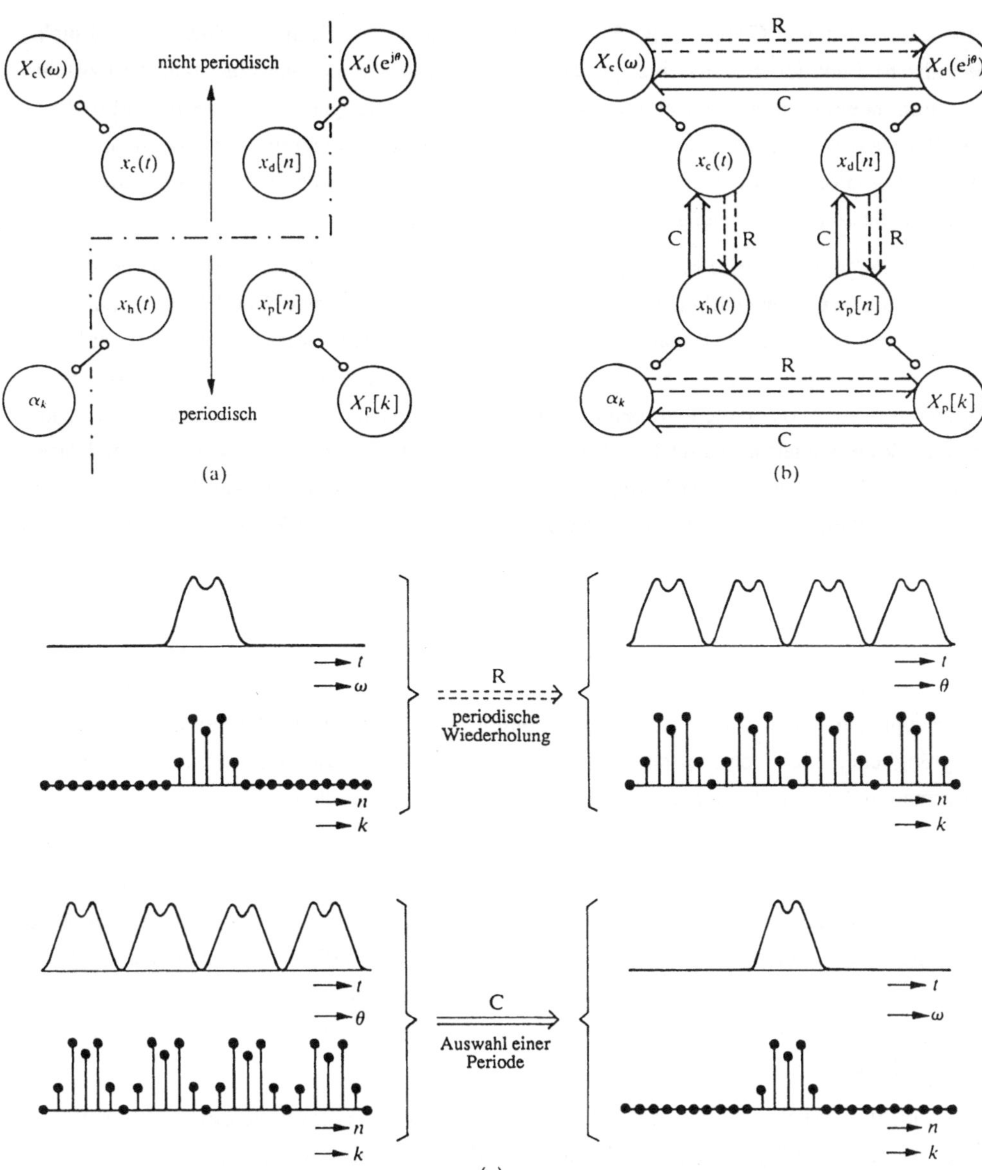

Bild 6.4 (a) *Symbolische Darstellung der unterschiedlichen Korrespondenzen. Die Strich – Punkt – Linie kennzeichnet die Grenze zwischen periodischen und nicht periodischen Funktionen.* (b) *Durch die Auswahl einer einzelnen Periode (choosing,* **C**) *oder mittels periodischer Wiederholungen (repetition,* **R**) *können Funktionen der einen Art in eine andere umgewandelt werden.* (c) *Schematische Darstellung der Operationen* **C** *und* **R**.

Eine andere Art von Grenze zeigt Bild 6.4(a): hier trennt die Grenze periodische und nicht periodische Funktionen. Aus einer periodischen Funktion erhält man eine nicht periodische Funktion indem man eine einzelne Periode auswählt (**C**; durchgehende Pfeile in Bild 6.4(b)). Der Übergang in umgekehrte Richtung liefert die periodische Wiederholung einer nicht periodischen Funktion (**R**; unterbrochene Pfeile in Bild 6.4(b)). In Bild 6.4(c) sind die beiden Operationen, die zu den Übergängen gehören, noch einmal schematisch wiedergegeben.

Die Übergänge, die in Bild 6.3(b) und 6.4(b) mit durchgehenden Pfeilen gekennzeichnet sind (Interpolation und Auswahl einer einzelnen Periode), können immer ohne Näherung durchgeführt werden, das heißt, daß man jederzeit wieder zur Ausgangssituation zurückkehren kann. Für einen Übergang, der mit einem unterbrochenen Pfeil gekennzeichnet ist, gilt das *nicht* automatisch auch. Das haben wir bereits in Kapitel 3, "Umsetzung zeitkontinuierlicher Signale in zeitdiskrete Signale und umgekehrt", beim Übergang von $x_c(t)$ zu $x_d[n]$ gesehen. Es muß dabei immer auf die Einhaltung der Bedingung des Abtasttheorems geachtet werden, das bedeutet, daß $X_c(\omega)$ außerhalb bestimmter Frequenzen Null oder (mit anderen Worten) bandbegrenzt ist.

Auch bei der periodischen Wiederholung einer nicht periodischen Funktion muß schließlich eine Bedingung erfüllt sein: die Bedingung, daß sich die Funktion nur in einem endlichen Intervall von Null unterscheidet. Trifft das nicht zu, so treten bei der periodischen Wiederholung Überlappungen (oder Aliasing) auf, wie groß auch immer die Periode gewählt wird. Infolge dieser Überlappungen kann man nicht mehr durch einfaches Auswählen einer Periode die ursprüngliche, nicht periodische Funktion zurückgewinnen. Das bedeutet, daß ein Teil der Information der ursprünglichen Funktion für immer verloren gegangen ist.

Bild 6.5 zeigt eine Zusammenfassung aller möglichen Übergänge der beiden vorangegangenen Bilder. Bei den unterbrochenen Pfeilen sind gleichzeitig die Bedingungen angegeben, die mindestens erfüllt sein müssen, damit der Übergang vollständig umkehrbar ist. Für die Übergänge mit unterbrochenem Pfeil in vertikaler Richtung beziehen sich die Bedingungen auf den Zeitbereich und für die Übergänge mit unterbrochenem Pfeil in horizontaler Richtung auf den Frequenzbereich. Aus diesen Bedingungen lassen sich interessante Schlüsse ziehen, wovon wir hier ein Beispiel geben möchten.

Es ist nicht unüblich, von einem gegebenen, nicht periodischen (kontinuierlichen) Signal $x_c(t)$ mit dem Spektrum $X_c(\omega)$ zunächst eine diskrete Version $x_d[n]$ abzuleiten, davon eine endliche Anzahl von Abtastwerten zu nehmen und diese als $x_p[n]$ mit einer DFT (oder FFT) in $X_p[k]$ zu transformieren. Es wäre interessant, hieraus nun über $X_c(\omega)$, Schlüsse zu ziehen. Ist das aber prinzipiell, ohne Fehler einzubringen, möglich? Lassen Sie uns hierzu Bild 6.5 betrachten. Für eine fehlerfreie Umsetzung von $x_c(t)$ in $x_d[n]$ ist die Mindestbedingung , daß $X_c(\omega)$ bandbegrenzt ist. Für eine fehlerfreie Umsetzung von $x_d[n]$ in $x_p[n]$ ist die Mindestbedingung , daß $x_d[n]$) von endlicher Länge ("zeitbegrenzt") ist. Das ist nur dann der Fall, wenn $x_c(t)$ auch zeitlich begrenzt ist. Hier stoßen wir allerdings auf eine physikalische Unmöglichkeit: ein Signal kann nicht gleichzeitig im Zeitbereich [hier $x_c(t)$] *und* im Frequenzbereich [hier $X_c(\omega)$] begrenzt sein. Bei dieser Berechnung werden deshalb *immer* bestimmte Fehler eingeschleust werden. Man kann jedoch indem man die in der Berechnung auftretenden endlichen Zeitintervalle und Frequenzintervalle groß genug wählt, die Fehler für praktische Zwecke immer hinreichend klein halten.

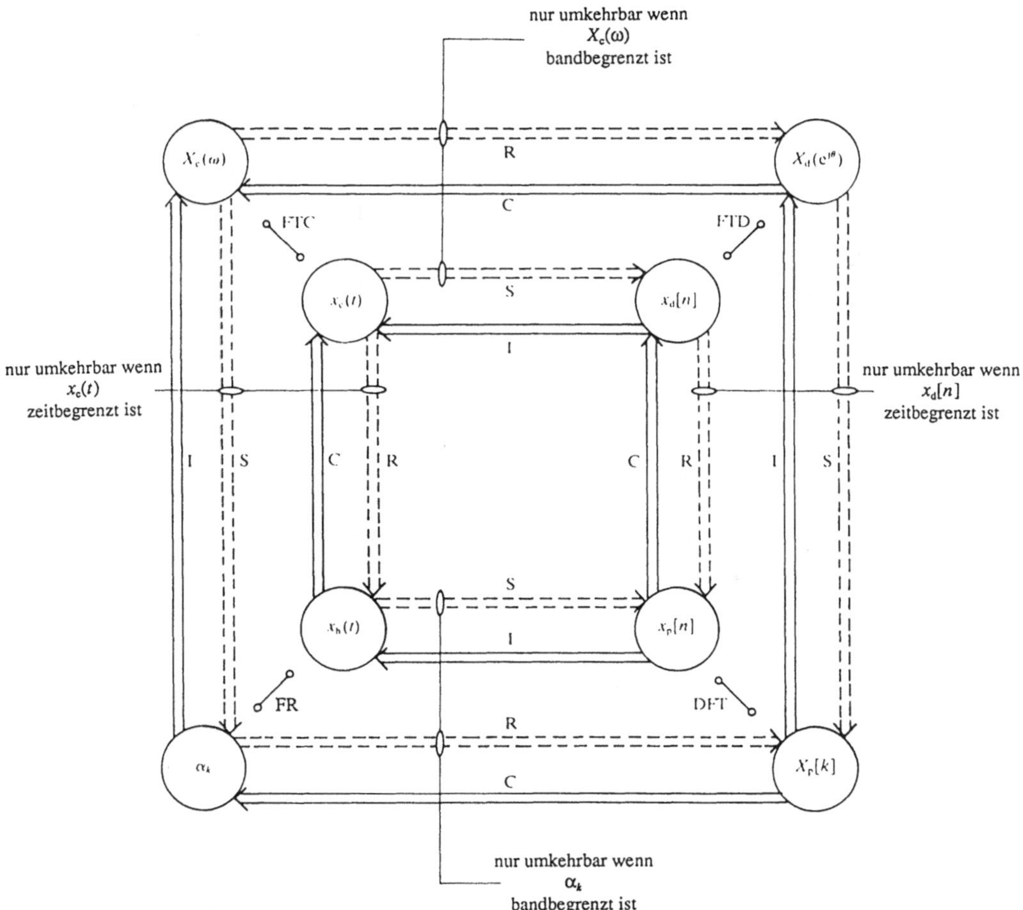

Bild 6.5 Übersicht über alle möglichen Übergänge zwischen den unterschiedlichen Funktionen; bei den unterbrochenen Pfeilen ist die Mindestbedingung angegeben, die erfüllt sein muß, um den Übergang fehlerfrei (und somit umkehrbar) durchführen zu können.

6.3 Relationen mit LT und ZT

Die symbolische Übersicht von Bild 6.2 läßt sich leicht mit dem Einführen der LT und der ZT erweitern, indem man die komplexen Frequenzvariablen p und z verwendet. Man erhält dann Bild 6.6. Wie bereits bekannt, besteht ein einfacher Zusammenhang zwischen $X_c(p)$ und $X_c(\omega)$, sowie zwischen $X_d(z)$ und $X_d(e^{j\theta})$. Allgemein können $X_c(p)$ und $X_c(\omega)$ mit Hilfe der Substitution $p = j\omega$ ineinander umgewandelt werden. (Eigentlich sollte in diesem Zusammenhang wegen der mathematischen Korrektheit anstelle von $X_c(\omega)$ besser $X_c(j\omega)$ gesetzt werden; es handelt sich hierbei um eine reine Formalität, siehe auch Fußnote 1, Abschnitt 2.10). Auf die gleiche Weise können $X_d(z)$ und $X_d(e^{j\theta})$ durch die Substitution $z = e^{j\theta}$ ineinander umgewandelt werden.

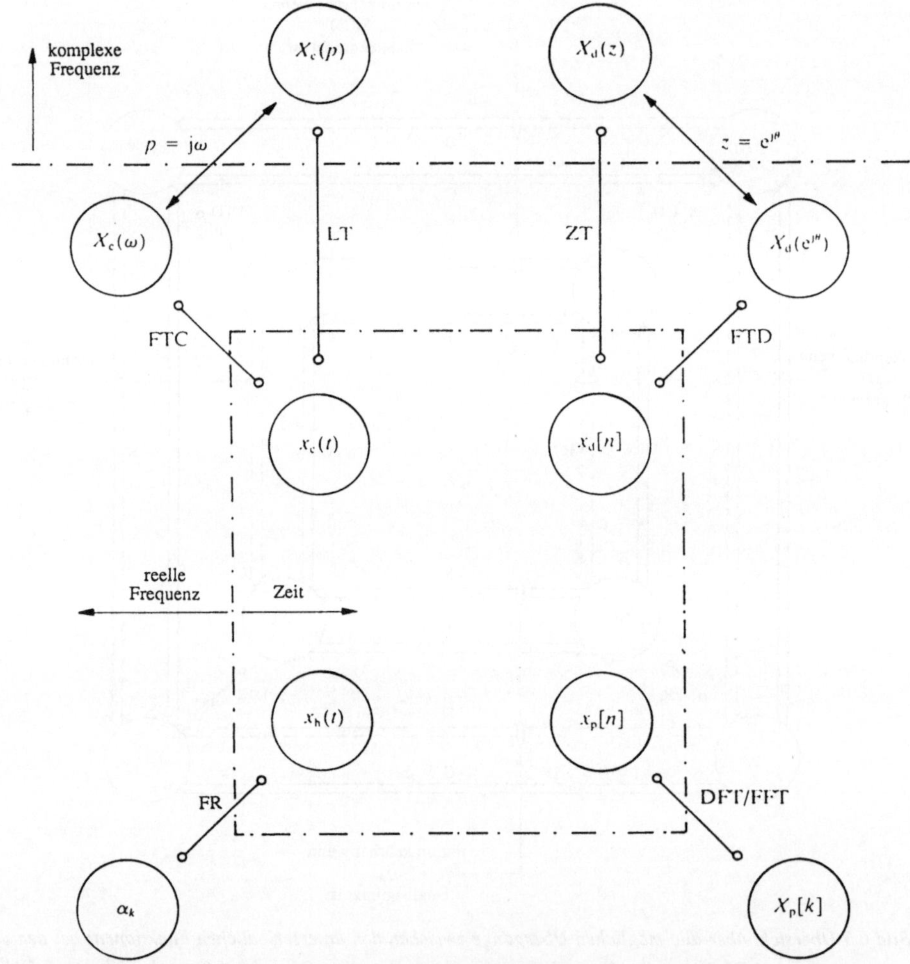

Bild 6.6 *Erweiterung von Bild 6.2 mit den komplexen Frequenzfunktionen $X_c(p)$ und $X_d(z)$.*

Wenn man andererseits bei der Substitution von $X_c(\omega)$ oder $X_d(e^{j\theta})$ ausgeht, ist uns formal nicht bekannt, für welche Werte von p oder z die neuen Funktionen $X_c(p)$ oder $X_d(z)$ konvergieren. Man sollte das ganz separat prüfen. In praktischen Situationen treten gewöhnlich hierbei keine unerwarteten Probleme auf, so daß wir uns im allgemeinen nicht mit der Frage der Konvergenz zu belasten brauchen.

6.4 Die Verwendung der Impulsfunktion

Bei der Beschreibung des Überganges von kontinuierlicher zu diskreter Zeit haben wir als Zwischenschritt den Dirac–Impuls oder die Impulsfunktion, $\delta(t)$, die selbst – da die unabhängige Variable t jeden möglichen (reellen) Wert annehmen kann – eine *kontinuierliche* Funktion ist, verwendet.

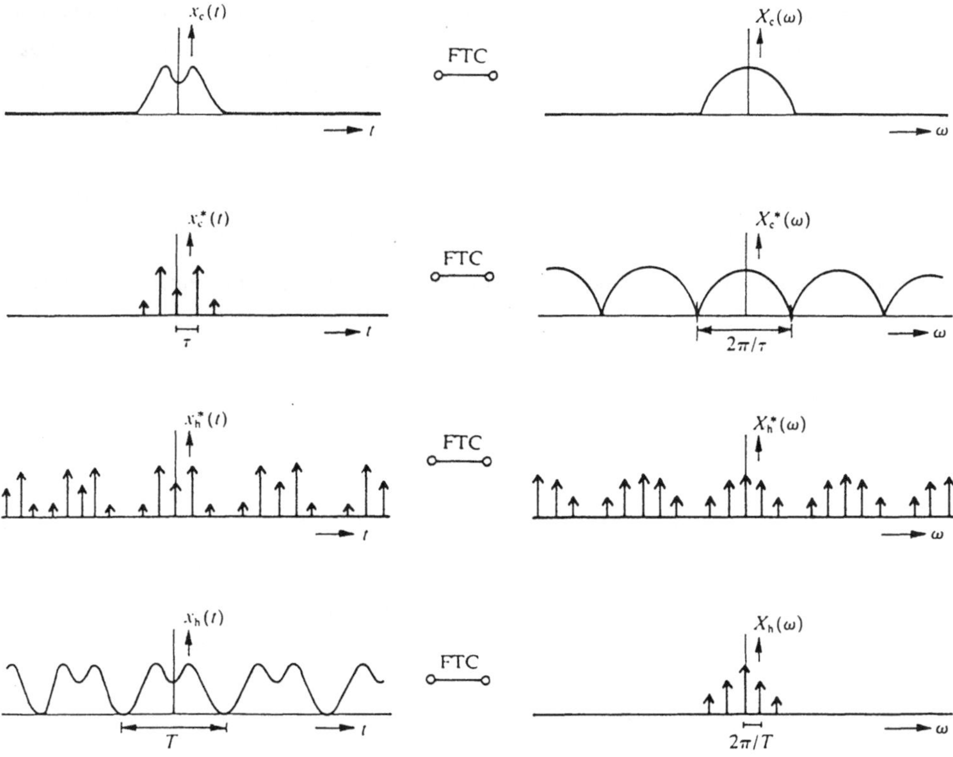

*Bild 6.7 Bei ausgedehnter Anwendung der Impulsfunktion können die am meisten verschiedenen Zeit– und Frequenzfunktionen ausschließlich mit Hilfe der FTC transformiert werden. Im Prinzip hat man dann immer mit **kontinuierlichen** Funktionen zu tun. (Achtung: dieses Bild ist die einzige Stelle in diesem Buch, wo das Symbol * dazu verwendet wird, abgetastete Funktionen von nicht abgetasteten Funktionen zu unterscheiden.)*

Obwohl die Impulsfunktion eine Funktion ist, die in der Praxis nicht auftreten kann (man nennt sie "verallgemeinerte oder generalisierte Funktion"), stellt sie ein sehr geeignetes, theoretisches mathematisches Hilfsmittel dar; gerade auf der Grenzfläche zwischen kontinuierlicher Zeit und diskreter Zeit. Situationen in denen das eine wichtige Rolle spielt, findet man beispielsweise häufig in der Regelungstechnik. Dort gibt es unzählig viele Arten komplizierter Kombinationen von zeitkontinuierlichen und zeitdiskreten Signalverarbeitungsoperationen. Durch ausgedehnte Anwendung der Impulsfunktion erhält man in vielen Fällen eine geschlossene mathematische Beschreibung, ausschließlich in Termen der FTC und der IFTC.

Anhand von Bild 6.7 soll das veranschaulicht werden. Es treten nur *kontinuierliche* Funktionen, sowohl im Zeit– als auch im Frequenzbereich auf. Die Ähnlichkeit mit Bild 6.1 ist geradezu auffallend.

In bestimmten Situationen führt die Verwendung der Impulsfunktionen zu Problemen. Ein deutliches Beispiel hierfür ist, daß das Produkt von zwei Impulsfunktionen nicht definiert ist und deshalb auch nicht damit gearbeitet werden kann. Das gleiche gilt natürlich auch für das Produkt zweier Signale, die aus einer Folge von Impulsfunktionen bestehen. Das bedeutet, daß eine Operation wie die der Modulation, die grundsätzlich aus der Multiplikation zweier Signale besteht, in solchen Fällen nicht richtig beschrieben werden kann. Bei zeitdiskreten Signalen kennt man solche Probleme nicht; die Multiplikation zweier Abtastwerte liefert problemlos einen neuen Abtastwert, dessen Wert aus dem Produkt der beiden alten Werte besteht.

In Fällen, bei denen man ausschließlich (oder fast ausschließlich) mit einer zeitdiskreten Beschreibung auskommt, verwendet man am besten die FTD und die DFT, da diese praxisbezogener auf Schaltungen (digitale Schaltungen und Computer) als die mehr abstrakten Berechnungen mit den Impulsfunktionen sind. Wir werden deshalb letztgenannte Berechnungen möglichst vermeiden.

6.5 Ein quantitativer Vergleich

Die vorangegangenen Betrachtungen sollen nun anhand von zwei Beispielen veranschaulicht werden. In dem ersten Beispiel (Bild 6.8) wählen wir für $x_c(t)$ eine streng zeitlich begrenzte Funktion, die die Form eines Dreiecks der Breite T hat. Im zweiten Beispiel (Bild 6.9) wählen wir für $X_c(\omega)$ eine streng bandbegrenzte Funktion mit der gleichen Form und der Breite V. Weiterhin vereinbaren wir, daß die Zeitfunktionen immer bei t gleich Null, den Wert A haben sollen.

Beispiel 1

Die Transformationen aus Tabelle 6.1 können direkt zur Ableitung folgender Gleichungen für die verschiedenen Frequenzfunktionen von Bild 6.8 verwendet werden, wobei für die zeitdiskreten Funktionen $x_d[n]$ und $x_p[n]$ ein Abtastintervall von $\tau = T/8$ angenommen wird:

$$X_c(\omega) = \frac{AT}{2}\left[\frac{\sin(\omega T/4)}{\omega T/4}\right]^2 \tag{6.1}$$

$$X_d(e^{j\theta}) = A + \frac{3A}{2}\cos(\theta) + A\cos(2\theta) + \frac{A}{2}\cos(3\theta) \tag{6.2}$$

$$X_p[k] = A + \frac{3A}{2}\cos\left(\frac{2\pi k}{8}\right) + A\cos\left(\frac{4\pi k}{8}\right) + \frac{A}{2}\cos\left(\frac{6\pi k}{8}\right) \tag{6.3}$$

$$\alpha_k = \begin{cases} A/2 & k = 0 \\ 2A/k^2\pi^2 & k = \pm 1, \pm 3, \pm 5, \dots \\ 0 & k = \pm 2, \pm 4, \pm 6, \dots \end{cases} \tag{6.4}$$

Diese Frequenzfunktionen sind in Bild 6.8 dargestellt und es sind je acht dazugehörige Werte in Tabelle 6.2 angegeben. Hieraus ist eine deutliche Verwandtschaft zwischen den unterschiedlichen Funktionen zu erkennen. Auffallend ist jedoch daß Differenzen bei den Werten auftreten, die direkt auf die unterschiedlichen Definitionen der Transformationen zurückzuführen sind (siehe beispielsweise bei der Frequenz 0). Ebenfalls bestehen Differenzen, die durch Aliasing verursacht wurden, da die Bedingung des Abtasttheorems nicht eingehalten worden ist.

Tabelle 6.2 Acht Zahlenwerte für die Frequenzfunktionen von Beispiel 1

k	ω	θ	$X_c(\omega)$	$X_d(e^{j\theta})$	$X_p[k]$	α_k
0	0	0	$0{,}5{\times}AT$	$0{,}5{\times}8A$	$0{,}5{\times}8A$	$0{,}5{\times}A$
1	$2\pi/T$	$\pi/4$	$0{,}2026{\times}AT$	$0{,}2134{\times}8A$	$0{,}2134{\times}8A$	$0{,}2026{\times}A$
2	$4\pi/T$	$\pi/2$	0	0	0	0
3	$6\pi/T$	$3\pi/4$	$0{,}0225{\times}AT$	$0{,}0366{\times}8A$	$0{,}0366{\times}8A$	$0{,}0225{\times}A$
4	$8\pi/T$	π	0	0	0	0
5	$10\pi/T$	$5\pi/4$	$0{,}0081{\times}AT$	$0{,}0366{\times}8A$	$0{,}0366{\times}8A$	$0{,}0081{\times}A$
6	$12\pi/T$	$3\pi/2$	0	0	0	0
7	$14\pi/T$	$7\pi/4$	$0{,}0041{\times}AT$	$0{,}2134{\times}8A$	$0{,}2134{\times}8A$	$0{,}0041{\times}A$
			$\downarrow$	$\downarrow$	$\downarrow$	$\downarrow$
			setzt sich nicht periodisch fort	wiederholt sich periodisch	wiederholt sich periodisch	setzt sich nicht periodisch fort

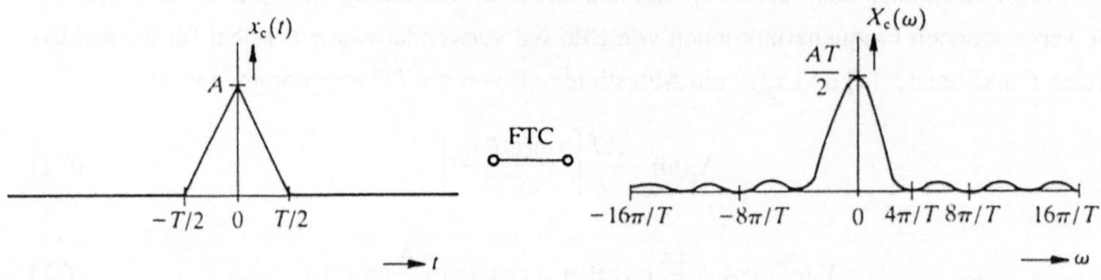

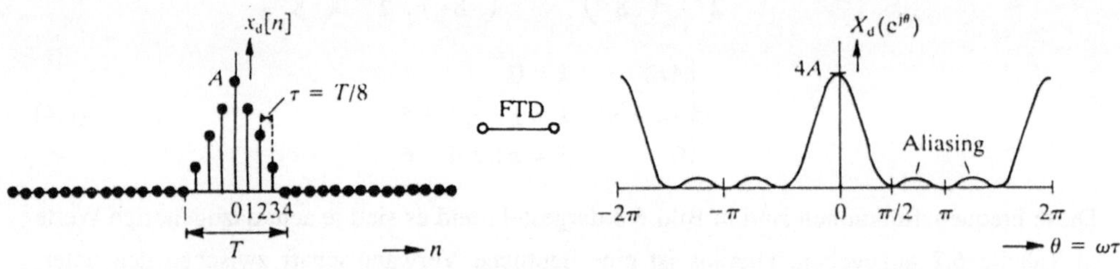

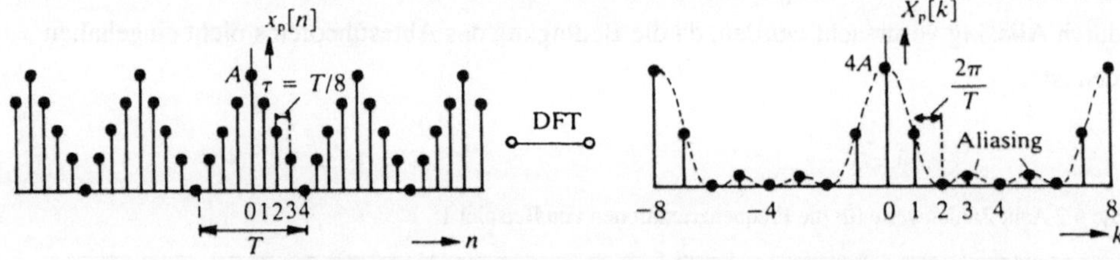

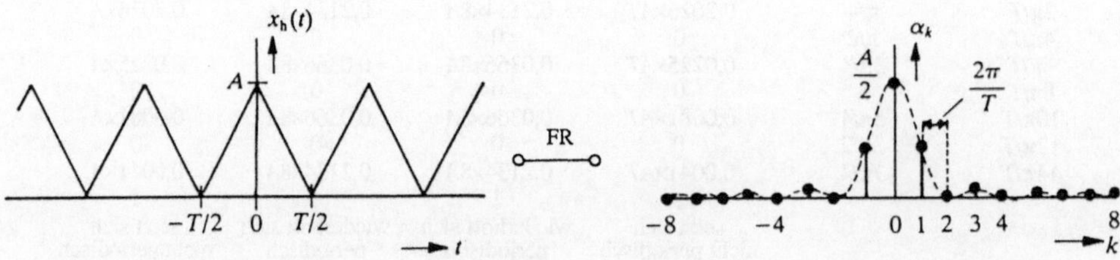

Bild 6.8 Zeit– und Frequenzfunktionen zu Beispiel 1.

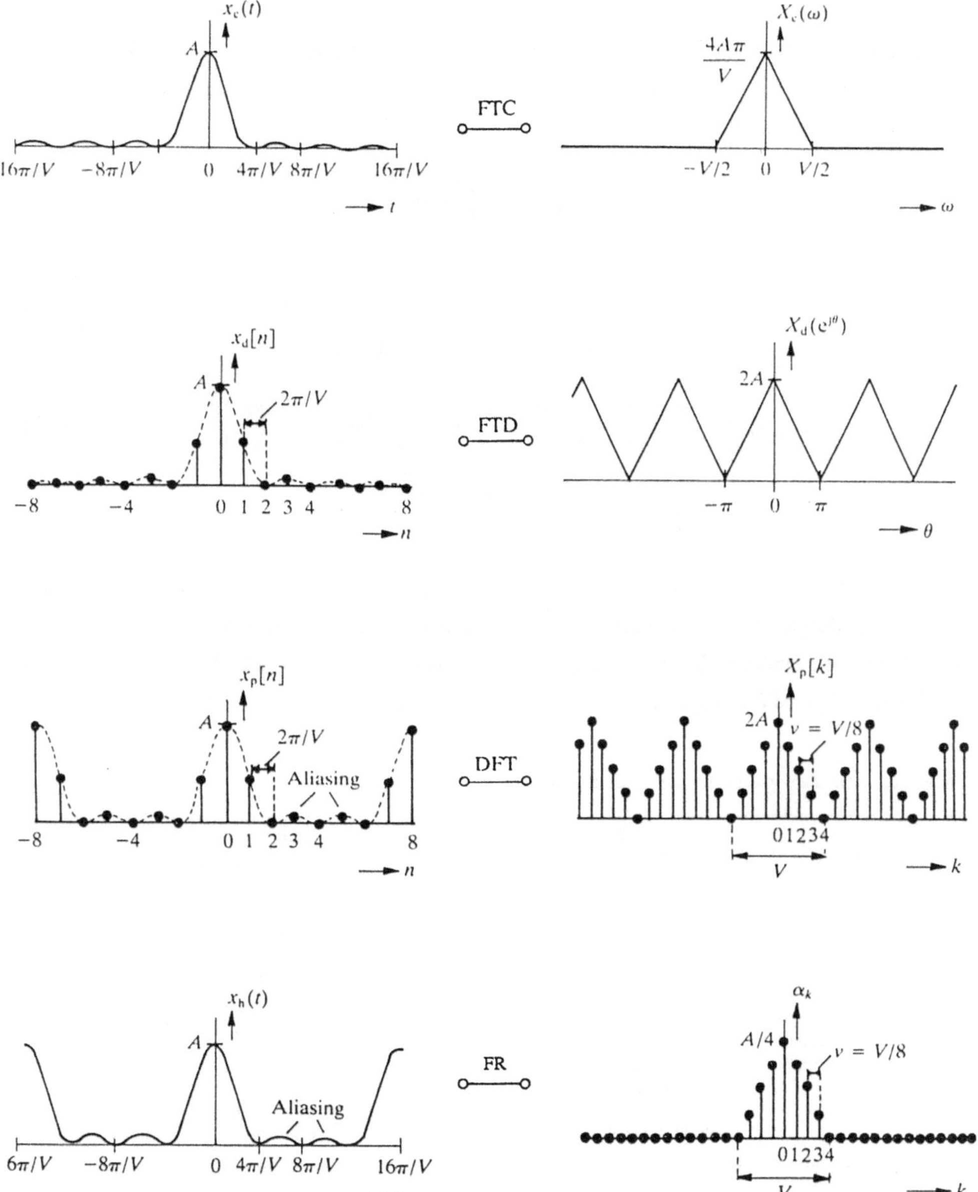

Bild 6.9 Zeit– und Frequenzfunktionen zu Beispiel 2.

Beispiel 2

Mit den inversen Transformationen aus Tabelle 6.1 kann man die Gleichungen für die unterschiedlichen Zeitfunktionen von Bild 6.9 ableiten. Man geht dabei von den ziemlich einfach beschriebenen Frequenzfunktionen aus. Für die diskreten Frequenzfunktionen $X_p[k]$ und α_k, nehmen wir ein Abtastintervall $v = V/8$ an. Es ergibt sich somit:

$$x_c(t) = A\left[\frac{\sin(Vt/4)}{Vt/4}\right]^2 \tag{6.5}$$

$$x_d[n] = \begin{cases} A & n = 0 \\ 4A/n^2\pi^2 & n = \pm 1, \pm 3, \pm 5, \dots \\ 0 & n = \pm 2, \pm 4, \pm 6, \dots \end{cases} \tag{6.6}$$

$$x_p[n] = \frac{A}{4} + \frac{3A}{8}\cos\left(\frac{2\pi n}{8}\right) + \frac{A}{4}\cos\left(\frac{4\pi n}{8}\right) + \frac{A}{8}\cos\left(\frac{6\pi n}{8}\right) \tag{6.7}$$

$$x_h[t] = \frac{A}{4} + \frac{3A}{8}\cos\left(\frac{Vt}{8}\right) + \frac{A}{4}\cos\left(\frac{2Vt}{8}\right) + \frac{A}{8}\cos\left(\frac{3Vt}{8}\right) \tag{6.8}$$

Von jeder dieser vier Zeitfunktionen sind acht entsprechende Werte in Tabelle 6.3 wiedergegeben. Ein Vergleich mit Beispiel 1 macht die große Symmetrie zwischen Zeit – und Frequenzbereichen deutlich. Man kann sogar von "Aliasing im Zeitbereich" bei den Funktionen $x_p[n]$ und $x_h(t)$ in Bild 6.9 sprechen.

Tabelle 6.3 Acht Zahlenwerte für die Zeitfunktionen von Beispiel 2

n	t	$x_c(t)$	$x_d[n]$	$x_p[n]$	$x_h(t)$
0	0	A	A	A	A
1	$2\pi/V$	0,4052×A	0,4052×A	0,4238×A	0,4238×A
2	$4\pi/V$	0	0	0	0
3	$6\pi/V$	0,0450×A	0,0450×A	0,0732×A	0,0732×A
4	$8\pi/V$	0	0	0	0
5	$10\pi/V$	0,0162×A	0,0162×A	0,0732×A	0,0732×A
6	$12\pi/V$	0	0	0	0
7	$14\pi/V$	0,0082×A	0,0082×A	0,4238×A	0,4238×A
		↓	↓	↓	↓
		setzt sich nichtperiodisch fort	setzt sich nichtperiodisch fort	wiederholt sich periodisch	wiederholt sich periodisch

6.6 Übungsaufgaben

6.1 Leiten Sie Gleichungen (6.1)–(6.4) für die Frequenzfunktionen $X_c(\omega)$, $X_d(e^{j\theta})$, $X_p[k]$ und α_k aus Bild 6.8 ab.

6.2 (a) Bestimmen Sie mit Hilfe der Definitionen der Laplace–Transformation und der z–Transformation die Funktionen $X_c(p)$ und $X_d(z)$, die zu den Zeitfunktionen $x_c(t)$ und $x_d[n]$ aus Bild 6.8 gehören.

   (b) Zeigen Sie, daß durch die Substitution $j\omega = p$ und $e^{j\theta} = z$ die Funktionen $X_c(\omega)$ und $X_d(e^{j\theta})$, die man in Aufgabe 6.1 erhalten hat, in die Funktionen $X_c(p)$ und $X_d(z)$ aus Aufgabe 6.2(a) übergehen.

6.3 Leiten Sie die Gleichungen (6.5)–(6.8) für die Zeitfunktionen $x_c(t)$, $x_d[n]$, $x_p[n]$ und $x_h(t)$ aus Bild 6.9 ab.

7

Filterstrukturen

7.1 Einführung

In den vorangegangenen Kapiteln haben wir regelmäßig von linearen zeitinvarianten diskreten Systemen gesprochen. Die Mehrzahl dieser LTD–Systeme bestehen aus LTD–Filtern. Hierbei wird unter dem Begriff Filter ganz allgemein eine Schaltung (oder ein Algorithmus) verstanden, die ein Eingangssignal in ein Ausgangssignal umsetzt, wobei das Spektrum des Ausgangssignals auf eine bestimmte, vorgeschriebene Weise mit dem Spektrum des Eingangssignals zusammenhängt (bestimmte Frequenzen werden beispielsweise unterdrückt oder gedämpft), ohne daß dabei Frequenzverschiebungen auftreten (wie es bei Modulation der Fall ist).

In diesem Kapitel werden wir uns mit verschiedenen, häufig anzutreffenden LTD–Filterstrukturen beschäftigen. Um die Filter zu klassifizieren, gibt es mehrere Möglichkeiten. Wir haben bereits gesehen, daß man unterscheidet zwischen:

(a) Filtern mit einer Impulsantwort endlicher Länge (engl.: "finite impulse response filters", oder kurz FIR–Filters), sowie

(b) Filtern mit einer Impulsantwort unendlicher Länge (engl.: "infinite impulse response filters", oder kurz IIR–Filters).

Diese Einteilung sagt allerdings wenig über die Struktur der Filter. Das ist vielmehr bei der folgenden Klassifikation der Fall:

(a) **nichtrekursive diskrete Filter (NRDF)**, d.h. Filter ohne Rückkopplung, und

(b) **rekursive diskrete Filter (RDF)**, d.h. Filter mit mindestens einer Rückkopplung.

Wir möchten an dieser Stelle bemerken, daß oft zu unrecht angenommen wird, daß FIR–Filter immer eine NRDF–Struktur haben und daß eine RDF–Struktur immer ein IIR–Filter ergibt. Obwohl dies häufig der Fall ist, besteht keine Notwendigkeit darin (Bild 7.1). Wir werden später solchen Beispielen begegnen.

Ein Begriff, auf den man in der Literatur über Filterstrukturen häufig stößt, ist der Begriff "kanonisch". Man bezeichnet ein diskretes Filter als kanonisch, wenn es die minimale Anzahl an Verzögerungselementen enthält, die zum Realisieren der Übertragungsfunktion notwendig sind.

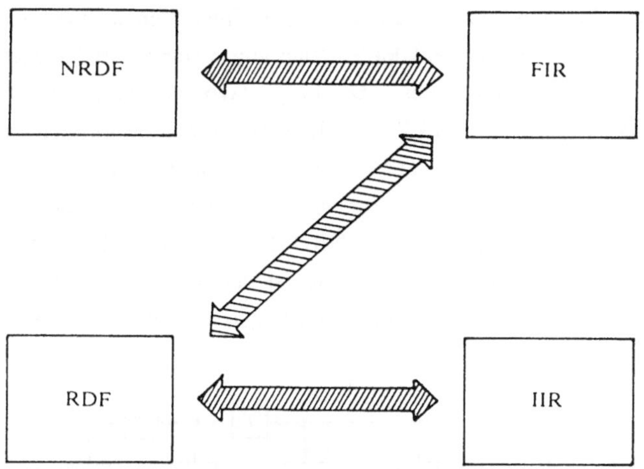

Bild 7.1 Häufig hat ein FIR–Filter eine NRDF–Struktur und eine RDF–Struktur ergibt ein IIR–Filter. In speziellen Fällen ist die Kombination RDF–Struktur und FIR–Filter möglich (wenn nämlich alle Pole mit Nullstellen zusammenfallen).

7.2 Nichtrekursive diskrete Filter

Nichtrekursive diskrete Filter (NRD–Filter oder NRDF's) sind dadurch gekennzeichnet, daß sie keine Rückkopplungen (und daher keine geschlossene Schleife) enthalten. Zwei Beispiele dazu sind in Bild 7.2 gegeben.

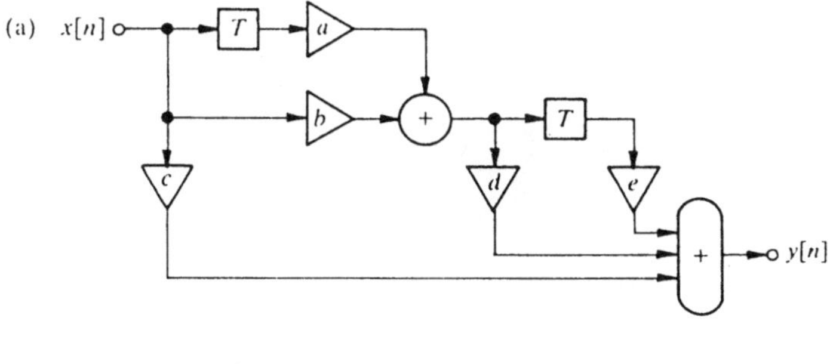

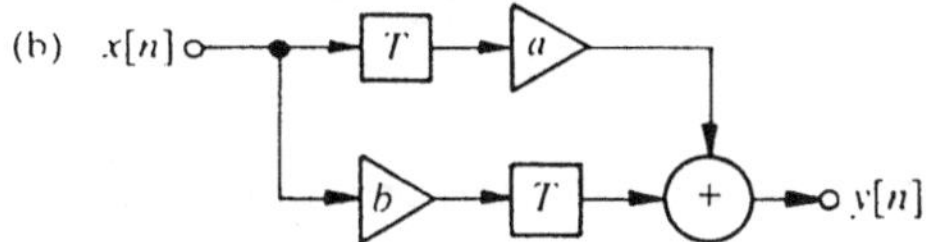

Bild 7.2 (a) Beliebiges Beispiel für ein NRDF. (b) Nicht kanonisches NRDF.

Es ist leicht einzusehen, daß die Impulsantwort eines solchen Filters niemals mehr von Null verschiedene Abtastwerte enthält, als die Anzahl der Verzögerungselemente, im längsten Pfad, der zwischen Eingang und Ausgang besteht, plus 1. Die Folge davon ist, daß ein NRD–Filter immer vom Typ FIR ist. Das Beispiel von Bild 7.2 (a) enthält zwei Verzögerungselemente, die Länge der Impulsantwort ist drei. Bild 7.2 (b) zeigt ein Beispiel eines nichtrekursiven Filters mit zwei Verzögerungselementen und einer Impulsantwort der Länge eins (dieses Filter ist deshalb nicht kanonisch). Eine häufig auftretende Form eines NRD–Filters zeigt Bild 7.3. Dieser Filtertyp wird *Transversalfilter* genannt. Das Transversalfilter ist dadurch charakterisiert, daß das einzige Signal, das durch die Verzögerungselemente gespeichert wird, das ursprüngliche Eingangssignal $x[n]$ ist.

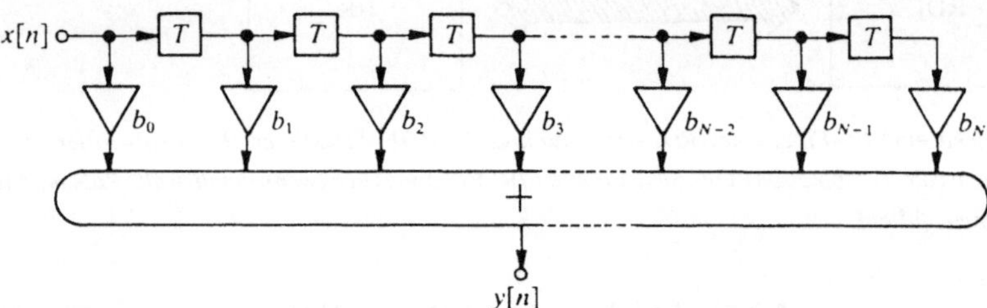

Bild 7.3 Transversalfilter

Die Systemfunktion $H(z)$ eines (kausalen) NRD–Filters kann immer in folgender Form geschrieben werden:

$$H(z) = \frac{Y(z)}{X(z)} = b_0 + b_1 z^{-1} + \ldots + b_N z^{-N} = \sum_{i=0}^{N} b_i z^{-i}$$

$$= \frac{\sum_{i=0}^{N} b_i z^{N-i}}{z^N}. \tag{7.1}$$

Die entsprechende Impulsantwort $h[n]$ lautet:

$$h[n] = b_0 \delta[n] + b_1 \delta[n-1] + \ldots + b_N \delta[n-N] = \sum_{i=0}^{N} b_i \delta[n-i]. \tag{7.2}$$

Aus (7.1) ist ersichtlich, daß $H(z)$ nur Nullstellen und N Pole im Ursprung ($z = 0$) besitzt. Weiterhin sieht man aus (7.2), daß die entsprechende Impulsantwort $h[n]$ eine maximale Länge von $(N + 1)$ hat, und deshalb in jedem Fall endlich ist. Allgemein gilt, daß für das Erzeugen einer Impulsantwort unendlicher Länge sich mindestens ein Pol außerhalb des Ursprungs befinden muß. (Zu beachten ist, daß beim Transversalfilter die Impulsantwort direkt aus den Filterkoeffizienten ablesbar ist!).

Es läßt sich jedoch eine gute Näherung für fast alle Systemfunktionen mit einem Filter, das nur Nullstellen besitzt, erreichen, indem man lediglich die Länge der Impulsantwort des Filters groß genug wählt. In der Praxis kann man mit NRD-Filtern arbeiten, die eine Impulsantwort mit Hunderten oder Tausenden von Abtastwerten (und somit auch Hunderte oder Tausende Nullstellen!) enthalten.

Eine andere Eigenschaft eines NRD-Filters ist, daß es immer stabil ist. Man kann das auf zwei verschiedenen Wegen einsehen:

1. Stabilität setzt voraus, daß sich kein Pol außerhalb des Einheitskreises befindet (siehe Kapitel 4 "Zeitdiskrete Signale und Systeme", Abschnitt 4.5.7, Punkt 1); diese Bedingung ist automatisch erfüllt, da es überhaupt keine Pole außerhalb des Ursprungs gibt.
2. Stabilität setzt voraus, daß die Summe der Beträge der Abtastwerte der Impulsantwort endlich ist; siehe hierzu Gleichung (4.47). Da wir eine endliche Anzahl von Abtastwerten haben, von denen jeder einen endlichen Wert hat, ist diese Bedingung ebenfalls automatisch erfüllt.

Noch eine andere Eigenschaft von NRD-Filtern (die übrigens allgemein für FIR-Filter gilt, auch wenn diese vom Typ rekursiv sind) ist die, daß man Filter mit einer exakt linearen Phasencharakteristik herstellen kann. Man sagt, daß ein diskretes Filter eine lineare Phasencharakteristik $\phi(e^{j\theta})$ hat, wenn für die Ableitung der Phasencharakteristik, multipliziert mit -1, (die *Gruppenlaufzeit* τ_g) gilt:

$$\tau_g(e^{j\theta}) = -\frac{d\phi(e^{j\theta})}{d\theta} = \text{constant} \tag{7.3}$$

Eine konstante Gruppenlaufzeit bedeutet, daß Signalkomponenten bei verschiedenen Frequenzen die gleiche Verzögerung im Filter erfahren, wodurch bestimmte Eigenschaften der Signalform des Eingangssignals als Fuktion der Zeit (beispielsweise symmetrische Übergänge von einem Signalniveau zum einem anderen) erhalten bleiben. Das ist vor allem in solchen Gebieten wichtig, wo dahingehend spezielle Forderungen (wie beim Fernsehen und der Datenübertragung) bestehen.

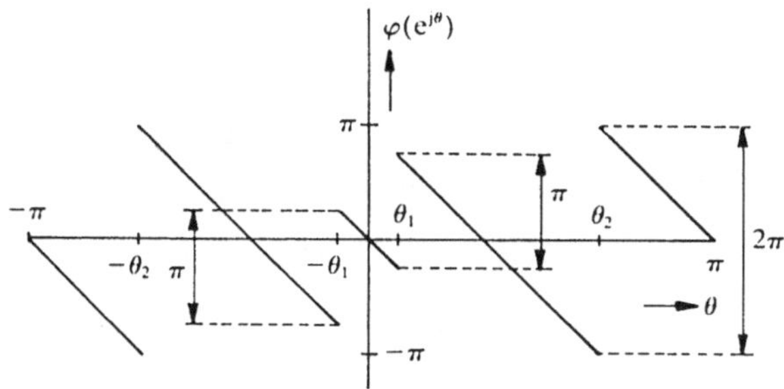

Bild 7.4 Beispiel für eine lineare Phasencharakteristik

Eine konstante Gruppenlaufzeit $\tau_g(e^{j\theta})$ bedeutet, daß die Phasencharakteristik $\phi(e^{j\theta})$ eine konstante Steigung hat, aber Sprünge von π auftreten können. Ein solcher Sprung tritt nur dann auf, wenn die Systemfunktion des Filters eine Nullstelle auf dem Einheitskreis in der z–Ebene (siehe Abschnitt 4.5.7, Punkt 2) hat. Bei Frequenzen, bei denen der Phasensprung auftritt, ist der Betrag der Übertragungsfunktion Null und die Tatsache, daß $\tau_g(e^{j\theta})$ für diese Frequenz nicht definiert ist, spielt keine Rolle. Ein Beispiel für eine lineare Phasencharakteristik zeigt Bild 7.4. Man sieht hier Sprünge von π bei $\theta = \pm\theta_1$, die durch Nullstellen der Systemfunktion bei $z = e^{\pm j\theta_1}$ verursacht werden. Die scheinbaren Sprünge von 2π bei $\theta = \pm\theta_2$ sind keine echten Diskontinuitäten. Sie sind dadurch entstanden, daß wir den Wertebereich der Phase ϕ (genau wie bei kontinuierlichen Systemen!) immer auf das Intervall $-\pi \leq \phi \leq \pi$ beschränkt haben.

Diskrete Filter mit linearer Phasencharakteristik sind durch Impulsantworten mit sehr spezifischen Eigenschaften gekennzeichnet. Diese Eigenschaften hängen davon ab, ob Phasensprünge bei $\theta = 0$ und bei $\theta = \pm\pi$ auftreten oder nicht. Man kann dabei vier Fälle unterscheiden, die in Tabelle 7.1 wiedergegeben sind.

Tabelle 7.1 Die vier unterschiedlichen FIR–Filtertypen mit linearer Phase

Phasensprünge von π bei		Impulsantwort $h[n]$ endlicher Länge L
$\theta = 0$	$\theta = \pm\pi$	
nein	nein	$h[n]$ ist symmetrisch; L ist ungerade
nein	ja	$h[n]$ ist symmetrisch; L ist gerade
ja	ja	$h[n]$ ist antimetrisch; L ist ungerade
ja	nein	$h[n]$ ist antimetrisch; L ist gerade

Bild 7.5 zeigt Beispiele von Impulsantworten, die zu diesen vier Klassen von linearphasigen Filtern gehören. Wir kommen in Abschnitt 8.2.4 noch einmal hierauf zurück.

7.3 Rekursive diskrete Filter

Rekursive diskrete Filter (RD–Filter oder RDF's) sind dadurch gekennzeichnet, daß sie mindestens eine Rückkopplung enthalten. Ein Beispiel ist in Bild 7.6 gegeben.

Dieses Filter kann mit Hilfe von Differenzengleichungen beschrieben werden:

$$v[n] = x[n] + a\,y[n]$$

$$y[n] = v[n-1] = x[n-1] + a\,y[n-1] \tag{7.4}$$

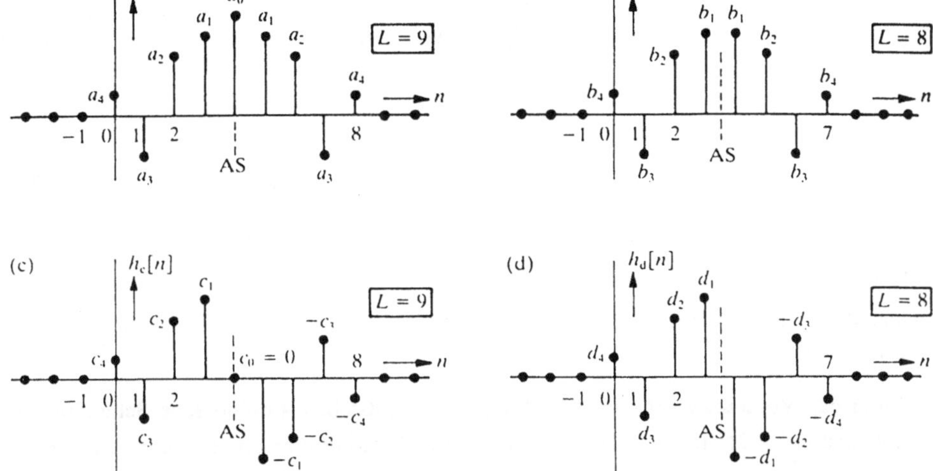

Bild 7.5 Charakteristische Impulsantworten der vier möglichen FIR–Filtertypen mit linearer Phase und einer Impulsantwort der Länge L. (AS = Symmetrieachse) (a) Symmetrische Impulsantwort, L ist ungerade; (b) Symmetrische Impulsantwort, L ist gerade; (c) Antimetrische Impulsantwort, L ist ungerade; (d) Antimetrische Impulsantwort, L ist gerade.

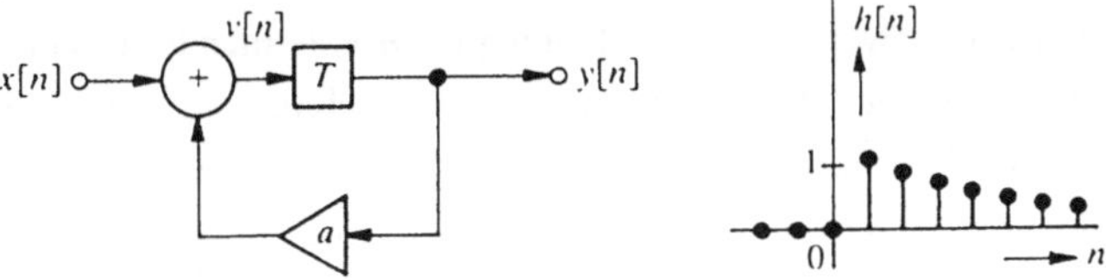

Bild 7.6 Ein einfaches rekursives diskretes Filter (RDF).

und hat die Impulsantwort:

$$h[n] = a^{n-1}u[n-1]. \tag{7.5}$$

Die entsprechende Systemfunktion $H(z)$ lautet:

$$H(z) = \frac{z^{-1}}{1 - az^{-1}}. \tag{7.6}$$

Ein zweites Beispiel von einem RD–Filter zeigt Bild 7.7. Dieses Filter wird beschrieben durch:

$$v[n] = x[n] - a^4x[n-4] + ay[n] \tag{7.7}$$

$$y[n] = v[n-1] = x[n-1] - a^4x[n-5] + ay[n-1]$$

und die entsprechende Impulsantwort $h[n]$ (Beweisen Sie!) ist:

$$h[n] = \begin{cases} 0 & \text{für } n \leq 0 \\ a^{n-1} & \text{für } 1 \leq n \leq 4 \\ 0 & \text{für } n \geq 5 \end{cases} \qquad (7.8a)$$

oder

$$h[n] = \delta[n-1] + a\,\delta[n-2] + a^2\delta[n-3] + a^3\delta[n-4]. \qquad (7.8b)$$

Das ist hier der ziemlich ungewöhnliche Fall eines Filters mit *rekursiver* Struktur und einer Impulsantwort *endlicher Länge*!

Anhand dieser beiden Beispiele lassen sich eine Anzahl interessanter Feststellungen über RD–Filter treffen.

1. Durch das Vorhandensein von Rückkopplungen entstehen geschlossene Schleifen. Jede geschlossene Schleife muß mindestens ein Verzögerungselement enthalten. Andernfalls würden Addierer oder Multiplizierer Operationen an solchen Signalen ausführen, die noch nicht zur Verfügung stehen.

2. Es können Instabilitäten für bestimmte Werte in den geschlossenen Schleifen auftreten; z.B. für $|a| \geq 1$ in Bild 7.6.

3. Die Impulsantwort von Bild 7.6 ist von unendlicher Länge, die von Bild 7.7 hingegen von endlicher Länge. Das letzte Ergebnis entsteht, weil sich die Beiträge aus der geschlossenen Schleife und aus dem nichtkursiven Teil der Schaltung für $n = 4$ einander genau aufheben (das erfordert übrigens, daß die Multiplikationen mit a und mit $-a^4$ mit unendlicher Genauigkeit ausgeführt werden müssen; bei einem realen digitalen System, bei dem man nur mit diskreten Werten zu tun hat, erfordert dies ganz spezielle Beachtung!).

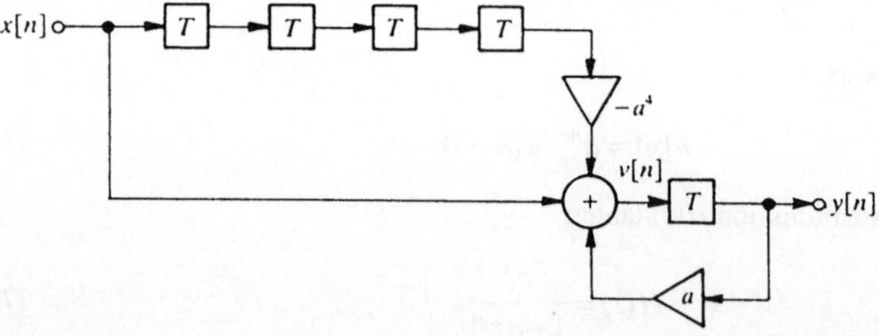

Bild 7.7 Ein rekursives diskretes Filter (RDF) mit einer Impulsantwort endlicher Länge!.

4. Bisher haben wir immer stillschweigend angenommen, daß die Verzögerungselemente (Speicher) die in den LTD–Systemen vorkommen, im Einschaltmoment "leer" sind (d.h. sie haben den Inhalt 0), so daß das Ausgangssignal nur durch das am System anliegende Eingangssignal bestimmt wird. Ist diese Bedingung nicht erfüllt, so wird das Ausgangssignal $y[n]$ teilweise von dem Anfangszustand der Speicher mitbestimmt. Speziell in einem System, das Rückkopplungen enthält, ist das äußerst wichtig, da der Anfangszustand das Ausgangssignal im Prinzip für eine unendlich lange Zeit beeinflussen kann. (In dem System von Bild 7.7 bedeutet das, daß für $|a| > 1$ sich auch ein System, das ursprünglich stabil war, in ein instabiles System umwandelt.) Im Folgenden werden wir stets davon ausgehen, daß der Anfangszustand der Speicher beim Einschalten des Systems gleich Null ist.

7.3.1 Die Direktform I

Allgemein läßt sich die Beziehung zwischen Eingangssignal und Ausgangssignal eines RD–Filters mit Hilfe der Differenzengleichung (4.40) beschreiben:

$$y[n] = \sum_{i=0}^{N} b_i x[n-i] + \sum_{i=1}^{M} a_i y[n-i]. \tag{7.9}$$

Die Differenzengleichung läßt sich direkt in eine Struktur übertragen, die in der Literatur als die *Direktform I* bezeichnet wird (Bild 7.8). Man sieht, daß die Struktur $N + M$ Verzögerungselemente enthält und $N+M+1$ Multiplizierer. Außerdem müssen für jedes Ausgangsabtastsignal $N+M+1$ Signale im Addierer zusammengezählt werden. Die Systemfunktion $H(z)$ dieses Filters ist:

$$H(z) = \frac{Y(z)}{X(z)} = \frac{\sum_{i=0}^{N} b_i z^{-i}}{1 - \sum_{i=1}^{M} a_i z^{-i}}. \tag{7.10}$$

$H(z)$ hat im allgemeinen Nullstellen und Pole (siehe Abschnitt 4.5.7). Die Nullstellen werden mit den Koeffizienten b_0 bis b_N in dem nichtrekursiven Teil der Filterstruktur realisiert und die Pole in dem rein rekursiven Teil mit den Koeffizienten a_1 bis a_M.

Die Direktform I in Bild 7.8 ist nicht kanonisch, weil man dasselbe Filter auch mit weniger Verzögerungselementen realisieren kann. Einer kanonischen Struktur werden wir im folgenden Abschnitt begegnen.

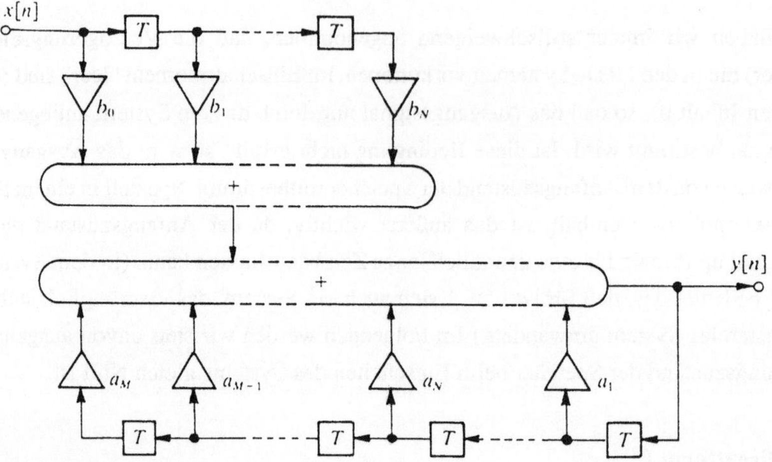

Bild 7.8 Die Struktur der Direktform I

7.3.2 Die Direktform II

Die Struktur von 7.8 kann man als Kaskadenschaltung eines nichtrekursiven Teils und eines rekursiven Teils auffassen. Da beide Teile ein lineares zeitinvariantes Netzwerk darstellen, können wir sie untereinander vertauschen, ohne die Übertragungsfunktion zu verändern. Man erhält dann die Struktur von Bild 7.9. Die zwei Ketten von Verzögerungselementen enthalten aber genau die gleichen Signale $v[n], v[n-1], \ldots, v[n-N]$ und können deshalb kombiniert werden. Wir erhalten somit die Struktur von Bild 7.10, die als *Direktform II* bezeichnet wird (in diesem Beispiel wurde $M > N$ angenommen). Wir haben nun gänzlich nur noch M Verzögerungselemente und somit ist diese Struktur kanonisch.

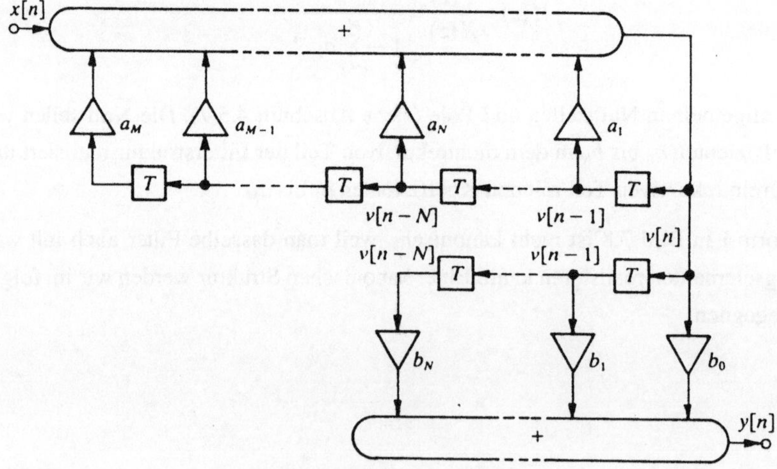

Bild 7.9 Vertauschen des rekursiven und nichtrekursiven Teils der Schaltung von Bild 7.8

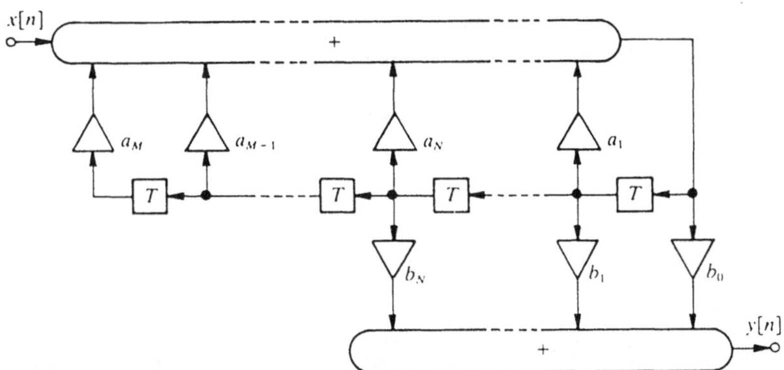

Bild 7.10 Die Struktur der Direktform II.

Sowohl bei der Direktform I als auch bei der Direktform II kann man sich die Struktur in zwei Teile aufgespalten vorstellen, wobei der eine Teil alle Pole und der andere Teil alle Nullstellen realisiert. Das verursacht zugleich eine der ungünstigsten Eigenschaften dieser beiden Strukturen: eine kleine Abweichung von beispielsweise einem der Koeffizienten b_i beeinflußt die Lage aller N Nullstellen und ebenso beeinflußt eine geringe Abweichung der a_i die Lage aller M Pole. Hierdurch kann sich die ganze Übertragungsfunktion merkbar verändern. Deshalb sagt man auch, daß derartige Filter eine große *Parameterempfindlichkeit* haben.

Dieser Effekt kann dadurch verhindert werden, indem man die Systemfunktion $H(z)$ in mehrere kleinere Teile $H_1(z)$, $H_2(z)$, . . . , $H_K(z)$ aufspaltet, wobei jeder Teil nur eine begrenzte Anzahl von Polen und Nullstellen von $H(z)$ darstellt. Die kleineren Teile können dann entweder als eine Kaskadenstruktur oder eine Parallelstruktur realisiert werden.

7.3.3 Die Kaskadenstruktur

Für die Realisierung als Kaskadenstruktur wird eine gewünschte Systemfunktion $H(z)$ beschrieben (siehe Bild 7.11) zu:

$$H(z) = H_1(z)H_2(z) \ldots H_i(z) \ldots H_K(z). \tag{7.11}$$

Bild 7.11 Die Kaskadenstruktur.

Wir rufen uns an dieser Stelle ins Gedächtnis zurück, daß komplexe Pole und Nullstellen bei einem System mit einer reellen Impulsantwort $h[n]$, immer als konjugiert komplexe Paare auftreten. Das muß auch für jede der Teilfunktionen $H_1(z)$ bis $H_K(z)$ gelten. Meistens wählt man für solch eine Teilfunktion $H_i(z)$ eine der zwei folgenden Formen:

$$H_i(z) = \frac{1 + c_i z^{-1}}{1 + d_i z^{-1}} \tag{7.12}$$

oder

$$H_i(z) = \frac{1 + c_i z^{-1} + d_i z^{-2}}{1 + e_i z^{-1} + f_i z^{-2}}. \tag{7.13}$$

Die Systemfunktion $H_i(z)$ von Gleichung (7.12) besitzt eine reelle Nullstelle und einen reellen Pol (ein Teilfilter erster Ordnung)[1]; während $H_i(z)$ von Gleichung (7.13) zwei Nullstellen und zwei Pole, die komplex sein können (ein Teilfilter zweiter Ordnung)[1], hat. Ein Beispiel einer Kaskaden–Realisierung von einem Teilfilter dritter Ordnung, gegeben mit:

$$H(z) = \frac{23 + 40z^{-1} + 36z^{-2} + 19z^{-3}}{10 + 9z^{-1} + 8z^{-2} + 3z^{-3}} = \frac{(1 + z^{-1})(23 + 17z^{-1} + 19z^{-2})}{(2 + z^{-1})(5 + 2z^{-1} + 3z^{-2})}$$

$$= \frac{0{,}5 + 0{,}5z^{-1}}{1 + 0{,}5z^{-1}} \times \frac{4{,}6 + 3{,}4z^{-1} + 3{,}8z^{-2}}{1 + 0{,}4z^{-1} + 0{,}6z^{-2}} \tag{7.14}$$

zeigt Bild 7.12.

Durch das Aufspalten von $H(z)$ in Teilfunktionen erhält man eine Anzahl von Freiheitsgraden. Man kann auswählen, welche Pole und welche Nullstellen man in den einzelnen Teilfunktionen kombinieren möchte und auch die Reihenfolge der Teilfunktionen ist noch frei wählbar. Solange man noch nicht auf Quantisierungseffekte achten muß, hat die Reihenfolge keinen Einfluß auf die resultierende Systemfunktion. Sobald aber Quantisierungseffekte zu berücksichtigen sind, erhält die Art der Aufspaltung in Teilfunktionen große Bedeutung und erfordert im allgemeinen eine sehr überlegte Erwägung.

Der Vollständigkeit halber sei noch erwähnt, daß die Pole und Nullstellen der Teilfunktionen, zusammen genau die Pole und Nullstellen von $H(z)$ ergeben. Das ist bei der Struktur, die wir im folgenden Abschnitt behandeln, nicht mehr der Fall.

---

[1] Für den Begriff "Ordnung" siehe Gleichung (4.112)

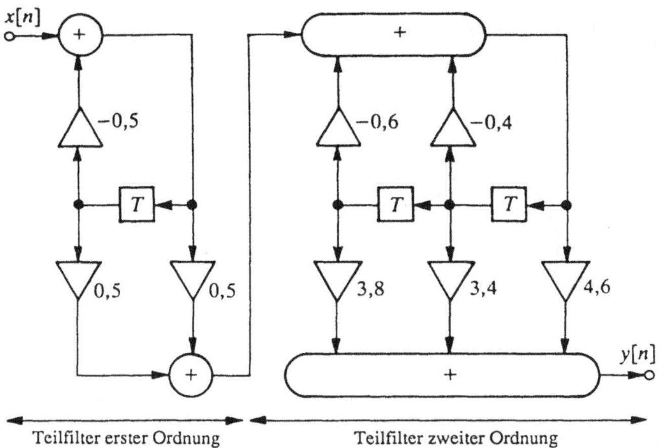

Bild 7.12 Eine Kaskaden-Realisation der Systemfunktion von Gleichung (7.14).

7.3.4 Die Parallelstruktur

Man kann sich $H(z)$ auch als Summe von K Teilfunktionen vorstellen:

$$H(z) = H_0 + H_1(z) + \ldots + H_i(z) + \ldots + H_K(z) \tag{7.15}$$

wobei H_0 eine Konstante ist und jede der Teilfunktionen $H_1(z)$, $H_2(z)$, $\ldots$ ein Teilfilter erster oder zweiter Ordnung darstellt, wie in dem vorangegangenen Abschnitt beschrieben. Man erhält dann eine Parallelstruktur (siehe Bild 7.13).

Die Pole der Teilfunktionen ergeben zusammen genau die Pole von $H(z)$. Das gilt aber *nicht* für die Nullstellen. Das wird ersichtlich, wenn man $H(z)$ von Gleichung (7.14) jetzt als Parallelstruktur realisiert:

$$H(z) = \frac{23 + 40z^{-1} + 36z^{-2} + 19z^{-3}}{(2 + z^{-1})(5 + 2z^{-1} + 3z^{-2})} = \frac{19}{3} - \frac{5}{(2 + z^{-1})} - \frac{23 - z^{-1}}{3(5 + 2z^{-1} + 3z^{-2})}$$

$$= H_0 + H_1(z) + H_2(z) \tag{7.16a}$$

mit

$$H_0 = \frac{19}{3}, \quad H_1(z) = \frac{-2,5}{1 + 0,5z^{-1}} \quad \text{und} \quad H_2(z) = \frac{-23/15 + z^{-1}/15}{1 + 0,4z^{-1} + 0,6z^{-2}}. \tag{7.16b}$$

Die Pole von $H(z)$ liegen bei $z = -1/2$ und bei $z = (-2 \pm j\sqrt{56})/10$; $H_1(z)$ hat einen Pol bei $z = -1/2$ und $H_2(z)$ hat zwei Pole bei $z = (-2 \pm j\sqrt{56})/10$. Die Nullstellen von $H(z)$ liegen bei $z = -1$ und $z = (-17 \pm j\sqrt{1459})/46$; lediglich $H_2(z)$ hat eine Nullstelle bei $z = 1/23$. Die Systemfunktion kann mit der Struktur nach Bild 7.14 realisiert werden.

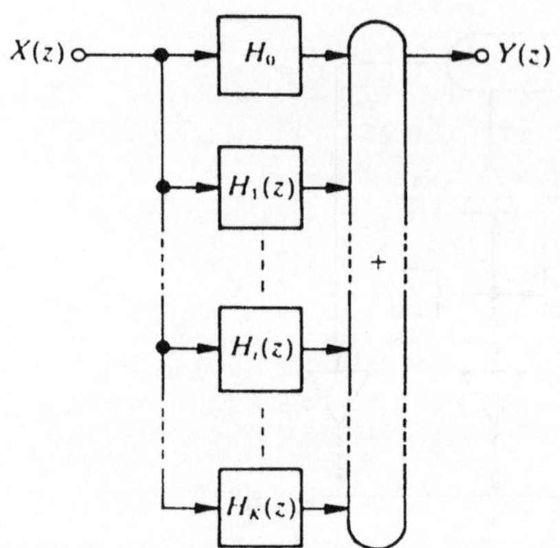

Bild 7.13 Die Parallelstruktur

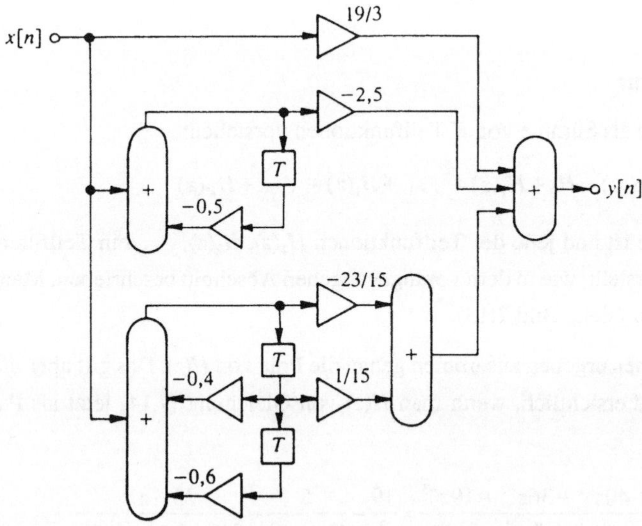

Bild 7.14 Die Parallelstruktur mit der Systemfunktion von Gleichung (7.16).

7.4 Einige spezielle Filterstrukturen

7.4.1 Kammfilter

Einen interessanten Filtertyp, der unter dem Namen Kammfilter bekannt ist, erhält man
aus einem beliebigen diskreten Filter mit der Systemfunktion $H(z)$, indem man *jedes*
Verzögerungselement durch eine Kaskadenschaltung von N Verzögerungselementen ersetzt.

Man erhält so ein neues Filter mit der Systemfunktion $G(z) = H(z^N)$. Das bedeutet, daß die Übertragungsfunktion im Basisintervall ($-\pi \le 0 < \pi$) N–fach periodisch wiederholt wird. Das ist in Bild 7.15 für $N = 3$ und $N = 4$ dargestellt.

Ein einfaches Beispiel für ein nichtrekursives Kammfilter erhält man, indem man von $H(z) = 1 - z^{-1}$ ausgeht. Es ergibt sich ein Kammfilter, das aus N Verzögerungselementen, einem Multiplizierer und einem Addierer besteht (Bild 7.16(a)). Die Systemfunktion des Filters ist:

$$G(z) = Y(z)/X(z) = 1 - z^{-N}. \tag{7.17}$$

Es ist leicht einzusehen, daß dieses Filter N Nullstellen hat, die in gleichen Abständen auf dem Einheitskreis liegen, wobei $z = 1$ in jedem Fall eine Nullstelle darstellt.

Bild 7.16(b) zeigt das PN–Schema für $N = 20$ und Bild 7.16(c) und (d) die entsprechende Amplituden– und Phasencharakteristik. Man sieht, daß die Übertragungsfunktion für Frequenzen $\theta_k = 2\pi k/N$ immer Null ist.

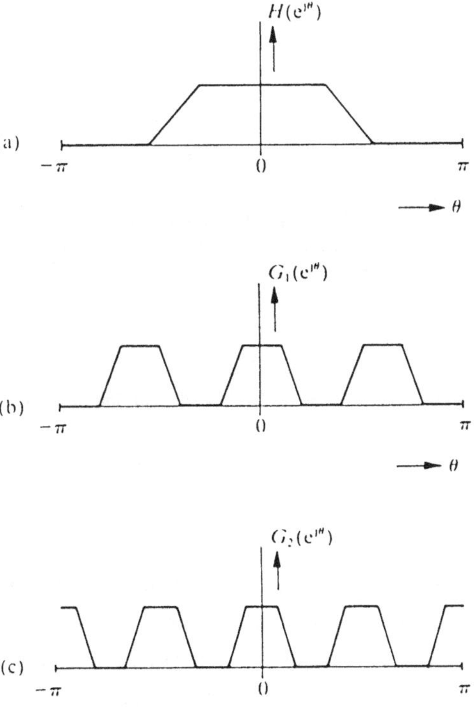

Bild 7.15 Übertragungsfunktion eines Kammfilters; jedes Verzögerungselement des Filters der Übertragungsfunktion $H(e^{i\theta})$ wurde durch drei bzw. vier Verzögerungselemente ersetzt.

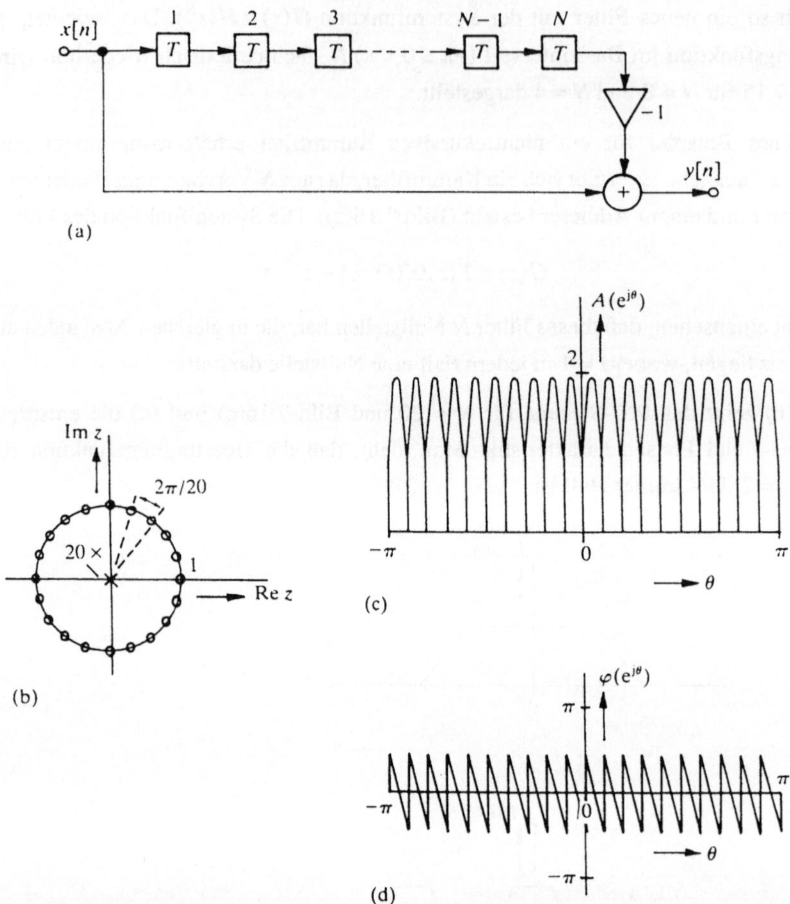

Bild 7.16 (a) Einfaches Kammfilter N–ter Ordnung. (b) PN–Schema für N = 20. (c) Amplitudencharakteristik
A($e^{j\theta}$). (d) Phasencharakteristik ϕ($e^{j\theta}$).

7.4.2 Das Frequenz–Abtastfilter

Schließt sich dem Kammfilter von Bild 7.16 ein rekursives Netzwerk an, bei dem die Pole mit
genau ebenso vielen Nullstellen des Kammfilters zusammenfallen, erhält man ein *Frequenz–Abtastfilter*. Gewöhnlich besteht der rekursive Teil aus der Parallelschaltung von Teilfiltern zweiter Ordnung (und eventuell einem Teilfilter erster Ordnung, um einen Pol bei $z = 1$
oder bei $z = -1$ zu realisieren).

Diese Struktur erlaubt uns auf einfache Weise die Werte der Übertragungsfunktion bei genau N Frequenzen zu wählen. Diese N Frequenzen sind gleichmäßig auf das Intervall $-\pi \leq \theta < \pi$ verteilt, d.h., sie liegen bei:

$$\theta = 0, \quad \pm\frac{2\pi}{N}, \quad \pm\frac{4\pi}{N}, \ldots, \quad \pm\left(\frac{N-2}{2}\right)\frac{2\pi}{N}, \quad \pi \qquad \text{für gerade } N$$

und bei:

$$\theta = 0, \quad \pm\frac{2\pi}{N}, \quad \pm\frac{4\pi}{N}, \ldots, \quad \pm\left(\frac{N-3}{2}\right)\frac{2\pi}{N}, \quad \pm\left(\frac{N-1}{2}\right)\frac{2\pi}{N} \quad \text{für ungerade } N.$$

Für ein realisierbares Filter (d.h. mit einer reellen Impulsantwort) gilt natürlich (siehe 4.34a):

$$H(e^{j2\pi i/N}) = H^*(e^{-j2\pi i/N}). \tag{7.18}$$

Zur Vereinfachung bezeichnen wir die gewählten Werte der Übertragungsfunktion :

$$H(e^{j2\pi i/N}) = H_i \tag{7.19}$$

und

$$H(e^{-j2\pi i/N}) = H_{-i} = H_i^* \tag{7.20}$$

Bild 7.17 zeigt ein allgemeines Blockschema für N = ungerade, wobei ein oder mehrere H_i Null sein können (in diesem Bild ist $K = (N-1)/2$). Bild 7.18(a) zeigt ein Beispiel für $N = 5$ mit

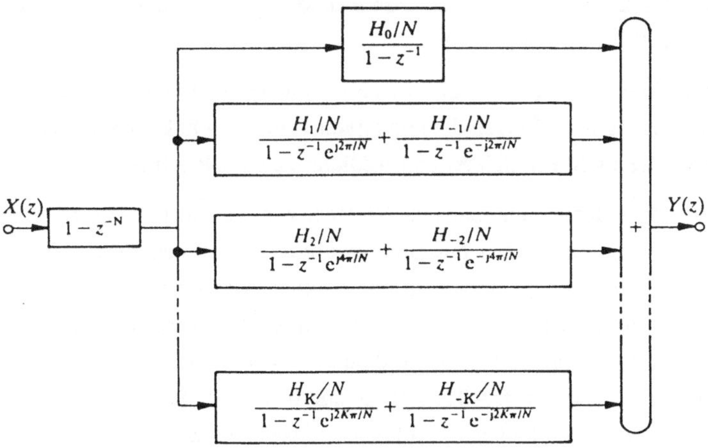

Bild 7.17 Das Frequenz–Abtastfilter

$H_{-2} = H_0 = H_2 = 0$ und $H_{-1} = H_1 = 3$. Die gesamte Systemfunktion hiervon ist:

$$H(z) = (1 - z^{-5})\left[\frac{3/5}{1 - z^{-1}e^{j2\pi/5}} + \frac{3/5}{1 - z^{-1}e^{-j2\pi/5}}\right] \tag{7.21a}$$

$$= \frac{(1 - z^{-5})[6 - 6z^{-1}\cos(2\pi/5)]}{5(1 - z^{-1}e^{j2\pi/5})(1 - z^{-1}e^{-j2\pi/5})} \tag{7.21b}$$

$$= \frac{(z^5 - 1)(6z - 1{,}854)}{5(z - e^{j2\pi/5})(z - e^{-j2\pi/5})z^4} \tag{7.21c}$$

Das System hat also sechs Nullstellen z_i und sechs Pole p_i:

$$z_1 = 1, \quad z_{2,3} = e^{\pm j2\pi/5}, \quad z_{4,5} = e^{\pm j4\pi/5} \quad \text{und} \quad z_6 = 0{,}309 \cdot \tag{7.22}$$
$$p_{1,2} = e^{\pm j2\pi/5} \quad \text{und} \quad p_3 = p_4 = p_5 = p_6 = 0$$

Das entsprechende PN–Schema zeigt Bild 7.18(b), Amplituden– und Phasencharakteristik sind in den Bildern 7.18(c) und 7.18(d) dargestellt. Da genau zwei Pole mit zwei Nullstellen zusammenfallen, bleiben effektiv vier Pole – in diesem Fall alle bei $z = 0$ – übrig; es handelt sich deshalb um ein System vierter Ordnung. Die gesamte Übertragungsfunktion ist noch immer Null für solche Frequenzen, die zu den Nullstellen auf dem Einheitskreis gehören, die nicht durch Pole kompensiert wurden; folglich für $\theta = 0$ und $\theta = \pm 4\pi/5$. Bei den Frequenzen, bei denen Kompensation stattfindet (d.h. bei $\theta = \pm 2\pi/5$), ist die Übertragungsfunktion genau gleich $H_1 = H_{-1} = 3$. (Indem man H_1 einen komplexen Wert, nämlich $H_1 = a_1 + jb_1$ und $H_{-1} = a_1 - jb_1$ zuordnet, kann man durch eine richtige Wahl von a_1 und b_1 jede gewünschte Amplitude und Phase bei der Frequenz $\theta = \pm 2\pi/5$ erhalten.)

Das Frequenz–Abtastfilter kann eine attraktive Lösung für den Entwurf eines Schmalbandfilters sein; während N groß ist, kann die Anzahl der rekursiven Teilfilter sehr klein sein. Das bedeutet, daß das Filter nur sehr wenig Multiplizierer und Addierer zu enthalten braucht.

Bei den praktischen Anwendungen hat man eine Vielzahl von Gesichtspunkten zu beachten. In der Theorie sind wir davon ausgegangen, daß eine bestimmte Anzahl von Polen und Nullstellen auf dem Einheitskreis in der z-Ebene genau zusammenfallen. Das setzt voraus, daß wir in der Lage sein müssen, die Filterkoeffizienten mit 100% Genauigkeit zu berechnen. Das ist aber bis auf einige naheliegende Ausnahmen (wie bei -1, 0 und $+1$) niemals der Fall [58]. Das bedeutet, daß man die Nullstellen des Kammfilter–Teils genau auf die richtige Stelle platzieren kann, die entsprechenden Pole jedoch nicht. Im besten Fall liegen diese in unmittelbarer "Nachbarschaft". Diese Situation kann zu einem örtlich sehr ungleichmäßigen Verlauf der Übertragungsfunktion oder sogar zu einem instabilen System führen, wenn einer der Pole gerade *außerhalb* des Einheitskreises liegt. In der Praxis werden deshalb beide, sowohl Nullstellen als auch Pole absichtlich *innerhalb* des Einheitskreises platziert. Für das Kammfilter wählt man dann die Systemfunktion nicht nach Gleichung (7.17) sondern nach:

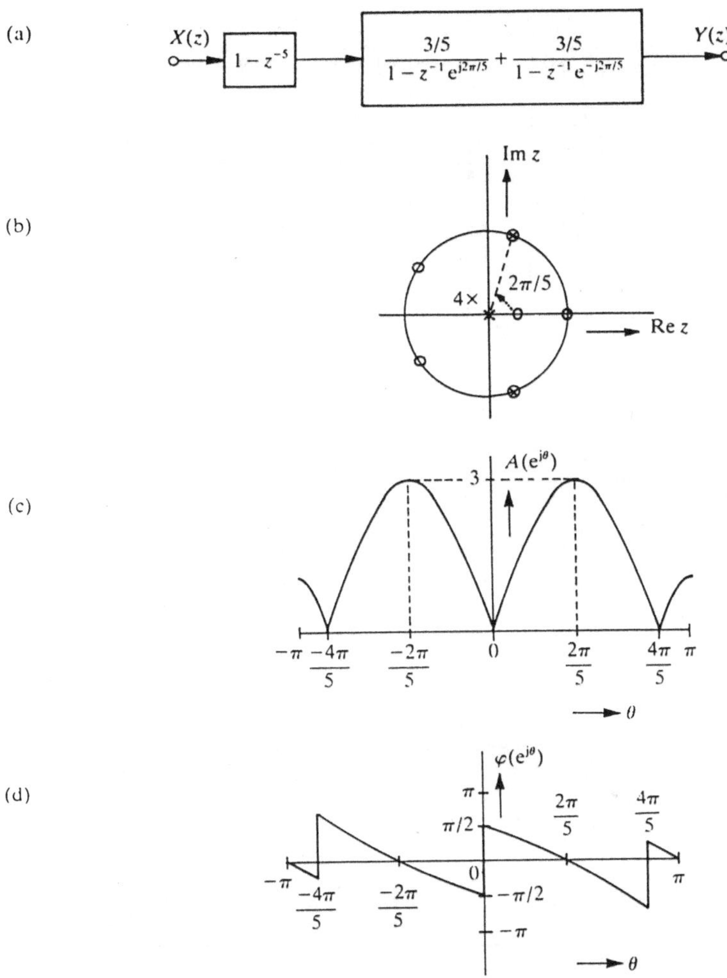

Bild 7.18 (a) Ein Frequenz–Abtastfilter mit N = 5, bei dem nur H_1 und H_{-1} von Null verschieden sind. (b) PN-Schema. (c) Amplitudencharakteristik. (d) Phasencharakteristik.

$$H(z) = 1 - (\alpha z^{-1})^N \tag{7.23}$$

wobei α stets ein wenig kleiner als 1 gewählt wird.

Ferner sollten wir uns daran erinnern, daß eventuelle Anfangszustände der Verzögerungselemente oder eventuelle Störungen in denselben wegen der Pole auf – oder nahe – des Einheitskreises über sehr lange Zeit Auswirkungen haben können.

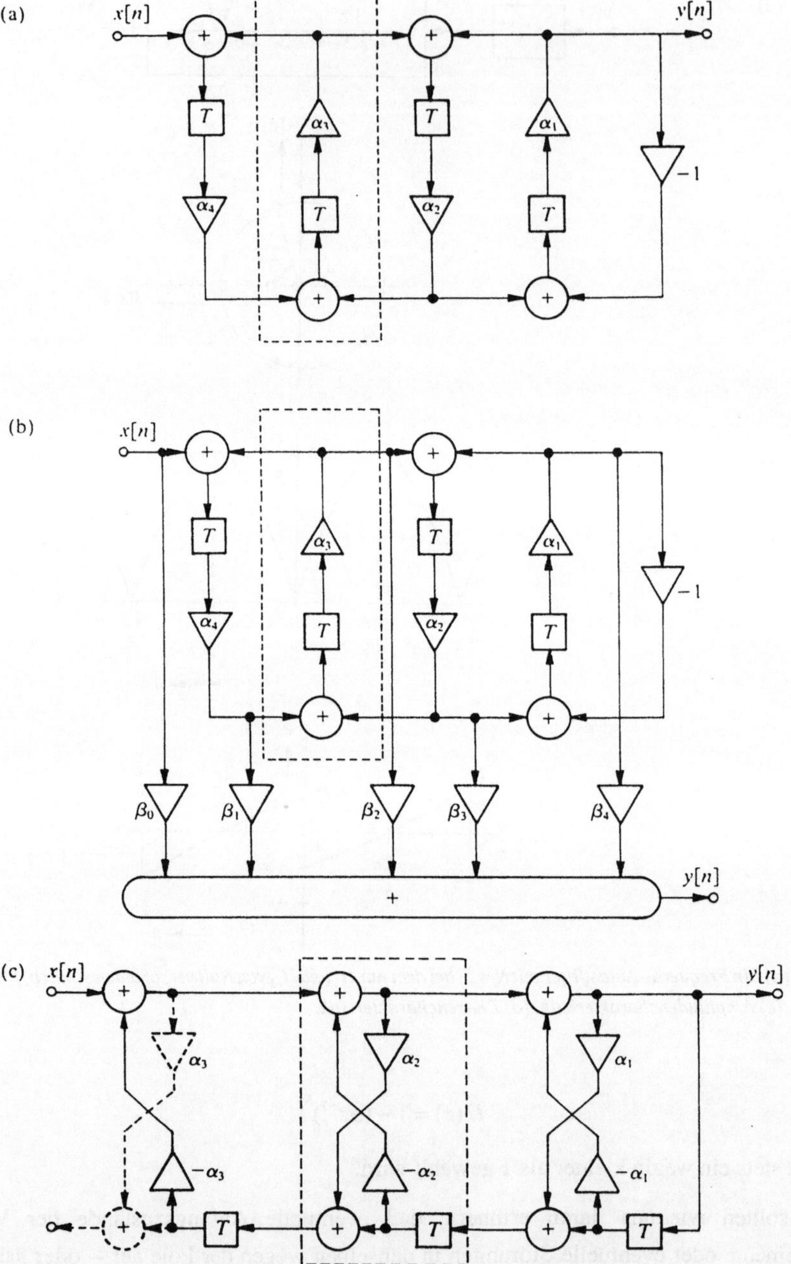

Bild 7.19 *Einige Beispiele für Abzweigfilter und Kreuzgliedfilter: (a) Abzweigfilter nur mit Polstellen. (b) Abzweigfilter mit Polen und Nullstellen. (c) Kreuzgliedfilter nur mit Polstellen. (d) Kreuzgliedfilter mit Polen und Nullstellen. (e) Kreuzgliedfilter nur mit Nullstellen.*

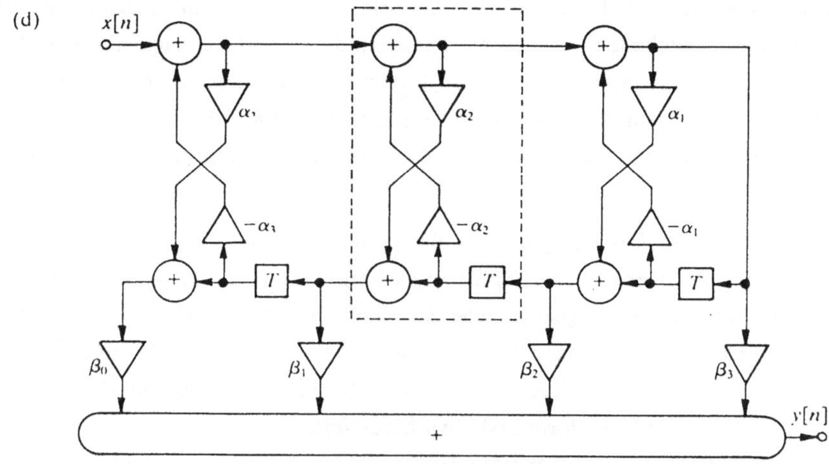

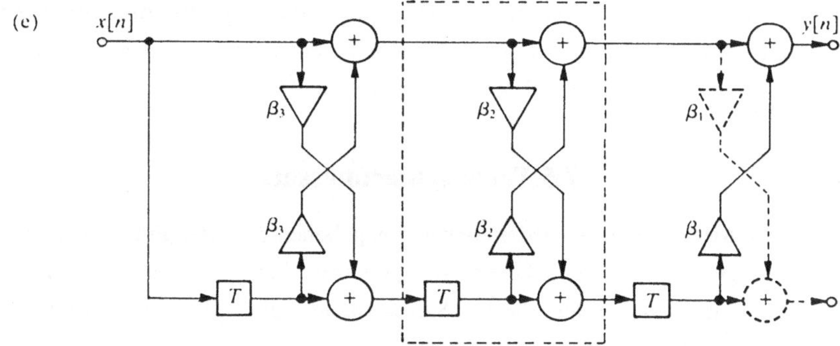

Bild 7.19 (Fortsetzung)

7.4.3 Abzweig- und Kreuzgliedfilter

In den letzten Jahren ist ein großes Interesse an Filtertypen entstanden, die nicht bei den bereits behandelten Strukturen eingeordnet werden können. Es handelt sich hierbei um die sogenannten *Abzweigfilter* (engl.: ladder filters) und die *Kreuzgliedfilter* (engl.: lattice filters). Diese Filter sind in so vielen Variationen vorhanden, daß es hier nicht möglich ist, sie ausführlich zu behandeln. Um jedoch eine Vorstellung von diesem Filtertyp zu erhalten, sind in Bild 7.19 einige Beispiele dargestellt.

Die gemeinsame Eigenschaft für alle Filter von Bild 7.19 ist, daß man Basiseinheiten erkennen kann (mit einer gestrichelten Linie gekennzeichnet), die je *zwei* Eingänge und *zwei* Ausgänge haben. Davon kann im Prinzip eine beliebige Anzahl in Kaskade geschaltet werden. Kreuzgliedfilter sind außerdem durch die typische gekreuzte Struktur in der Basiseinheit gekennzeichnet. Diese Filter sind vor allem wegen einer oder mehrerer der folgenden Eigenschaften interessant [30]:

1. Diese Strukturen liefern eine gute Übereinstimmung mit bestimmten Modellen, die für die Nachbildung des menschlichen Sprachorgans entworfen worden sind. Bei der diskreten Verarbeitung von Sprachsignalen bietet das zuweilen große Vorteile.

2. Die Forderung, daß ein Filter stabil sein muß, kann einfach in Forderungen für jeden der Koeffizienten einzeln ausgedrückt werden (das geht beispielsweise nicht bei der Realisierung mit einem Filter der Direktform I oder der Direktform II).

3. Kleine Veränderungen in den Werten der Koeffizienten verursachen kleine Veränderungen in der Übertragungsfunktion (geringe Parameterempfindlichkeit); andere Filterstrukturen sind wesentlich empfindlicher.

4. Die Eigenschaften (2) und (3) machen diese Strukturen für die Realisierung von sogenannten adaptiven Filtern, d.h. Filter, bei denen die Koeffizienten infolge des einen oder anderen Kriteriums automatisch eingestellt werden (siehe auch Abschnitt 7.6), attraktiv.

7.5 Transponierungssatz

Eine allgemeine Methode, um aus jedem beliebig gegebenen diskreten Filter ein anderes Filter abzuleiten, das genau die gleiche Übertragungsfunktion hat, basiert auf dem sogenannten Transponierungssatz [31]. Laut dieses Satzes bleibt die Übertragungsfunktion eines LTD–Systems unverändert, wenn:

(a) der Signalfluß seine Richtung umkehrt (das beinhaltet u.a., daß Ein– und Ausgang vertauscht werden), *und*

(b) Addierer durch Verzweigungen (Knoten) und Verzweigungen durch Addierer ersetzt werden.

Das ist in Bild 7.20, in dem die transponierte Version eines Transversalfilters abgeleitet wird, dargestellt. (Da Eingang und Ausgang vertauscht sind, sind die Positionen von $x[n]$ und $y[n]$ ebenfalls vertauscht.) Als zweites Beispiel für den Transponierungssatz zeigt Bild 7.21 die transponierte Form des Kreuzgliedfilters von Bild 7.19(c).

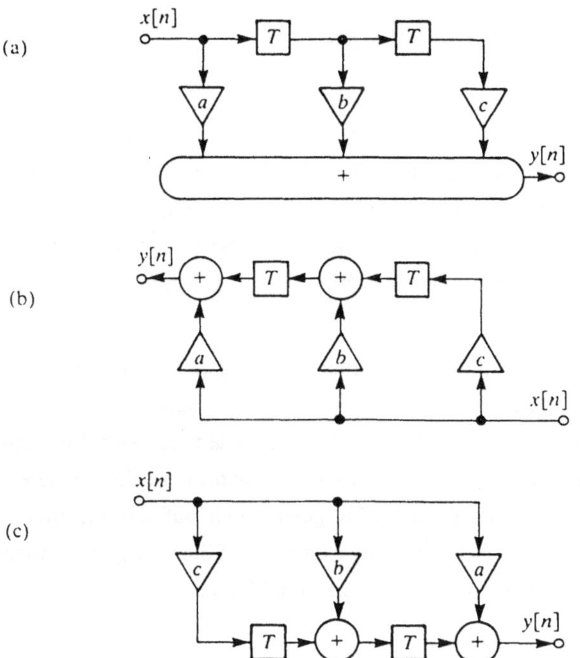

Bild 7.20 (a) Einfaches Transversalfilter. (b) Transponierte Version des Transversalfilters. (c) Transponierte Form mit Eingang links und Ausgang rechts.

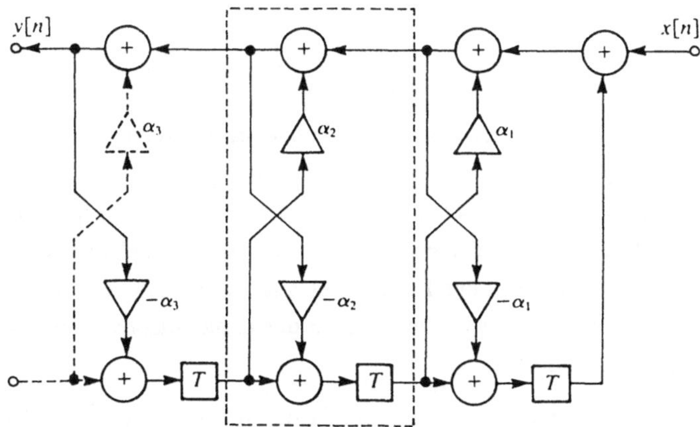

Bild 7.21 Die transponierte Version des Kreuzgliedfilters von Bild 7.19(c).

7.6 Adaptive Filter

Bisher haben wir uns immer mit "starren" Filtern, d.h. mit Filtern, deren Koeffizienten beim Entwurf einmalig berechnet werden und als feste Parameter in dem Filter realisiert werden, befaßt. Es gibt jedoch eine ganze Reihe von Fällen, bei denen man nicht von vornherein sagen kann, welche Werte für die Koeffizienten am besten geeignet sind oder nach welcher Zeitfunktion die geeignetsten Werte der Koeffizienten variieren. Man verwendet dann *adaptive Filter*, die selbst die Filterkoeffizienten bestimmen und sie automatisch den erforderlichen Umständen anpassen.

Ein adaptives Filter besteht aus zwei deutlich zu unterscheidenden Teilen: dem eigentlichen Filter, das im Prinzip jede der bisher beschriebenen Strukturen haben kann und einer Steuereinheit in der ein Satz Filterkoeffizienten $c_0[n]$, $c_1[n]$, . . . , $c_N[n]$ für jeden diskreten Moment n charakterisiert wird. Die Werte der Koeffizienten werden automatisch in der Steuereinheit in Übereinstimmung mit einem Kontrollkriterium (das gewöhnlich auf der Minimierung der Differenz $\varepsilon[n]$ zwischen dem eigentlichen Ausgangssignal des Filters $y[n]$ und einem Referenzsignal $g[n]$ basiert) berechnet. Dieses Prinzip ist in Bild 7.22 dargestellt.

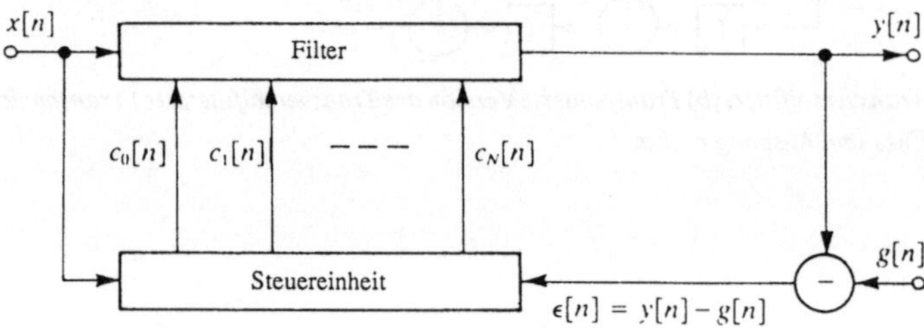

Bild 7.22 Prinzip eines adaptiven Filters

Ein solches adaptives Filter kann beispielsweise beim Fernsehen verwendet werden, um aus einem empfangenen Signal $x[n]$, das durch Reflexionen (Schattenbilder) verzerrt ist, eine verbesserte Version $y[n]$ zu erzeugen. Dazu benötigt man ein Referenzsignal $g[n]$ das nicht mit Reflexionen belastet ist (hierzu wird beispielsweise das Signal während der Rücklaufzeit verwendet, da genau bekannt ist, wie es ohne Reflexionen auszusehen hat). Wir brauchen nun nicht im voraus zu wissen, was genau für Reflexionen auftreten, das adaptive Filter bestimmt selbst die beste Koeffizienteneinstellung.

Eine vergleichbare Anwendung (und gleichzeitig die älteste) von adaptiven digitalen Filtern findet man beim automatischen Abgleich von Kabeln in der Datenübertragung, wobei die Kabelcharakteristiken auch nicht von vornherein genau bekannt sind und außerdem infolge von Temperaturschwankungen langsam variieren können.

In einer anderen Kategorie von Anwendungen für adaptive Filter (Rauschbeseitigung) ist man in erster Linie nicht an dem Signal $y[n]$, sondern an dem Signal $\varepsilon[n]$ interessiert. Beispiele hierfür sind:

1. Die Verbesserung der Eigenschaften eines Mikrofons mit dem Ausgangssignal $g[n]$ in einer geräuschvollen Umgebung. Das Signal $g[n]$ enthält nicht nur die gewünschte Information, sondern auch viel Störungen. Mit einem separaten Meßmikrofon wird die Störung $x[n]$ aufgenommen und das adaptive Filter stellt sich dann automatisch so ein, daß $\varepsilon[n]$ ein viel besseres Verhältnis zwischen Nutzsignal und Störung darstellt, als $g[n]$. Das Ausgangssignal der Schaltung ist dann $\varepsilon[n]$.

2. Eine ähnliche Anwendung kann man auf medizinischem Gebiet finden, wenn man den Herzschlag $g[n]$ eines ungeborenen Kindes messen möchte und dabei der Herzschlag der Mutter als starke Störquelle wirkt. Indem man den Herzschlag der Mutter an einer Stelle mißt, an der der Herzschlag des Kindes kaum meßbar ist, erhält man $x[n]$. Das Ausgangssignal $\varepsilon[n]$ stellt dann den Herzschlag des Babys mit stark reduzierter Störung seitens der Mutter dar.

3. Auf die gleiche Weise ist es möglich, beispielsweise im Fernsprechwesen oder in der Datenübertragung eine Zwei–Wege–Übertragung mit einer Zweileiterverbindung zu realisieren: *Echokompensation* (engl.: echo cancellation) [19].

Bei einer noch ganz anderen Kategorie von Anwendungen ist weder das Signal $y[n]$ noch das Signal $\varepsilon[n]$ relevant. Vielmehr sind es die *Werte* der Filterkoeffizienten, auf die sich das adaptive Filter selbst einstellt, die interessieren. Man spricht dann von "Modellieren". Dabei geht man von einem Signal $x[n]$ und einem Signal $g[n]$ aus, das auf unbekanntem Weg durch Filtern aus dem Signal $x[n]$ gewonnen wurde. Es interessiert nun, wie das unbekannte Filter aussieht. Nachdem sich das adaptive Filter selbst eingestellt hat, liefern die Koeffizienten $c_0[n]$ bis $c_N[n]$ eine Näherung des unbekannten Filters. Ein Beispiel für diese Anwendung findet man auf dem Gebiet der Sprachverarbeitung ("linear predictive coding" oder LPC).

Von allen möglichen Filterstrukturen trifft man bei adaptiven Filtern vor allem auf (nichtrekursive) transversale Strukturen und auf (rekursive) Abzweig–und Kreuzgliedfilter. Es ist noch die Anwendung von anderen rekursiven Strukturen untersucht worden, aber die dabei auftretenden Probleme von möglichen Instabilitäten und der Mangel an Sicherheit, daß das Filter sich optimal einstellt, machen die Anwendung hiervon weniger attraktiv.

Um einen Eindruck von der Komplexität eines adaptiven Filters zu vermitteln, ist in Bild 7.23 ein Blockschema eines adapiven Filters vom Typ transversal [19], dargestellt; jeder Koeffizient $c_i[n]$ von Bild 7.23(a) wird in einer Rechenschaltung A_i (Bild 7.23(b)) berechnet.

In Bild 7.23 enthält eine Anzahl von Details, die in der allgemeinen Darstellung von Bild 7.22 noch nicht zu sehen sind.

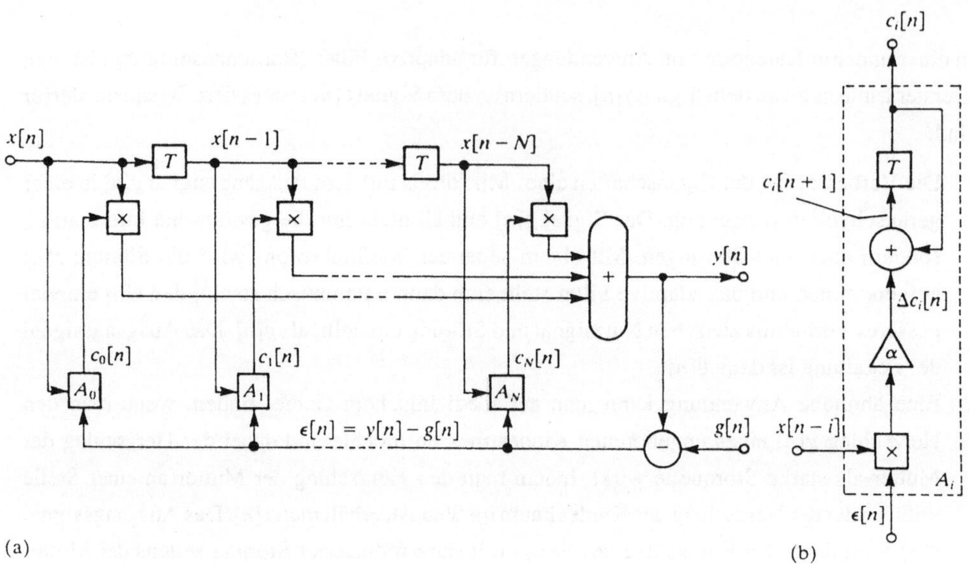

Bild 7.23   (a) Beispiel für ein adaptives transversales diskretes Filter. (b) Beispiel für eine Schaltung A_i zur Berechnung der Werte der Koeffizienten $c_i[n]$.

1. Die Berechnung der Koeffizienten $c_i[n]$ geschieht iterativ, das heißt, daß die Werte der Koeffizienten $c_i[n]$ kontinuierlich um einen kleinen Wert $\Delta c_i[n]$ verändert werden, wodurch man einen neuen Koeffizientenwert $c_i[n+1]$ erhält:

$$c_i[n + 1] = c_i[n] + \Delta c_i[n] \tag{7.24}$$

Auf diese Weise wird jeder Koeffizient allmählich auf seinen optimalen Wert reguliert. Ist dieser erreicht, so fluktuiert jeder Koeffizient um diesen Wert.

2. Bei der Berechnung von allen Koeffizienten wird das gleiche Fehlersignal $\varepsilon[n]$ verwendet, aber mit unterschiedlich verzögerten Versionen des Eingangssignals $x[n]$.

3. In der Schaltung A_i zur Berechnung der Koeffizienten findet eine Multiplikation mit einer Konstanten α statt. Diese bestimmt das dynamische Verhalten des adaptiven Filters, d.h., einerseits die Geschwindigkeit mit der das adaptive Filter regelt und andererseits die Größe der Fluktuation der Koeffizienten im eingeregelten Zustand.

4. Die genauen Operationen, die in der Schaltung zur Berechnung der Koeffizienten durchgeführt werden, bestimmen den Steueralgorithmus des adaptiven Filters. Für die Schaltung von Bild 7.23 gilt:

$$\Delta c_i[n] = \alpha \, \varepsilon[n] x[n - i] \tag{7.25}$$

Die Kombination von (7.24) und (7.25) stellt den häufig verwendeten "stochastischen Iterationsalgorithmus" oder den "Least−Mean−Squares" (LMS) Algorithmus von Widrow [32] dar. Dieser Algorithmus gehört zu der viel größeren Klasse der Gradientenalgorithmen.

7.7 Übungsaufgaben

Übungsaufgaben zu Abschnitt 7.2

7.1 Gegeben ist ein Transversalfilter mit acht Filterkoeffizienten b_0 bis b_7, alle ungleich Null, mit $b_0 = 1$, $b_1 = 2$, $b_2 = 3$ und $b_3 = 4$.

   (a) Bestimmen Sie b_4 bis b_7 so, daß das Filter eine lineare Phasencharakteristik hat (zwei Lösungen).

   (b) Geben Sie die resultierenden Amplitudencharakteristiken an.

7.2 Gegeben ist ein Transversalfilter mit sieben Filterkoeffizienten b_0 bis b_6, mit $b_0 = 1$, $b_1 = 2$, $b_2 = 3$ und $b_3 = 4$.

   (a) Bestimmen Sie b_4 bis b_6 so, daß das Filter eine lineare Phasencharakteristik hat. Gibt es hier eine oder zwei Lösungen?

   (b) Geben Sie die resultierende(n) Amplitudencharakteristik(en) an.

7.3 Zeichnen Sie eine kanonische Struktur für die Schaltung von Bild 7.2(b).

7.4 Geben Sie ein Transversalfilter mit dem gleichen $h[n]$ wie in Schaltung von Bild 7.2(a) an.

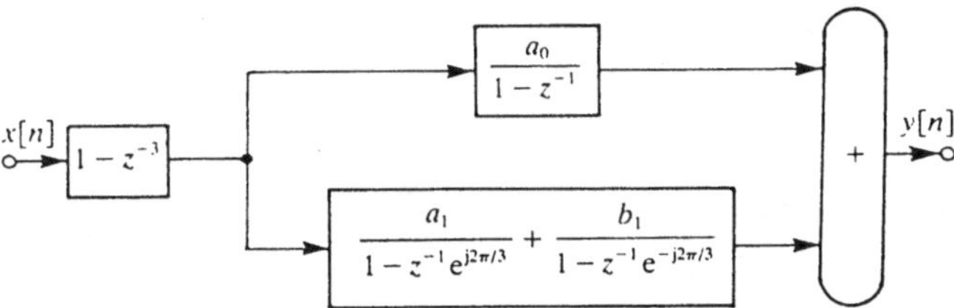

Bild 7.24 Aufgabe 7.5.

Übungsaufgaben zu Abschnitt 7.3 und 7.4

7.5 Gegeben ist ein Frequenz–Abtastfilter mit $N = 3$, wie in Bild 7.24.

   (a) Bestimmen Sie a_0, a_1 und b_1 so, daß das Filter eine reelle Impulsantwort $h[n]$ hat und daß für die FTD von $h[n]$ gilt: $H(1) = 3$ und $H(e^{j2\pi/3}) = 6 + 3j\sqrt{3}$.

   (b) Erstellen Sie ein detailliertes Schema dieser Schaltung, mit Verzögerungselementen, Multiplizierern und Addierern.

   (c) Geben Sie einen allgemeinen Ausdruck für $H(e^{j\theta})$ an.

   (d) Erstellen Sie ein Filter mit der gleichen Übertragungsfunktion $H(e^{j\theta})$, das aber als Transversalfilter realisiert werden soll.

7.6 (a) Zeichnen Sie ein vollständiges Strukturbild des Frequenz–Abtastfilters von Bild 7.18(a), mit Addierern, Multiplizierern und Verzögerungselementen.

   (b) Das Frequenz–Abtastfilter hat eine Amplitudencharakteristik $A(e^{j\theta})$ mit dem Wert 3 bei $\theta = \pm 2\pi/5$ (siehe Bild 7.18(c)). Die Amplitudencharakteristik des Kammfilterteils dieses Filters ist jedoch genau gleich Null bei dieser Frequenz. Wie kommt es, daß doch ein Ausgangssignal bei $\theta = \pm 2\pi/5$ existiert? (Hinweis: Finden Sie heraus, wie das Kammfilter auf das Eingangssignal $x[n] = \sin(2\pi n/5)u[n]$ reagiert)

7.7 Bestimmen Sie die Übertragungsfunktion $H(e^{j\theta})$ des Abzweigfilters von Bild 7.25.

7.8 Bestimmen Sie die Übertragungsfunktion $H(e^{j\theta})$ des Kreuzgliedfilters von Bild 7.26.

Übungsaufgabe zu Abschnitt 7.5

7.9 Bestimmen Sie mit dem Transponierungssatz eine alternative Filterschaltung für das Filter zweiter Ordnung mit der Struktur der Direktform II von Bild 7.27.

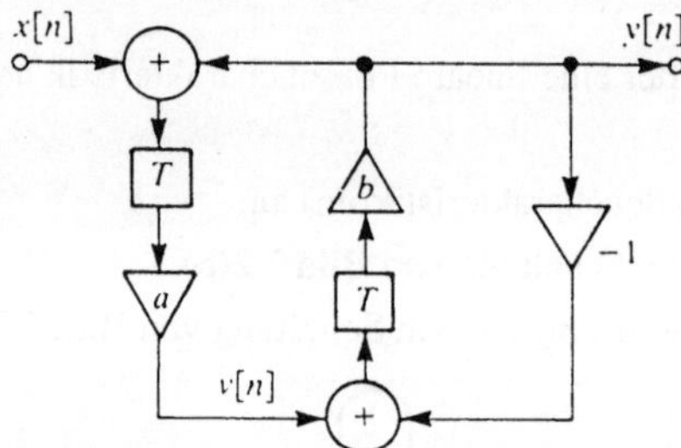

Bild 7.25 Aufgabe 7.7.

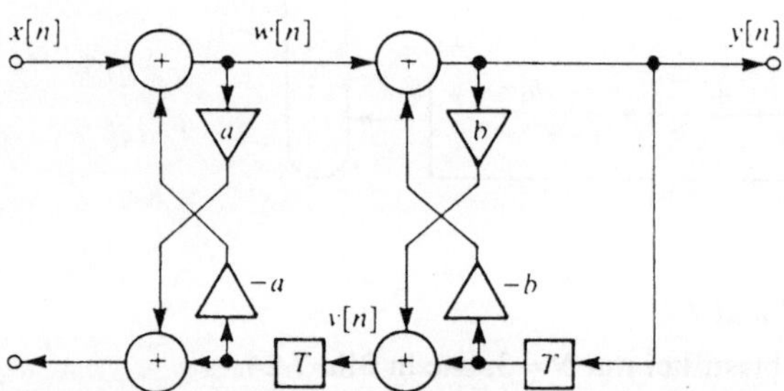

Bild 7.26 Aufgabe 7.8.

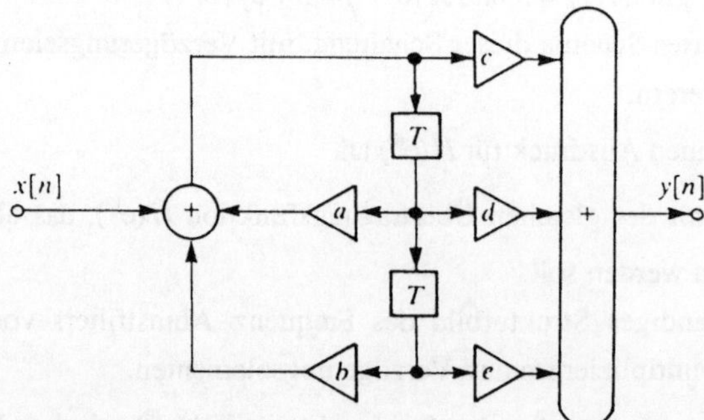

Bild 7.27 Aufgabe 7.9.

8
Entwurfsmethoden diskreter Filter

8.1 Einführung

Ausgangspunkt für den Entwurf eines diskreten Filters ist gewöhnlich die Spezifikation eines geforderten Frequenzverhaltens. In der Regel besteht diese Spezifikation in der Angabe der Grenzen für die geforderten Amplituden- und Phasencharakteristiken. Der Verlauf der Phasencharakteristik wird dabei manchmal auch offen gelassen. In anderen Fällen kann beispielsweise eine lineare Phasencharakteristik vorgeschrieben sein.

Die Spezifikationen sind häufig in Form eines *Toleranzschemas*, wie in Bild 8.1, das die Amplitudencharakteristik eines Tiefpaßfilters zeigt, gegeben. Die gewünschte Charakteristik darf das schraffierte Gebiet nicht durchlaufen. Da wir praktisch immer mit einer reellen Impulsantwort arbeiten, braucht die Spezifikation nur in dem Intervall $0 \leq \theta < \pi$ gegeben zu sein; siehe Gleichung (4.34).

Man sieht drei Frequenzbereiche; sie werden *Durchlaßbereich*, *Sperrbereich* und *Übergangsbereich* genannt. In diesem Beispiel darf die maximale Abweichung der Amplitude im Durchlaßbereich ($0 \leq \theta < \theta_1$) nicht mehr als δ_1 betragen; im Sperrbereich $\theta_h \leq \theta < \pi$ nicht mehr als δ_2. Im Übergangsbereich ($\theta_1 \leq \theta < \theta_h$) zeigt die Amplitudencharakteristik einen unspezifizierten Übergang. Die Kurve A in Bild 8.1 zeigt eine Amplitudencharakteristik, die genau der gestellten Spezifikation entspricht.

Geht man von einer gegebenen Filterspezifikation aus, so lassen sich beim Entwurf folgende Schritte unterscheiden:

1. Man entscheidet sich, ob man die geforderte Frequenzcharakteristik mit einem FIR-Filter oder mit einem IIR-Filter nähern möchte.
2. Man wählt die Ordnung des Filters und versucht die Koeffizienten der Systemfunktion des Filters so gut wie möglich zu berechnen (das ist der Schwerpunkt dieses Kapitels).
3. Man wählt eine Filterstruktur aus und berücksichtigt eventuelle Quantisierungseffekte des Eingangssignals, des Ausgangssignals und der Filterkoeffizienten (das spielt vor allem bei digitalen Filtern eine Rolle).
4. Man kontrolliert, ob das resultierende Filter der ursprünglichen Spezifikation entspricht; wenn nicht, wiederholt man den ganzen Vorgang des Entwurfs mit einem anderen Filtertyp und/oder einer anderen Filterstruktur und/oder einer anderen Ordnung und/oder einer anderen Form der Quantisierung.

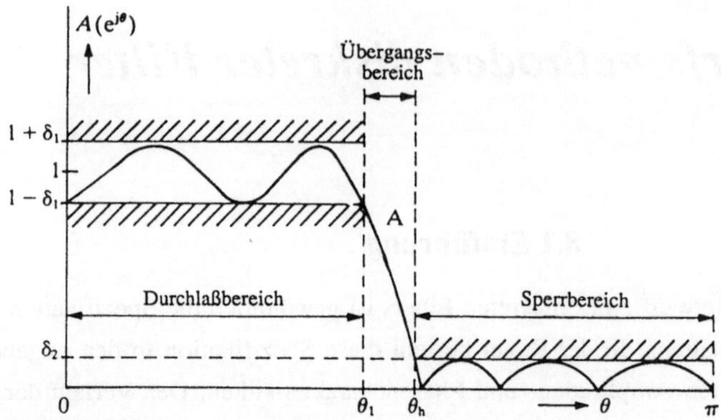

Bild 8.1 Beispiel eines Toleranzschemas für die Amplitudencharakteristik $A(e^{j\theta})$ eines Tiefpaßfilters.

Beim Entwurf von diskreten Filtern werden einige dieser Schritte gewöhnlich mehrmals durchlaufen. Man kann deshalb von einem *iterativen Prozeß* sprechen.

Genau wie die kontinuierlichen Filter lassen sich auch die diskreten Filter nach der Frequenzcharakteristik einteilen. Die Filter, bei denen die Amplitudencharakteristik maßgebend ist, unterscheidet man in:

– Tiefpaß,

– Hochpaß,

– Bandpaß,

– Bandsperre.

Beispiele für ideale Filter zeigt Bild 8.2. (Um den periodischen Charakter der Frequenzcharakteristik zu betonen, wurde hier ein Frequenzintervall gezeichnet, das größer als das Basisintervall $-\pi \leq \theta < \pi$ ist.)

Möchte man einen Filter entwerfen, der in eine der letzten drei Kategorien gehört, so kann man – ausgehend von der gegebenen Filterspezifikation – den vorher beschriebenen Schritten entsprechend vorgehen. Es ist jedoch ebenso möglich, das gewünschte Ergebnis aus einem bekannten Tiefpaß, unter Anwendung von Transformationsgleichungen (siehe beispielsweise [9], Tabelle 5.1 und [60]), zu erhalten.

Die vorher beschriebene Einteilung der Filter in verschiedene Typen ist auf keinen Fall vollständig. Filter, die nicht mit dieser Einteilung klassifiziert werden konnten und dennoch manchmal eine wichtige Rolle in der diskreten Signalverarbeitung spielen, sind:

– der Differenzierer: $H_D(e^{j\theta}) = j\theta$ für $|\theta| \leq \pi$

– der Integrierer: $H_I(e^{j\theta}) = 1/j\theta$ für $|\theta| \leq \pi$

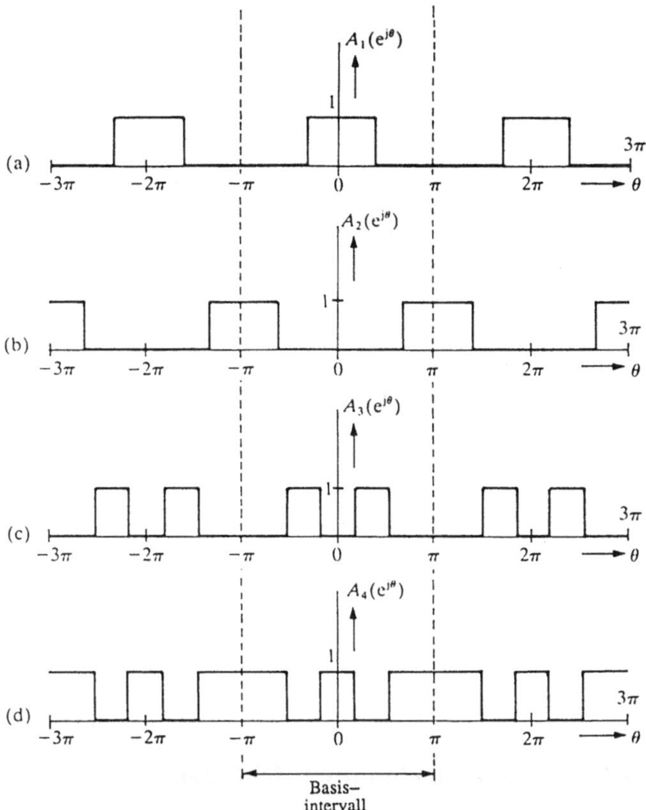

Bild 8.2 Beispiele idealer diskreter Filter mit (a) Tiefpaßverhalten, (b) Hochpaßverhalten, (c) Bandpaßverhalten, (d) Bandsperrverhalten.

— der Hilbert-Transformator: $H_H(e^{j\theta}) = \begin{cases} j & \text{für} \quad 0 \le \theta < \pi \\ -j & \text{für} \quad -\pi \le \theta < 0; \end{cases}$

— der Phasenschieber (Allpaß): $|H_F(e^{j\theta})| = 1$ für $|\theta| \le \pi$.

Die ideale Frequenzcharakteristik der ersten drei Filter ist in Bild 8.3 dargestellt. Der Phasenschieber ist kein bestimmtes Filter, sondern ist ein Sammelbegriff für alle Filter mit einer konstanten Amplitudencharakteristik. Er wird häufig in Verbindung mit einer der Filtertypen von Bild 8.2 verwendet, um neben der gewünschten Amplitudencharakteristik auch eine bestimmte Phasencharakteristik zu realisieren. In den folgenden Abschnitten werden einige Entwurfsmethoden für diskrete Filter ausführlicher beschrieben; zunächst für FIR-Filter und danach für IIR-Filter. Abschließend werden wir so klar wie möglich alle Unterschiede zwischen FIR- und IIR-Filter auflisten, da die Entscheidung zwischen FIR- und IIR-Filter ein wichtiger erster Schritt beim Entwurf darstellt.

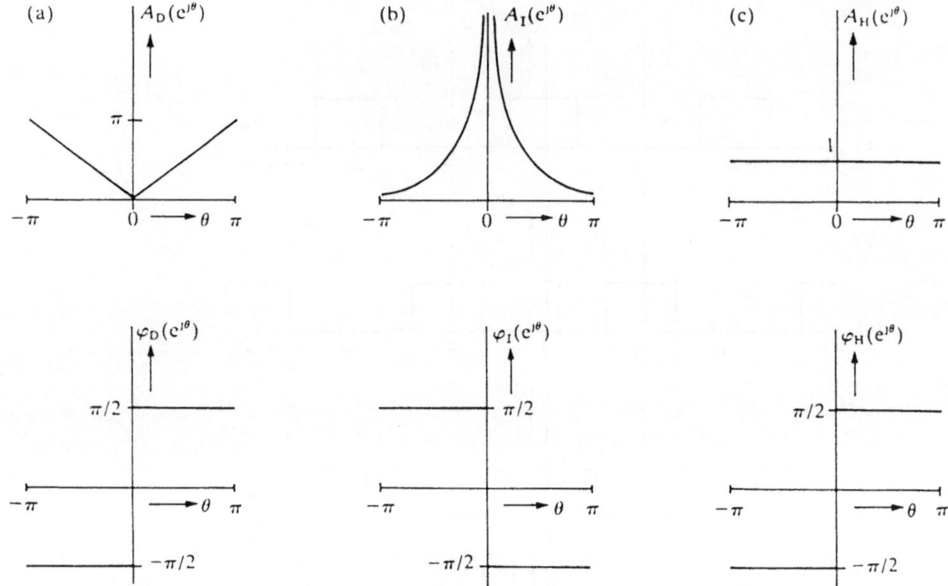

Bild 8.3 *Ideale Frequenzcharakteristiken dreier wichtiger Filtertypen. (a) Differenzierer, (b) Integrierer, (c) Hilbert-Transformator.*

8.2 Entwurfsmethoden für FIR–Filter

Das wesentlichste Merkmal von FIR-Filtern ist – per Definition – die endliche Länge der Impulsantwort. Sofern diese bekannt ist, ist mindestens eine Form der Realisierung (nämlich als Transversalfilter) direkt anwendbar. Aus diesem Grund spielt die Impulsantwort bei verschiedenen Entwurfsmethoden für FIR-Filter eine ganz zentrale Rolle, wie wir auch in den folgenden Abschnitten sehen werden. Ein anderer wichtiger Punkt ist, daß man direkt von der Impulsantwort eines FIR-Filters ablesen kann, ob eine lineare Phasencharakteristik vorliegt oder nicht. Wie von Abschnitt 7.2 bekannt, sind hier vier Fälle zu unterscheiden. In diesem Kapitel werden wir uns in einem separaten Abschnitt ausführlicher damit befassen.

8.2.1 Entwurf mittels FTD und Fensterung

Ausgangspunkt dieser Entwurfsmethode ist die Übertragungsfunktion $H_d(e^{j\theta})$, die so gut wie möglich mit einem FIR-Filter realisiert werden soll. Mit Hilfe der IFTD findet man daraus auf direktem Weg die ideale Impulsantwort $h_d[n]$. Im allgemeinen kann man aber nicht unmittelbar auf der Grundlage von $h_d[n]$ ein Filter für die Praxis entwerfen, weil:

(a) $h_d[n]$ von sehr großer, oft sogar von unendlicher Länge ist, und

(b) $h_d[n]$ nicht kausal ist (d.h. $h_d[n] \neq 0$ für $n < 0$).

Wir müssen deshalb:

(a) die Länge von $h_d[n]$ auf eine annehmbare Anzahl von N Abtastwerten beschränken, und

(b) eine hinreichend große Verschiebung (Verzögerung, "delay") einführen, um eine kausale Impulsantwort zu erhalten.

In Bild 8.4 ist dargestellt, wie man mit diesen Schritten eine realisierbare Impulsantwort $h[n]$, die eine Approximation von $h_d[n]$ ist, erreichen kann. Die Impulsantwort $h[n]$ liefert zum Beispiel direkt die Koeffizienten für eine Realisierung als Transversalfilter.

Wie gut ist nun unsere Näherung des gewünschten Filters? Das Abbrechen der unendlich langen Impulsantwort $h_d[n]$ führt zu einer Abweichung in der Übertragungsfunktion des diskreten Filters, und die Einführung der Verschiebung verursacht zusätzlich eine lineare Phasenverschiebung, die wir aber hier außer Betracht lassen können. Um einen Eindruck von den auftretenden Amplitudenfehlern zu vermitteln, ist die Amplitudencharakteristik, die man erhält, wenn man $L = 11$, 21 oder 31 wählt, in Bild 8.5 dargestellt. Man sieht, daß sowohl im Durchlaßbereich als auch im Sperrbereich eine wellige Verformung vorhanden ist, und die größten Abweichungen in der Umgebung der steilen Übergänge der gewünschten Funktion $H_d(e^{j\theta})$ auftreten. Dafür gibt es folgende Erklärung: tatsächlich entspricht das Abbrechen der unendlich langen Impulsantwort $h_d[n]$ einer Multiplikation im Zeitbereich mit einer rechteckigen "Fensterfunktion" $w[n]$ der Länge L:

$$h[n] = w[n]\, h_d[n]. \tag{8.1a}$$

Im Frequenzbereich entspricht das der Faltung von $H_d(e^{j\theta})$ mit $W(e^{j\theta})$, wobei $W(e^{j\theta})$ die FTD von $w[n]$ ist:

$$H(e^{j\theta}) = W(e^{j\theta}) * H_d(e^{j\theta}) \tag{8.1b}$$

Die Funktion $W(e^{j\theta})$ ist bereits in Bild 4.5(d) gegeben, die Anwendung der Fensterfunktion ist in Bild 8.6 sowohl für den Zeitbereich als auch für den Frequenzbereich grafisch dargestellt.

Wie groß man auch L wählt, in der Umgebung der steilen Übergänge von $H_d(e^{j\theta})$ werden immer wellige Verformungen in der Funktion $H(e^{j\theta})$ auftreten. Auffallend dabei ist, daß obwohl sich die Anzahl der welligen Verformungen mit L vergrößert, der *Maximalwert* der welligen Verformungen praktisch konstant bleibt. Wie groß man L auch wählt, die Welligkeiten treten immer auf. Dieser Effekt ist als *Gibbs'sches Phänomen* bekannt.

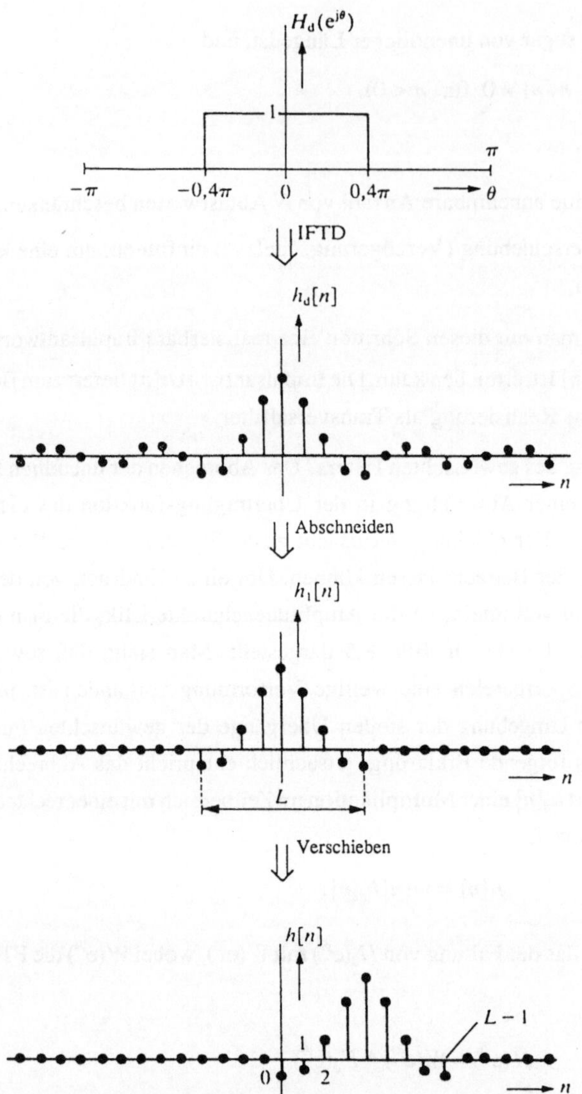

Bild 8.4 *Schrittweiser Übergang einer Filterspezifikation im Frequenzbereich zu einer realisierbaren Impuls-antwort mittels FTD und Fensterung.*

Möchte man die welligen Verformungen in $H(e^{j\theta})$ reduzieren, so muß man eine andere Fensterfunktion $w[n]$ wählen, und damit aus $h_d[n]$ die Impulsantwort endlicher Länge $h[n]$ ableiten. Man wählt $w[n]$ so, daß $W(e^{j\theta})$:

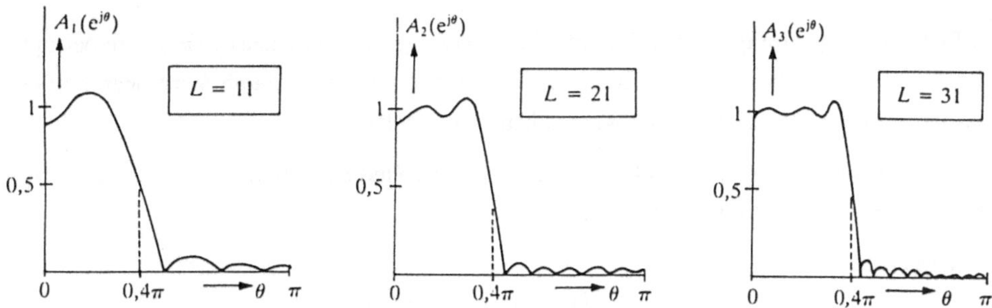

Bild 8.5 *Approximation eines idealen Tiefpasses mit einer Impulsantwort der Länge L = 11, L = 21 und L = 31.*

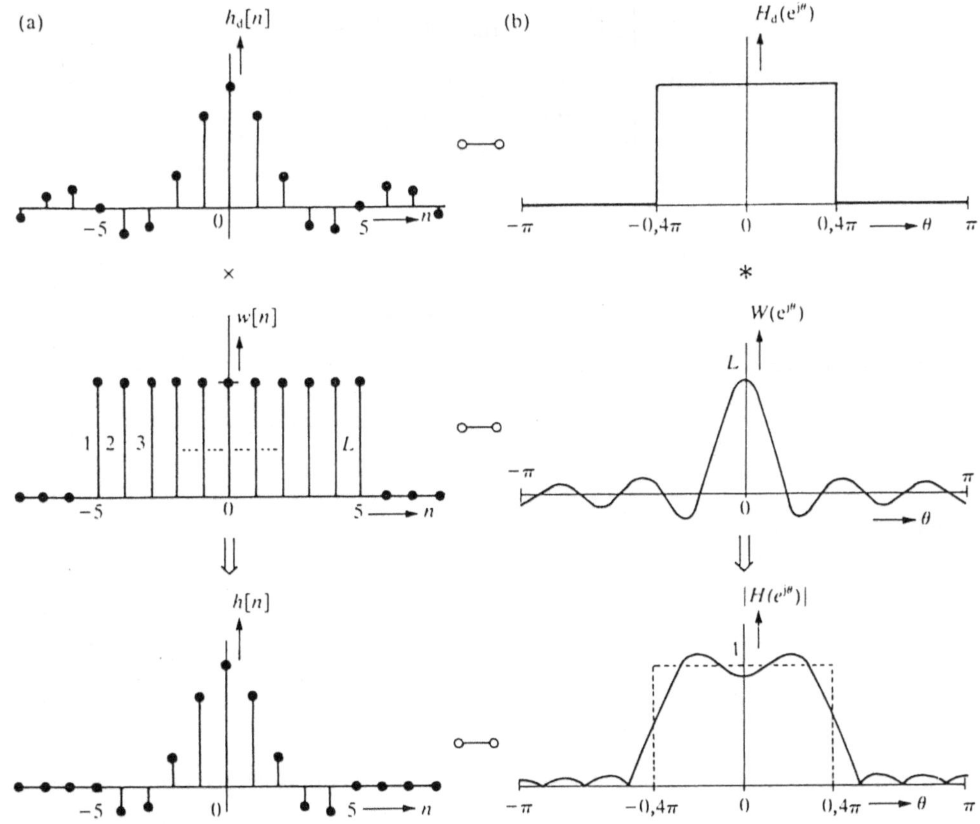

Bild 8.6 Der Effekt der Fensterfunktion w[n] der Länge L = 11: (a) Multiplikation im Zeitbereich, und (b) Faltung im Frequenzbereich.

(a) eine Hauptkeule hat, die so schmal wie möglich ist

(b) Nebenkeulen hat, die so wenig Energie wie möglich enthalten.

Die Reduktion der Welligkeiten bekommt man allerdings nicht geschenkt; sie ist immer mit einer Verbreiterung des Übergangsbereichs (was jedoch wiederum durch Vergrößerung der Anzahl der Abtastwerte L beeinflußt werden kann) verbunden.

Über Fensterfunktionen sind in der Literatur ausgedehnte Studien zu finden [55]. Einige häufig verwendete Fensterfunktionen der Länge L sind:

Rechteckfenster:

$$w[n] = \begin{cases} 1 & \text{für } 0 \leq n \leq L-1 \\ 0 & \text{sonst} \end{cases} \tag{8.2a}$$

Bartlett − Fenster

$$w[n] = \begin{cases} \dfrac{2n}{L-1} & \text{für } 0 \leq n \leq \dfrac{L-1}{2} \\ 2 - \dfrac{2n}{L-1} & \text{für } \dfrac{L-1}{2} < n \leq L-1 \\ 0 & \text{sonst} \end{cases} \tag{8.2b}$$

Hanning − Fenster

$$w[n] = \begin{cases} \dfrac{1}{2}\left\{1 - \cos\left(\dfrac{2\pi n}{L-1}\right)\right\} & \text{für } 0 \leq n \leq L-1 \\ 0 & \text{sonst} \end{cases} \tag{8.2c}$$

Hamming − Fenster

$$w[n] = \begin{cases} 0{,}54 - 0{,}46\cos\left(\dfrac{2\pi n}{L-1}\right) & \text{für } 0 \leq n \leq L-1 \\ 0 & \text{sonst} \end{cases} \tag{8.2d}$$

Blackman − Fenster

$$w[n] = \begin{cases} 0{,}42 - 0{,}5\cos\left(\dfrac{2\pi n}{L-1}\right) + 0{,}08\cos\left(\dfrac{4\pi n}{L-1}\right) & \text{für } 0 \leq n \leq L-1 \\ 0 & \text{sonst} \end{cases} \tag{8.2e}$$

Diese Fenster sind in Bild 8.7(a) dargestellt (zur Verdeutlichung sind sie als kontinuierliche Funktionen $w(n)$ in Abhängigkeit von n gezeichnet).

Einen ganz besonderen Platz nehmen die *Kaiser − Fenster* ein. Sie sind folgendermaßen definiert:

$$w[n] = \begin{cases} \dfrac{I_0\left(2\beta\sqrt{\dfrac{n}{L-1} - \left(\dfrac{n}{L-1}\right)^2}\right)}{I_0(\beta)} & \text{für } 0 \leq n \leq L-1 \\ 0 & \text{sonst} \end{cases} \tag{8.2f}$$

wobei $I_0(x)$ die Bessel–Funktion ist:

$$I_0(x) = 1 + \sum_{k=1}^{\infty} \left[\frac{(x/2)^k}{k!} \right]^2 \tag{8.2g}$$

Die genaue Form des Kaiser–Fensters läßt sich durch eine entsprechende Wahl von β bestimmen: je größer β, desto größer ist auch der Übergangsbereich, aber umso kleiner wird die Welligkeit. Für unterschiedliche β–Werte ist das Kaiser–Fenster in Bild 8.7(b) dargestellt (zur Verdeutlichung wurden wieder kontinuierliche Funktionen $w(n)$ gezeichnet).

Für die Berechnung der Bessel–Funktion $I_0(x)$ ist es nicht notwendig, unendlich viele Terme der Reihenentwicklung von Gleichung (8.2g) zu verwenden. [9] enthält ein Computerprogramm (in ALGOL 60), mit dem $I_0(x)$ mit hinreichender Genauigkeit auf einfachem Wege berechnet werden kann.

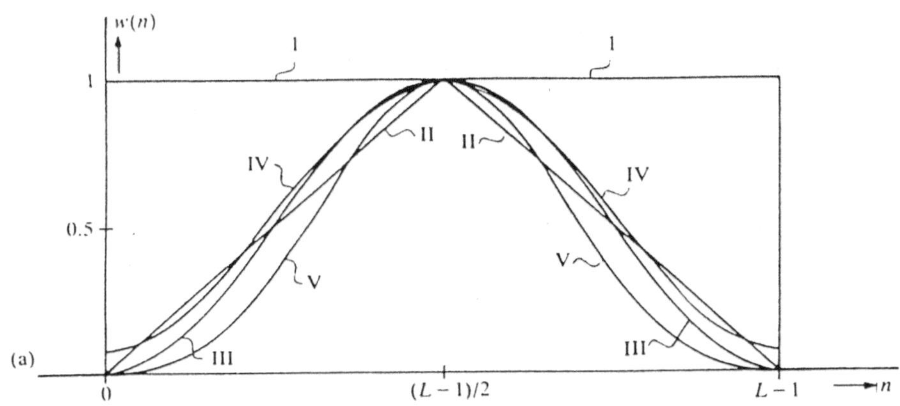

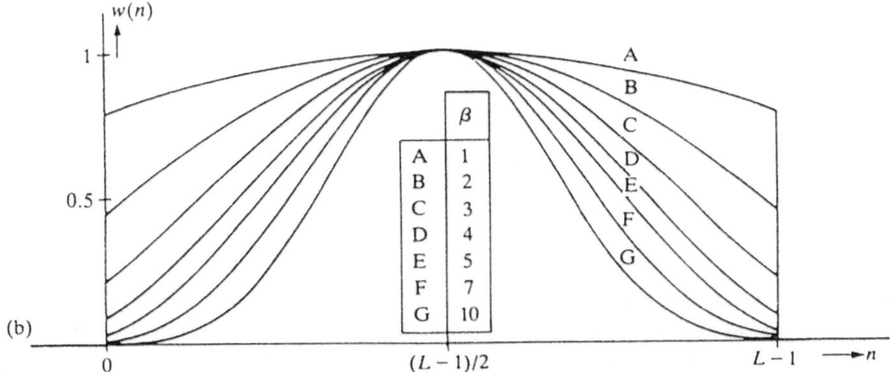

Bild 8.7 (a) Fünf häufig verwendete Fensterfunktionen: I. Rechteck, II Bartlett, III. Hanning, IV. Hamming, V. Blackman. (b) Kaiser-Fenster für verschiedene β - Werte.

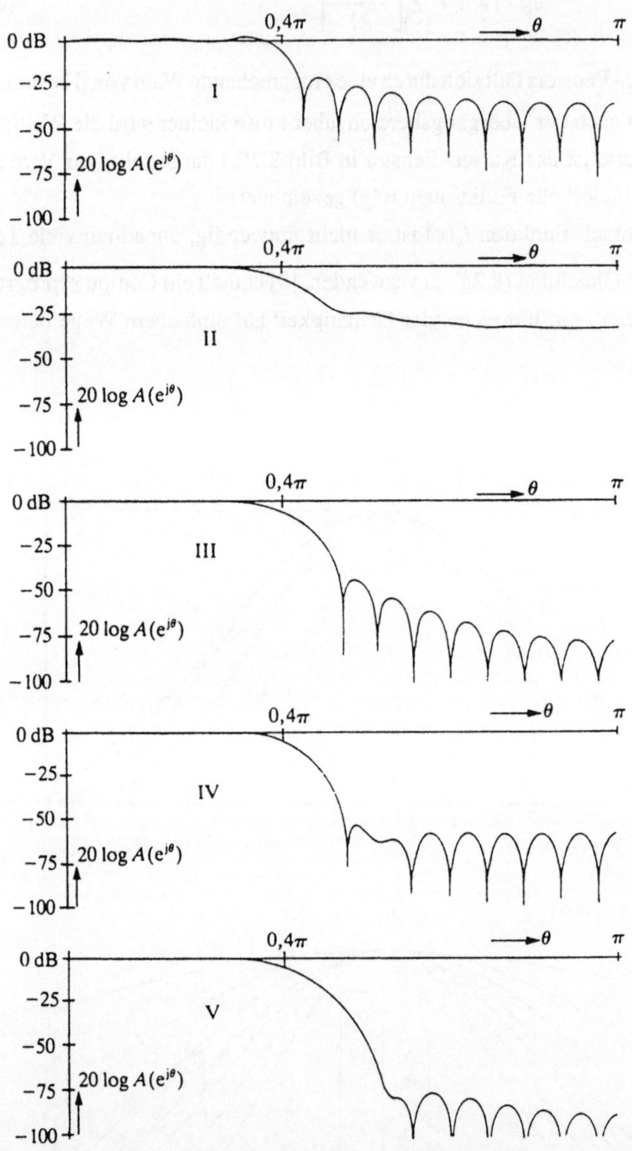

Bild 8.8 (a) Effekte von fünf Fenstern für das Beispiel von Bild 8.4 mit L = 31. I. Rechteckfenster, II. Bartlett-Fenster, III. Hanning-Fenster, IV. Hamming-Fenster, V. Blackman-Fenster. (b) Effekte des Kaiser-Fensters (mit β = 1, β = 6 und β = 10) für das Beispiel von Bild 8.4 für L = 31.

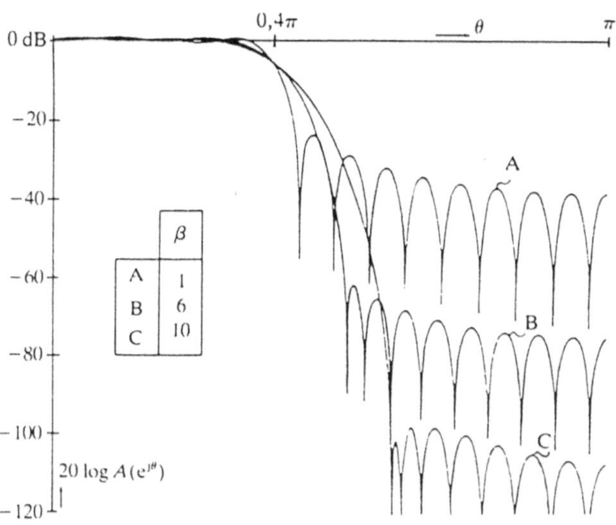

Bild 8.8 Fortsetzung

Um einen Eindruck von den Ergebnissen zu vermitteln, die durch die Verwendung der Fensterfunktion erzielt werden können, sind einige Amplitudencharakteristiken, $A(e^{j\theta})$, die als Approximation von $H_d(e^{j\theta})$ aus Bild 8.4 mit $L = 31$ erhalten wurden, in Bild 8.8 dargestellt (logarithmisch, dB). Bild 8.8(a) zeigt die Ergebnisse bei Verwendung des Rechteckfensters, des Bartlett–Fensters, des Hanning–Fensters, des Hamming–Fensters und des Blackman–Fensters. Bild 8.8(b) zeigt die Ergebnisse bei Verwendung des Kaiser–Fensters für $\beta = 1$, $\beta = 6$ und $\beta = 10$. Die in diesem Abschnitt beschriebenen Fensterfunktionen können ebenso bei der Anwendung der DFT auf periodische Signale (siehe Abschnitt 5.4.1) verwendet werden. In der Literatur findet man in Abhängigkeit von der Anwendung leicht voneinander abweichende Definitionen für ein und dasselbe Fenster. So kann man beispielsweise für das Hanning–Fenster drei Varianten finden:

- in [26]: $w_1[n] = [1 - \cos(2\pi n/L)]/2$ für $0 \leq n \leq L - 1$

- in [8]: $w_2[n] = [1 + \cos(2\pi n/L)]/2$ für $-(L - 1)/2 \leq n \leq (L - 1)/2$

- in [9]: $w_3[n] = [1 - \cos\{2\pi n/(L - 1)\}]/2$ für $0 \leq n \leq L - 1$

Diese drei Fenster sind für $L = 13$ in Bild 8.9 zu sehen. Obwohl die Fenster (vor allem für große Werte von L) viele Gemeinsamkeiten aufweisen, ergeben $w_1[n]$, $w_2[n]$ und $w_3[n]$ jeweils eine andere Anzahl von Null verschiedener Abtastwerte. Es sind dies $(L - 1)$, L und $(L - 2)$.

Je nach Anwendung bietet manchmal das eine Fenster mehr Vorteile als das andere. Im allgemeinen wird in Zusammenhang mit der DFT (siehe Abschnitt 5.4.1) das Fenster $w_1[n]$ verwendet.

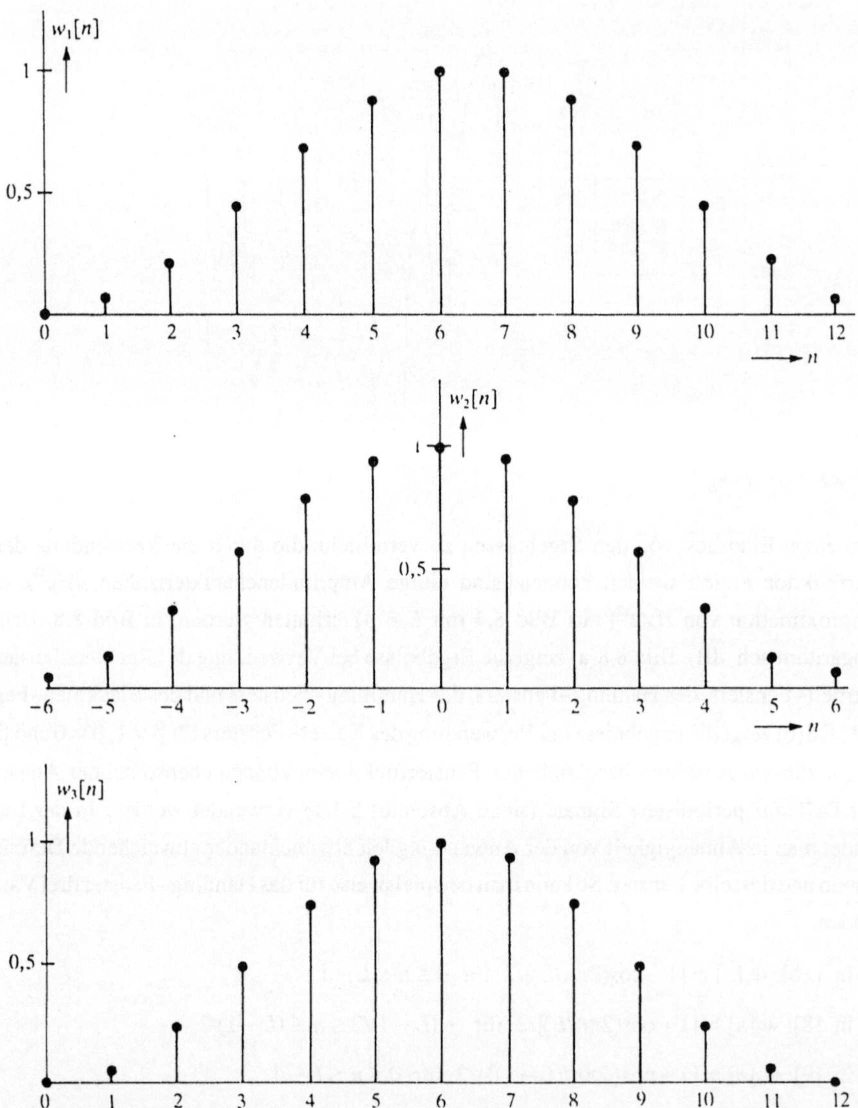

Bild 8.9 Drei verschiedene Definitionen des Hanning-Fensters mit L = 13.

8.2.2 Entwurf nach dem Frequenz–Abtastverfahren (frequency–sampling design)

Bei dieser Methode geht man von der Tatsache aus, daß die L–Werte der Impulsantwort eines FIR–Filters, das wir mit Hilfe der DFT entwerfen möchten, eindeutig in L–Werte der Übertragungsfunktion $H_d(e^{j\theta})$ umgewandelt werden können. Man kann diesen Gedankengang auch umdrehen indem man von L – Frequentabtastwerten von $H_d(e^{j\theta})$ ausgeht, und versucht L Werte der Impulsantwort mit Hilfe der L–Punkte IDFT zu bestimmen. Diese Methode ist in Bild 8.10 für einen idealen Tiefpaß $H_d(e^{j\theta})$ mit $L = 33$ dargestellt. Es wird dort ausgehend von $H_p[k]$ – deren Amplitudenwerte in Bild 8.10(b) dargestellt sind – eine IDFT mit 33 Abtastwerten berechnet. Man erhält $h_p[n]$, entsprechend Bild 8.10(c). Für die gesuchte Impulsantwort $h[n]$ nimmt man dann:

$$h[n] = \begin{cases} h_p[n] & \text{für } 0 \le n \le 32 \\ 0 & \text{sonst} \end{cases} \tag{8.3}$$

Wie gut kann man auf diesem Weg die gewünschte Funktion $H_d(e^{j\theta})$ nähern? Bei den Frequenzen, auf die genau ein Abtastwert von $H_p[k]$ fällt, ist die Approximation genau, aber bei den dazwischen liegenden Frequenzen treten Fehler auf, über die man keine direkte Kontrolle hat. Das läßt sich durch Anwendung der FTD (*nicht* der DFT!) auf die Funktion $h[n]$ aus Gleichung (8.3) veranschaulichen. Man erhält dann die Übertragungsfunktion $H(e^{j\theta})$, deren Amplitudencharakteristik $A(e^{j\theta})$ und Phasencharakteristik $\phi(e^{j\theta})$ in Bild 8.10(d) bzw. (e) zu sehen ist. An den 33 Stellen, die mit einem Punkt gekennzeichnet sind, stimmt $A(e^{j\theta})$ genau mit $|H_p[k]|$ und $|H_d(e^{j\theta})|$ überein. Bei der Berechnung der IDFT müssen aber nicht nur die Amplitudenwerte $H_p[k]$ sondern auch die entsprechenden Phasenwerte berücksichtigt werden. In diesem Fall haben wir

$$H_p[k] = \begin{cases} e^{-j16(2\pi k/33)} & \text{für } 0 \le k \le 8 \text{ und } 25 \le k \le 32 \\ 0 & \text{für } 9 \le k \le 24 \end{cases} \tag{8.4a}$$

verwendet.

Das ergibt ein Filter mit einer vollkommen linearen Phasencharakteristik, wie man auch aus der Symmetrie der Impulsantwort erkennen kann. Aus Bild 8.11 ist ersichtlich, wie wichtig die Wahl der richtigen Phasenwerte ist. Das Bild zeigt die Impulsantwort $h_p[n]$, die Amplitudencharakteristik $A(e^{j\theta})$ und die Phasencharakteristik $\phi(e^{j\theta})$, die man bei der Berechnung der IDFT erhält, wenn man nicht von $H_p[k]$ wie in Gleichung (8.4a) ausgeht, sondern von:

$$H_p[k] = \begin{cases} 1 & \text{für } 0 \le k \le 8 \text{ und } 25 \le k \le 32 \\ 0 & \text{für } 9 \le k \le 24 \end{cases} \tag{8.4b}$$

(Sowohl zu (8.4a) als auch zu (8.4b) gehört $|H_p[k]|$ von Bild 8.10(b); bitte überprüfen!)

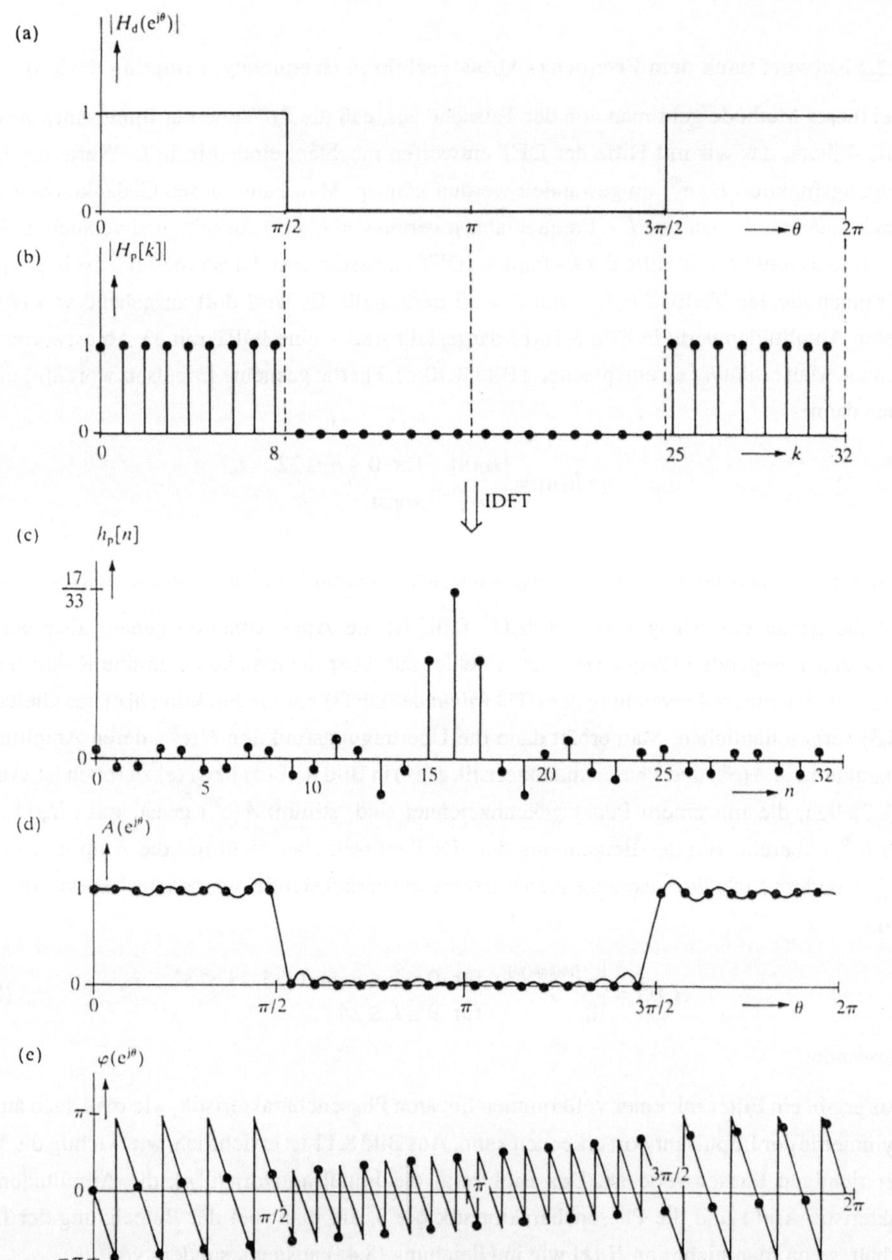

Bild 8.10 Entwurfsmethode mittels der L-Punkte DFT (L = 33). (a) gewünschte Amplitudencharakteristik | $H_d(e^{j\theta})$ |; (b) abgetastete Amplitudencharakteristik | $H_p[k]$ |; (c) $h_p[n]$, erhalten mittels IDFT; (d) endgültige Amplitudencharakteristik $A(e^{j\theta})$; (c) endgültige Phasencharakteristik $\phi(e^{j\theta})$.

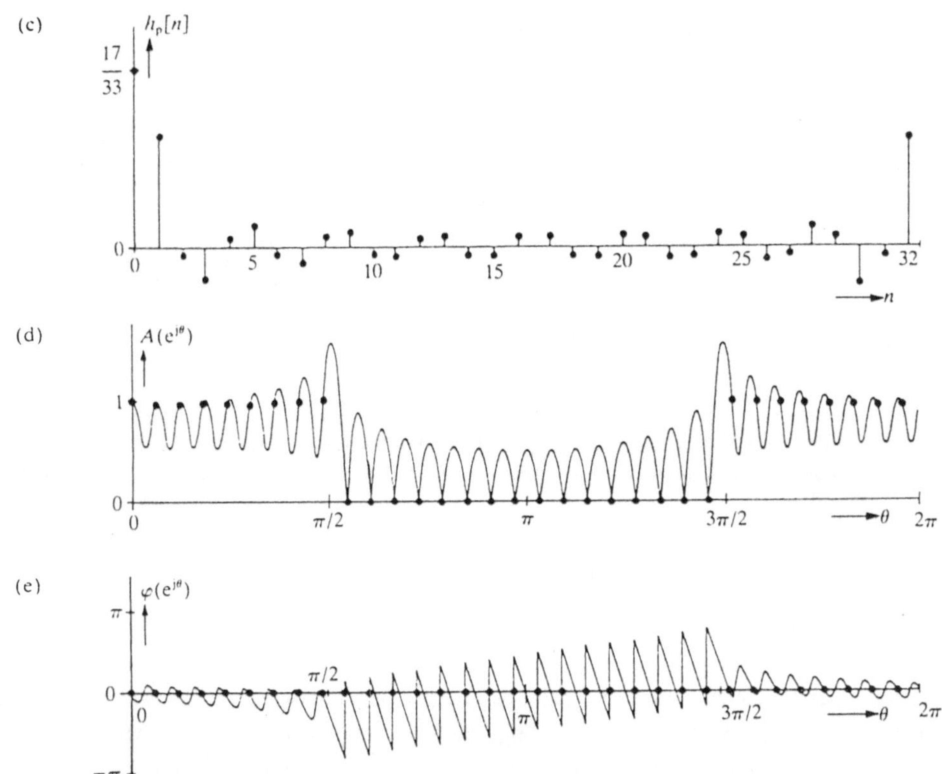

Bild 8.11 *Alternativen zu Bild 8.10(c), (d) und (e) durch eine andere Wahl der Phasencharakteristik von $H_p[k]$, nämlich $\arg\{H_p[k]\} = 0$.*

In 33 Punkten ist $A(e^{j\theta})$ aus Bild 8.11 wieder exakt gleich der gewünschten Funktion $|H_d(e^{j\theta})|$; dazwischen sind die Abweichungen allerdings beachtlich! Mit etwas Erfahrung und nach dem Ausprobieren einiger Alternativen, ist die Wahl des optimalen Phasenwertes für einen beliebigen Wert von L kein großes Problem.

Die oben beschriebene Entwurfsmethode kann verfeinert werden, indem man durch Variation von ein oder mehreren Werten von $|H_p[k]|$ versucht, eine noch bessere Approximation von $|H_d(e^{j\theta})|$ zu erhalten. Gewöhnlich nimmt man dafür die Werte von $|H_p[k]|$, die im oder nahe beim Übergangsbereich liegen, da hier die genauen Werte im allgemeinen nicht von großem Interesse sind. Wir haben es dabei mit einem einfachen Optimierungsprozeß zu tun, und können beispielsweise die *lineare Programmierung* anwenden.

In dem Beispiel von Bild 8.10(b) sind die Abtastwerte von $|H_p[8]|$ und $|H_p[25]|$ variiert worden.

Die resultierenden Amplitudencharakteristiken $A(e^{j\theta})$ für $|H_p[8]| = |H_p[25]| = 1$ und $|H_p[8]| = |H_p[25]| = 0{,}3904$ sind in Bild 8.12 (logarithmisch, dB) zu sehen.

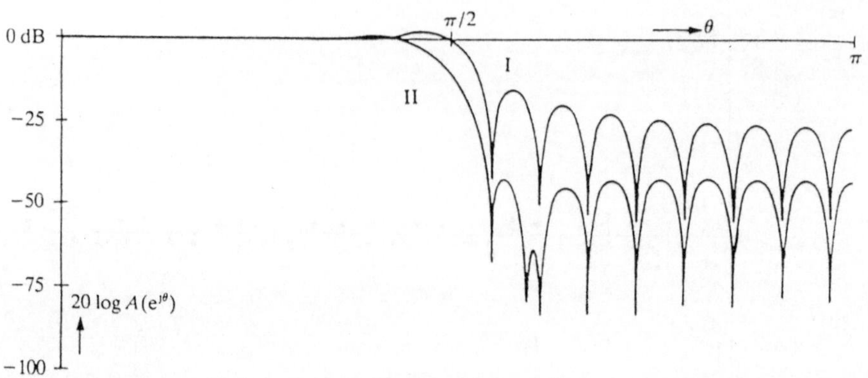

Bild 8.12 Einfluß der Variation von $|H_p[8]|$ und $|H_p[25]|$ aus Bild 8.10(b), von den Werten 1 bis 0,3904. I. ursprüngliche Amplitudencharakteristik von Bild 8.10(d) (logarithmisch, dB); II.neue Amplituden-charakteristik.

8.2.3 Entwurf aufgrund gleichmäßiger Welligkeit ("equiripple filters")

Mit der oben beschriebenen Entwurfsmethode erhält man diskrete Filter, bei denen die Abweichungen von der idealen Filtercharakteristik hauptsächlich in der Nähe des Übergangs-bereichs (oder Bereiche) auftreten. Außerhalb dieses Bereichs waren die Abweichungen im allgemeinen viel kleiner. Es scheint allerdings viel logischer, zu versuchen, die Abweichungen so gleichmäßig wie möglich über *alle* Frequenzen zu verteilen. Tatsächlich sieht es so aus, daß diese letzte Näherung den kleinsten Maximalfehler ergibt, der aber nicht einmal, sondern mehrmals auftritt. Man spricht dann von Filtern mit *gleichmäßiger Welligkeit*. Der maximale

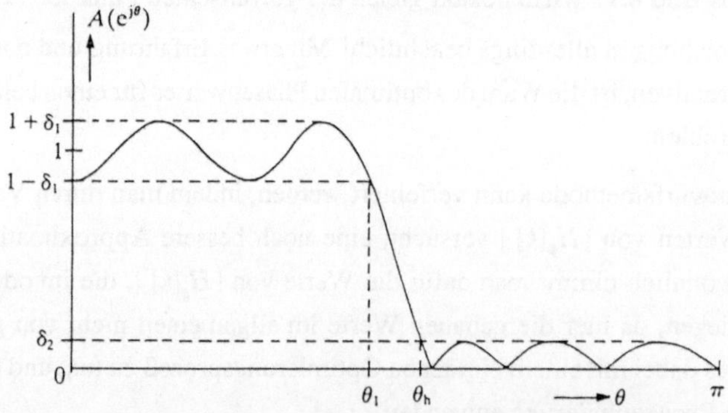

Bild 8.13 Allgemeines Beispiel eines Tiefpaß-Filters mit gleichmäßiger Welligkeit.

Fehler im Durchlaßbereich (δ_1) kann sich vom maximalen Fehler im Sperrbereich (δ_2) unterscheiden. Ein Beispiel von einem Tiefpaß mit gleichmäßiger Welligkeit zeigt Bild 8.13. Die Berechnung der Filterkoeffizienten eines Filters mit gleichmäßiger Welligkeit ist nicht leicht ohne Computer auszuführen; gewöhnlich ist eine iterative Optimierungsprozedur erforderlich.

Speziell für den Entwurf von linearphasigen Filtern mit gleichmäßiger Welligkeit sind verschiedene Computerprogramme entwickelt worden und in der Literatur beschrieben [8,9]. Auf linearphasige Filter kommen wir noch in Abschnitt 8.2.4 zurück. Es würde den Rahmen dieses Buches sprengen, sich ausführlich mit den Computerprogrammen zu befassen. Es lassen sich damit nicht nur Tiefpässe berechnen, sondern die Programme eignen sich auch für den Entwurf von Bandpässen und Bandsperren (mit einem oder mehreren Durchlaß– oder Sperrbereichen) sowie für den Entwurf von Differenzierern.

Etwas mehr möchten wir hier trotzdem darüber sagen und zwar in allgemeiner Form und beschränkt auf solche Filter, die einen Tiefpaß-Charakter haben (siehe Bild 8.13). Diese Filter haben fünf Parameter: die Anzahl der Koeffizienten L, den maximalen Fehler im Durchlaßbereich δ_1, den maximalen Fehler im Sperrbereich δ_2 sowie Anfang und Ende des Übergangsbereichs, θ_l bzw. θ_h. Wählt man vier von diesen Parametern aus, liegt der fünfte im Prinzip fest. Welche vier Parameter man auswählt und welcher sich dann ergibt, hängt von dem verwendeten Computerprogramm ab. Parks und McClellan haben ein Computerprogramm geschrieben, das häufig verwendet wird und bei dem L, θ_l, θ_h und das Verhältnis zwischen δ_1 und δ_2 spezifiziert werden müssen. Als Ergebnis erhält man die minimalen Werte von δ_1 und δ_2 sowie die Filterkoeffizienten, mit denen das Filter realisiert werden kann. Bei der Verwendung von Programmen diesen Typs, ist es nützlich, von vornherein eine Vorstellung von den Werten der verschiedenen Parameter zu haben. Zu diesem Zweck kann man in der Literatur eigens dafür aufgestellte Faustregeln finden [33, 34]. Eine grobe Schätzung der Anzahl der Filterkoeffizienten, die man für einen Tiefpaß wie in Bild 8.13 benötigt, kann man z.B. aus folgender Beziehung erhalten:

$$L \approx -\frac{10 \cdot \log(\delta_1 \delta_2) + 15}{14 \Delta f} + 1 \tag{8.5}$$

wobei $\Delta f = (\theta_h - \theta_l)/2\pi$.

Beispiel

Mit dem Programm von Parks und McLellan wurde ein Tiefpaß mit den Parameterwerten $L = 17$, $\theta_l = 0{,}3\pi$, $\theta_h = 0{,}38\pi$ und $\delta_1/\delta_2 = 1$ entworfen. Die resultierende optimale Impulsantwort und Phasencharakteristik sind in Bild 8.14 dargestellt; der Wert für δ_1 und der für δ_2 ist 0,13.

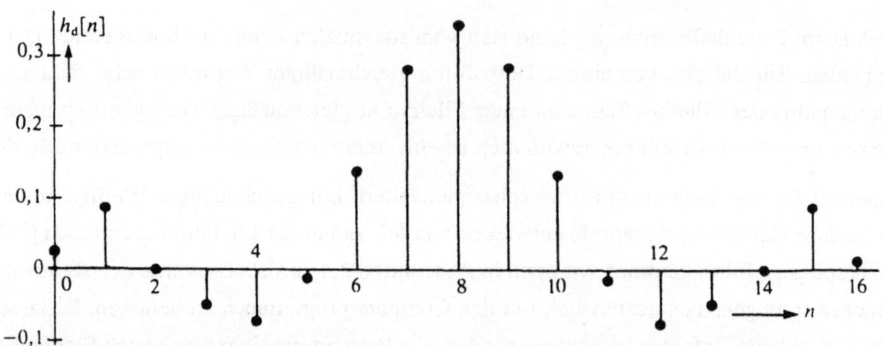

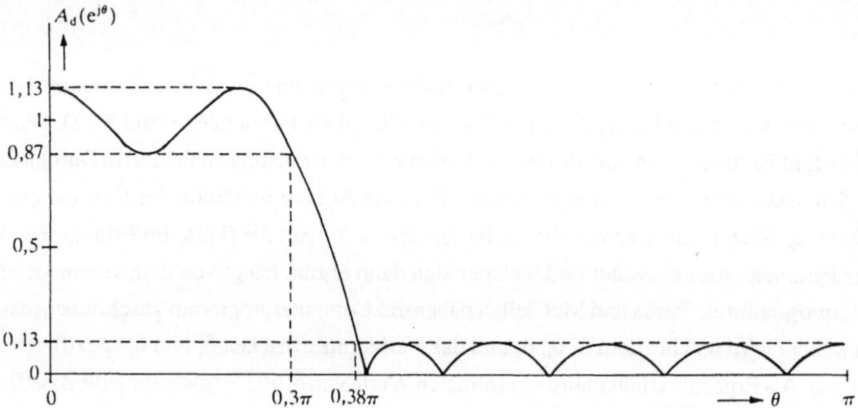

Bild 8.14 *Impulsantwort und Amplitudencharakteristik des Tiefpaß-Filters mit gleichmäßiger Welligkeit aus dem Beispiel von Abschnitt 8.2.3.*

8.2.4 Linearphasige Filter

Da bei FIR-Filtern die Filter mit linearer Phasencharakteristik bei weitem die wichtigste Rolle spielen, möchten wir hier etwas detaillierter auf einige ihrer Eigenschaften eingehen. Wir betrachten nacheinander die vier möglichen Typen der FIR-Filter mit linearer Phase, denen wir schon in Bild 7.5 begegnet sind, und kennzeichnen wieder die Abtastwerte der Impulsantwort mit a_i, b_i, c_i und d_i.

In Bild 8.15 sind die Impulsantworten $h_a[n]$, $h_b[n]$, $h_c[n]$ und $h_d[n]$ nochmals für beliebige L dargestellt. Wir verwenden dabei die Größe M, für die gilt:

$$M = (L-1)/2 \quad \text{falls } L \text{ ungerade} \tag{8.6a}$$

und

$$M = L/2 \quad \text{falls } L \text{ gerade} \tag{8.6b}$$

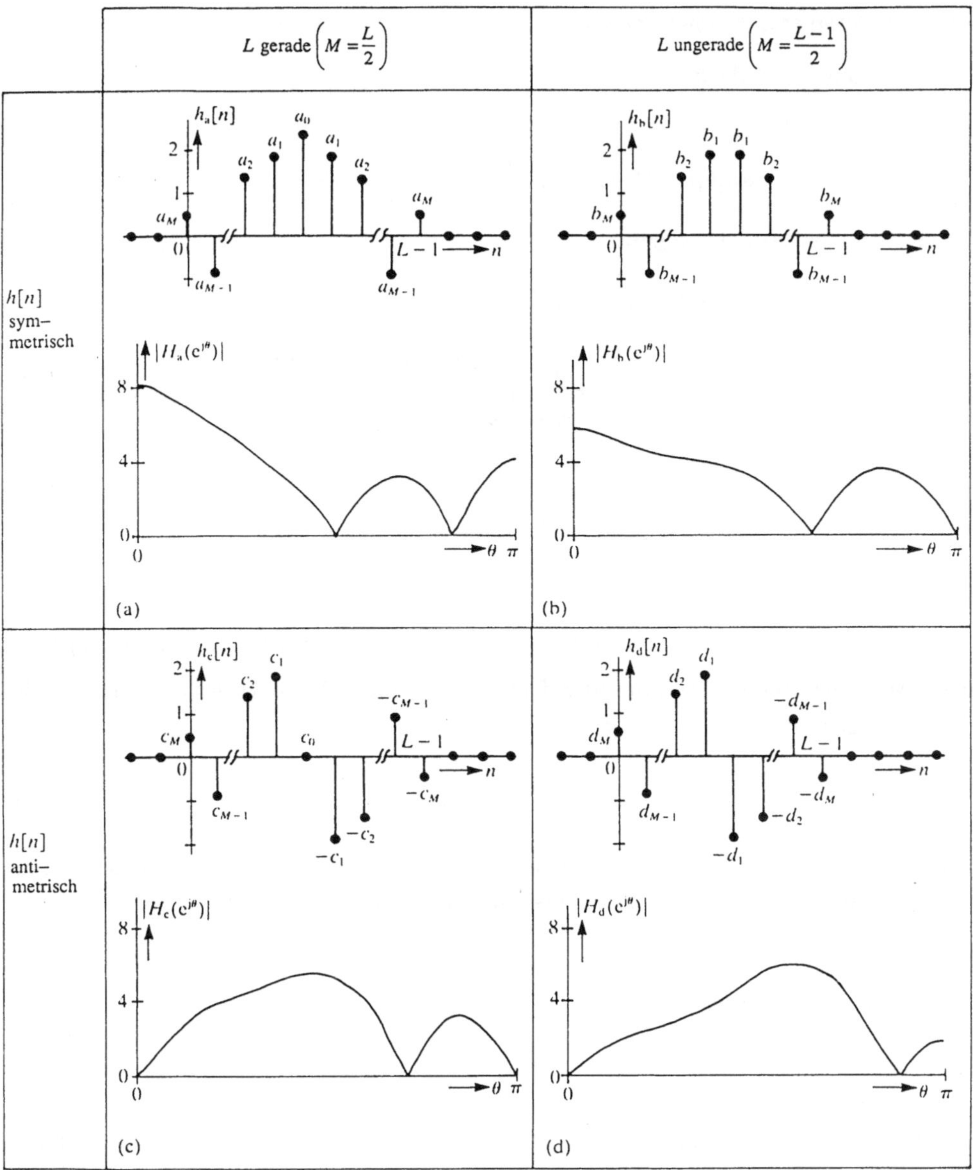

Bild 8.15 *Die vier Grundtypen von Filtern mit linearer Phase und mit der Impulsantwort h[n] der Länge L. Stets gilt:* $H_b(e^{j\pi}) = 0;$ $H_c(e^{j0}) = H_c(e^{j\pi}) = 0$ *und* $H_d(e^{j0}) = 0.$

Wir werden nun die Übertragungsfunktionen für alle vier Fälle berechnen.

– *Fall (a): Symmetrische Impulsantwort, L ist ungerade (Bild 8.15(a))*

Die Impulsantwort $h_a[n]$ ist:

$$h_a[n] = a_M \delta[n] + a_{M-1} \delta[n-1] + \ldots + a_1 \delta[n-M+1] + a_0 \delta[n-M]$$

$$+ a_1 \delta[n-M-1] + \ldots + a_{M-1} \delta[n-L+2] + a_M \delta[n-L+1] \qquad (8.7a)$$

Für die Übertragungsfunktion gilt:

$$H_a(e^{j\theta}) = a_M + a_{M-1} e^{-j\theta} + \ldots + a_1 e^{-j(M-1)\theta} + a_0 e^{-jM\theta}$$

$$+ a_1 e^{-j(M+1)\theta} + \ldots + a_{M-1} e^{-j(L-2)\theta} + a_M e^{-j(L-1)\theta}$$

$$= e^{-jM\theta} \left[a_0 + \sum_{i=1}^{M} a_i (e^{ji\theta} + e^{-ji\theta}) \right] \qquad (8.7b)$$

oder

$$H_a(e^{j\theta}) = e^{-j\theta(L-1)/2} \left[a_0 + 2 \sum_{i=1}^{(L-1)/2} a_i \cos(\theta i) \right] \qquad (8.7c)$$

– *Fall (b): Symmetrische Impulsantwort, L ist gerade (Bild 8.15(b))*

Wir haben hier eine Impulsantwort $h_b[n]$, die symmetrisch bezüglich eines Punktes ist, der genau in der Mitte zwischen zwei Abtastwerten liegt. Auf die gleiche Weise wie bei (a) finden wir für die Übertragungsfunktion:

$$H_b(e^{j\theta}) = 2 e^{-j\theta(L-1)/2} \sum_{i=1}^{L/2} b_i \cos\left\{\theta\left(i - \frac{1}{2}\right)\right\} \qquad (8.8)$$

Auffallend an dieser Übertragungsfunktion ist, daß unabhängig von b_i immer gilt: $H_b(e^{j\theta}) = 0$ für $\theta = \pi$; d.h., daß man mit diesem Filtertyp keinen Hochpaß realisieren kann.

– *Fall (c): Antimetrische Impulsantwort, L ist ungerade (Bild 8.15(c))*

Die Übertragungsfunktion ist jetzt:

$$H_c(e^{j\theta}) = 2j e^{-j\theta(L-1)/2} \sum_{i=1}^{(L-1)/2} c_i \sin(\theta i) \qquad (8.9)$$

Beachtenswert an dieser Übertragungsfunktion ist der konstante Faktor j. Das bedeutet, daß wir es – abgesehen von dem Term $e^{-j\theta(L-1)/2}$, der einer konstanten Verzögerung entspricht – mit einer rein imaginären Übertragungsfunktion zu tun haben. Ferner gilt unabhängig von c_i: $H_c(e^{j\theta}) = 0$ für $\theta = 0$ und $\theta = \pi$. Man kann deshalb nur Filtertypen mit einem Bandpaßcharakter realisieren.

– Fall (d): Antimetrische Impulsantwort, L ist gerade (Bild 8.15(d))

Auf die inzwischen vertraute Weise finden wir:

$$H_d(e^{j\theta}) = 2\mathrm{j}e^{-j\theta(L-1)/2} \sum_{i=1}^{L/2} d_i \sin\left\{\theta\left(i - \frac{1}{2}\right)\right\}$$ (8.10)

Auch in diesem Fall tritt ein konstanter Faktor j in der Übertragungsfunktion auf. Außerdem gilt unabhängig von der Wahl von d_i: $H_d(e^{j\theta}) = 0$ für $\theta = 0$. Deshalb läßt sich in diesem Fall kein Tiefpaß-Filter realisieren.

– *Bemerkung 1*. Es gibt einen guten Weg, sich an die charakteristische Lage der Nullstellen in der Übertragungsfunktion für die vier verschiedenen Typen der linearphasigen Filter zu erinnern. Aus der Definition der FTD (4.18) folgt, daß stets gilt:

$$H(e^{j0}) = \sum_{n=-\infty}^{\infty} h[n] \quad \text{und} \quad H(e^{\pm j\pi}) = \sum_{n=-\infty}^{\infty} (-1)^n h[n]$$ (8.11)

Man findet also $H(e^{j0})$ durch die Summation aller Abtastwerte der Impulsantwort; multipliziert man zuerst abwechselnd mit $+1$ und -1 und führt anschließend die Summation aus, findet man $H(e^{\pm j\pi})$. Hieraus folgt, daß im Fall (c) und (d) $H(e^{j0}) = 0$ und daß im Fall (b) und (c) $H(e^{\pm j\pi}) = 0$.

– *Bemerkung 2*. Die Eigenschaft $H(e^{j0}) = 0$ bedeutet, daß die entsprechende Systemfunktion $H(z)$ eine Nullstelle bei $z = 1$ hat und ebenso bedeutet $H(e^{\pm j\pi}) = 0$ eine Nullstelle bei $z = -1$. Da linearphasige Filter immer vom Typ FIR sind, haben ihre Systemfunktionen nur Nullstellen und keine Pole (mit Ausnahme des Ursprungs). Aus den Symmetrie–Eigenschaften der Impulsantworten läßt sich aber zeigen, daß diese Nullstellen nicht an beliebigen Stellen auftreten können. Ein einfacher Beweis ergibt, daß bei linearphasigen Filtern (ausgenommen den Nullstellen bei $z = \pm 1$) Nullstellen nur folgendermaßen auftreten können:
(a) paarweise auf der reellen Achse, gespiegelt am Einheitskreis, d.h. bei $z = a$ und $z = 1/a$;
(b) als konjugiert komplexes Paar auf dem Einheitskreis , d.h. bei $z = e^{j\theta_1}$ und $z = e^{-j\theta_1}$;
(c) als eine Vierergruppe bei $z = z_1$, $z = 1/z_1$, $z = z_1^*$ und $z = 1/z_1^*$ (* = konjugiert komplex).
Das ist schematisch in Bild 8.16 dargestellt.

8.3 Entwurfsmethoden für IIR-Filter

Der große Unterschied zwischen IIR-Filtern und FIR-Filtern liegt darin, daß bei IIR-Filtern nicht ausschließlich Nullstellen sondern auch Pole in der Systemfunktion $H(z)$ auftreten. Dadurch ergibt sich in gewisser Hinsicht eine direkte Verbindung zu konventionellen kontinuierlichen Filtern, bei deren Entwurf man auch häufig von einer Beschreibung mit Polen und Nullstellen ausgeht. Für den Entwurf von IIR–Filtern gibt es eine Reihe von Techniken, die sich auf existierende kontinuierliche Filter stützen (wie die Butterworth–, Bessel–, Tschebyscheff– und die elliptischen oder Cauer–Filter [39]). In den folgenden Abschnitten werden wir die am häufigsten verwendeten Versionen dieser Techniken behandeln.

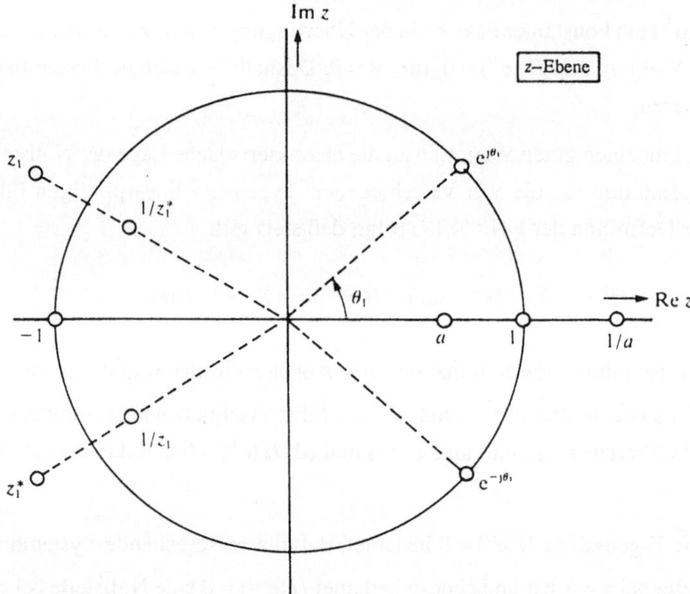

Bild 8.16 In der Systemfunktion eines linearphasigen Filters können Nullstellen nur bei z = ±1, in Paaren (a, 1/a) auf der reellen Achse, in Paaren (e^{jθ_1}, e^{-jθ_1}) auf dem Einheitskreis und als Vierergruppe (z_1, 1/z_1, z_1^* und 1/z_1^*) auftreten.

Außerdem besteht die Möglichkeit, IIR–Filter zu entwerfen, ohne von einem bekannten kontinuierlichen Filter auszugehen. Hierbei stützt sich der Entwurf ganz auf eine Analyse in der z–Ebene, wobei mit Hilfe eines Computers Optimierungsverfahren angewendet werden. Wir werden uns ganz allgemein etwas mit diesen Optimierungsmethoden befassen, eine detailliertere Beschreibung würde über den Rahmen dieses Buches hinausgehen.

Durch das Vorhandensein von Polen in der Systemfunktion von IIR–Filtern kann man auf Filter stoßen, die instabil sind, wenn die Pole außerhalb des Einheitskreises $|z| = 1$ liegen. Bei einigen Entwurfsmethoden ist nicht von vornherein sicher, daß das resultierende Filter stabil ist. Es muß deshalb immer nachträglich überprüft werden.

Im allgemeinen ist es bei IIR–Filtern nicht möglich, im voraus solche Anforderungen an die Filterkoeffizienten zu stellen, daß die Phasencharakteristik bestimmte Bedingungen erfüllt (wie es zum Beispiel beim Entwurf von linearphasigen FIR–Filtern möglich war). Möchte man ein IIR–Filter mit einer bestimmten Amplituden– und Phasencharakteristik entwerfen, geht man häufig folgendermaßen vor:

1. Man entwirft zuerst ein IIR–Filter mit der gewünschten Amplitudencharakteristik.
2. Anschließend entwirft man einen Phasenschieber, der zusammen mit dem ersten Filter die gewünschte Phasencharakteristik liefert.
3. Durch Kaskadenschaltung der beiden Filter von (1) und (2) erhält man das gewünschte Gesamtfilter.

8.3.1 Impulsantwort–invarianter Filterentwurf

Bei dieser Methode geht man von einem analogen Filter mit der Impulsantwort $h_a(t)$ und der entsprechenden Übertragungsfunktion $H_a(\omega)$ sowie der Systemfunktion $H_a(p)$ aus; siehe Abschnitt 2.10. Ziel unseres Entwurfs ist es, ein Filter mit der Impulsantwort $h_d[n]$ zu realisieren, wobei folgende Bedingung erfüllt werden soll:

$$h_d[n] = h_a(nT) \tag{8.12}$$

$1/T$ ist dabei die Abtastfrequenz des diskreten Systems. Welcher Zusammenhang besteht jetzt zwischen der Übertragungsfunktion $H_d(e^{j\theta})$ des diskreten Filters und $H_a(\omega)$ des analogen Filters? Mit Hilfe von Kapitel 3 (vor allem Bild 3.6) läßt sich leicht zeigen, daß:

$$H_d(e^{j\theta}) = \frac{1}{T} \sum_{k=-\infty}^{\infty} H_a(\omega - 2\pi k/T) \quad \text{mit} \quad \theta = \omega T \tag{8.13}$$

Der Zusammenhang ist in Bild 8.17 dargestellt. Man erkennt, daß bei dieser Methode, in Abhängigkeit von der Wahl von T, Überlappungsprobleme größeren oder kleineren Umfangs in der Übertragungsfunktion auftreten können. Hierdurch kann eine scheinbar gute Ähnlichkeit im Zeitbereich einer schlechten Näherung im Frequenzbereich entsprechen.

Wie findet man also mit dieser Methode die Filterkoeffizienten des IIR–Filters? Wir betrachten dafür zunächst ein einfaches Beispiel. Gegeben ist ein analoges Filter mit der Übertragungsfunktion $H_a(\omega)$ und der Systemfunktion $H_a(p)$:

$$H_a(\omega) = \frac{A}{j\omega - B} \tag{8.14}$$

und somit

$$H_a(p) = \frac{A}{p - B} \tag{8.15}$$

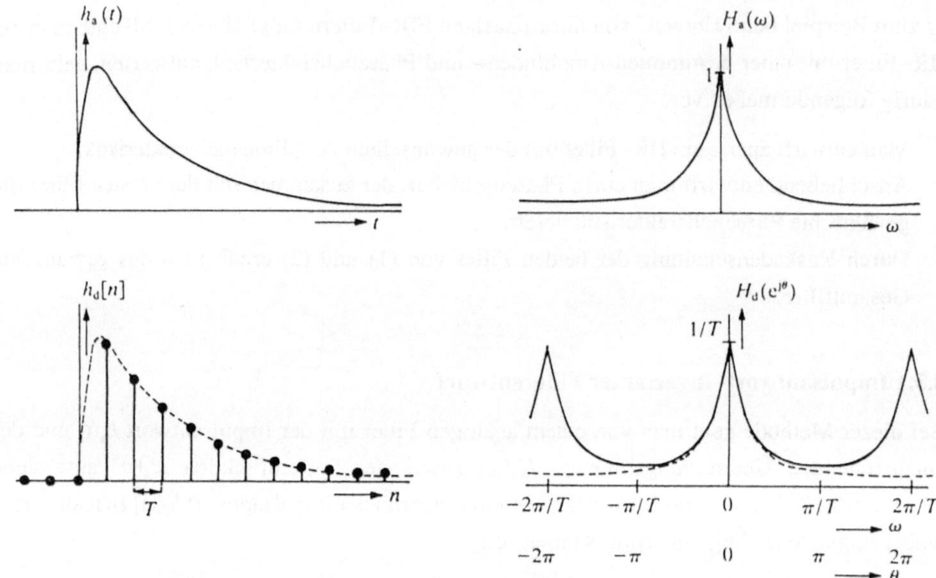

Bild 8.17 Schematische Wiedergabe des Zusammenhangs zwischen der Impulsantwort $h_a(t)$ und $h_d[n] = h_a(nT)$ sowie der entsprechenden Übertragungsfunktion $H_a(\omega)$ und $H_d(e^{j\theta})$.

Aus (8.14) erhält man unter Verwendung von (2.5) und (2.6) die Impulsantwort $h_a(t)$:

$$h_a(t) = \begin{cases} A e^{Bt} & \text{für } t \geq 0 \\ 0 & \text{für } t < 0 \end{cases} \tag{8.16}$$

Folglich ergibt sich für die diskrete Impulsantwort $h_d[n]$:

$$h_d[n] = h_a(nT) = A e^{BnT} u[n] \tag{8.17}$$

und für ihre z–Transformierte:

$$H_d(z) = \sum_{n=-\infty}^{\infty} h_d[n]\, z^{-n} = A \sum_{n=0}^{\infty} (e^{BT} z^{-1})^n$$

$$= \frac{A}{1 - e^{BT} z^{-1}} \tag{8.18}$$

Diese Systemfunktion kann nach Bild 8.18 realisiert werden.

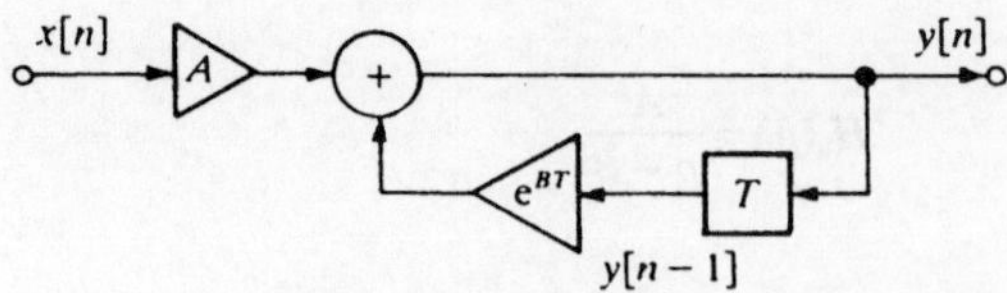

Bild 8.18   Diskrete Approximation der Systemfunktion $H_a(p) = \dfrac{A}{p - B}$ durch $H_d(z) = \dfrac{A}{1 - e^{BT} z^{-1}}$

Es ist interessant, die Systemfunktionen $H_a(p)$ und $H_d(z)$ einmal zu vergleichen. Man sieht, daß $H_a(p)$ einen Pol bei $p = B$ und $H_d(z)$ einen Pol bei $z = e^{BT}$ hat. Das kennzeichnet eine allgemeine Eigenschaft dieser Entwurfsmethode: jeder (einfache) Pol $p = p_k$ des analogen Filters, von dem wir ausgegangen sind, wird in einen (einfachen) Pol $z = z_k = e^{p_k T}$ umgesetzt. Allgemein gilt, daß man mit dieser Entwurfsmethode, ausgehend von einer Systemfunktion $H_a(p)$:

$$H_a(p) = \sum_{k=1}^{N} \frac{A_k}{p - B_k} \tag{8.19}$$

ein diskretes Filter mit der Systemfunktion $H_d(z)$:

$$H_d(z) = \sum_{k=1}^{N} \frac{A_k}{1 - e^{B_k T} z^{-1}} \tag{8.20}$$

erhält. Die Art und Weise, wie bei dem Übergang von Gleichung (8.19) zu (8.20) die Pole des analogen Filters in Pole des diskreten Filters umgesetzt wurden, garantiert, daß ein stabiles kontinuierliches Filter in ein stabiles diskretes Filter umgewandelt wurde. Das kann man wie folgt einsehen. Pole eines stabilen kontinuierlichen Filters liegen in der linken Hälfte der p–Ebene; d.h. $\mathrm{Re}\{B_k\} \leq 0$. Deshalb gilt $|\,e^{B_k T}\,| \leq 1$, was einem Pol innerhalb oder auf dem Einheitskreis in der z–Ebene entspricht.

Für die Umsetzung von Nullstellen von $H_a(p)$ in Nullstellen von $H_d(z)$ existiert bei dieser Entwurfsmethode kein ähnlich einfacher Zusammenhang, da die Umsetzung nicht nur von den Nullstellen abhängt, sondern auch von den Polen.

Das oben Beschriebene wird nun anhand der folgenden zwei Beispiele erläutert.

Beispiel 1

Gegeben ist die Systemfunktion $H_a(p)$ eines Systems zweiter Ordnung:

$$H_a(p) = \frac{2(p + A)}{(p + A)^2 + B^2} = \frac{1}{p + A + jB} + \frac{1}{p + A - jB} \tag{8.21}$$

Mit der Methode des Impulsantwort–invarianten Filterentwurfs findet man für $H_d(z)$:

$$H_d(z) = \frac{1}{1 - e^{-AT} e^{-jBT} z^{-1}} + \frac{1}{1 - e^{-AT} e^{jBT} z^{-1}}$$

$$= \frac{2 - e^{-AT} z^{-1} (e^{-jBT} + e^{jBT})}{(1 - e^{-AT} e^{-jBT} z^{-1})(1 - e^{-AT} e^{jBT} z^{-1})}$$

$$= \frac{2z[z - e^{-AT} \cos(BT)]}{(z - e^{-AT} e^{-jBT})(z - e^{-AT} e^{jBT})} \tag{8.22}$$

Die Systemfunktion $H_a(p)$ hat Pole bei $p_{1,2} = -A \pm jB$ und eine Nullstelle bei $p_3 = -A$. Die Systemfunktion $H_d(z)$ hat, wie erwartet, Pole bei $z_{1,2} = e^{(-A \pm jB)T}$. Daneben gibt es zwei Nullstellen: bei $z_3 = 0$ und bei $z_4 = e^{-AT} \cos(BT)$; die Position der *Nullstelle* z_4 von $H_d(z)$ wird (durch den Wert B) so teilweise durch die Position der Pole von $H_a(p)$ bestimmt.

Beispiel 2

Gegeben ist die Systemfunktion:

$$H_a(p) = \frac{2p+22}{(p+1)(p^2+4p+13)} = \frac{2}{p+1} - \frac{2p+4}{p^2+4p+13}$$

$$= \frac{2}{p+1} - \frac{1}{p+2+3j} - \frac{1}{p+2-3j} \tag{8.23}$$

Mit der Methode für den Entwurf impulsinvarianter Filter findet man:

$$H_d(z) = \frac{2}{1-e^{-T}z^{-1}} - \frac{1}{1-e^{-(2+3j)T}z^{-1}} - \frac{1}{1-e^{-(2-3j)T}z^{-1}}$$

$$= \frac{2z\{[e^{-T}-e^{-2T}\cos(3T)]z + e^{-4T}-e^{-3T}\cos(3T)\}}{(z-e^{-T})[z^2-2ze^{-2T}\cos(3T)+e^{-4T}]} \tag{8.24}$$

$H_a(p)$ hat Pole bei $p_1 = -1$ und $p_{2,3} = -2 \pm 3j$ sowie eine Nullstelle bei $p_4 = -11$. $H_d(z)$ hat Pole bei $z_1 = e^{-T}$ und $z_{2,3} = e^{-(2\pm3j)T}$ sowie Nullstellen bei $z_4 = 0$ und $z_5 = [-e^{-4T}+e^{-3T}\cos(3T)]/[e^{-T}-e^{-2T}\cos(3T)]$. Um einen echten Vergleich zwischen $H_a(\omega)$ und $H_d(e^{j\theta})$ durchführen zu können, müssen wir eine Wahl für T treffen. Bild 8.19 zeigt zwei Fälle: $H_{d1}(e^{j\theta})$ für $T = 1$ und $H_{d2}(e^{j\theta})$ für $T = \frac{1}{2}$. Die Funktionen $h_a(t)$ und $H_a(\omega)$ sind gestrichelt dargestellt. *Anmerkung:* Da $H_d(e^{j\theta})$ – wie aus (8.13) ersichtlich –umgekehrt proportional zu T ist, wurde für $T = \frac{1}{2}$ nicht H_{d2} sondern $\frac{1}{2}H_{d2}$ dargestellt; das erleichtert den Vergleich.

– *Bemerkungen*:

1. Für die Anwendung dieser Entwurfsmethode ist es wesentlich, daß ein gegebenes kontinuierliches System $H_a(p)$ zuerst *genau* in der Form von Gleichung (8.19) beschrieben wird.
2. Für die Anwendung des einfachen Übergangs von (8.19) zu (8.20), ist es erforderlich, daß $H_a(p)$ nur *einfache* Pole besitzt. Das bedeutet, daß die B_k's sowohl reell als auch komplex sein können, aber daß keine zwei oder mehr Koeffizienten B_k den gleichen Wert haben können. Im Prizip ist es gut möglich, diese Methode auf den Fall von Mehrfachpolen auszudehnen, aber der Übergang von (8.19) zu (8.20) wird dann viel komplizierter [29, 35]; siehe auch Anhang II.4.

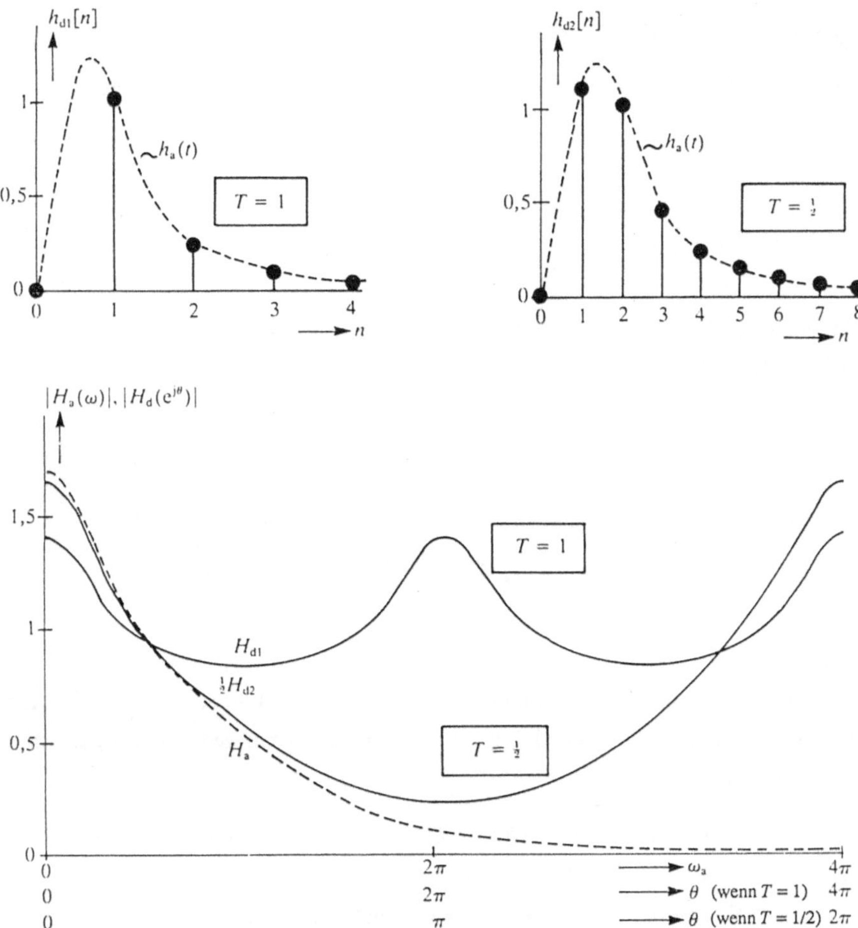

Bild 8.19 *Zwei Impulsantwort-invariante Filterentwürfe mit gleicher Impulsantwort $h_a(t)$ aber unterschiedlichen Werten für T.*

3. Der Vollständigkeit halber möchten wir erwähnen, daß noch eine andere Entwurfsmethode existiert, die unter der englischen Bezeichnung "matched z−transform" bekannt ist. Bei dieser Methode wird nicht nur jeder Pol bei $p = p_k$ durch einen Pol bei $z = z_k = e^{p_k T}$ ersetzt, sondern auch die Nullstellen werden nach der gleichen Vorschrift ersetzt. Wegen gewisser Nachteile wird diese Methode wenig verwendet.

8.3.2 Approximation von Differentialgleichungen durch Differenzengleichungen

Bei dieser Methode verwenden wir die Tatsache, daß ein kontinuierliches System mit der Systemfunktion

$$H_a(p) = \frac{\sum\limits_{i=0}^{N} b_i p^i}{1 - \sum\limits_{i=1}^{M} a_i p^i} \qquad (8.25)$$

ebenso durch eine Differentialgleichung, die das Eingangssignal $x_a(t)$ und das Ausgangssignal $y_a(t)$ enthält (siehe Abschnitt 2.6), beschrieben werden kann:

$$y_a(t) = \sum\limits_{i=0}^{N} b_i \frac{d^i x_a(t)}{dt^i} + \sum\limits_{i=1}^{M} a_i \frac{d^i y_a(t)}{dt^i} \qquad (8.26)$$

Nun werden die Differentialquotienten durch eine Approximation ersetzt:

$$\left. \frac{dy_a(t)}{dt} \right|_{t=nT} \approx \frac{y_a(nT) - y_a(nT - T)}{T} = \frac{y_d[n] - y_d[n-1]}{T} \qquad (8.27)$$

$y_d[n]$ ist hierbei das Ausgangssignal eines diskreten Systems. Die Näherung eines Differentialquotienten durch einen Differenzenquotienten wird auch z.B. in der numerischen Analyse verwendet. Intuitiv erwartet man, daß die Approximation umso genauer wird, je kleiner man T wählt. Das ist tatsächlich so.

Worin besteht aber der Zusammenhang zwischen der Systemfunktion $H_d(z)$ eines diskreten Filters, das wir schließlich auf diesem Weg erhalten, und der Systemfunktion $H_a(p)$ von der wir ausgingen? Wir müssen uns hierbei an zwei Beziehungen erinnern:

1. Wenn $\qquad\qquad\qquad\qquad\qquad y_a(t) \; \circ\!\!-\!\!-\!\!\circ \; Y_a(p)$

dann $\qquad\qquad\qquad\qquad \dfrac{dy_a(t)}{dt} \; \circ\!\!-\!\!-\!\!\circ \; p Y_a(p) \qquad (8.28a)$

2. wenn $\qquad\qquad\qquad\qquad y_d[n] \; \circ\!\!-\!\!-\!\!\circ \; Y_d(z)$

dann $\qquad \dfrac{y_d[n] - y_d[n-1]}{T} \; \circ\!\!-\!\!-\!\!\circ \; \dfrac{Y_d(z) - z^{-1} Y_d(z)}{T} = \left(\dfrac{1 - z^{-1}}{T} \right) Y_d(z) \qquad (8.28b)$

Mit dieser Methode wird folglich ein $H_d(z)$ realisiert, indem man in $H_a(p)$, p durch $(1 - z^{-1})/T$

ersetzt. Mit (8.25) erhält man:[1]

$$H_d(z) = \frac{\sum\limits_{i=0}^{N} b_i \left(\frac{1-z^{-1}}{T}\right)^i}{1 - \sum\limits_{i=1}^{M} a_i \left(\frac{1-z^{-1}}{T}\right)^i} \tag{8.29}$$

Was geschieht während der Substitution mit den Polen und Nullstellen? Anstelle von

$$p = \frac{1-z^{-1}}{T} \tag{8.30}$$

kann man auch schreiben:

$$z = \frac{1}{1-pT} \tag{8.31}$$

Jeder Pol (oder jede Nullstelle) bei $p = p_k$ wird durch einen Pol (oder eine Nullstelle) bei $z = 1/(1 - p_k T)$ ersetzt. Das gilt übrigens nicht nur für die Pole und Nullstellen, sondern für jeden

---

[1]In (8.27) und (8.28) haben wir uns momentan nur auf die Ableitungen erster Ordnung von $y_a(t)$ beschränkt. Bei wiederholter Anwendung der Approximationsvorschrift von (8.27) können aber auch die diskreten Approximationen für höhere Ableitungen von $y_a(t)$ leicht gewonnen werden:

$$\left.\frac{d^2 y_a(t)}{dt^2}\right|_{t=nT} = \left.\frac{d}{dt}\left(\frac{dy_a(t)}{dt}\right)\right|_{t=nT} \approx \frac{\frac{y_d[n]-y_d[n-1]}{T} - \frac{y_d[n-1]-y_d[n-2]}{T}}{T}$$

somit

$$\left.\frac{d^2 y_a(t)}{dt^2}\right|_{t=nT} \approx \frac{y_d[n] - 2y_d[n-1] + y_d[n-2]}{T^2} = y_{d2}[n]$$

und ähnlicherweise

$$\left.\frac{d^3 y_a(t)}{dt^3}\right|_{t=nT} \approx \frac{y_d[n] - 3y_d[n-1] + 3y_d[n-2] - y_d[n-3]}{T^3} = y_{d3}[n].$$

Die z-Transformierten $Y_{d2}(z)$ und $Y_{d3}(z)$ von $y_{d2}[n]$ und $y_{d3}[n]$ sind:

$$Y_{d2}(z) = \frac{Y_d(z) - 2Y_d(z)z^{-1} + Y_d(z)z^{-2}}{T^2} = \left(\frac{1-z^{-1}}{T}\right)^2 Y_d(z)$$

und

$$Y_{d3}(z) = \left(\frac{1-z^{-1}}{T}\right)^3 Y_d(z)$$

Im allgemeinen findet man für die i-te Ableitung von $y_a(t)$, mit der Laplace-Transformierten $p^i Y_a(p)$, die diskrete Approximation $y_{di}[n]$ mit der z-Transformierten $Y_{di}(z)$:

$$Y_{di}(z) = \left(\frac{1-z^{-1}}{T}\right)^i Y_d(z)$$

Daraus ist ersichtlich, daß p^i in $H_c(p)$ durch $(1-z^{-1})^i/T^i$ in $H_d(z)$ ersetzt werden kann.

beliebigen Wert von p. Man sagt, daß Gleichung (8.31) eine Abbildung der p-Ebene auf die z-Ebene darstellt. Grafisch läßt sich das wie in Bild 8.20 wiedergeben. Die imaginäre Achse der p-Ebene wird auf den kleinen Kreis mit dem Radius 0,5 in der z-Ebene abgebildet. Der Ursprung der p-Ebene ($p = 0$) geht in den Punkt $z = 1$ über, die Punkte $p = j\infty$ und $p = -j\infty$ werden auf den Ursprung $z = 0$ der z-Ebene abgebildet. Das schraffierte Gebiet links der vertikalen Achse in der p-Ebene wird *innerhalb* des schraffierten Kreises in der z-Ebene abgebildet, und das Gebiet rechts dieser Achse wird *außerhalb* des schraffierten Kreises abgebildet. Das bedeutet, daß durch die Abbildung, ein stabiles kontinuierliches System (mit allen seinen Polen auf der linken Seite der vertikalen Achse in der p-Ebene) durch ein stabiles diskretes System (dessen Pole sich alle innerhalb des kleinen Kreises und deshalb bestimmt innerhalb des Einheitskreises befinden) ersetzt wurde.

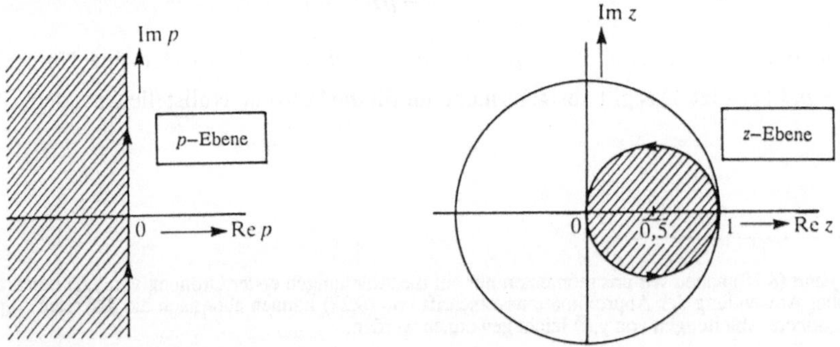

Bild 8.20 Abbildung der p-Ebene auf die z-Ebene durch $z = 1/(1 - pT)$.

Und doch ist diese Abbildung hinsichtlich der Frage, ob das diskrete System im Basisintervall auch genau das gleiche Frequenzverhalten hat, wie das analoge System, nicht ideal. Dazu müßte die vertikale Achse der p-Ebene genau auf den Einheitskreis in der z-Ebene abgebildet werden. Nur in dem Gebiet, in dem der kleine Kreis dicht an den Einheitskreis in der z-Ebene herankommt (d.h. für relativ tiefe Frequenzen: $|\theta| \ll \pi$), besteht eine große Übereinstimmung zwischen dem Frequenzverhalten des kontinuierlichen Systems und dem des diskreten Systems.

Für den gerade hier beschriebenen Fall wurde so approximiert, daß die kontinuierlichen Differentialquotienten $dy_a(t)/dt$ mit *Rückwärtsdifferenzen* (engl.: "backward difference"): $[y_a(nT) - y_a(nT - T)]/T$ ersetzt wurden; Gleichung (8.27). Würde man statt der Rückwärtsdifferenzen Vorwärtsdifferenzen (engl.: "forward difference") wählen:

$$\frac{dy_a(t)}{dt}\bigg|_{t = nT} \approx \frac{y_a(nT + T) - y_a(nT)}{T} \qquad (8.32)$$

so hätte man auf dem gleichen Weg wie oben die Transformationsbeziehungen

$$p = \frac{z-1}{T} \tag{8.33}$$

bzw.

$$z = 1 + pT \tag{8.34}$$

gefunden.

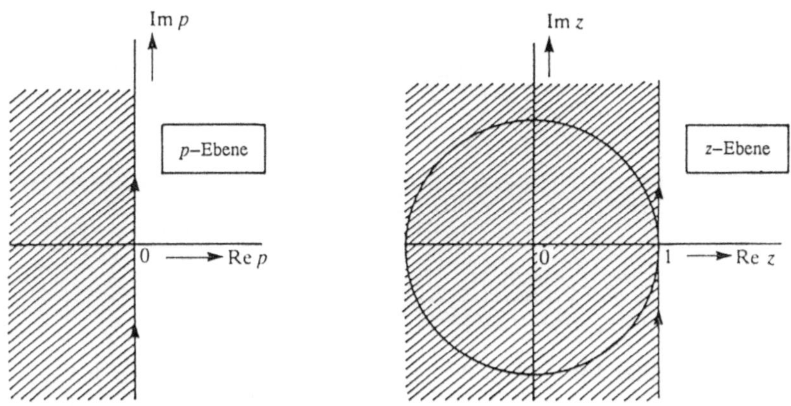

Bild 8.21 Abbildung der p–Ebene auf die z–Ebene durch z = 1 + pT

Das stellt wieder eine Abbildung der p–Ebene auf die z–Ebene dar, wobei aber die vertikale Achse der p–Ebene jetzt auf eine vertikale Linie in der z–Ebene durch den Punkt $z = 1$ abgebildet wird; Bild 8.21. Der Ursprung $p = 0$ der p–Ebene wird auf den Punkt $z = 1$, und das ganze Gebiet links der vertikalen Achse der p–Ebene wird links der vertikalen Linie in der z–Ebene abgebildet. Das Gebiet rechts der vertikalen Achse der p–Ebene wird rechts der vertikalen Linie in der z–Ebene abgebildet. Durch die Abbildung kann ein stabiles kontinuierliches System in ein instabiles diskretes System überführt werden. Auch wenn das nicht zutreffen würde, wäre das Frequenzverhalten des diskreten Systems nur bei relativ niedrigen Frequenzen das gleiche wie das des kontinuierlichen Systems.

Wegen der Mangelhaftigkeit der beiden bisher beschriebenen Methoden finden sie beim Entwurf von digitalen Systemen selten Anwendung. Sie werden jedoch beim Entwurf von Schaltungen wie beispielsweise Schalter–Kondensator–Filter (siehe auch Abschnitt 8.3.4) verwendet. Die Gründe dafür liegen darin, daß Filter diesen Typs mehr oder weniger automatisch Teilschaltungen enthalten, die eine Systemfunktion der Form $(1 - z^{-1})/T$ oder $(z - 1)/T$ haben [2].

Um das oben Beschriebene zu veranschaulichen, folgen zwei Beispiele, bei denen wir wieder von dem kontinuierlichen System mit der Systemfunktion von Gleichung (8.23) ausgehen.

Beispiel 1

Gegeben ist die Systemfunktion von Gleichung (8.23):

$$H_a(p) = \frac{2p + 22}{(p + 1)(p^2 + 4p + 13)} \tag{8.35}$$

Mit $T = 1/2$ ergibt sich für die Methode der Rückwärtsdifferenzen die erforderliche Substitution zu:

$$p = \frac{1 - z^{-1}}{T} = 2 - 2z^{-1} \tag{8.36}$$

Damit erhält man:

$$H_{d3}(z) = \frac{4 - 4z^{-1} + 22}{(3 - 2z^{-1})(4 - 8z^{-1} + 4z^{-2} + 8 - 8z^{-1} + 13)}$$

$$= \frac{2z^2(13z - 2)}{(3z - 2)(5z - 1{,}6 + 1{,}2j)(5z - 1{,}6 - 1{,}2j)} \tag{8.37}$$

$H_{d3}(z)$ hat also Nullstellen bei $z_{1,2} = 0$ und $z_3 = 2/13$ sowie Pole bei $z_4 = 2/3$ und $z_{5,6} = 0{,}32 \pm 0{,}24j$. Die entsprechende Amplitudencharakteristik $|H_{d3}(e^{j\theta})|$ ist in Bild 8.22 dargestellt.

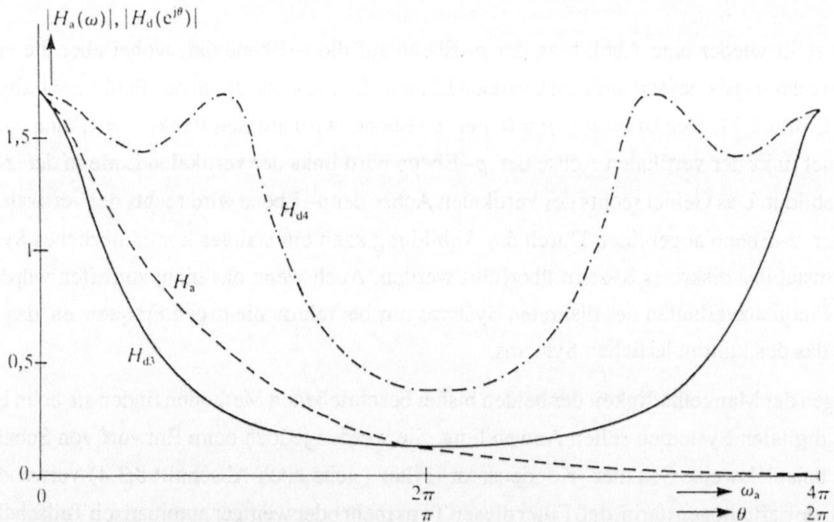

Bild 8.22 Ergebnisse zweier Entwürfe H_{d3} und H_{d4} (mit $T = 1/2$), ermittelt durch Rückwärtsdifferenzen beziehungsweise Vorwärtsdifferenzen.

Beispiel 2

Wählt man T zu $T = 1/2$, so ergibt sich bei der Methode der Vorwärtsdifferenzen für die Substitution:

$$p = \frac{z-1}{T} = 2z - 2 \tag{8.38}$$

Aus der Systemfunktion von (8.35) wird damit:

$$H_{d4}(z) = \frac{4z + 18}{(2z - 1)(4z^2 - 8z + 4 + 8z - 8 + 13)}$$

$$= \frac{2(2z + 9)}{(2z - 1)(2z + 3j)(2z - 3j)} \tag{8.39}$$

$H_{d4}(z)$ hat also eine Nullstelle bei $z_1 = -9/2$ und Pole bei $z_2 = \frac{1}{2}$ und $z_{3,4} = \pm 3j/2$. Wenn man $|H_{d4}(z)|$

auf dem Einheitskreis berechnet, (d.h. für $z = e^{j\theta}$) ergibt sich der Verlauf von H_{d4} in Bild 8.22. Man begeht hierbei aber einen enormen Denkfehler, wenn man annimmt, daß die Methode der Vorwärtsdifferenzen mit $H_{d4}(e^{j\theta})$ als Übertragungsfunktion ein brauchbares System liefert. Die Pole $z_{3,4} = \pm 3j/2$ liegen nämlich *außerhalb* des Einheitskreises und $|H_{d4}(z)|$ stellt somit ein *instabiles* System dar! Der Einheitskreis in der z-Ebene liegt dann außerhalb des Konvergenzbereichs von $|H_{d4}(z)|$ und die Beziehung (8.39) gilt nur *im* Konvergenzbereich. (Der Konvergenzbereich von $|H_{d4}(z)|$ nimmt die gesamte z-Ebene, außerhalb des Kreises $|z| = 3/2$, ein.)

8.3.3 Die bilineare Transformation

Die am häufigsten verwendete Methode beim Entwurf diskreter Filter, bei der man von einem kontinuierlichen Filter ausgeht, ist als *bilineare Transformation* bekannt. Auch bei dieser Transformation wird wieder die p-Ebene auf die z-Ebene abgebildet. Hier wird die Transformationsbeziehung

$$p = \frac{2}{T} \cdot \frac{1 - z^{-1}}{1 + z^{-1}} \tag{8.40}$$

und folglich:

$$z = \frac{2 + pT}{2 - pT} \tag{8.41}$$

verwendet. Grafisch läßt sich diese Abbildung mit Bild 8.23 veranschaulichen.

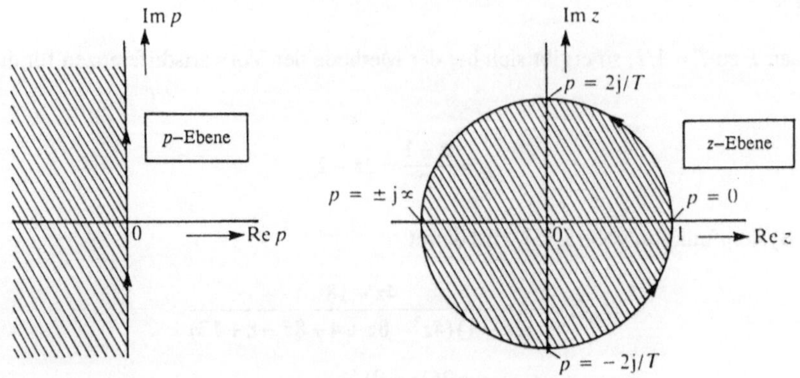

Bild 8.23 Abbildung der p–Ebene auf die z–Ebene durch z = (2 + pT)/(2 − pT).

Die vertikale Achse der p–Ebene wird nun genau auf den Einheitskreis der z–Ebene abgebildet, wobei die Nullstelle $p = 0$ in den Punkt $z = 1$ transformiert wird. Die linke Halbebene der p–Ebene wird in das Gebiet innerhalb des Einheitskreises transformiert, die rechte Halbebene in das Gebiet außerhalb des Einheitskreises. Bei dieser Entwurfsmethode erhält man folglich immer stabile diskrete Systeme, wenn man von einem stabilen kontinuierlichen System ausgeht.

Beispiel

Gegeben ist die Systemfunktion $H_a(p)$:

$$H_a(p) = \frac{A}{p + A} \tag{8.42}$$

Mit der bilinearen Transformation ergibt sich damit die Systemfunktion $H_d(z)$:

$$H_d(z) = \frac{A}{\frac{2}{T} \cdot \frac{1 - z^{-1}}{1 + z^{-1}} + A} = \frac{AT(1 + z^{-1})}{AT + 2 + (AT - 2)z^{-1}} \tag{8.43}$$

Die Beträge der Übertragungsfunktionen $H_a(\omega)$ und $H_d(e^{j\theta})$ sind für $A = 1000$ und $T = 1/1000$ in Bild 8.24 dargestellt.

In dem obigen Beispiel treten zwei verschiedene Kreisfrequenzen ω auf; eine gehört zu dem kontinuierlichen Filter von dem wir ausgingen und die andere zu dem diskreten Filter, das wir berechnet haben. Damit die beiden Frequenzen deutlich voneinander unterschieden werden können, haben wir sie mit ω_a (a für "analog") und $\omega_d = \theta/T$ (d für "diskret") bezeichnet. Wir werden die gleiche Bezeichnung auch im folgenden bei ähnlichen Situationen verwenden, um Verwirrungen zu vermeiden (natürlich gilt weiterhin $f_a = \omega_a/2\pi$ und $f_d = \omega_d/2\pi$).

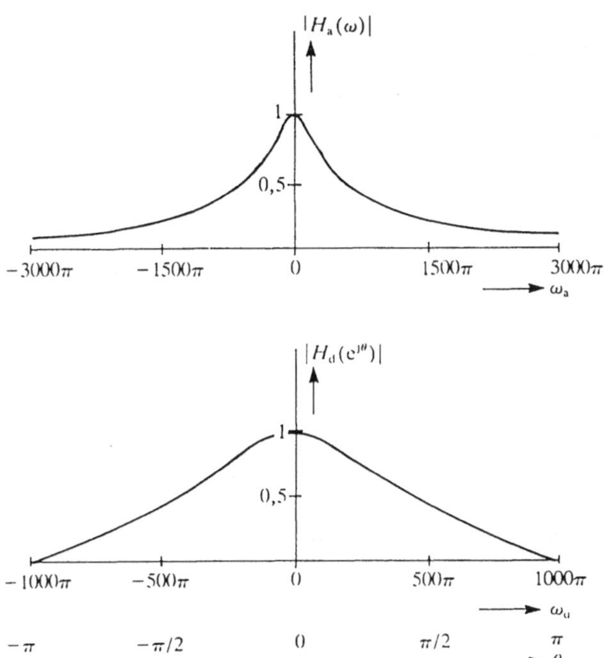

Bild 8.24 Die Beträge von $H_a(\omega) = A/(j\omega + A)$ und $H_d(e^{j\theta})$, aus $H_a(\omega)$ durch bilineare Transformation erhalten.

Aus dem obigen Beispiel ist eine wichtige Eigenschaft der bilinearen Transformation erkennbar. Der gesamte Frequenzbereich ($-\infty \leq \omega_a \leq \infty$) des kontinuierlichen Systems wird auf das Basisintervall ($-\pi \leq \theta \leq \pi$) des diskreten Systems abgebildet, wobei $\omega_a = 0$ mit $\theta = 0$, $\omega_a = +\infty$ mit $\theta = \pi$ und $\omega_a = -\infty$ mit $\theta = -\pi$ übereinstimmt. Anhand von Gleichung (8.40) läßt sich das leicht zeigen. Eine beliebige kontinuierliche Frequenz ω_a stimmt mit einer diskreten Frequenz θ gemäß der Beziehung (Substitution von $p = j\omega_a$ und $z = e^{j\theta}$ in (8.40)) überein:

$$j\omega_a = \frac{2}{T} \cdot \frac{1 - e^{-j\theta}}{1 + e^{-j\theta}} = \frac{2}{T} \cdot \frac{e^{-j\theta/2}(e^{j\theta/2} - e^{-j\theta/2})}{e^{-j\theta/2}(e^{j\theta/2} + e^{-j\theta/2})} = \frac{2}{T} \cdot \frac{2j\sin(\theta/2)}{2\cos(\theta/2)}$$

so daß
$$\omega_a = \frac{2}{T}\tan(\theta/2) \tag{8.44}$$

oder
$$\theta = 2\arctan(\omega_a T/2) \tag{8.45a}$$

und
$$\omega_d = \frac{2}{T}\arctan(\omega_a T/2) \tag{8.45b}$$

Man sieht, daß eine nichtlineare Beziehung zwischen ω_d und ω_a besteht. Dieser Effekt der Frequenzverzerrung wird im Englischen als "warping" bezeichnet. Der Zusammenhang zwischen "kontinuierlicher" und "diskreter" Frequenz bei der bilinearen Transformation ist in Bild 8.25 dargestellt.

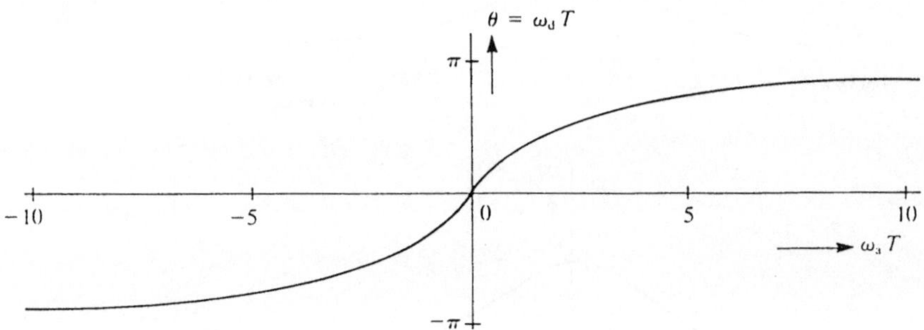

Bild 8.25   Der Zusammenhang zwischen "kontinuierlicher" Frequenz ω_a und "diskreter" Frequenz ω_d bei der bilinearen Transformation.

Aus Gleichung (8.45b) ist auch ersichtlich, warum in (8.40) der konstante Faktor $2/T$ enthalten ist; diesem Faktor ist es zu verdanken, daß für tiefe Frequenzen $\omega_d \approx \omega_a$ gilt (wegen $\arctan(x) \approx x$ für sehr kleine x).

Der große Vorteil der Frequenzverzerrung ist, daß bei der Transformation vom kontinuierlichen Filter zum diskreten Filter kein Aliasing in der Frequenzcharakteristik auftreten kann, wie es beispielsweise bei den impulsantwort–invarianten Filtern der Fall war. Es muß jedoch genau überprüft werden, wie die verschiedenen charakteristischen Frequenzen des kontinuierlichen Filters in charakteristische Frequenzen des diskreten Filters transformiert werden. Wir veranschaulichen das anhand von Bild 8.26 für ein Bandpaß–Filter. Aufgrund von Gleichung (8.45) sieht man unmittelbar, daß:

$$\theta_i = 2\arctan(\omega_i T/2) \quad \text{für} \quad i = 1,2, \text{ und } 3 \tag{8.46}$$

Beim Entwerfen eines diskreten Filters mit dieser Methode, muß man auf die gegebenen Filterspezifikationen zuerst eine Vorverzerrung durchführen, um das kontinuierliche Filter, auf das die bilineare Transformation angewendet wird, zu finden. Das ist in Bild 8.27 veranschaulicht. Es zeigt die Spezifikation eines gewünschten diskreten Tiefpasses mit einer Abtastfrequenz von 8 kHz (also $T = 125\ \mu s$), einem Durchlassbereich bis 2,6 kHz ($\theta_1 = 0,65\pi$) und einem Sperrbereich oberhalb 3 kHz ($\theta_h = 0,75\pi$).

Mit Gleichung (8.44) findet man, daß man von einem kontinuierliche Filter mit:

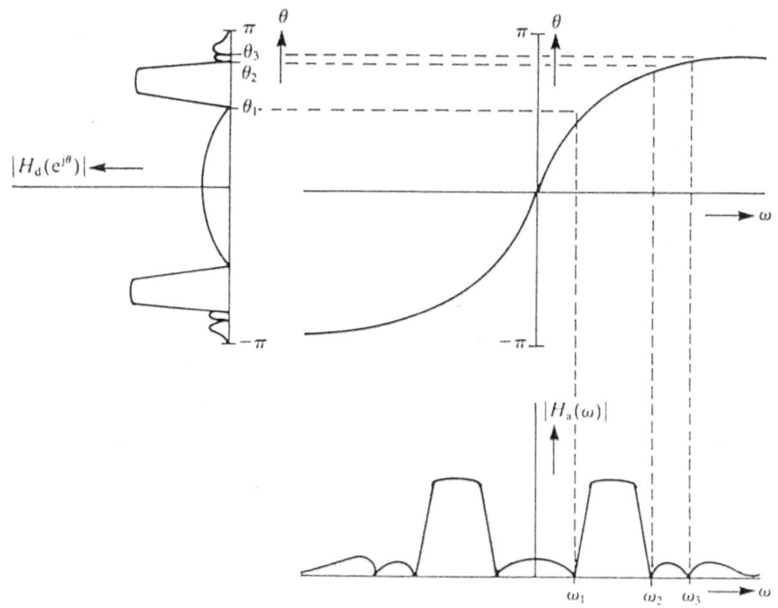

Bild 8.26 Beispiel für die Frequenzverzerrung ("warping") bei der Transformation eines kontinuierlichen Filters der Übertragungsfunktion $H_a(\omega)$ in ein diskretes Filter der Übertragungsfuktion $H_d(e^{j\theta})$.

$$\omega_l = 2\pi f_l = \frac{2}{T}\tan(\theta_l/2) = 2\pi \cdot 4155 \text{ rad/s}$$

$$\omega_h = 2\pi f_h = \frac{2}{T}\tan(\theta_h/2) = 2\pi \cdot 6148 \text{ rad/s} \tag{8.47}$$

auszugehen hat.

Wir müssen beachten, daß sich die Verzerrung ("warping") auf der Frequenzachse nicht nur auf die Amplitude- sondern auch auf die Phasencharakteristik auswirkt. Ferner soll noch erwähnt werden, daß man mit der bilinearen Transformation *keine* direkte Beziehung zwischen den Impulsantworten des diskreten und des kontinuierlichen Filters erhält.

Zum Schluß soll die bilineare Transformation als Beispiel auf die Funktion von Gleichung (8.23) angewendet werden.

Beispiel

Wählt man T zu $T = 1/2$, so lautet die erforderliche Substitution für die bilineare Transformation:

$$p = \frac{2}{T} \cdot \frac{z-1}{z+1} = 4\frac{z-1}{z+1} \tag{8.48}$$

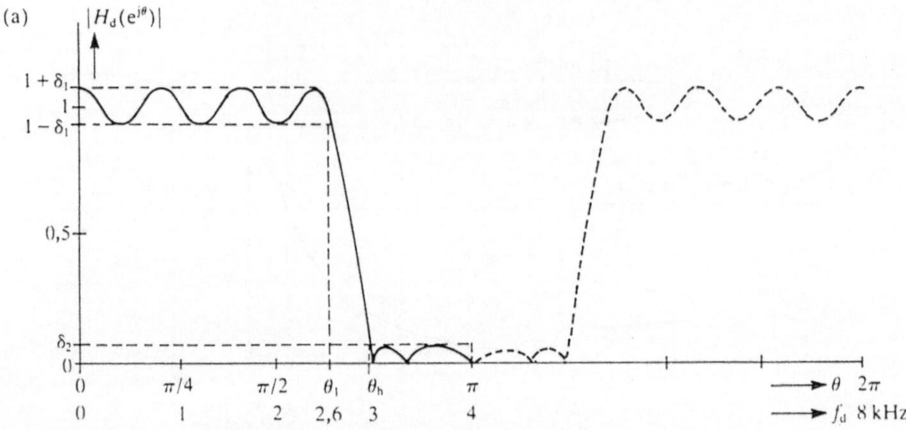

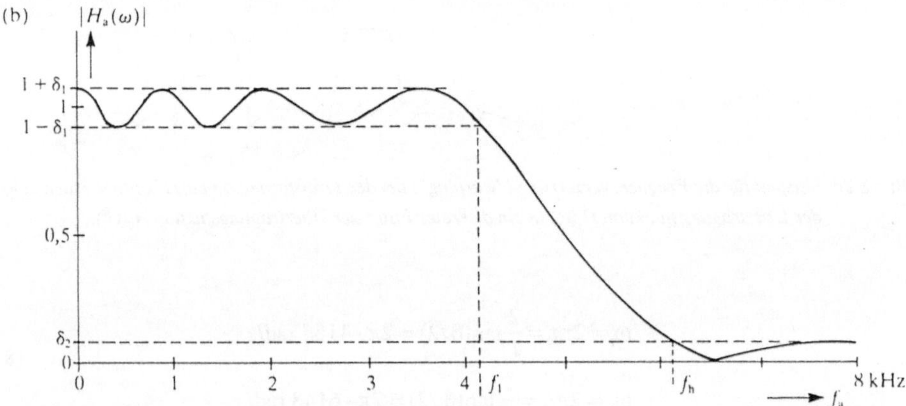

Bild 8.27 Berücksichtigung von Frequenzverzerrungen beim Entwurf eines diskreten Filters (a) ausgehend von einem kontinuierlichen Filter (b) mit Hilfe der bilinearen Transformation. $\theta_l = 0{,}65\pi$, $\theta_h = 0{,}75\pi$, $f_l = \omega_l/2\pi = 4{,}155$ kHz *und* $f_h = \omega_h/2\pi = 6{,}148$ kHz.

Die Systemfunktion von Gleichung (8.23) wird damit:

$$H_{dS}(z) = \frac{\dfrac{8z-8}{z+1} + \dfrac{22(z+1)}{z+1}}{\left(\dfrac{4z-4)}{z+1} + \dfrac{z+1}{z+1}\right)\left[\dfrac{16z^2 - 32z + 16}{(z+1)^2} + \dfrac{16(z-1)(z+1)}{(z+1)(z+1)} + \dfrac{13(z+1)^2}{(z+1)^2}\right]}$$

$$= \frac{(30z+14)(z+1)^2}{(5z-3)(45z^2 - 6z + 13)} \tag{8.49}$$

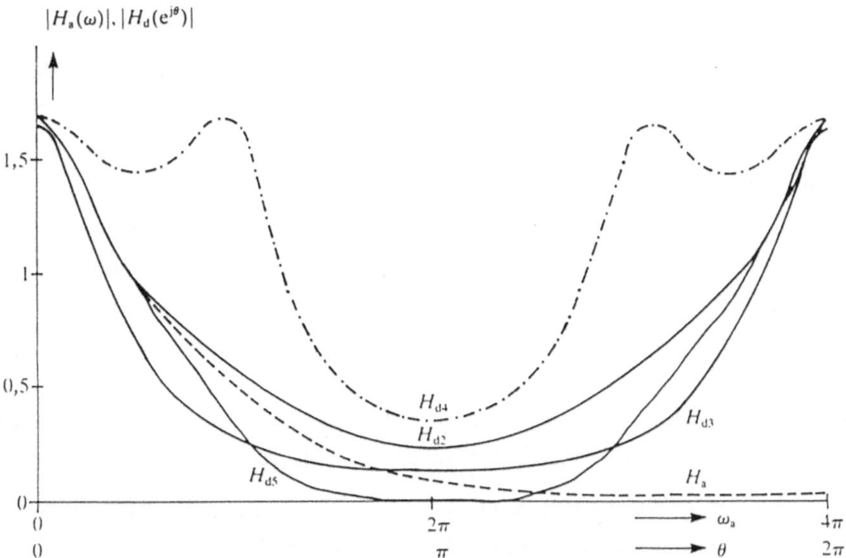

Bild 8.28 Vier diskrete IIR–Filterentwürfe (für $T = \frac{1}{2}$), ausgehend jeweils vom gleichen kontinuierlichen Filter H_a, mit vier unterschiedlichen Methoden entworfen; H_{d2} = Impulsantwort - invarianter Filterentwurf; H_{d3} = Rückwärtsdifferenzen; H_{d4} = Vorwärtsdifferenzen (Anmerkung: instabil); H_{d5} = bilineare Transformation.

$H_{d5}(z)$ hat deshalb Nullstellen bei $z_{1,2} = -1$ und $z_3 = -7/15$ und Pole bei $z_4 = 0{,}6$ und $z_{5,6} = 0{,}067 \pm 0{,}533j$. Die entsprechende Amplitudencharakteristik $| H_{d5}(e^{j\theta}) |$ zeigt Bild 8.28. Zum Vergleich sind auch die Ergebnisse von früher erläuterten Entwurfsmethoden mit dargestellt. Man erkennt, daß jede Entwurfsmethode eine andere Approximation des kontinuierlichen Filters H_a, von dem wir stets ausgegangen sind, ergibt.

8.3.4 Filterentwurf durch Transformation der Bauelemente

Ein ganz anderer Weg für den Entwurf von diskreten Filtern, geht anstelle der Impulsantwort, der Differentialgleichung oder der Systemfunktion –wie in den vorangegangenen Abschnitten beschrieben– von der Struktur eines kontinuierlichen Filters (d.h. von der genauen Anordnung der Glieder aus $R-$, $L-$, und $C-$Elementen) aus. Bei dieser Methode wird jedes Element der kontinuierlichen Schaltung Stück für Stück in eine diskrete Schaltung überführt und diese werden im Prinzip auf die gleiche Weise wie die Originalstruktur miteinander verbunden. Der Hauptgrund für die Verwendung dieser Methode liegt darin, daß einige wünschenswerte Eigenschaften von (vornehmlich) $LC-$Filtern, wie Verlustfreiheit und vor allem die geringe Koeffizientenempfindlichkeit bei der Überführung vom kontinuierlichen zum diskreten Filter erhalten bleiben.

Diese Methode wird u.a. beim Entwurf von speziellen digitalen Abzweigfiltern [36] verwendet. Daneben ist infolge dieser Methode eine ganz separate Klasse von digitalen Filtern, die hier noch nicht erwähnt wurden, entstanden: die *Wellendigitalfilter* [37]. Diese Filter sind dadurch gekennzeichnet, daß die separaten Elemente nach der Umsetzung von dem kontinuierlichen Bereich in den diskreten über sogenannte Adaptoren miteinander verbunden sind.

Bisher wurde diese Methode am häufigsten für den Entwurf von Schalter–Kondensator–Filtern verwendet. Das soll anhand des Beispiels von Bild 8.29 veranschaulicht werden [2,38]. Wir gehen hierbei von einem Tiefpaß dritter Ordnung aus und zeigen, wie ein Schalter–Kondensator–Filter unter Anwendung dieser Methode entsteht und aussieht. Man kann deutlich erkennen, wie jedes der reaktiven Elemente (C_1, L und C_2) in ein bestimmtes diskretes Element (engl.: lossless discrete integrator oder LDI), bestehend aus einem Operationsverstärker mit einem festen und einem geschalteten Kondensator, überführt wird.

Es gibt verschiedene Wege, um ein kontinuierliches Filterelement in ein diskretes Filterelement zu überführen. Es können zum Beispiel Differentiale durch Differenzen (sowohl Vorwärtsdifferenzen als auch Rückwärtsdifferenzen; Abschnitt 8.3.2) ersetzt werden oder es kann auch die bilineare Transformation (Abschnitt 8.3.3) angewendet werden. Bei Schalter–Kondensator–Filtern wird außerdem folgende Transformation verwendet:

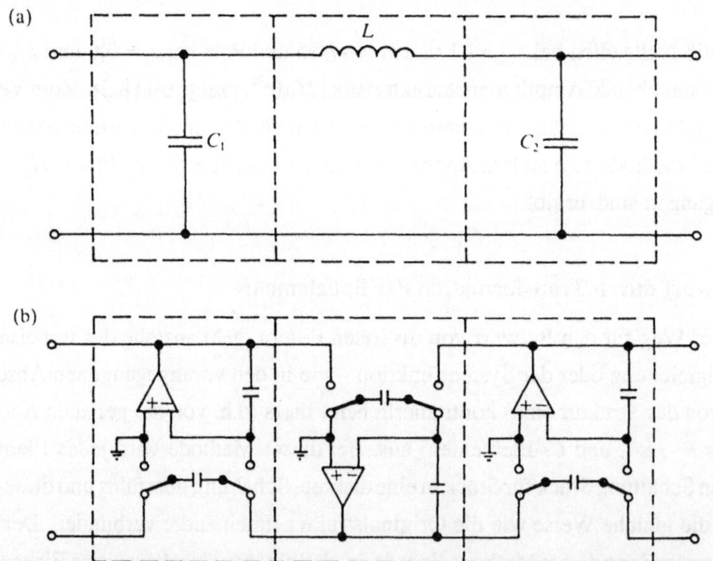

Bild 8.29 (a) *Kontinuierliches LC–Filter dritter Ordnung und (b) das daraus mit Hilfe einer Bauelemente-Transformation abgeleitete Schalter–Kondensator–Filter.*

$$p = \frac{1}{T}(z^{1/2} - z^{-1/2}) \tag{8.50}$$

Dieser Transformation sind wir vorher noch nicht begegnet, sie ist auch nicht direkt in eine Abbildung der p–Ebene auf die z–Ebene zu übertragen (übrigens beruht die Überführung von Bild 8.29 gerade auf dieser Transformation).

8.3.5 Filterentwurf mit Hilfe von Optimierungsverfahren

Es gibt Fälle, in denen man ein diskretes Filter entwerfen möchte, wofür sich kein kontinuierliches Filter als Ausgangspunkt eignet. Man kann dann mit Hilfe einer Optimierungsprozedur, die der Computer durchführt, ein diskretes Filter entwerfen. Ausgangspunkt ist hierbei das Definieren eines bestimmten zugelassenen Fehlers zwischen der gewünschten Übertragungsfunktion $H_d(e^{j\theta})$ und der davon genäherten Version $H(e^{j\theta})$, die durch die Systemfunktion $H(z)$ charakterisiert wird:

$$H(z) = \frac{\sum\limits_{i=0}^{N} b_i z^{-i}}{1 - \sum\limits_{i=1}^{M} a_i z^{-i}} \tag{8.51}$$

Man geht von grob geschätzten Werten für a_i und b_i aus und bestimmt einen Fehler ε, indem man die gewünschte und die approximierte Funktion bei bestimmten Frequenzen θ_i vergleicht. (Diese Frequenzen können willkürlich bestimmt werden und brauchen z.B. nicht untereinander den gleichen Abstand zu haben.) Das Fehlerkriterium hat häufig folgende Form:

$$\varepsilon = \sum\limits_{i=1}^{K} W(e^{j\theta_i})\left\{|H(e^{j\theta_i})| - |H_d(e^{j\theta_i})|\right\}^{2P} \tag{8.52}$$

wobei $W(e^{j\theta_i})$ eine frequenzabhängige Gewichtsfunktion ist, die dazu benutzt werden kann, Fehler bei bestimmten Frequenzen stärker zu bewerten als bei anderen; P ist eine Konstante, deren Wert frei bestimmt werden kann. Mit Hilfe von speziellen Berechnungsmethoden (wie dem Fletcher–Powell–Algorithmus) können die Konstanten a_i und b_i mit dem Computer schrittweise so variiert werden, daß der Wert des Fehlerkriteriums ε stets kleiner wird, bis der minimale Wert von ε erreicht wird. In Gleichung (8.52) kann man die Funktion $W(e^{j\theta_i})$ sowie den Wert für P frei bestimmen. Häufig verwendet man :

$$W(e^{j\theta_i}) = 1 \quad \text{für alle } \theta_i \quad \text{und} \quad P = 1 \tag{8.53}$$

Es handelt sich hierbei um die "Methode der kleinsten Fehlerquadrate".

Bei der Verwendung von Gleichung (8.52) wird nur der Fehler in der Amplitudencharakteristik betrachtet. Es ist möglich, diese Gleichung so zu modifizieren, daß auch Fehler in der Phasencharakteristik (speziell solche, die sich auf die Gruppenlaufzeit beziehen) berücksichtigt werden [53].

8.4 Gegenüberstellung von FIR– und IIR–Filtern

Die erste Frage auf die man beim Entwurf eines diskreten Filters stößt, betrifft die Wahl zwischen FIR– und IIR–Filter. Es gibt hierbei viele Faktoren zu berücksichtigen, so daß es nicht immer im voraus ganz klar ist, wofür man sich schließlich entscheiden sollte.

Um eine gut überlegte Entscheidung zu treffen, kann es zuweilen hilfreich sein, wenn zwei vollständige Entwürfe angefertigt werden: ein Filter vom Typ FIR und ein Filter vom Typ IIR. Danach wird definitiv abgeschätzt, welches die beste Lösung für eine spezielle Anwendung ist. Dabei können dann sehr praktische Faktoren, wie Komplexität, Leistungsverbrauch, Rechengeschwindigkeit, Integrierbarkeit und Verfügbarkeit von bestimmten Baugruppen ausschlaggebend sein.

In diesem Abschnitt möchten wir eine Anzahl von mehr oder weniger theoretischen Faktoren , die bei der Auswahl eine Rolle spielen und denen wir in unseren Ausführungen schon des öfteren begegnet sind, gegenüberstellen.

FIR–Filter	IIR–Filter
1. Systemfunktion	
Enthält nur Nullstellen.	Enthält sowohl Pole als auch Nullstellen.
2. Übertragungsfunktion (Frequenzgang)	
Die üblichen Entwurfsmethoden sind für beliebige Übertragungsfunktionen geeignet; z.B. Filter mit verschiedenen Durchlaßbereichen, Differenzierer sowie für Filter mit einer vorgeschriebenen Frequenzcharakteristik im Übergangsbereich.	Die Entwurfsmethoden sind hauptsächlich für den Entwurf von Tiefpässen, Hochpässen, Bandpässen und Bandsperren geeignet.
3. Phasenverlauf	
– Exakt linearer Phasenverlauf möglich.	– Linearer Phasenverlauf kann nur approximiert werden; falls diesbezüglich ein separater Phasenkorrektor erforderlich ist, kann dadurch die Komplexität des Filters

| FIR-Filter | IIR-Filter |

| | beträchtlich vergrößert werden. Die Filterspezifikation bezieht sich häufig nur auf die Amplitudencharakteristik. |

– Phasenschieber (Allpaß–Filter) sind nicht möglich.

– Allpaß–Filter sind möglich.

4. *Stabilität*

Filter ist immer stabil

Filter ist instabil, wenn sich Pole außerhalb des Einheitskreises befinden.

5. *Entwurfshilfsmittel*

Für die iterativen Prozeduren beim Filterentwurf ist ein mittelgroßer Computer erforderlich.

Der Einsatz eines größeren Computers ist nicht notwendig, wenn die fix und fertigen Gleichungen für den Entwurf von kontinuierlichen Filtern, und beispielsweise die bilinearen Transformation verwendet werden; häufig ist ein Taschenrechner ausreichend.

6. *Komplexität*

Proportional zur Länge der Impulsantwort.

Keine direkte Beziehung zwischen der Komplexität und der Länge der Impulsantwort (diese ist per Definition unendlich); Filter mit großer Selektivität können mit relativ geringer Komplexität realisiert werden.

7. *Struktur*

Sowohl eine rekursive (selten) als auch eine nichtrekursive Struktur ist möglich; die bekannteste ist die (nichtrekursive) Transversalstruktur.

Nur die rekursive Struktur ist möglich; die am häufigsten verwendete Form ist die Kaskaden–Schaltung von Teilfiltern erster oder zweiter Ordnung. Die Verteilung der Pole und Nullstellen über die verschiedenen Teilfilter ist ein wichtiger Teil des Entwurfprozesses.

8. *Störempfindlichkeit*

Der Anfangszustand der Speicherelemente und eventuelle kurzzeitliche Störungen (z.B. über die Spannungsversorgung) können das Ausgangssignal höchstens bis zur Länge der Impulsantwort beeinflussen (gilt nur für nichtrekursive Realisation!).

Der Anfangszustand der Speicherelemente und eventuelle kurzzeitliche Störungen können das Ausgangssignal im Prinzip unendlich lange beeinflussen.

<table>
<tr><td style="text-align:center">FIR–Filter</td><td style="text-align:center">IIR–Filter</td></tr>
</table>

9. *Quantisierung*

Quantisierungseffekte wie beispielsweise bei der Realisierung als digitales Filter spielen eine untergeordnete Rolle. Eine Ausnahme bildet die rekursive Struktur, bei der auch *nach* der Quantisierung die exakte Kompensation der Pole und Nullstellen erforderlich ist (siehe Kapitel 10).	Durch Quantisierung der Filterkoeffizienten kann im Prinzip ein Pol von einer Position innerhalb des Einheitskreises auf eine Position außerhalb des Einheitskreises verschoben werden und so Instabilität verursachen. Quantisierungseffekte können auch zu unerwünschten Oszillationen, wie Grenzzyklen und Überlauf führen (siehe Kapitel 10).

10. *Adaptive Filter*

Die Transversalstruktur eignet sich besonders gut für den Entwurf adaptiver Filter.	Adaptive Filter basieren hauptsächlich auf Kreuzglied– und Abzweigstrukturen.

8.5 Übungsaufgaben

Übungsaufgaben zu Abschnitt 8.2

8.1 Gegeben ist die Übertragungsfunktion $H(e^{j\theta})$:

$$H(e^{j\theta}) = \begin{cases} 1 & \text{für } |\theta| < \pi/3 \\ 0 & \text{für } \pi/3 < |\theta| < \pi \end{cases}$$

(a) Bestimmen Sie mittels der IFTD die Fouriertransformierte $h[n]$ dieser Funktion.

(b) Bestimmen Sie aus $h[n]$ eine Impulsantwort $h_1[n]$ der Länge $L = 9$ eines kausalen Filters mit linearer Phasencharakteristik, die den Betrag der gegebenen Übertragungsfunktion approximiert; Verwenden Sie dabei ein Rechteckfenster.

(c) Aufgabenstellung wie unter (b), verwenden Sie diesmal ein Hanning–Fenster.

8.2 Berechnen Sie die Impulsantwort $h[n]$, die Systemfunktion $H(z)$ und die Übertragungsfunktion $H(e^{j\theta})$ für die fünf Filter mit linearer Phasencharakteristik aus Bild 8.30. Stellen Sie die Amplituden– und Phasencharakteristiken grafisch dar.

Übungsaufgaben zu Abschnitt 8.3

8.3 Berechnen Sie die Systemfunktion $H(z)$ eines diskreten Filters mit Hilfe der Impulsantwort–invarianten–Methode ($T = \frac{1}{4}$), indem Sie von kontinuierlichen Filtern mit folgender Systemfunktion ausgehen:

(a) $H_1(p) = \dfrac{1}{p+1} - \dfrac{2}{p+2} + \dfrac{1}{p+3}$

(b) $\quad H_2(p) = \dfrac{2}{(p+1)(p+2)(p+3)}$

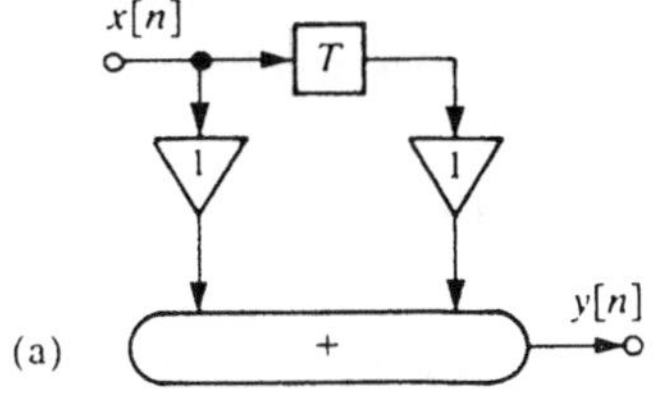

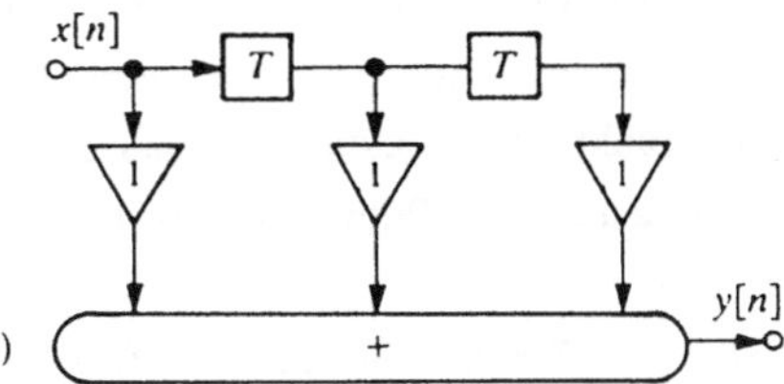

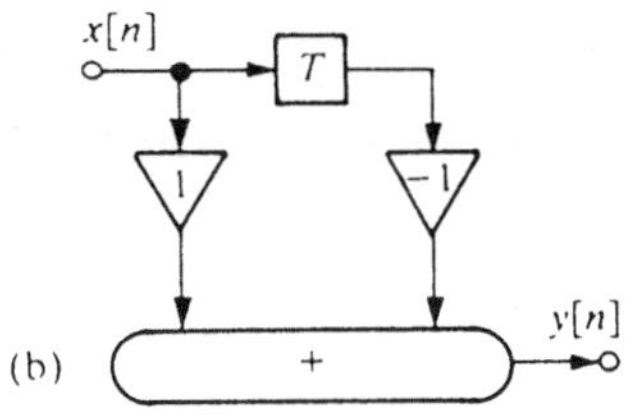

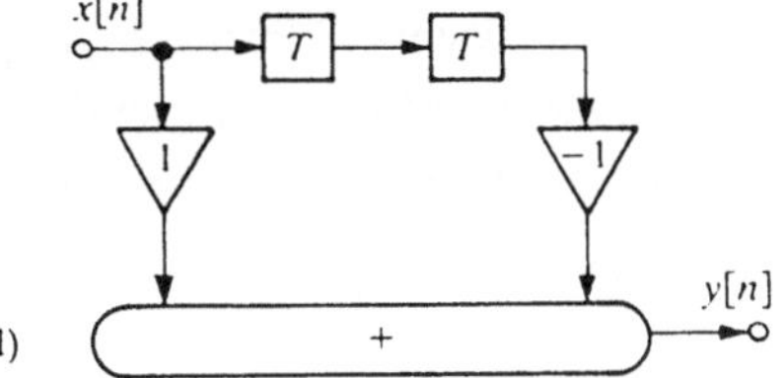

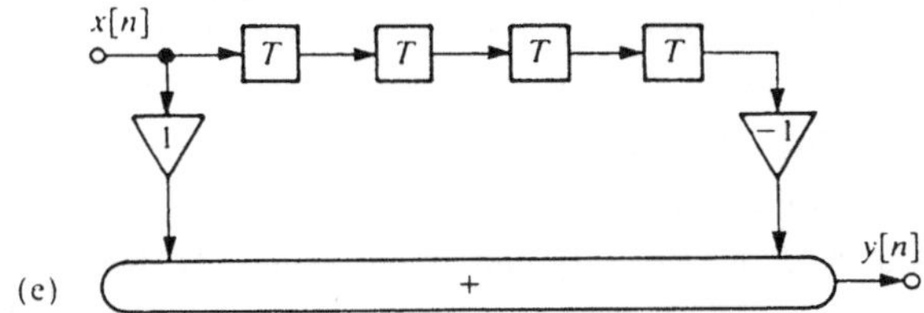

Bild 8.30 Aufgabe 8.2

8.4 Ein kontinuierliches System hat die Übertragungsfunktion:

$$H_a(\omega) = \dfrac{2}{2 + 3j\omega - \omega^2}$$

(a) Bestimmen Sie die Systemfunktion $H_a(p)$ dieses Systems und berechnen Sie die Positionen der Pole und Nullstellen. Geben Sie an, ob das System stabil ist oder nicht.

(b) Bestimmen Sie von diesem System die Impulsantwort $h_a(t)$ und berechnen Sie die Abtastwerte $h_a(nT)$ für $T = \frac{1}{2}$.

(c) Bestimmen Sie die Systemfunktion $H_1(z)$ eines diskreten Filters mit einer Impulsantwort $h_1[n]$, wobei $h_1[n] = h_a(nT)$ mit $T = \frac{1}{2}$.

(d) Bestimmen Sie die Pole und Nullstellen von $H_1(z)$ und geben Sie an, ob das diskrete System stabil ist.

(e) Bestimmen Sie mit der Methode bei der die Differentialgleichungen durch Differenzengleichungen approximiert werden mittels der Rückwärtsdifferenzen, die Systemfunktion $H_2(z)$, die sich aus $H_a(p)$ ergibt für $T = 1/2$.

(f) Bestimmen Sie die Pole und Nullstellen von $H_2(z)$ und geben Sie an, ob das System stabil ist.

(g) Bestimmen Sie die Impulsantwort $h_2[n]$, die zu dem diskreten System mit der Systemfunktion $H_2(z)$ gehört. Vergleichen Sie $h_2[n]$ mit $h_a(nT)$ für $T = \frac{1}{2}$.

(h) Verwenden Sie jetzt Vorwärtsdifferenzen (mit $T = \frac{1}{2}$), um ein diskretes System der Systemfunktion $H_3(z)$ aus $H_a(p)$ abzuleiten. Beantworten Sie für $H_3(z)$ und $h_3[n]$ die gleichen Fragen wie für $H_2(z)$ und $h_2[n]$ in (f) und (g).

(i) Bestimmen Sie die Werte von T, für die die Methode der Vorwärtsdifferenzen (siehe (h)) ein stabiles diskretes System ergibt.

(j) Verwenden Sie die Methode der bilinearen Transformation (mit $T = \frac{1}{2}$), um $H_4(z)$ aus $H_a(p)$ abzuleiten.Beantworten Sie für $H_4(z)$ und $h_4[n]$ die gleichen Fragen wie für $H_2(z)$ und $h_2[n]$ in (f) und (g).

8.5 Gegeben ist ein kontinuierliches Filter fünfter Ordnung:

$$H_a(p) = \frac{1}{(p+1)(p^2+p+1)(p^2+\sqrt{3}\,p+1)}$$

(a) Bestimmen Sie die Pole von $H_a(p)$.

(b) Bestimmen Sie die Pole der – aus $H_a(p)$ mittels bilinearer Transformation mit $T = 1/2$ gewonnenen – Systemfunktion $H_d(z)$.

8.6 Das Filter von Bild 8.31 wurde aufgrund [39], Seite 177 bestimmt. Es hat die Systemfunktion:

$$H_a(p) = \frac{0,43639p^2 + 1,45265}{(p+1,03213)(p^2+0,59572p+1,40743)}$$

und wird durch folgende Parameter charakterisiert:

$$\delta_1 = 0,02 \qquad \omega_3 = 1,00 \text{ rad/s}$$
$$\delta_2 = 0,10 \qquad \omega_4 = 1,62 \text{ rad/s}$$
$$\omega_1 = 0,56 \text{ rad/s} \qquad \omega_5 = 1,82 \text{ rad/s}$$
$$\omega_2 = 0,89 \text{ rad/s} \qquad \omega_6 = 3,00 \text{ rad/s}$$

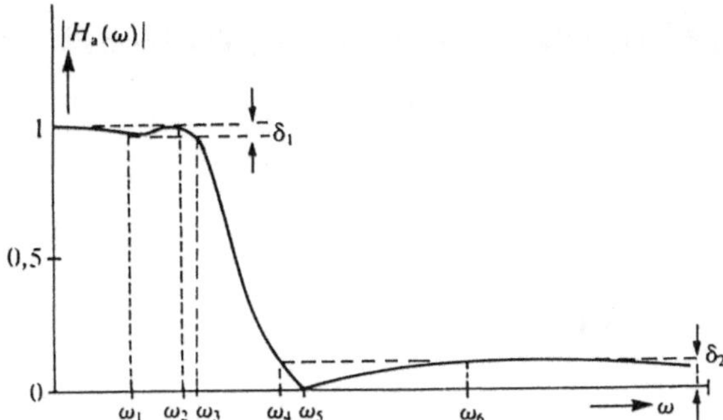

Bild 8.31   Aufgabe 8.6

(a) Bestimmen Sie mit Hilfe der bilinearen Transformation (mit $T = 1/2$) die Systemfunktion $H_d(z)$ aus $H_a(p)$.

(b) Bestimmen Sie für $1 \le i \le 6$ die relativen Kreisfrequenzen θ_i und die absoluten Frequenzen f_i (in Hz) des diskreten Filters, die den Frequenzen ω_i des kontinuierlichen Filters entsprechen.

9

Systeme mit mehreren Abtastraten

9.1 Einführung

Bisher haben wir stets solche diskreten Systeme betrachtet, bei denen nur eine Abtastfrequenz $1/T$ verwendet wird; Eingangssignal, Ausgangssignal und alle anderen im System auftretenden Signale, hatten immer dieselbe Abtastfrequenz. Bei der Umsetzung von kontinuierlichen Signalen in diskrete (Kapitel 3) haben wir festgestellt, daß der Parameter T unter der Bedingung frei gewählt werden kann, daß $1/T$ größer als die doppelte Höchstfrequenz, die das kontinuierliche Signal enthält, ist. Wenn man dafür sorgt, daß diese Bedingung erfüllt ist, so stellt das diskrete Signal eine eindeutige Wiedergabe des kontinuierlichen Signals dar. Das heißt, daß das diskrete Signal alle notwendige Information enthält, um das kontinuierliche Signal wieder vollkommen und unverfälscht zurückzugewinnen.

In Bild 9.1 ist dargestellt, wie ein beliebiges kontinuierliches Signal $x(t)$ mit der Höchstfrequenz f_h, mittels der Abtastfrequenzen $f_1 = 1/T_1 = 6f_\mathrm{h}$, $f_2 = 1/T_2 = 4f_\mathrm{h}$ und $f_3 = 1/T_3 = 2f_\mathrm{h}$, in verschiedene diskrete Signale $x_1[n]$, $x_2[n]$ und $x_3[n]$ umgewandelt werden kann. Die entsprechenden Spektren $X_1(e^{j\omega T_1})$, $X_2(e^{j\omega T_2})$ und $X_3(e^{j\omega T_3})$ sind ebenfalls wiedergegeben.

Jedes der drei Signale $x_1[n]$, $x_2[n]$ und $x_3[n]$ stellt die gleiche Information dar und im Prinzip ist es möglich, jedes dieser Signale in die anderen zu überführen [40] – z.B. wenn man zuerst das kontinuierliche Signal zurückgewinnt und es dann erneut abtastet. (Bald werden wir sehen, wie das auch auf völlig diskretem Weg erreicht kann.) Aber warum sollten wir überhaupt jemals diese Umsetzung durchführen wollen? Der wichtigste Grund hierfür ist, daß das Signal $x_3[n]$ durch weniger Abtastwerte pro Sekunde dargestellt wird als $x_2[n]$ und $x_1[n]$. Das bedeutet, daß für die Bearbeitung von $x_3[n]$ auch weniger Operationen pro Sekunde erforderlich sind, wodurch beispielsweise Einsparungen bezüglich der Kosten oder des Leistungsverbrauchs eines diskreten Systems möglich sind. Wenn in einem diskreten System, an verschiedenen Punkten Signale mit unterschiedlichen Höchstfrequenzen auftreten, kann es von Vorteil sein, mit verschiedenen Abtastfrequenzen zu arbeiten (engl.: multirate system). Man versucht dann die Abtastfrequenz an jedem Punkt so niedrig wie möglich zu halten (d.h. etwa zweimal so hoch wie die höchste Signalfrequenz im Basisintervall).

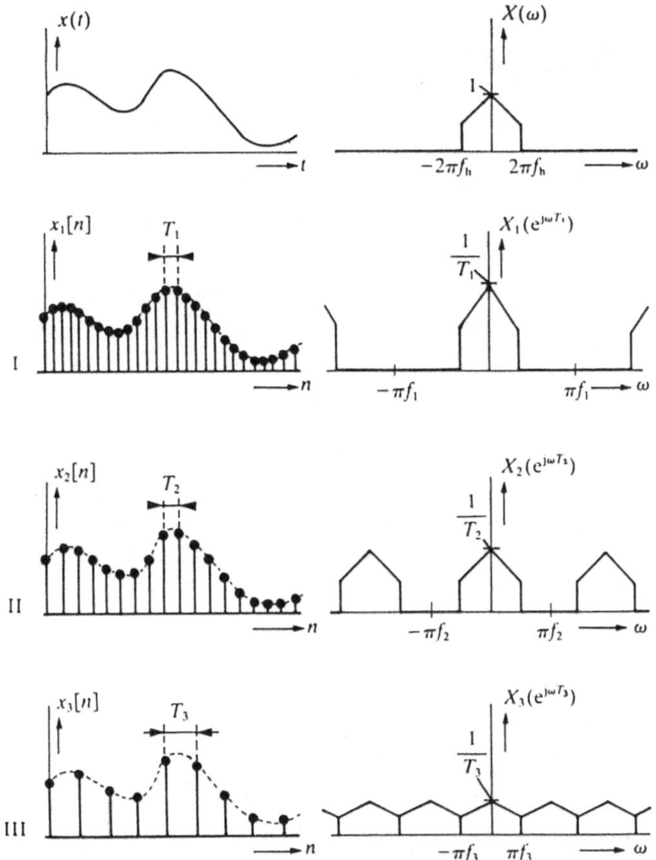

Bild 9.1 Umsetzung eines kontinuierlichen Signals in ein diskretes Signal mit verschiedenen Abtastfrequenzen:
(I) $f_1 = 1/T_1 = 6f_\mathrm{h}$; (II) $f_2 = 1/T_2 = 4f_\mathrm{h}$ und (III) $f_3 = 1/T_3 = 2f_\mathrm{h}$.

Ein einfaches Beispiel hierzu ist ein diskreter Tiefpaß (Bild 9.2(a)) mit dem Eingangssignal $x[n]$ und dem Ausgangssignal $y[n]$. Das Signal $y[n]$ hat ein schmaleres Frequenzband als $x[n]$ und bevor weitere diskrete Operationen durchgeführt werden, kann man $y[n]$ in ein anderes diskretes Signal mit einer *niedrigeren* Abtastfrequenz umwandeln. Wir werden später sehen, daß das nicht nur von Vorteil für weitere diskrete Operationen, die mit $y[n]$ durchgeführt werden ist, sondern daß auch in dem Tiefpaß selbst die Anzahl der notwendigen Operationen geringer geworden ist!

Die umgekehrte Situation tritt beispielsweise bei einem diskreten Modulator (Bild 9.2(b)) auf. Der Modulator arbeitet mit einer Abtastfrequenz von $1/T$, die höher als die doppelte Höchstfrequenz des *Ausgangssignals* $y[n]$ im Basisintervall ist, so daß gilt: $1/T \geq (\omega_c + \omega_1)/\pi$. Auch das Eingangssignal $x[n]$ muß diese Abtastfrequenz haben, obwohl diese eigentlich viel höher ist als aufgrund des schmalen Spektrums von $x[n]$ nötig wäre. Häufig steht auch nicht direkt $x[n]$ zur

Verfügung, sondern ein Signal, das die gleiche Information enthält aber eine niedrigere Abtastfrequenz hat. Hieraus läßt sich dann $x[n]$ durch eine *Erhöhung* der Abtastfrequenz gewinnen.

Abgesehen von den beiden hier erwähnten Beispielen gibt es noch zahllose andere Situationen, die möglicherweise nicht so klar auf der Hand liegen, bei denen aber die Veränderung der Abtastfrequenz von Vorteil sein kann. Das ist bei ganz schmalbandigen diskreten Filtern der Fall, bei denen Eingangs- und Ausgangssignal die gleiche (hohe) Abtastfrequenz haben müssen. Mitunter arbeitet man dann intern mit einer tieferen Abtastfrequenz, um die Gesamtzahl der diskreten Operationen pro Zeiteinheit so gering wie möglich zu halten [41]–[45].

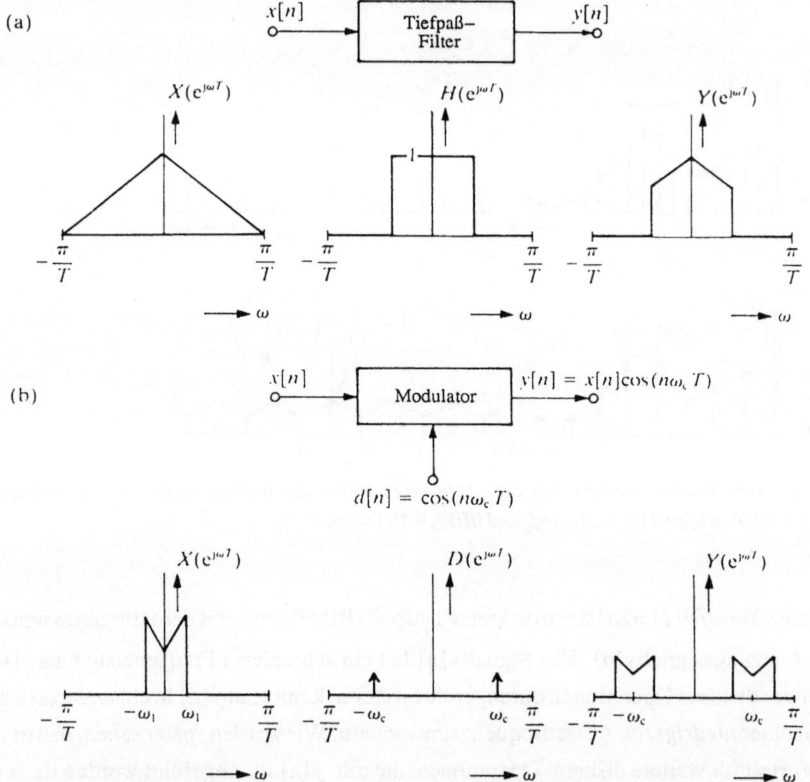

Bild 9.2 (a) Geeignetes Beispiel für eine Verminderung der Abtastfrequenz. (b) Geeignetes Beispiel für eine Erhöhung der Abtastfrequenz.

Noch eine andere Anwendung findet man bei Umsetzern von kontinuierlicher – in diskrete Zeit (und umgekehrt). Indem man mit mehr als einer Abtastfrequenz arbeitet, wird es möglich, kontinuierliches Filtern gegen diskretes Filtern auszutauschen. Hierauf kommen wir später in diesem Kapitel noch zurück (Abschnitt 9.8).

Bevor wir ausführlicher auf das Arbeiten mit mehreren Abtastraten eingehen, müssen wir uns kurz ein paar Gedanken über die Bezeichnungen machen, die wir dabei verwenden werden. Da wir uns immer genau darüber im klaren sein müssen, mit welcher Abtastfrequenz wir bei den einzelnen Signalen arbeiten, schreiben wir von nun an wenn mehr als eine Abtastfrequenz auftritt:

– für die Signale: $x[nT_1]$, $y[nT_2]$ anstelle von $x[n]$, $y[n]$, und

– für die Spektren: $X(e^{j\omega T_1})$, $Y(e^{j\omega T_2})$ anstelle von $X(e^{j\theta})$, $Y(e^{j\theta})$.

9.2 Verminderung der Abtastfrequenz

Zunächst möchten wir uns damit befassen, wie sich von einem gegebenen Signal $x[nT_1]$ die Abtastfrequenz vermindern läßt. Wir beschränken uns dabei erst einmal auf eine Verminderung um einen ganzzahligen Faktor R, (den *Dezimierungsfaktor*), z.B. $R = 3$. Bild 9.3 zeigt ein Signal $x[nT_1]$. Für den Fall $R = 3$, braucht man offensichtlich einfach nur jeden dritten Abtastwert von $x[nT_1]$ zu nehmen, um das gewünschte Signal $y[nT_2]$ zu bilden.

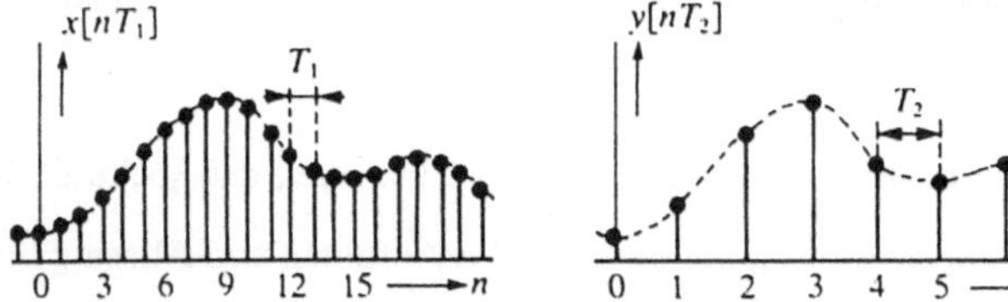

Bild 9.3 Verminderung der Abtastfrequenz um den Faktor $R = 3$

Die Beziehung zwischen $x[nT_1]$ und $y[nT_2]$ läßt sich formell (für $R = 3$) folgendermaßen wiedergeben:

$$y[nT_2] = x[3nT_1] \quad \text{mit } n = 0, \pm 1, \pm 2, \pm 3, \ldots \tag{9.1}$$

Oder allgemein, zur Verminderung um einen ganzzahligen Faktor R:

$$y[nT_2] = x[RnT_1] \quad \text{mit } n = 0, \pm 1, \pm 2, \pm 3, \ldots \tag{9.2}$$

Die Umsetzung von $x[nT_1]$ in $y[nT_2]$ geschieht in einem sogen. Abtastfrequenz–Verminderer oder SRD (engl.: sampling rate decreaser), der symbolisch in Bild 9.4 dargestellt ist.

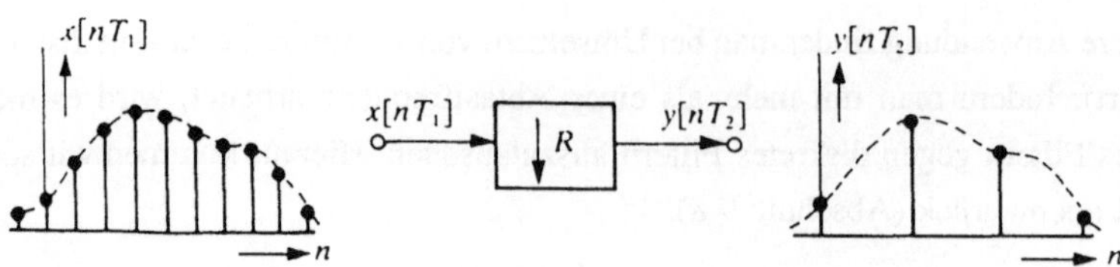

Bild 9.4 *Symbol eines Abtastfrequenz–Verminderers (SRD) mit den Faktor $R = T_2/T_1$.*

Der Abtastfrequenz–Verminderer (SRD) läßt sich *nicht* durch eine Impulsantwort, eine Übertragungsfunktion oder eine Systemfunktion charakterisieren, da es sich hierbei um ein zeitvariantes System handelt (ein Einheitsimpuls bei $n = 0$ am Eingang erscheint am Ausgang, aber ein Einheitsimpuls bei $n = 1$ nicht!). Wir können aber eine Beziehung zwischen dem Spektrum $Y(e^{j\omega T_2})$ von $y[nT_2]$ und dem Spektrum $X(e^{j\omega T_1})$ von $x[nT_1]$ angeben. Die Beziehung ließe sich mathematisch ableiten, aber wegen der Unübersichtlichkeit der dabei auftretenden Ausdrücke möchten wir hier lediglich die Ergebnisse angeben und zeigen, daß sie glaubhaft sind. Wir gehen dabei von einem Gedankenexperiment aus und nehmen an, daß wir $y[nT_2]$ auf folgende Weise aus $x[nT_1]$ ableiten können:

1. Aus $x[nT_1]$ bilden wir ein kontinuierliches Signal $x_a(t)$, für das $x[nT_1]$ eine eindeutige Darstellung ist. Wir wissen, daß das Spektrum $X_a(\omega)$ von $x_a(t)$ auf das Intervall $|\omega| \le \pi/T_1$ beschränkt ist.

2. Durch Abtastung des analogen Signals $x_a(t)$ mit der Abtastfrequenz $1/T_2$ erhalten wir das gewünschte Signal $y[nT_2]$.

Das Spektrum $Y(e^{j\omega T_2})$ hat das Basisintervall $|\omega| \le \pi/T_2$. Das bedeutet, daß spektrale Komponenten von $X_a(\omega)$, für die $\pi/T_2 \le |\omega| \le \pi/T_1$ gilt, Grund für das Auftreten von Aliasing in $Y(e^{j\omega T_2})$ liefern. Das ist in Bild 9.5 für $R = 3$ zu sehen, wobei das Spektrum $X_a(\omega)$ nur schematisch dargestellt ist. Frequenzkomponenten des horizontal schraffierten Gebietes von $X(e^{j\omega T_1})$ bedeuten keine Gefahr für das Auftreten von Aliasing in $Y(e^{j\omega T_2})$; wohl aber Frequenzkomponenten in den schräg schraffierten Teilen des Spektrums.

Man kann erkennen, daß das Basisintervall von $Y(e^{j\omega T_2})$ auch direkt aus dem Basisintervall von $X(e^{j\omega T_1})$ gewonnen werden kann, indem man dieses mit dem Faktor $T_1/T_2 = 1/R$ multipliziert, dann in R gleiche Abschnitte teilt und diese auf die angegebene Weise zusammenfügt. Wir sollten uns darüber im Klaren sein, daß es bei Auftreten von Aliasing (d.h. wenn die schräg schraffierten Gebiete des Spektrums von $X(e^{j\omega T_1})$ nicht Null sind) nicht mehr möglich ist, $x[nT_1]$ eindeutig aus $y[nT_2]$ zurückzugewinnen. Formal läßt sich $Y(e^{j\omega T_2})$ folgendermaßen darstellen:

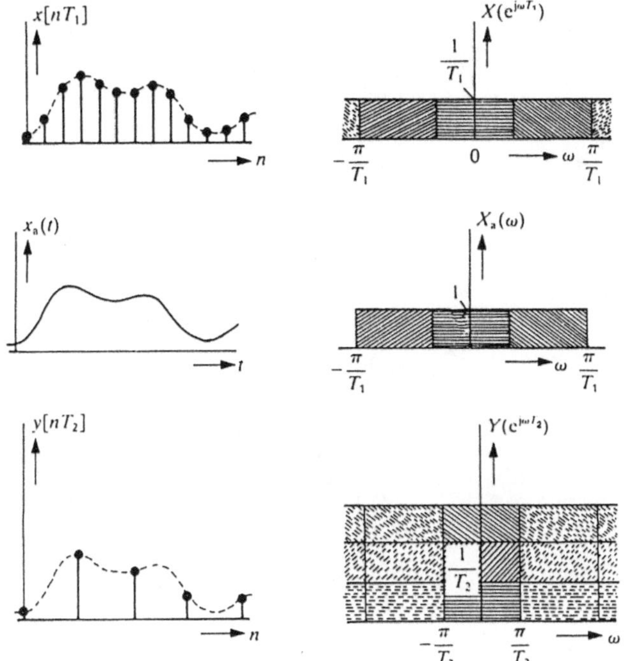

Bild 9.5 *Zusammenhang zwischen* $X(e^{j\omega T_1})$ *und* $Y(e^{j\omega T_2})$ *bei Verminderung der Abtastfrequenz um den Faktor* $R = 3$.

$$Y\!\left(e^{j\omega T_2}\right) = \frac{1}{R}\sum_{i=0}^{R-1} X\!\left(e^{j(\omega - i2\pi/T_2)T_1}\right) \ \text{ mit } \ T_2 = RT_1 \tag{9.3}$$

Gilt im Basisintervall von $X(e^{j\omega T_1})$: $X(e^{j\omega T_1}) = 0$ für $|\omega| \geq \pi/T_2$, so gilt im Basisintervall von $Y(e^{j\omega T_2})$:

$$Y\!\left(e^{j\omega T_2}\right) = \frac{1}{R} X\!\left(e^{j\omega T_1}\right) \ \text{ für } \ |\omega| \leq \pi/T_2 \tag{9.4}$$

das bedeutet, daß kein Aliasing verursacht wird. Das ist in Bild 9.6 (wieder für $R = T_2/T_1 = 3$

dargestellt.

Ob der Abtastfrequenz–Verminderer (SRD) von Bild 9.4 Aliasing verursacht oder nicht, hängt von den spektralen Eigenschaften von $x[nT_1]$ ab. Das führte dazu, daß ein *Dezimierer* definiert wurde, der aus einer Kaskadenschaltung eines idealen diskreten Tiefpasses (mit einer Abtastfrequenz von $1/T_1$ sowie einer Grenzfrequenz von $\omega_c = \pi/T_2 = \pi/RT_1$) und einem Abtastfrequenz–Verminderer (SRD) besteht (siehe Bild 9.7).

Ein Dezimierer liefert somit ein Ausgangssignal, dessen Abtastfrequenz R–mal niedriger als die des Eingangssignals ist, nachdem alle diejenigen Spektralkomponeneten, die Aliasing verursachen könnten, entfernt worden sind. Die Signale von Bild 9.7 sind in Bild 9.8 dargestellt.

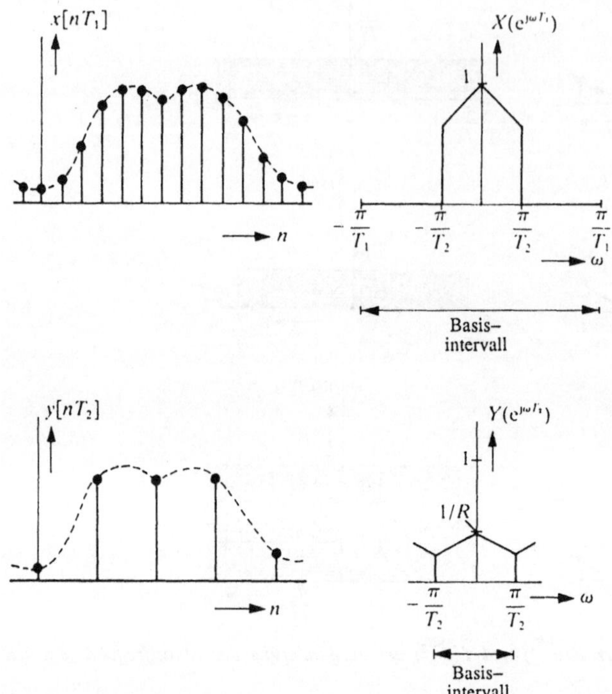

Bild 9.6 *Es tritt kein Aliasing bei Verminderung der Abtastfrequenz auf, wenn $X(e^{j\omega T_1})$ hinreichend bandbegrenzt ist.*

Die Kombination eines diskreten Filters mit einer beliebigen Übertragungsfunktion und einem SRD (Abtastfrequenz–Verminderer), wird *Dezimierungsfilter* genannt. Es handelt sich dabei um ein Filter mit hoher Abtastfrequenz am Eingang und niedriger Abtastfrequenz am Ausgang. Bild 9.9(a) zeigt eine allgemeine Darstellung des Dezimierungsfilters. Da das diskrete Filter mit der Übertragungsfunktion $H(e^{j\omega T_1})$ im Gegensatz zum idealen Tiefpaß keine unendlich große Dämpfung im Sperrbereich besitzt, tritt immer ein gewisses Maß an Aliasing in $Y(e^{j\omega T_2})$ auf. Auch wenn $x[nT_1]$ ein Signal darstellt, dessen Spektrum auf $|\omega| < \pi/T_2$ begrenzt ist, so muß man bei einem Dezimierungsfilter damit rechnen, daß Störsignale (beispielsweise Rauschen) die diese Frequenzbegrenzung nicht haben, aufgrund von Aliasing im Basisintervall von $Y(e^{j\omega T_2})$ auftreten können. Besonders für große Werte von R kann das eine wichtige Rolle spielen (warum?).

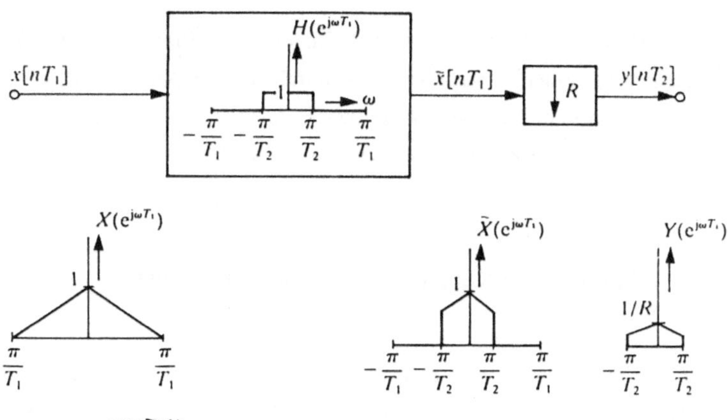

Bild 9.7 Dezimierer.

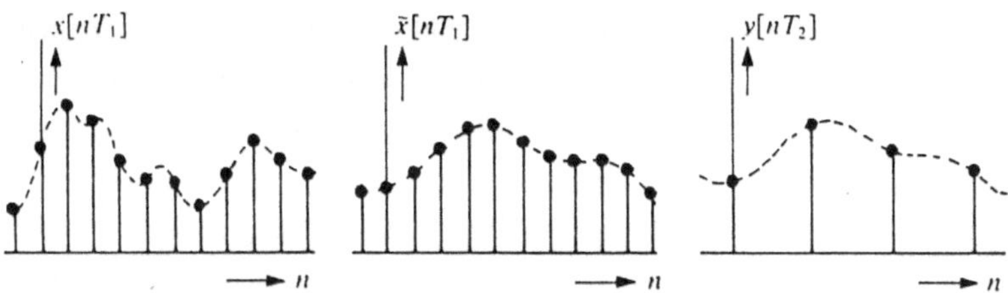

Bild 9.8 Die Signale $x[nT_1]$, $\tilde{x}[nT_1]$ und $y[nT_2]$ von Bild 9.7.

(a)

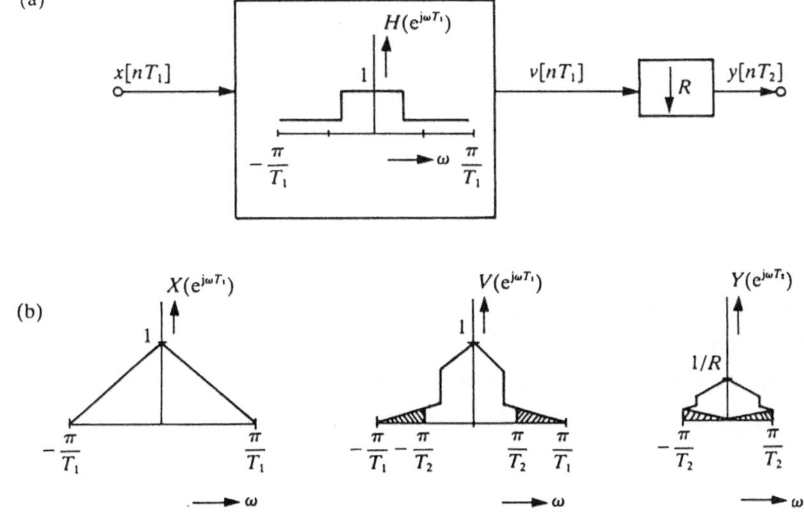

(b)

Bild 9.9 (a) Dezimierungsfilter. (b) Spektren bei verschiedenen Punkten für $R = 2$.

Wir haben gesehen, daß der SRD eine zeitvariante Operation ausführt. Deshalb läßt sich auch ein Dezimierungsfilter in seiner Gesamtheit *nicht* durch eine Impulsantwort, eine Übertragungsfunktion oder eine Systemfunktion beschreiben. Es *ist* aber *möglich* – so wie wir es schon früher getan haben – den Zusammenhang zwischen Ausgangs– und Eingangsspektrum anzugeben.

9.3 Realisierung von Dezimierungsfiltern

Die allgemeine Realisierungsstruktur eines Dezimierungsfilters nach Bild 9.9(a) liefert einen guten Ausgangspunkt, um tiefer auf die speziellen Aspekte bei der praktischen Realisierung dieser Filter einzugehen.

Als Beispiel ist in Bild 9.10 ein dezimierendes Transversalfilter mit $R = 3$ dargestellt, dessen Aufbau dem allgemeinen Realisierungsschema nach Bild 9.9(a) entspricht. Es besteht aus einer Kaskadenschaltung von einem Transversalfilter, dessen Eingangs– und Ausgangsabtastfrequenz gleich $1/T_1$ ist, und einem SRD mit $R = 2$. Für dieses Filter gelten folgende Gleichungen:

$$v[nT_1] = \sum_{i=0}^{3} b_i x[nT_1 - iT_1] \tag{9.5a}$$

$$y[nT_2] = v[2nT_1] \tag{9.5b}$$

Die Kombination von (9.5a) und (9.5b) ergibt:

$$y[nT_2] = v[2nT_1]$$

$$= b_0 x[2nT_1] + b_1 x[2nT_1 - T_1] + b_2 x[2nT_1 - 2T_1] + b_3 x[2nT_1 - 3T_1] \tag{9.6}$$

Mit der Schaltung von Bild 9.10 wird $v[nT_1]$ für alle Werte von n berechnet. In dem SRD wird $y[nT_2]$ unter Vernachlässigung von $v[T_1], v[3T_1], v[5T_1], \ldots$ gebildet. Eigentlich ist es Unsinn, diese Werte erst zu berechnen und sie dann zu vernachlässigen. Aus (9.6) ist ersichtlich, daß man für die Berechnung von $v[2T_1], v[4T_1], v[6T_1], \ldots$ lediglich die Koeffizienten b_0 und b_2 mit den *geraden* Abtastwerten von $x[nT_1]$ multiplizieren muß und b_1 und b_3 mit den *ungeraden* Abtastwerten von $x[nT_1]$. Das läßt sich erreichen, indem man anstelle von einem SRD am Filterausgang, eine Anzahl von Abtastfrequenz–Verminderern direkt vor die Multiplizierer schaltet. Es ergibt sich damit die Realisierungsstruktur nach Bild 9.11.

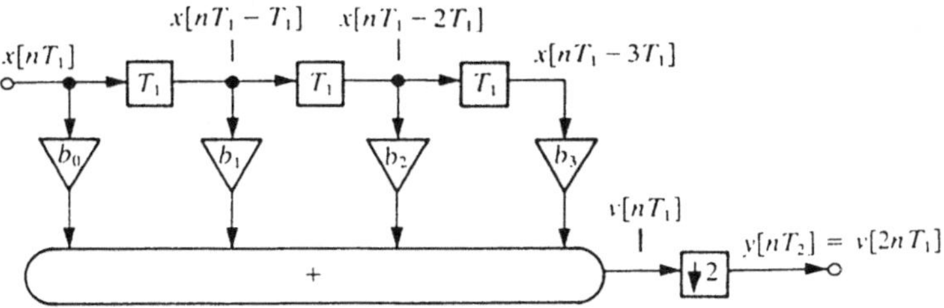

Bild 9.10 Dezimierendes Transversalfilter mit R = 2.

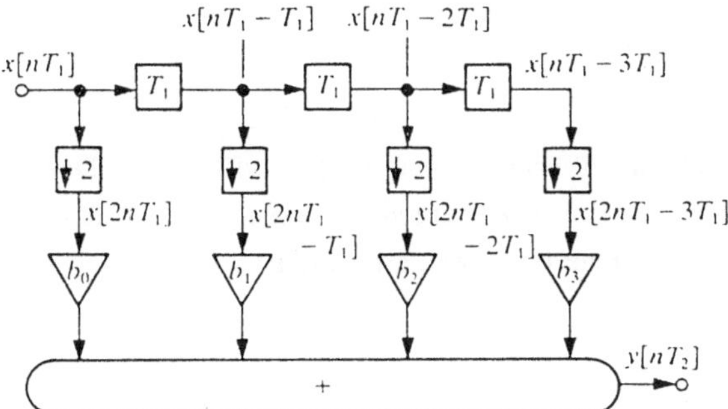

Bild 9.11 Dezimierendes Transversalfilter (R = 2) mit einer verminderten Anzahl von Multiplikationen pro Zeiteinheit.

Der große Vorteil der Schaltung von Bild 9.11 gegenüber der von Bild 9.10 liegt darin, daß die Multiplizierer b_0, b_1, b_2 und b_3 sowie der Addierer nur mit halber Geschwindigkeit zu arbeiten brauchen. Die größere Anzahl SRD's in Bild 9.11 bedeutet im Vergleich zu Bild 9.10 keinen Nachteil. Es ist dabei zu beachten, daß ein SRD eine Operation verkörpert, die keine zusätzliche Hardware erforderlich macht; das Vernachlässigen von Abtastwerten wird in der Praxis durch geeignete Maßnahmen in den Zeitgeberschaltungen des diskreten Filters realisiert.

Auch von Filtern mit rekursiver Struktur lassen sich dezimierende Versionen ableiten. Es ist dabei besondere Vorsicht bei der Reduzierung der Anzahl der Multiplikationen pro Zeiteinheit angebracht. Das soll anhand eines einfachen Beispiels, eines rekursiven Netzwerkes erster Ordnung, deutlich gemacht werden. In Bild 9.12 wurde von einem derartigen Filter eine dezimierende Version abgeleitet, indem nach dem Standardfilter ein SRD mit $R = 2$ gesetzt wurde.

Bei dieser Realisierungsstruktur hat die Dezimierung noch nicht zu einer Reduzierung der Anzahl der notwendigen Operationen pro Zeiteinheit geführt. Es wird jeder Abtastwert $v[nT_1]$ berechnet. Obgleich die Hälfte davon durch den SRD vernachlässigt wird, sind doch alle Abtastwerte von $v[nT_1]$ notwendig, um über die Rückführung zukünftige Ausgangsabtastwerte berechnen zu

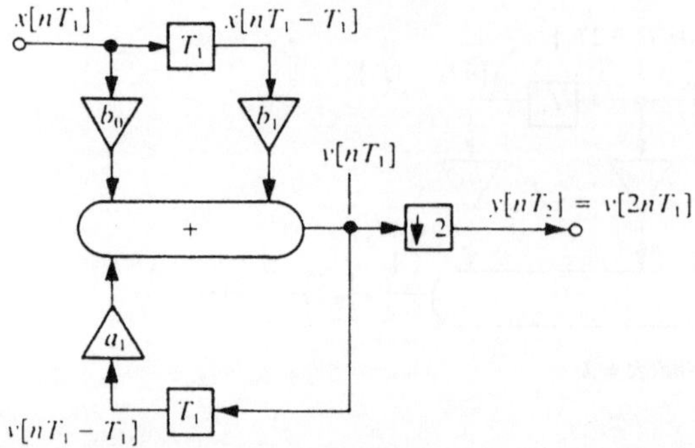

Bild 9.12 Dezimierendes rekursives Filter mit R = 2.

können. Es ist jedoch noch möglich, das Ausgangssignal $y[nT_2] = v[2nT_1]$ des Dezimierungs-filters mit weniger Operationen pro Zeiteinheit zu berechnen, wenn man auf die Differenzen-gleichung dieses rekursiven Teilfilters erster Ordnung zurückgreift:

$$v[nT_1] = b_0 x[nT_1] + b_1 x[nT_1 - T_1] + a_1 v[nT_1 - T_1] \qquad (9.7a)$$

$$y[nT_2] = v[2nT_1] \qquad (9.7b)$$

Wir versuchen nun $v[2nT_1]$ so umzuschreiben, daß wir nicht den unmittelbar vorangegangenen Abtastwert $v[2nT_1 - T_1]$ benötigen, sondern an seiner Stelle den Abtastwert $v[2nT_1 - 2T_1]$. Das erreicht man auf folgendem Weg. Zuerst ersetzen wir in Gleichung (9.7a) n durch $n - 1$:

$$v[nT_1 - T_1] = b_0 x[nT_1 - T_1] + b_1 x[nT_1 - 2T_1] + a_1 v[nT_1 - 2T_1] \qquad (9.8a)$$

Substitution von (9.8a) in (9.7a) ergibt dann:

$$v[nT_1] = b_0 x[nT_1] + (b_1 + a_1 b_0) x[nT_1 - T_1] + a_1 b_1 x[nT_1 - 2T_1]$$

$$+ a_1^2 v[nT_1 - 2T_1] \qquad (9.8b)$$

Durch die Kombination von (9.8b) und (9.7b) erhält man schließlich:

$$y[nT_2] = v[2nT_1]$$

$$= b_0 x[2nT_1] + (b_1 + a_1 b_0) x[2nT_1 - T_1] + a_1 b_1 x[2nT_1 - 2T_1]$$

$$+ a_1^2 v[2nT_1 - 2T_1] \qquad (9.9)$$

Man sieht also, daß für die Berechnung von $v[2nT_1]$ tatsächlich der unmittelbar vorangehende Abtastwert $v[2nT_1 - T_1]$ nicht erforderlich ist. Außerdem wird aus (9.9) bei der Berechnung von $v[2nT_1]$ deutlich, daß die Koeffizienten b_0 und $a_1 b_1$ mit *geraden* Abtastwerten von $x[nT_1]$

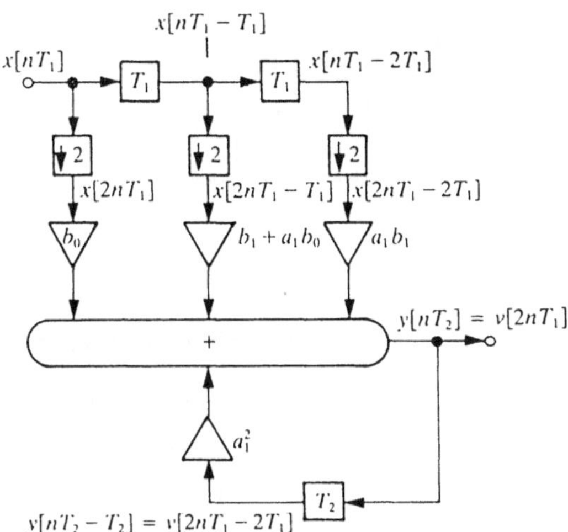

Bild 9.13 Dezimierendes rekursives Filter (R = 2) mit einer verminderten Anzahl von Multiplikationen pro Zeiteinheit.

multipliziert wurden und nur der Koeffizient $(b_1 + a_1 b_0)$ mit *ungeraden* Abtastwerten von $x[nT_1]$ multipliziert wurde. Man kann jetzt die Realisierungsstruktur zeichnen, wobei die SRD–Operation so weit wie möglich nach vorn versetzt wurde. Siehe hierzu Bild 9.13.

Bei der Struktur nach Bild 9.12 waren drei Multiplikationen pro Abtastperiode T_1 erforderlich.

Bei der Struktur nach Bild 9.13 sind dagegen in der Zeit $T_2 = 2T_1$ vier Multiplikationen erforderlich, so daß nach Bild 9.13 pro Zeiteinheit nur 2/3 der Anzahl der Multiplikationen von Bild 9.12 erforderlich sind.

9.4 Erhöhung der Abtastfrequenz

Als Gegenstück zur Verminderung der Abtastfrequenz läßt sich auch die Abtastfrequenz eines gegebenen Signals $x[nT_1]$ erhöhen. Wir beschränken uns dabei in erster Linie auf die Erhöhung um einen ganzzahligen Faktor R, den *Interpolationsfaktor*. Der einfachste Weg, um von einem gegebenen Signal $x[nT_1]$, ein Signal $y[nT_2]$ mit einer höheren Abtastfrequenz $1/T_2 = R/T_1$ abzuleiten, besteht darin, daß man $(R-1)$ Abtastwerte mit dem Wert Null jeweils zwischen zwei Abtastwerte von $x[nT_1]$ einfügt. Bild 9.14 zeigt dazu ein Beispiel mit $R = 3$.

Formal läßt sich die Beziehung zwischen $y[nT_2]$ und $x[nT_1]$ folgendermaßen ausdrücken:

$$y[nT_2] = \begin{cases} x[nT_1/R] & \text{für } n = 0, \pm R, \pm 2R, \ldots \\ 0 & \text{sonst} \end{cases} \tag{9.10}$$

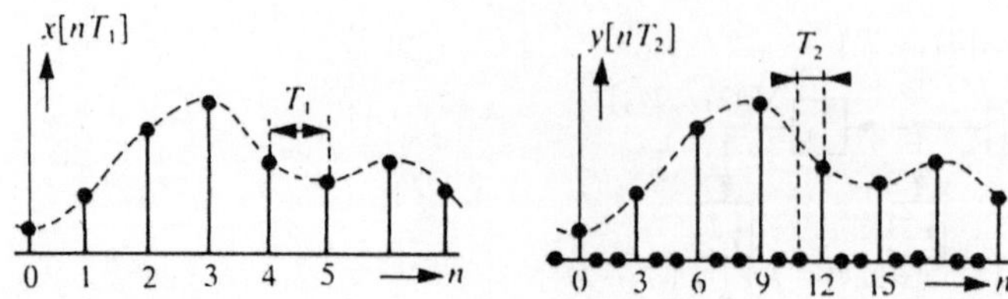

Bild 9.14 *Erhöhung der Abtastfrequenz um den Faktor R = 3.*

Die Umsetzung von $x[nT_1]$ in $y[nT_2]$ geschieht in einem Abtastfrequenz–Erhöher oder SRI (engl.: sampling rate increaser), der symbolisch wie in Bild 9.15 dargestellt wird.

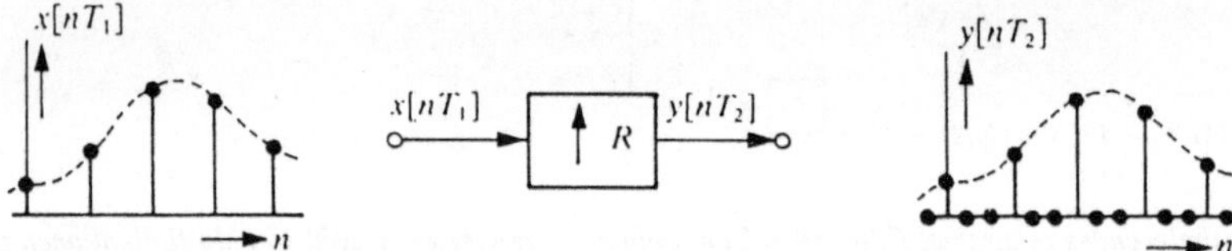

Bild 9.15 *Symbol eines Abtastfrequenz–Erhöhers (SRI) mit dem Faktor $R = T_1/T_2$.*

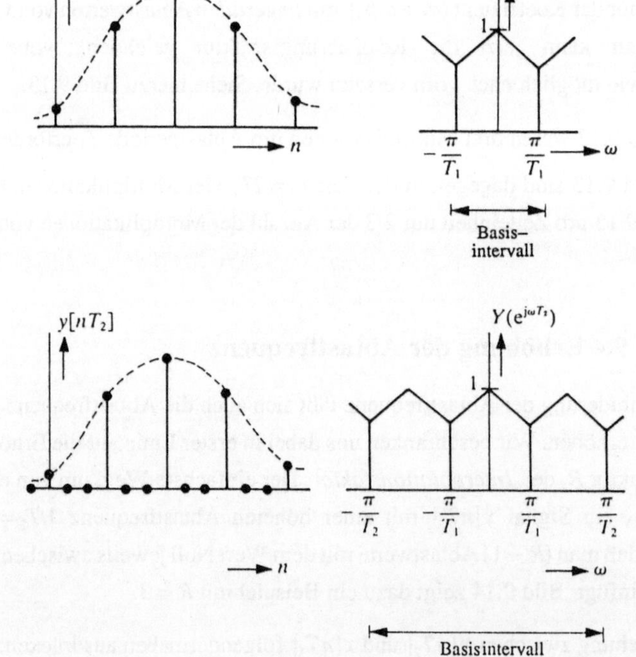

Bild 9.16 *Zusammenhang zwischen $X(e^{j\omega T_1})$ und $Y(e^{j\omega T_2})$ bei Erhöhung der Abtastfrequenz um den Faktor R = 3.*

Genau wie der SRD ist auch der SRI ein zeitvariantes System; eine Verschiebung des Eingangssignals über ein (Eingangs–)Abtastintervall ergibt ein über R (Ausgangs–)Abtastintervalle verschobenes Ausgangssignal. Deshalb kann auch ein SRI nicht mit einer Impulsantwort, einer Übertragungsfunktion oder einer Systemfunktion beschrieben werden. Es ist aber *möglich*, den Zusammenhang zwischen den Spektren $X(e^{j\omega T_1})$ und $Y(e^{j\omega T_2})$ anzugeben. Diese Herleitung ist einfach. Entsprechend Gleichung (4.14) gilt allgemein:

$$Y\!\left(e^{j\omega T_2}\right) = \sum_{n=-\infty}^{\infty} y[nT_2]\,e^{-jn\omega T_2} \tag{9.11}$$

Einsetzen von (9.10) in diese Gleichung liefert:

$$Y\!\left(e^{j\omega T_2}\right) = \sum_{n=0,\pm R,\pm 2R,\dots}^{\infty} x[nT_1/R]\,e^{-jn\omega T_2} \tag{9.12}$$

Substitution von $n = iR$ in (9.12) ergibt:

$$Y\!\left(e^{j\omega T_2}\right) = \sum_{i=-\infty}^{\infty} x[iT_1]\,e^{-ji\omega T_2 R}$$

$$= \sum_{i=-\infty}^{\infty} x[iT_1]\,e^{-ji\omega T_1} = X\!\left(e^{j\omega T_1}\right) \tag{9.13}$$

Man erkennt, daß das Einfügen von Nullen keine Auswirkung auf das Spektrum des Signals hat, abgesehen davon, daß das Basisintervall von $Y(e^{j\omega T_2})$ um den Faktor R größer ist als das Basisintervall von $X(e^{j\omega T_1})$. Das ist für $R = 3$ in Bild 9.16 dargestellt. Im Basisintervall von $Y(e^{j\omega T_2})$ sieht man ein periodisches Spektrum, in dem die ursprüngliche Frequenzinformation von $X(e^{j\omega T_1})$ R–mal enthalten ist. Fragt man sich was passiert, wenn man mit einem idealen diskreten Tiefpaß (mit der Abtastfrequenz $1/T_2$ und dem Verstärkungsfaktor R) aus $Y(e^{j\omega T_2})$ alle Frequenzen im Intervall $\pi/T_1 \le |\omega| \le \pi/T_2$ entfernt (siehe Bild 9.17), so lautet die Antwort: man erhält dann das Signal $\bar{y}[nT_2]$.

Wie sieht das Signal $\bar{y}[nT_2]$ als Funktion der Zeit aus? Durch einen Vergleich der Spektren $X(e^{j\omega T_1})$ und $\bar{Y}(e^{j\omega T_2})$ mit den Spektren von Bild 9.1 findet man relativ einfach die Antwort. Man erkennt, daß man sich $x[nT_1]$ und $\bar{y}[nT_2]$ aus einem kontinuierlichen Signal $x(t)$ abgeleitet vorstellen kann, von dem $x[nT_1]$ durch Abtastung mit der Frequenz $1/T_1$ und $\bar{y}[nT_2]$ durch Abtastung mit der Frequenz $1/T_2 = 3/T_1$ gewonnen wurde.

Das Signal $\bar{y}[nT_2]$ ist eine *interpolierte* Version von $x[nT_1]$; deshalb nennt man die Kombination eines SRI mit dem Interpolationsfaktor R und einem idealen Tiefpaß mit der Abtastfrequenz $1/T_2$, dem Verstärkungsfaktor R und der Grenzfrequenz $|\omega| = \pi/T_1 = \pi/RT_2$, einen *Interpolator*. Bild 9.18 zeigt den Zusammenhang zwischen $x[nT_1]$, $y[nT_2]$ und $\bar{y}[nT_2]$.

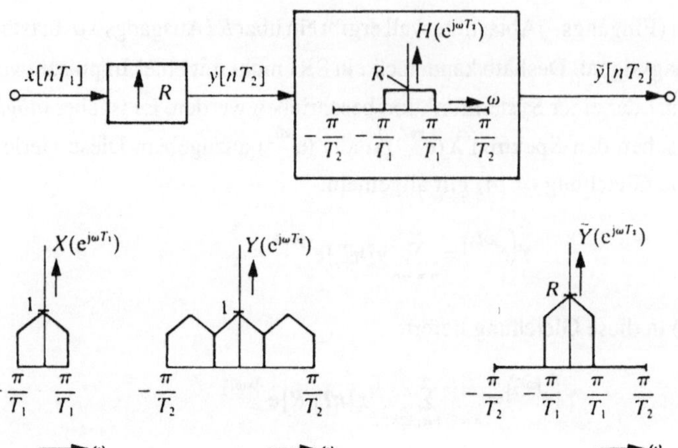

Bild 9.17 Ein Interpolator.

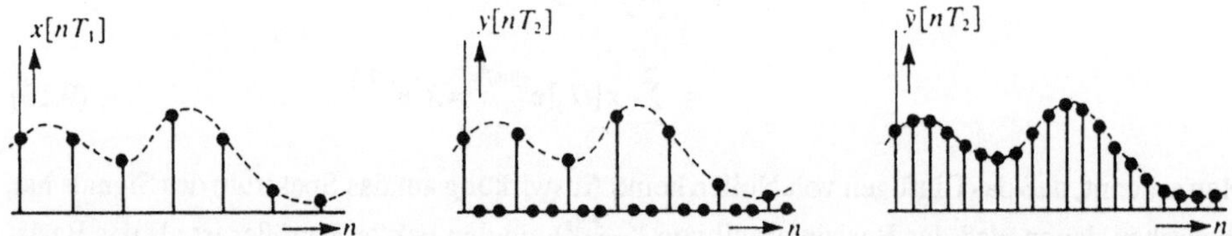

Bild 9.18 Die Signale $x[nT_1]$, $y[nT_2]$ und $\tilde{y}[nT_2]$ von Bild 9.17.

Die Kombination eines SRI mit einem diskreten Filter beliebiger Übertragungsfunktion, wird *Interpolationsfilter* oder *interpolierendes* Filter genannt. Dieses Filter hat deshalb eine niedrige Abtastfrequenz am Eingang und eine hohe Abtastfrequenz am Ausgang. Eine allgemeine Darstellung des Interpolationsfilters zeigt Bild 9.19.

Da das diskrete Filter mit der Übertragungsfunktion $H(e^{j\omega T_2})$ (im Gegensatz zum idealen Tiefpaß im Interpolator) im Sperrbereich keine unendlich große Dämpfung realisieren kann, erscheint im Basisintervall des Ausgangsspektrums $Y(e^{j\omega T_2})$ immer in gewissem Grade der periodische Charakter von $V(e^{j\omega T_2})$ (die schraffierten Gebiete in Bild 9.19(b)). Da der SRI eine zeitvariante Operation ausführt, läßt sich ein Interpolationsfilter in seiner Gesamtheit nicht mit einer Impulsantwort, Übertragungsfunktion oder Systemfunktion beschreiben. Es *ist* aber *möglich* – so wie wir es schon früher getan haben – den Zusammenhang zwischen Eingangs- und Ausgangsspektrum anzugeben.

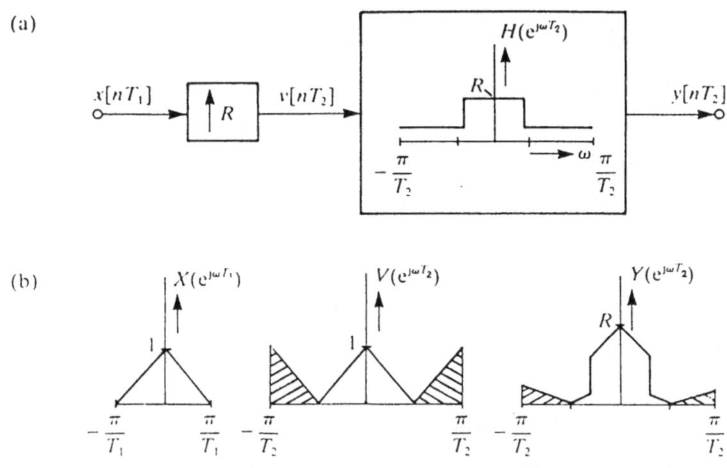

Bild 9.19 (a) Ein Interpolationsfilter. (b) Die Spektren bei verschiedenen Punkten für $R = 2$.

9.5 Realisierung von Interpolationsfiltern

Die allgemeine Realisierungsstruktur eines Interpolationsfilters von Bild 9.19(a) kann als Ausgangspunkt für eine genauere Betrachtung der praktischen Realisation eines derartigen Filters dienen. Als Beispiel ist in Bild 9.20 ein interpolierendes Transversalfilter mit $R = 2$ dargestellt, das durch die Kaskadenschaltung eines SRI mit $R = 2$ und einem Transversalfilter, dessen Eingangs– und Ausgangsabtastfrequenz beide $1/T_2$ betragen, gebildet wird. Für dieses Filter gelten folgende Gleichungen:

$$v[nT_2] = \begin{cases} x[nT_1/2] & \text{für } n = 0, \pm 2, \pm 4, \ldots \\ 0 & \text{sonst} \end{cases} \tag{9.14a}$$

$$y[nT_2] = \sum_{i=0}^{3} b_i v[nT_2 - iT_2] \tag{9.14b}$$

Wir wollen einmal einige Werte von $y[nT_2]$ ausführlich hinschreiben, wobei wir die Tatsache, daß $v[nT_2] = 0$ für ungerade n, verwenden:

$$
\begin{aligned}
y[0] \quad &= b_0 v[0] \quad &&+ b_2 v[-2T_2] \quad &&= b_0 x[0] \quad &&+ b_2 x[-T_1] \\
y[T_2] \quad &= b_1 v[0] \quad &&+ b_3 v[-2T_2] \quad &&= b_1 x[0] \quad &&+ b_3 x[-T_1] \\
y[2T_2] \quad &= b_0 v[2T_2] \quad &&+ b_2 v[0] \quad &&= b_0 x[T_1] \quad &&+ b_2 x[0] \\
y[3T_2] \quad &= b_1 v[2T_2] \quad &&+ b_3 v[0] \quad &&= b_1 x[T_1] \quad &&+ b_3 x[0] \\
y[4T_2] \quad &= b_0 v[4T_2] \quad &&+ b_2 v[2T_2] \quad &&= b_0 x[2T_1] \quad &&+ b_2 x[T_1]
\end{aligned}
\tag{9.15}
$$

Man erkennt, daß für jeden Abtastwert am Ausgang $y[nT_2]$ nur zwei Multiplikationen erforderlich sind, und daß für gerade n die zwei verwendeten Filterkoeffizienten (b_0 und b_2) nicht die gleichen sind wie bei ungeradem n (b_1 und b_3). Die Schaltung nach Bild 9.20 läßt sich diesbezüglich modifizieren, so daß man wieder eine Verminderung der Anzahl der notwendigen Multiplikationen pro Zeiteinheit erreichen kann. Eine solche Schaltung zeigt Bild 9.21. Man erkennt zwei separate Filter ; das eine mit den Koeffizienten b_0 und b_2, das die Ausgangsabtastwerte von $y[nT_2]$ für gerade n liefert; das andere mit den Koeffizienten b_1 und b_3 das die Ausgangsabtastwerte von $y[nT_2]$ für ungerade n liefert. Es ist möglich, ein beliebiges interpolierendes Transversalfilter mit dem Interpolationsfaktor R genauso aufzufassen, wie R Teilfilter, die abwechselnd die Abtastwerte des Ausgangssignals berechnen. Es ist äußerst günstig, interpolierende Transversalfilter auf diese Art zu betrachten.

Auch von Filtern mit rekursiver Struktur lassen sich interpolierende Versionen ableiten. Im allgemeinen ist es nicht so deutlich wie bei nicht rekursiven Filtern zu erkennen, auf welche Weise man die Anzahl der notwendigen Multiplikationen pro Sekunde reduzieren kann. Als Beispiel ist in Bild 9.22 ein interpolierendes rekursives Filter erster Ordnung mit $R = 2$ dargestellt, bei dem die Anzahl der Multiplikationen noch nicht vermindert wurde.

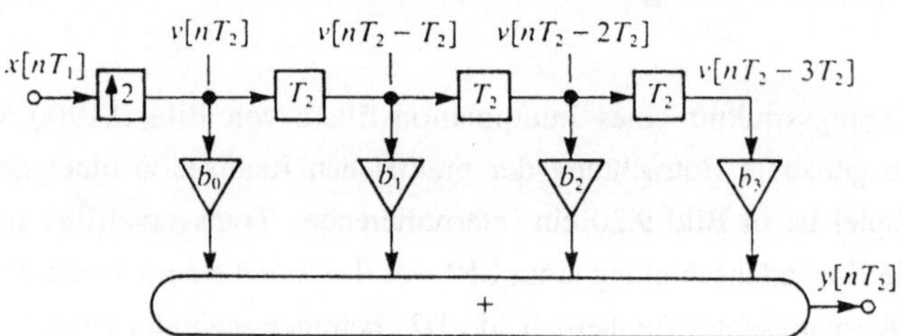

Bild 9.20 *Interpolierendes Transversalfilter mit* $R = 2$.

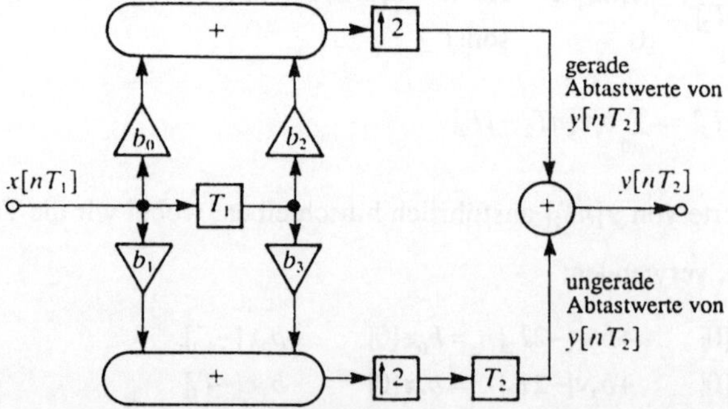

Bild 9.21 *Interpolierendes Transversalfilter ($R = 2$) mit einer reduzierten Anzahl von Multiplikationen pro Zeiteinheit.*

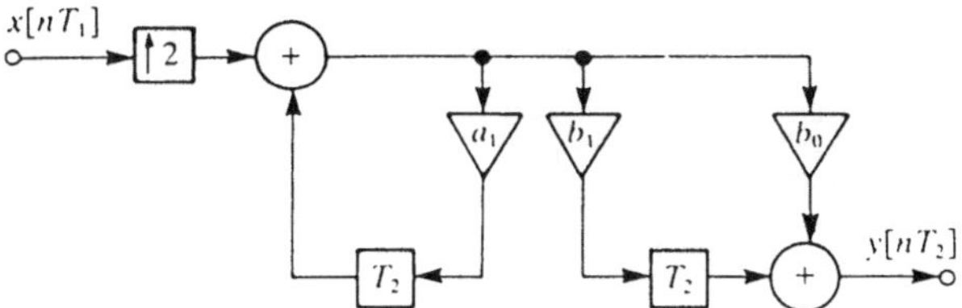

Bild 9.22 Interpolierendes rekursives Filter mit R = 2.

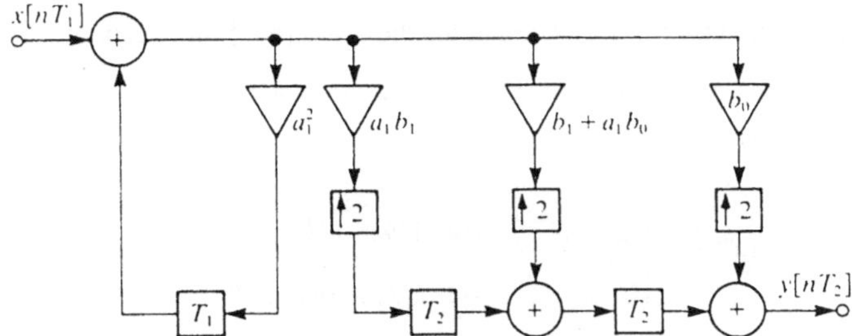

Bild 9.23 Interpolierendes rekursives Filter (R = 2) mit einer reduzierten Anzahl von Multiplikationen pro Zeiteinheit.

Das gleiche Filter kann auch auf eine andere Weise realisiert werden (an dieser Stelle lassen wir außer Betracht, wie man das erreicht; siehe hierzu Abschnitt 9.7), wobei die Anzahl der Multiplikationen im Intervall T_1 von sechs auf vier reduziert wird. Das ist in Bild 9.23 dargestellt.

9.6 Veränderung der Abtastfrequenz durch einen rationalen Faktor

In dem vorangegangenen Abschnitt haben wir gesehen, wie man aus einem gegebenen Signal $x[nT_1]$ das Signal $y[nT_2]$ ableiten kann, wenn T_2/T_1 oder T_1/T_2 eine ganze Zahl R ist. Im ersten Fall wurde ein Dezimierer verwendet (Bild 9.7) und im zweiten Fall ein Interpolator (Bild 9.17). Die Kombination dieser beiden Prinzipien in einer Schaltung, macht es möglich, ein beliebiges rationales Verhältnis von T_1 und T_2 zu realisieren, d.h.:

$$T_2 = \frac{R_2}{R_1} T_1 \tag{9.16}$$

wobei R_2 und R_1 ganze Zahlen sind. Setzt man den Interpolator vor den Dezimierer, benötigt man nur einem idealen Tiefpaß mit dem Verstärkungsfaktor R_1 (Bild 9.24).

Man unterscheidet hierbei zwei Fälle:

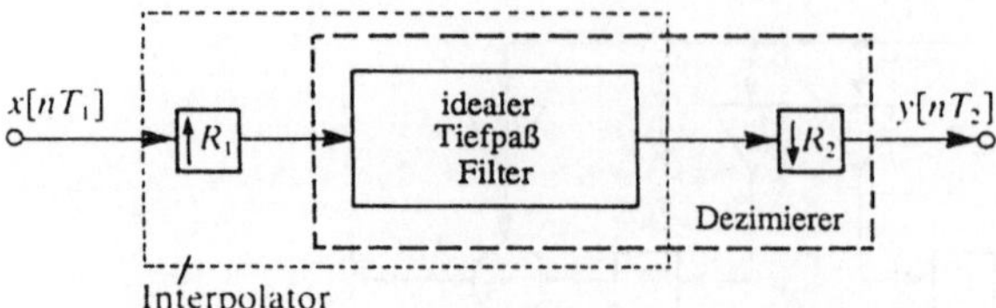

Bild 9.24 Veränderung der Abtastfrequenz durch einen rationalen Faktor $T_2/T_1 = R_2/R_1$.

1. $R_2 < R_1$; die Abtastfrequenz von $y[nT_2]$ ist höher als die von $x[nT_1]$ und deshalb $\pi/T_1 < \pi/T_2$. Der ideale Tiefpaß hat jetzt einen Durchlaßbereich von $|\omega| < \pi/T_1$. Für das Signalspektrum $Y(e^{j\omega T_2})$ von $y[nT_2]$ im Basisintervall gilt:

$$Y\left(e^{j\omega T_2}\right) = \begin{cases} \dfrac{R_1}{R_2} X\left(e^{j\omega T_1}\right) & \text{für} \quad |\omega| \leq \pi/T_1 \\ 0 & \text{für} \quad \pi/T_1 \leq |\omega| \leq \pi/T_2 \end{cases} \tag{9.17}$$

2. $R_2 > R_1$; die Abtastfrequenz von $y[nT_2]$ ist niedriger als die von $x[nT_1]$ und deshalb $\pi/T_2 < \pi/T_1$. Der ideale Tiefpaß hat jetzt einen Durchlaßbereich von $|\omega| < \pi/T_2$. Eventuelle Frequenzkomponenten von $X(e^{j\omega T_1})$ mit $\pi/T_2 < |\omega| < \pi/T_1$ werden durch dieses Filter unterdrückt. Für das Basisintervall von $Y(e^{j\omega T_2})$ gilt deshalb:

$$Y\left(e^{j\omega T_2}\right) = \frac{R_1}{R_2} X\left(e^{j\omega T_1}\right) \quad \text{für} \quad |\omega| \leq \pi/T_2 \tag{9.18}$$

Ersetzt man in Bild 9.24 den idealen Tiefpaß durch ein Filter mit beliebiger Übertragungsfunktion, so erhält man ein interpolierendes oder dezimierendes Filter mit einem rationalen Verhältnis zwischen Eingangs- und Ausgangsabtastfrequenz. Durch die endliche Dämpfung in den Sperrbereichen kann jetzt allerdings Aliasing auftreten, was sorgfältig berücksichtigt werden muß.

9.7 Transponierung von Interpolations- und Dezimierungsfiltern

In Abschnitt 7.5 haben wir den Transponierungssatz für lineare zeitinvariante diskrete Systeme (LTD-Systeme) eingeführt. Die Anwendung der Transponierung auf ein solches System liefert ein neues LTD-System mit genau der gleichen Übertragungsfunktion, aber unterschiedlicher Struktur. Interpolierende und dezimierende Filter gehören nicht zu den LTD-Systemen, da sie – wie wir gesehen haben – zeitvariant sind. Der Transponierungssatz kann dahingehend erweitert werden, daß er sich auch auf diesen Filtertyp anwenden läßt. Zu den bereits angegebenen Transponierungsregeln von Abschnitt 7.5 möchten wir noch hinzufügen:

– SRI's werden durch SRD's ersetzt und

– SRD's werden durch SRI's ersetzt.

Wendet man diese zusätzlichen Regeln auf ein Filter der Eingangsabtastfrequenz $1/T_x$ und der Ausgangsabtastfrequenz $1/T_y$ an, erhält man ein neues Filter mit der Eingangsabtastfrequenz $1/T_y$ und der Ausgangsabtastfrequenz $1/T_x$; auf diese Weise wird aus einem Dezimierungsfilter ein Interpolationsfilter und umgekehrt. Da es sich hier sowohl vor – als auch nach der Transponierung um ein zeitvariantes System handelt, kann man nicht von Übertragungsfunktionen sprechen; die Filtereigenschaften hängen in gewissem Grade, wie wir bereits früher gesehen haben (siehe Abschnitt 9.2), vom Spektrum des Eingangssignals ab. Es besteht natürlich ein enger Zusammenhang zwischen den Systemeigenschaften vor und nach der Transponierung. Am wichtigsten ist aber, daß wir darauf zu achten haben, ob an den Stellen wo sich die SRD's befinden, Aliasing auftritt. Dieser Aspekt läßt sich am besten anhand eines aktuellen Beispiels verdeutlichen; siehe hierzu die Übungsaufgaben 9.9, 9.10 und 9.11.

Die Transponierung läßt sich sowohl auf die Filtergrundschaltung als auch auf die praktische Struktur, in der die Anzahl der Multiplikationen pro Zeiteinheit reduziert wurde, anwenden. Das ist in Bild 9.25 mit $R_1 = T_1 / T_2$ und $R_2 = T_3 / T_2$ schematisch dargestellt.

In einem der vorangegangenen Abschnitte haben wir durch Transponierung die Realisierungsstruktur von Bild 9.12 in die Realisierungsstruktur von 9.22 umgewandelt. Auf die gleiche Weise wurde aus der praktischen Struktur von Bild 9.13 die Struktur von Bild 9.23 abgeleitet (Beweisen Sie das!). Für eine ausführlichere Behandlung des Transponierungssatzes für zeitvariante Systeme verweisen wir auf die Literatur [31].

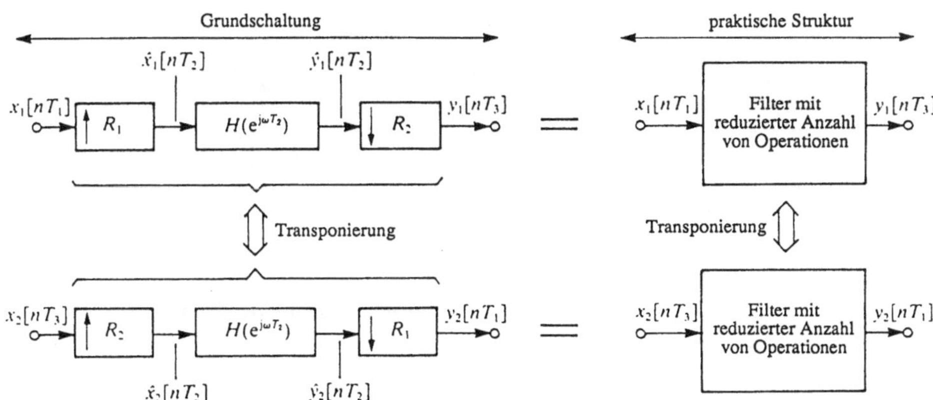

Bild 9.25 Transponierung von Interpolations– und Dezimierungsfiltern.

9.8 Anwendungsbeispiele

Eine sehr interessante Anwendung von Dezimierungsfiltern findet man bei der Umsetzung von analogen Signalen in digitale Signale (A/D–Umsetzer). Wir wollen annehmen, daß ein analoges

Signal $x_a(t)$ mit einem breiten Spektrum vorliegt und daß die Signalkomponenten der Frequenzen $|\omega| < \pi/T_1$ in ein digitales Signal $x[nT_1]$ umgesetzt werden sollen. Dieser Fall tritt zum Beispiel im Fernsprechwesen auf. Hierbei ist man (für Sprache) nur an Frequenzen unterhalb von etwa 4 kHz interessiert, obwohl das Mikrophon ein viel breiteres Spektrum liefert. Um ein diskretes Sprachsignal herzustellen, müßte im Prinzip eine Abtastfrequenz von 8 kHz ausreichen. Die Bandbreite des analogen Signals muß man deshalb zuerst mit einem analogen Tiefpaß–Vorfilter auf 4 kHz begrenzen, um Aliasing bei der A/D–Umsetzung zu verhindern (Bild 9.26).

Da dieser Tiefpaß einen sehr schmalen Übergangsbereich haben muß, ist die Spezifikation ziemlich schwierig. Die Anforderungen lassen sich erheblich erleichtern, wenn man die A/D–Umsetzung mit einer höheren Abtastfrequenz als streng genommen notwendig durchführt, und einen Dezimierer verwendet, um zur gewünschten Abtastfrequenz zurückzukehren. Auf diese Weise ersetzen wir analoges Filtern durch digitales Filtern. Das ist in Bild 9.27 dargestellt, wobei der A/D–Umsetzer mit der doppelten Abtastfrequenz $2/T_1$ arbeitet. Der Sperrbereich des analogen Filters muß nun nicht bei π/T_1 beginnen, sondern nur bei $3\pi/T_1$. Am Ausgang des A/D–Umsetzers würde Aliasing in dem Bereich von $\pi/T_1 \leq |\omega| \leq 2\pi/T_1$ auftreten, aber dieser Teil des Spektrums wird durch den Dezimierer vollständig beseitigt.

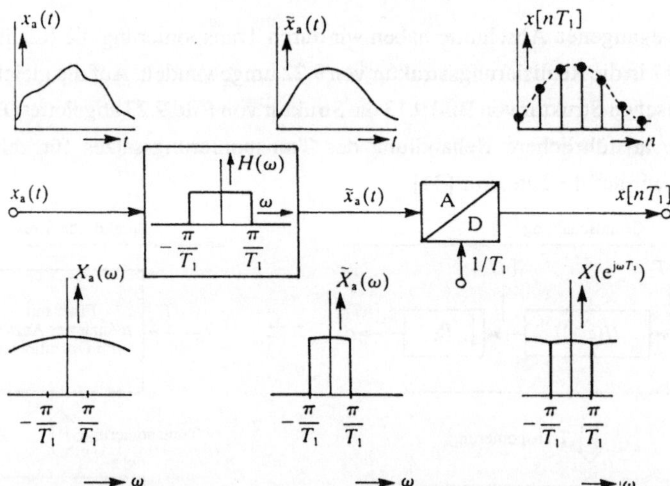

Bild 9.26 *Analog/Digital–Umsetzung mit minimaler Abtastfrequenz und demzufolge mit einem komplizierten Vorfilter $H(\omega)$.*

Eine Situation, die sehr ähnlich der oben beschriebenen ist, findet man bei der Umsetzung von digitalen Sigalen in analoge Signale (D/A–Umsetzung). Hierbei ist ein "ideales" analoges Filter erforderlich, um sicherzustellen, daß in dem analogen Signal keine Frequenzkomponenten außerhalb des Intervalls $|\,\omega\,|\le \pi/T_1$ auftreten (Bild 9.28). Durch die Einführung eines Interpolators (siehe Bild 9.29) läßt sich zunächst das Basisintervall des digitalen Signals vergrößern, so daß die Anforderungen an das analoge Filter beträchtlich erleichtert werden. An dieser Stelle wurde ein Interpolator mit einem Interpolationsfaktor von $R=2$ verwendet. Auch hier muß der Sperrbereich des analogen Filters erst bei $3\pi/T_1$ beginnen. Dieses Prinzip (mit $R=4$) wird oft in CD - Playern angewendet und (nicht ganz korrekt) als *"oversampling"* bezeichnet.

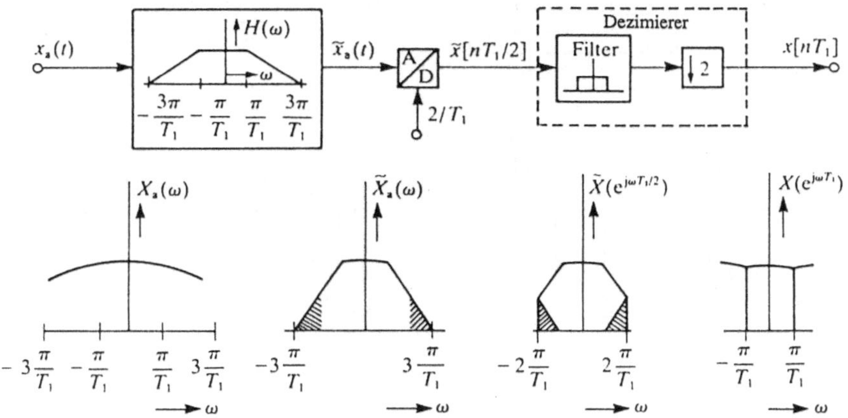

Bild 9.27 *A/D–Umsetzer mit erhöhter Abtastfrequenz, wodurch analoges Filtern durch digitales Filtern ersetzt werden kann.*

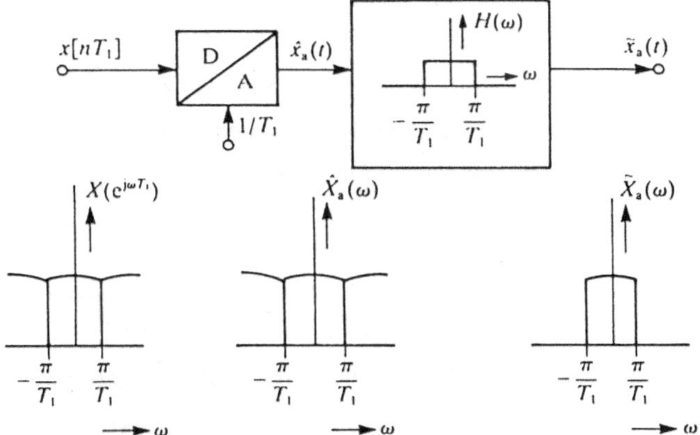

Bild 9.28 *Digital/Analog–Umsetzung mit minimaler Abtastfrequenz und demzufolge mit einem komplizierten Nachfilter $H(\omega)$.*

Um die Beschreibung zu vereinfachen, wurde in den vorangegangenen Beispielen der Austausch zwischen dem analogen und dem digitalen Filtern aufgrund der Verwendung eines Dezimierers und eines Interpolators erläutert. Das sind beides idealisierte Systeme, die man aber mit realisierbaren Dezimierungs– und Interpolationsfiltern beliebig gut approximieren kann.

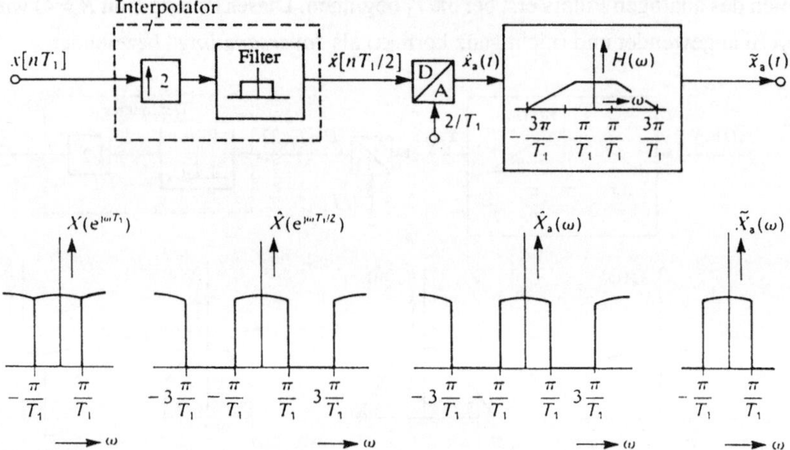

Bild 9.29 *D/A–Umsetzer mit erhöhter Abtastfrequenz, wodurch analoges Filtern durch digitales Filtern ersetzt werden kann.*

9.9 Übungsaufgaben

Übungsaufgaben zu Abschnitt 9.3

9.1 Gegeben ist ein dezimierendes rekursives diskretes Filter zweiter Ordnung mit $R = 2$ nach Bild 9.30. Bestimmern Sie hieraus ein anderes dezimierendes Filter, bei dem die Anzahl der Multiplikationen reduziert ist. Um wieviel kann die Anzahl der Multiplikationen pro Zeiteinheit reduziert werden?

9.2 Gegeben ist das Filter von Bild 9.12. Bestimmen Sie hieraus ein Dezimierungsfilter mit $R = 3$ (anstelle von $R = 2$) und einer reduzierten Anzahl von Multiplikationen. Um wieviel kann die Anzahl der Multiplikationen pro Zeiteinheit reduziert werden?

9.3 (*Für Enthusiasten.*) Von dem dezimierenden rekursiven Filter ($R = 2$) aus Bild 9.31(a) wurde ein Filter mit reduzierter Anzahl von Multiplikationen nach Bild 9.31(b) abgeleitet. Bestimmen Sie die dazugehörenden Koeffizienten c_0, c_1, c_2, c_3 und c_4. Um wieviel kann die Anzahl der Multiplikationen pro Zeiteinheit reduziert werden?

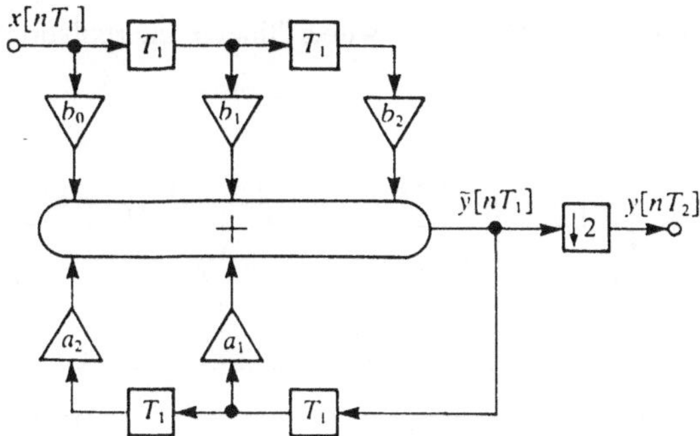

Bild 9.30 Aufgabe 9.1.

(a)

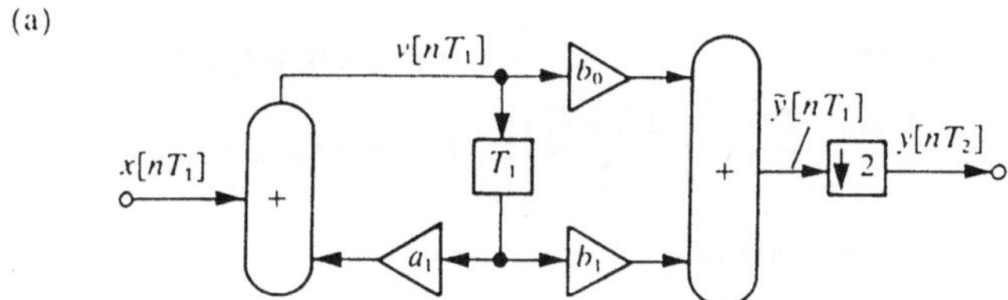

(b)

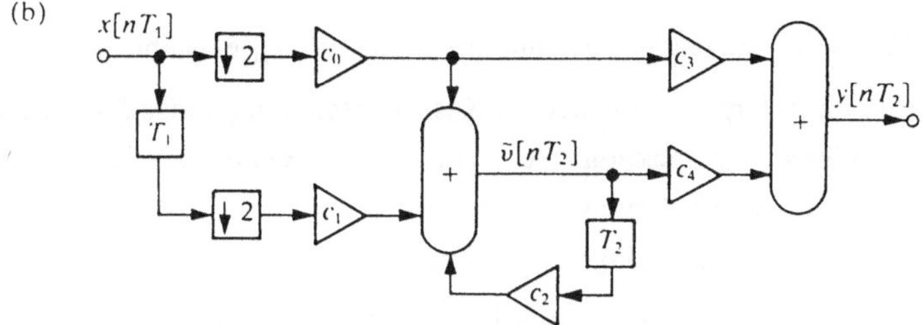

Bild 9.31 Aufgabe 9.3.

Übungsaufgaben zu Abschnitt 9.5

9.4 Gegeben ist das interpolierende Transversalfilter nach Bild 9.32. Bestimmen Sie hieraus ein interpolierendes Transversalfilter, bei dem die Anzahl der Multiplikationen pro Zeiteinheit so viel wie möglich reduziert wurde. Stellen Sie dieses Filter grafisch so dar, daß drei separate Teilfilter zu erkennen sind.

9.5 Gegeben ist das Signal $x[nT_1]$. Dieses Signal wird derartig interpoliert, daß die neue Abtastperiode $T_2 = T_1/2$ ist so daß $R = 2$. Die Signalabtastwerte $y[nT_2]$ werden aus den

Abtastwerten $x[nT_1]$ durch ein Interpolationsfilter gewonnen, wobei "lineare Interpolation" angewendet wird:

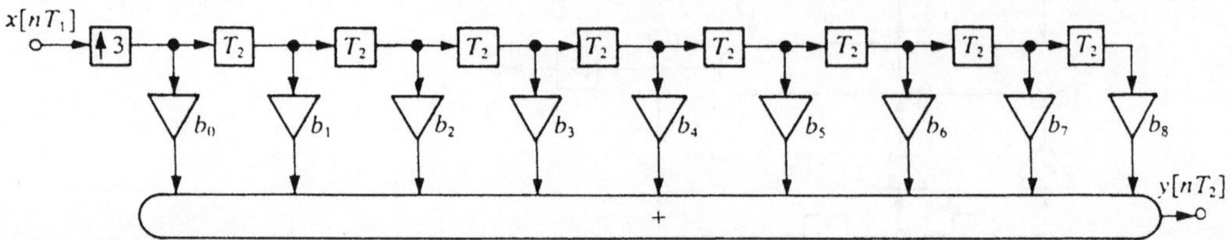

Bild 9.32 Aufgabe 9.4

$$y[nT_2] = \begin{cases} x[nT_1/2] & \text{für } n = 0, \pm 2, \pm 4, \ldots \\ \dfrac{1}{2}\left\{ x\left[\dfrac{nT_1 - T_1}{2}\right] + x\left[\dfrac{nT_1 + T_1}{2}\right] \right\} & \text{für } n = \pm 1, \pm 3, \ldots \end{cases}$$

Dieses Interpolationsfilter ist in Bild 9.33 dargestellt.

(a) Stellen Sie für ein beliebiges Signal $x[nT_1]$ die entsprechenden Signale $\hat{x}[nT_2]$ und $y[nT_2]$ grafisch dar.

(b) Bestimmen Sie $h[nT_2]$ so, daß das gewünschte Signal $y[nT_2]$ entsteht.

(c) In Bild 9.19 ist ein Interpolationsfilter als Kaskadenschaltung eines SRI und einem Filter mit der Übertragungsfunktion $H(e^{j\omega T_2})$ dargestellt. Bestimmen Sie die Übertragungsfunktion für das Interpolationsfilter von Bild 9.33.

(d) Gegeben ist das Spektrum des Eingangssignals:

$$X\!\left(e^{j\omega T_1}\right) = \begin{cases} 1 & \text{für } 0{,}1\pi/T_1 \leq |\omega| \leq 0{,}11\pi/T_1 \\ 0 & \text{sonst} \end{cases}$$

Bestimmen Sie duch Anfertigen von einigen Diagrammen das Spektrum des interpolierten Signals $y[nT_2]$.

(e) Bestimmen Sie durch Anfertigen von einigen Diagrammen das Spektrum des interpolierten Signals, wenn das Spektrum des Eingangssignal wie folgt gegeben ist:

$$X\!\left(e^{j\omega T_1}\right) = \begin{cases} 1 & \text{für } 0{,}25\pi/T_1 \leq |\omega| \leq 0{,}75\pi/T_1 \\ 0 & \text{sonst} \end{cases}$$

(f) Für welches der beiden oben angegebenen Eingangsspektren (d) oder (e), wird die Funktion des idealen Interpolators mit $R = 2$ so gut wie möglich mit dem hier verwendeten Interpolationsfilter approximiert?

(g) Das Filter mit der Impulsantwort $h[nT_2]$ ist nicht kausal. Wie müßte die vorher angegebene Beziehung zwischen $y[nT_2]$ und $x[nT_1]$ verändert werden, damit das Filter kausal wird?

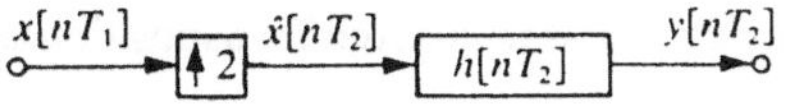

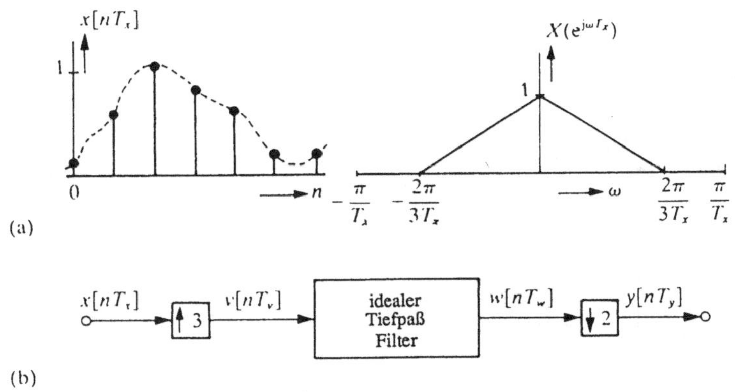

Bild 9.33 Aufgabe 9.5.

Übungsaufgaben zu Abschnitt 9.6

9.6 Gegeben ist das Signal $x[nT_x]$ mit dem Spektrum $X(e^{j\omega T_x})$ nach Bild 9.34(a). Das Signal wird an die Schaltung von Bild 9.34(b) gelegt. Der ideale Tiefpaß hat eine Abtastfrequenz von $1/T_v = 3T_x$, den Verstärkungsfaktor 1 im Durchlaßbereich und eine Grenzfrequenz von $|\omega| = \pi/T_x$.

  (a) Stellen Sie die vier Signale $x[nT_x]$, $v[nT_v]$, $w[nT_w]$ und $y[nT_y]$ grafisch dar.

  (b) Stellen Sie die vier Spektren $X(e^{j\omega T_x})$, $V(e^{j\omega T_v})$, $W(e^{j\omega T_w})$ und $Y(e^{j\omega T_y})$ in ihren Basisintervallen grafisch dar.

  (c) Aufgabenstellung wie bei (a) und (b) ohne den idealen Tiefpaß.

Bild 9.34 Zu Aufgabe 9.6.

Übungsaufgaben zu Abschnitt 9.7

9.7 (a) Zeigen Sie, daß die Realisierungsstruktur nach Bild 9.22 durch Transposition aus der Realisierungsstruktur von Bild 9.12 erhalten wurde.

  (b) Gleiche Aufgabenstellung für Bild 9.23 und 9.13.

9.8 Erzeugen Sie durch Transposition aus dem Filter von Bild 9.10 ein Interpolationsfilter.

9.9 (a) Gegeben ist das zeitvariante Filter nach Bild 9.35, mit dem Eingangssignal $x[nT_1]$ und dessen Spektrum $X(e^{j\omega T_1})$. Stellen Sie nacheinander die Spektren von $x[nT_1]$, $v[nT_2]$, $w[nT_2]$ und $y[nT_3]$ grafisch dar (im entsprechenden Basisintervall).

(b) Zeichen Sie die Realisierungsstruktur des Filters, das man durch Transposition aus dem Filter von Bild 9.35 erhält.

(c) Zeichnen Sie nacheinander die vier wichtigsten Signalspektren des neuen Filters. Verwenden Sie dabei das Ausgangssignal $y[nT_3]$ von Bild 9.35 hier als Eingangssignal. Vergleichen Sie das Ausgangsspektrum des Filters mit dem ursprünglichen Eingangsspektrum $X(e^{j\omega T_1})$.

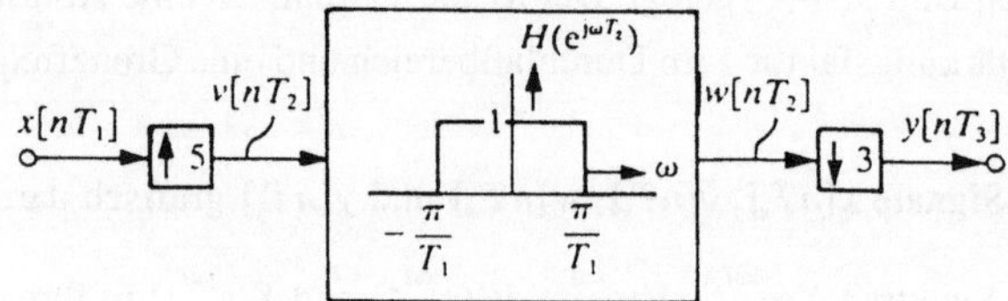

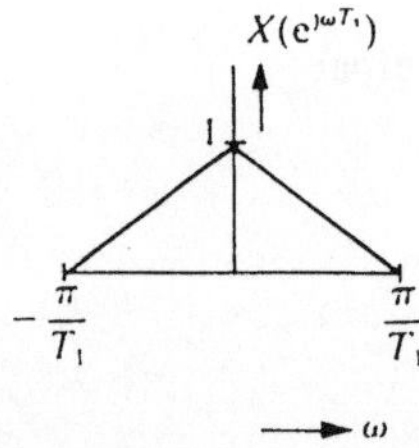

Bild 9.35 Aufgabe 9.9.

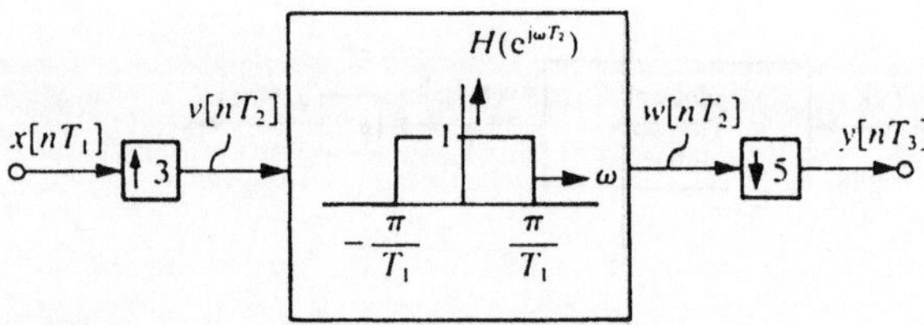

Bild 9.36 Aufgabe 9.10.

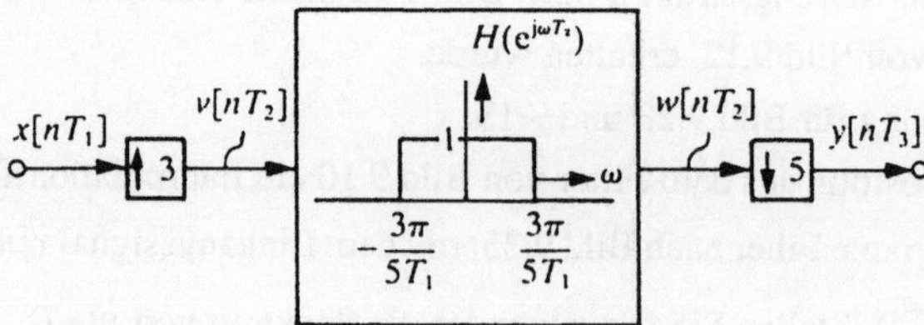

Bild 9.37 Aufgabe 9.11.

9.10 Gleiche Aufgabenstellung wie bei 9.9(a), (b) und (c) für die Realisierungsstruktur nach Bild 9.36.

9.11 Gleiche Aufgabenstellung wie bei 9.9(a), (b) und (c) für die Realisierungsstruktur nach Bild 9.37.

10

Endliche Wortlänge bei digitalen Signalen und Systemen

10.1 Einführung

In den vorangegangenen Kapiteln haben wir uns ausführlich mit verschiedenen Aspekten diskreter Signale und diskreter Systeme beschäftigt. Wir sind dabei stets davon ausgegangen, daß alle Signale und andere Größen (wie z.B. Filterkoeffizienten) beliebige Werte annehmen können. Für die sehr wichtige Klasse der digitalen Signale und digitalen Systeme gilt diese Annahme nicht, da jede Größe als Kombination einer endlichen Anzahl von Bits (d.h. als *binäres Wort* oder kurz *Wort*) dargestellt wird. Ein Bit ist eine Zahl, die nur zwei verschiedenen Werte (0 oder 1) annehmen kann.[1] Mit einem Wort von B Bits kann man deshalb höchstens bis zu 2^B verschiedene Werte unterscheiden. Ist B frei bestimmbar, so kann die digitale Darstellung so genau erfolgen wie man möchte, und deshalb kann jedes gewünschte diskrete Signal oder jedes diskrete System beliebig gut approximiert werden.

Die Praxis sieht aber etwas anders aus. Aus ökonomischen Gründen ist man häufig sehr daran interressiert, den Wert für B möglichst niedrig zu halten, ohne dabei Fehler einzuführen, die *nicht akzeptiert* werden können. Unvermeidlich wird man dann mit einer Anzahl von unterschiedlichen Effekten konfrontiert, die durch die *endliche Wortlänge*, mit der man arbeitet, verursacht werden. Oft sind diese Effekte sehr kompliziert und es lassen sich darüber nur statistische Aussagen (in Bezug auf Mittelwerte, Effektivwerte, Maximalwerte usw.) treffen. Zu einem Teil entstehen sie dadurch, daß Nichtlinearitäten in das System eingeführt werden, die dann eine exakte Beschreibung des Systems sehr kompliziert, wenn nicht sogar unmöglich machen.

Bei der Anwendung der Theorie der vorangegangenen Kapitel auf digitale Signalverarbeitung werden wir speziell auf folgende drei Situationen, in denen die endliche Wortlänge eine wichtige Rolle spielt, unsere Aufmerksamkeit richten:

---

[1]Binär = aus zwei Einheiten bestehend; Bit wurde abgeleitet aus dem engl.: "binary digit" (= binäre Zahl)

1. Die Umsetzung von Signalen mit kontinuierlicher Amplitude, in Signale mit diskreter Amplitude; dadurch entsteht Rauschen, häufig als *A/D–Umsetzungsrauschen* bezeichnet (Abschnitt 10.4).

2. Das Umsetzen der Filterkoeffizienten, die mittels der früher behandelten Filterentwurfsmethoden gewonnen wurden, in *Koeffizienten endlicher Wortlänge*; das ist mit einer Veränderung der Übertragungsfunktion (Abschnitt 10.5) verbunden.

3. Das *Ausführen von Operationen* (wie Multiplikation und Addition) auf eine solche Weise, die die Wortlänge nicht unerwünscht vergrößert. Dadurch entsteht Rauschen und möglicherweise können auch Oszillationen verursacht werden (Abschnitt 10.6).

In allen diesen Situationen handelt es sich um *Quantisierung* oder *Überlauf*, oder um beides. In Abschnitt 10.3 werden wir uns mit diesen Effekten eingehender beschäftigen.

Bei einer gegebenen Wortlänge von B Bits, ist die Zahl, die mit jedem der 2^B verschiedenen Worte übereinstimmt, noch bestimmbar: die *Zahlendarstellung* oder *numerische Code*. Es gibt dafür verschiedene Möglichkeiten, die alle ihre speziellen Vor– und Nachteile haben. Auf diesen letzten Aspekt werden wir zuerst eingehen.

10.2 Darstellungen von Zahlen

Die drei am häufigsten verwendeten binären Zahlendarstellungen sind:

1. Vorzeichen und Betrag

2. Einer–Komplement

3. Zweier–Komplement

Der Unterschied zwischen diesen drei Fällen kann am einfachsten anhand von Tabelle 10.1 deutlich gemacht werden, die den Zusammenhang zwischen den acht möglichen aus 3–Bit ($B = 3$) gebildeten Worten und den entsprechenden dezimalen Werten angibt.

Tabelle 10.1 Verschiedene binäre Zahlendarstellungen

Dezimalwert	Vorzeichen und Betrag	Einer– Komplement	Zweier– Komplement
+3	011	011	011
+2	010	010	010
+1	001	001	001
+0	000	000	000
−0	100	111	–
−1	101	110	111
−2	110	101	110
−3	111	100	101
−4	–	–	100

In allen drei Zahlendarstellungen werden positive dezimale Werte auf die gleiche Weise dargestellt:

- Das erste Bit von links ("Vorzeichenbit") ist eine 0, wenn es sich um eine positive Zahl handelt.

- Das erste Bit von rechts (Bit niedrigster Wertigkeit, engl.: least–significant bit oder LSB) stellt den Wert $2^0 = 1$ dar.

- Das zweite Bit von rechts stellt den Wert $2^1 = 2$ dar.

- Ist die Wortlänge größer als 3, so stellt das dritte Bit von rechts den Wert $2^2 = 4$ dar, usw.

Folglich:

$$01101 = +(1 \times 2^3 + 1 \times 2^2 + 0 \times 2^1 + 1 \times 2^0) = +13$$

Negative dezimale Zahlen werden in jeder Zahlendarstellung auf eine andere Art wiedergegeben, wobei das Vorzeichenbit aber immer 1 ist. Bei der Darstellung nach Vorzeichen und Betrag geben die anderen Bits den Betrag der Zahl an. Bei der Einer–Komplement Darstellung erhält man die negativen Zahlen, indem alle Bits der entsprechenden positiven Zahl durch entgegengesetzte Bits ersetzt werden ("Bitinversion"). Negative Zahlen erhält man in der Zweier–Komplement Darstellung, indem alle Bits der entsprechenden positiven Zahl invertiert werden und dann eine Eins an der Stelle, die der niedrigsten Wertigkeit entspricht, addiert wird.

In Tabelle 10.1 ist dem Bit mit der niedrigsten Wertigkeit (LSB) der Wert 2^0 zugeordnet. Das bedeutet, daß sich dadurch nur ganze Zahlen darstellen lassen. Man kann aber auch diesem LSB einen Wert zuordnen, der einer negativen ganzzahligen Potenz von 2 , z.B. $2^{-3} = 1/8$ entspricht. Auf diese Weise lassen sich Dezimalbrüche durch binäre Worte darstellen. Das soll anhand der Wiedergabe der Dezimalzahlen +3,625 und –3,625 in allen drei Zahlendarstellungen mit einer Wortlänge von 8 Bit und einem LSB von 2^{-3} veranschaulicht werden (Tabelle 10.2).

In Tabelle 10.2 wurde als Hilfsmittel ein Komma nach dem Bit mit dem Wert $2^0 = 1$ gesetzt. Das vereinfacht die Interpretation der binären Zahlen da man nun die Werte aller Bits sofort kennt. Diese Zahlendarstellung wird deshalb *Festkomma–Darstellung* (engl.: fixed– point representation) genannt.

Tabelle 10.2 Beispiele für Zahlendarstellungen

Dezimalwert	Vorzeichen und Betrag	Einer– Komplement	Zweier– Komplement
+3,625	00011,101	00011,101	00011,101
–3,625	10011,101	11100,010	11100,011

Von den drei bisher angegebenen Zahlendarstellungen werden die erste und die dritte am häufigsten verwendet. Die Darstellung nach Vorzeichen–und–Betrag ist vorteilhaft bei der Ausführung von Multiplikationen; Zweier–Komplement Darstellung hat Vorteile bei Addition und Subtraktion. Eine Besonderheit der Zweier–Komplement Darstellung ist, daß bei einer langen Reihe von Additionen die Zwischenergebnisse *außerhalb* des Wertebereichs des Codes liegen können, ohne daß dadurch Fehler verursacht werden, solange das Endergebnis *innerhalb* des Wertebereichs des Codes fällt. So läßt sich beispielsweise mit einer 3–Bit Darstellung fehlerlos die folgende Berechnung durchführen:

Dezimal		Zweier–Komplement
1		001
2		010
—— +		—— +
3	=	011
3		011
—— +		—— +
6	≠	110
–2		110
—— +		—— +
4	≠	(1) 100
–2		110
—— +		—— +
2	=	(1) 010

(Das Bit in Klammern stellt einen "carry" oder einen "Übertrag" dar und kann vernachlässigt werden.)

Eine ganz andere Art, einen dezimalen Wert einem binären Wort zuzuordnen, wird in der *Gleitkomma–Darstellung* (engl.: floating–point representation) verwendet. Hierbei wird die Dezimalzahl zunächst folgendermaßen dargestellt:

$$A = M \times 2^E \tag{10.1}$$

wobei E eine ganze positive oder negative Zahl ist und $0,5 \leq |M| < 1$. M wird *Mantisse* genannt und E *Exponent*. Alle beide werden als binäres Wort in einer Festkomma Schreibweise dargestellt, wobei die Mantisse immer ein Bit (das Vorzeichenbit) vor dem Komma hat. Beide Worte zusammen stellen die dezimale Zahl dar.

Beispiel

Die Zahl 3,5 wird zunächst umgeschrieben zu $(+0,875) x 2^{(+2)}$. Mit einer 4–Bit Mantisse und einem 3–Bit Exponent erhält man:

$$3{,}5 \;\leftrightarrow\; 0{,}111\ 010$$

| |

(10.2)

Mantisse Exponent

Der erhebliche Vorteil dieser Darstellung liegt darin, daß man einen großen Bereich von Zahlen darstellen kann; die kleinen Zahlen liegen dicht beieinander (beispielsweise 4/64, 5/64, 6/64 und 7/64) und die großen Zahlen weit auseinander (z.B. 4, 5, 6 und 7). Das bedeutet, daß aufeinanderfolgende Zahlen über den gesamten Bereich, ungefähr den gleichen relativen Abstand haben (beweisen Sie das für das vorangegangene Beispiel einer 4–Bit Mantisse und einem 3–Bit Exponent).

Ein Nachteil der Gleitkomma–Darstellung ist, daß die Operationen komplizierter sind. Um zwei Zahlen zu multiplizieren, müssen die beiden Mantissen multipliziert und die Exponenten addiert werden. Dann muß dafür gesorgt werden, daß das Ergebnis die Bedingung (10.1) erfüllt; falls notwendig müssen die erhaltene Mantisse und der Exponent angepaßt werden. Bei der Addition zweier Zahlen muß zunächst dafür gesorgt werden, daß der Exponent beider Zahlen gleich ist. Anschließend werden die Mantissen addiert und falls notwendig, wird das Ergebnis wieder angepaßt, um Bedingung (10.1) zu erfüllen. Diese Operationen sind deutlich komplizierter als bei der Festkomma–Darstellung.

Auf Gleitkomma–Darstellungen treffen wir praktisch nur bei der Verwendung eines Computers für digitale Signalverarbeitung (z.B.bei FFT–Berechnungen); in anderen Fällen (z.B. digitale Filter in Form von speziellen dafür entworfenen integrierten Schaltkreisen) werden generell Festkomma–Darstellungen verwendet. Wir werden deshalb im folgenden unsere Aufmerksamkeit hauptsächlich auf die letzt genannte Kategorie richten.

10.3 Quantisierung und Überlauf

Beim Arbeiten mit digitalen Signalen und Systemen mit endlicher Wortlänge haben wir häufig mit dem Begriff der *Quantisierung* zu tun. Man versteht darunter einen Prozeß, bei dem die Größe x in die Größe x_Q umgewandelt wird, die ungefähr gleich x ist, aber nicht so viel verschiedene Werte wie x annehmen kann. Quantisierung tritt beispielsweise auf, wenn eine beliebige reelle Zahl durch eine dicht daneben gelegene ganze Zahl ersetzt wird (z. B. 3,67 durch 4). Ein anderes Beispiel ist das Verkürzen der Wortlänge einer binären Größe x, indem man die Anzahl der Bits *nach* dem Komma verkleinert (1011,110111 wird ersetzt durch 1011,1101). Der Zusammenhang zwischen x und x_Q wird *Quantisierungskennlinie* genannt. Die am häufigsten anzutreffenden Formen der Quantisierung in der digitalen Signalverarbeitung sind:

1. Rundung
2. Wertabschneiden
3. Betragabschneiden

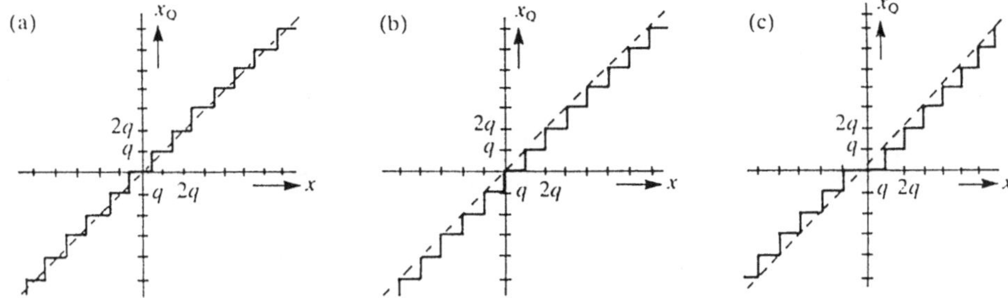

Bild 10.1 Drei Quantisierungskennlinien: (a) Rundung; (b) Wertabschneiden; (c) Betragabschneiden

Bild 10.1 zeigt die Quantisierungskennlinien für diese drei Fälle. Die aufeinanderfolgenden möglichen Werte von x_Q haben voneinander den festen Abstand q (*Quantisierungsstufe*). Man kann erkennen, daß die Umsetzung von x in x_Q praktisch immer mit dem Einbringen von Ungenauigkeiten verbunden ist. Die Größe dieser Ungenauigkeit, $x_Q - x$, ist jedoch begrenzt und kann in q ausgedrückt werden:

1. Rundung:
$$-q/2 \leq x_Q - x < q/2 \tag{10.3}$$

2. Wertabschneiden:
$$-q \leq x_Q - x < 0 \tag{10.4}$$

3. Betragabschneiden:
$$-q \leq x_Q - x < 0 \quad \text{wenn } x > 0 \tag{10.5}$$
$$0 \leq x_Q - x < q \quad \text{wenn } x < 0$$

Quantisierung stellt im wesentlichen eine nichtlineare Operation dar, da allgemein $(x + y)_Q \neq x_Q + y_Q$ gilt.

Eine andere Form der Nichtlinearität, die man bei digitalen Signalen und Systemen antreffen kann, ist als Überlauf bekannt. *Überlauf* tritt auf, wenn die Größe x bestrebt ist, einen Wert außerhalb der einzuhaltenden Grenzen ($-X$ und $+X$), anzunehmen. Formal kann man das als eine Umsetzung von x in x_P auffassen, wobei

$$x_P = x \quad \text{wenn} \quad |x| \leq X \tag{10.6}$$
$$-X \leq x_P \leq X \quad \text{wenn} \quad |x| > X$$

Die Beziehung zwischen x und x_P wird *Überlaufkennlinie* genannt. Bild 10.2 zeigt dazu drei Beispiele:

1. Sättigung
2. Nullstellen (engl.: zeroing)
3. "Sägezahn"–Überlauf

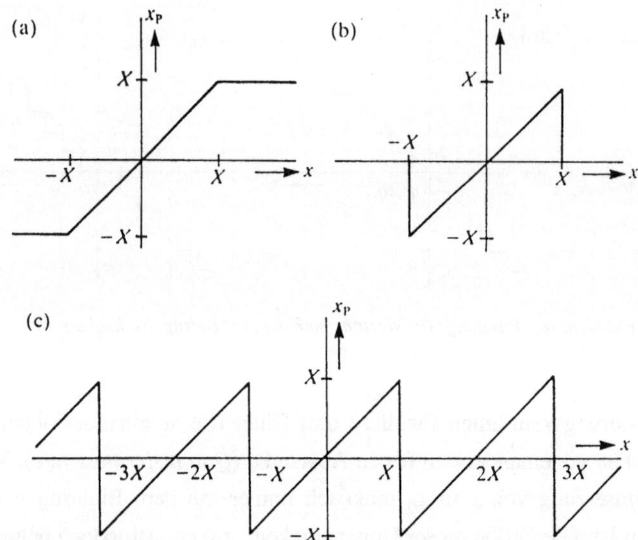

Bild 10.2 Drei Überlaufkennlinien: (a) Sättigung; (b) Nullstellen; (c) "Sägezahn".

(Der dritte Typ von Überlauf ist für das Arbeiten mit dem Zweier–Komplement attraktiv; warum?) Aus Gleichung (10.6) und Bild 10.2 ist ersichtlich, daß kein Fehler eingebracht wird, solange $|x| \leq X$. Für andere Werte von x tritt aber ein Fehler $x_P - x$ auf, der im Prinzip unbegrenzt ist. Beispielsweise entsteht eine Überlaufkennlinie nach Bild 10.2(a) wenn man eine beliebige *reelle* Zahl durch die am nächsten gelegene *reelle* Zahl zwischen +99 und –99 ersetzt.

Bei digitaler Signalverarbeitung kann Überlauf auftreten, wenn die Wortlänge einer binären Größe x verkleinert werden soll und man deshalb die Anzahl der Bits *vor* dem Komma reduziert (z.B. 1011,110111 ersetzt durch 11,110111).

In bestimmten Situationen tritt eine Kombination von Quantisierung und Überlauf auf. Das ist beispielsweise dann der Fall, wenn man jede beliebige *reelle* Zahl durch die am nächsten gelegene *ganze* Zahl zwischen +99 und –99 ersetzen möchte. Bei Zahlen mit einem Betrag kleiner als 99, handelt es sich um Quantisierung (Rundung) und bei den übrigen Zahlen um Überlauf (Sätti-gung). Diese beiden Effekte können zusammen in einer Kennlinie x_F wiedergegeben werden. Das ist in Bild 10.3 zu sehen, es zeigt Quantisierung in Form von Rundung und Überlauf entsprechend der drei Fälle von Bild 10.2.

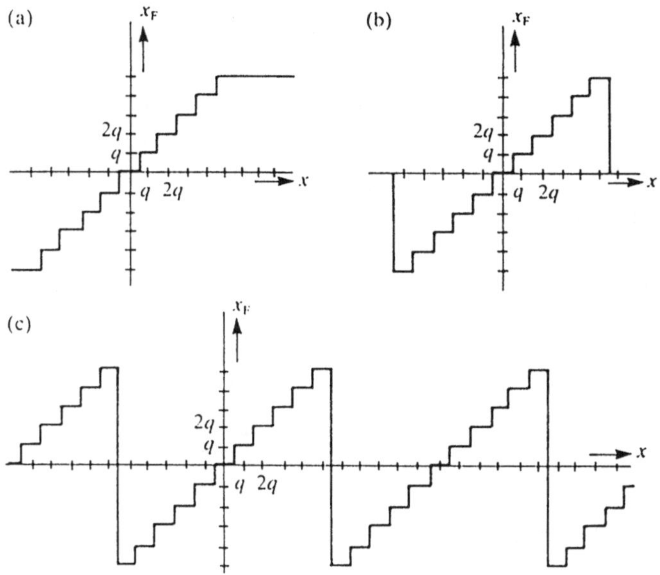

Bild 10.3 Kombination von Quantisierung (Rundung) mit verschiedenen Formen von Überlauf.

10.4 A/D–Umsetzungsrauschen

Den ersten Punkt eines digitalen Systems, bei dem man gewöhnlich auf Quantisierung stößt, findet man bei der Umwandlung eines analogen Eingangssignals in ein digitales Eingangssignal. Außer der Umsetzung des Übergangs von kontinuierlicher Zeit in diskrete Zeit (durch Abtastung) soll auch der Übergang von kontinuierlicher Amplitude in diskrete Amplitude (durch Quantisierung) realisiert werden. Hierbei wird häufig das Runden angewendet (Bild 10.4).

Jeder Abtastwert am Eingang $x[n]$ wird in einen Abtastwert am Ausgang $x_Q[n]$ umgesetzt. Hierbei entsteht ein Fehler $e[n]$, der wie folgt gegeben ist:

$$e[n] = x_Q[n] - x[n] \tag{10.7}$$

Es ist offensichtlich –siehe auch (10.3)– daß sich für Bild 10.4

$$|e[n]| \leq q/2 \tag{10.8}$$

ergibt, wobei q die Größe der Quantisierungsstufe darstellt. Diese Gleichung gilt aber nur, solange kein Überlauf auftritt. Beträgt die Wortlänge der Abtastwerte von $x_Q[n]$ B Bit, so gilt für $x_Q[n]$:

$$-q \cdot 2^{B-1} \leq x_Q[n] \leq q \cdot 2^{B-1} \tag{10.9}$$

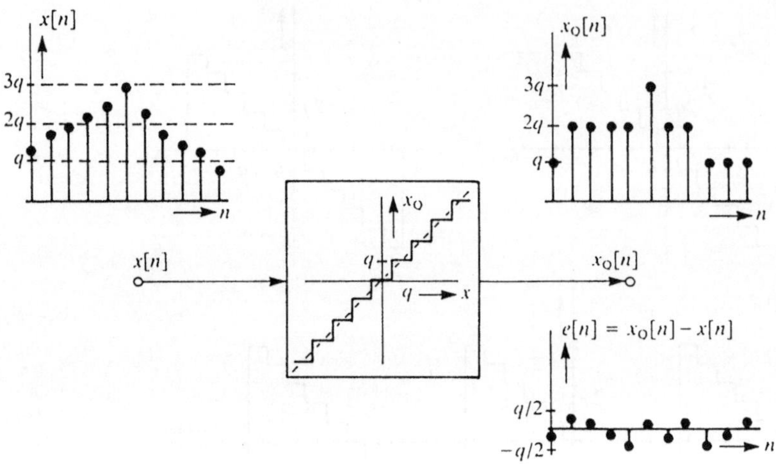

Bild 10.4 Quantisierung bei der A/D-Umsetzung.

Um ernste Fehler durch Überlauf zu vermeiden, muß man dafür sorgen, daß $|x[n]|$ nie, oder
fast nie, den Maximalwert von $|x_Q[n]|$ überschreitet. Das läßt sich erreichen, indem man bei
einem gegebenen Signal $x[n]$ mit der Leistung[2] P_x (und deshalb mit dem Effektivwert von $\sqrt{P_x}$)
die Werte für q und B so wählt, daß:

$$K \cdot q \cdot 2^{B-1} = \sqrt{P_x} \qquad (10.10)$$

wobei K ein bestimmter Faktor kleiner als 1 ist. In der Praxis wird K häufig zu $K = 1/4$ gewählt.
Die Gefahr des Auftretens von Überlauf ist dann gewöhnlich vernachlässigbar klein (z.B. kleiner
als 0,01%), so daß bei der Umsetzung von $x[n]$ in $x_Q[n]$ nur noch Quantisierungseffekte
berücksichtigt werden müssen. Durch Umstellen von (10.7) erhält man:

$$x_Q[n] = x[n] + e[n] \qquad (10.11)$$

Die Quantisierung von $x[n]$ kann auf diese Weise als das Hinzufügen eines Störsignals $e[n]$
aufgefaßt werden. Dieses Störsignal nennt man *Quantisierungsrauschen*. Bild 10.4 kann auf
eine andere aber vollkommen gleichwertige Weise, wie in Bild 10.5, dargestellt werden.

---

[2] Die Leistung eines diskreten Signals P_x ist definiert zu:

$$P_x = \lim_{N \to \infty} \left\{ \frac{1}{2N+1} \sum_{n=-N}^{N} x^2[n] \right\}.$$

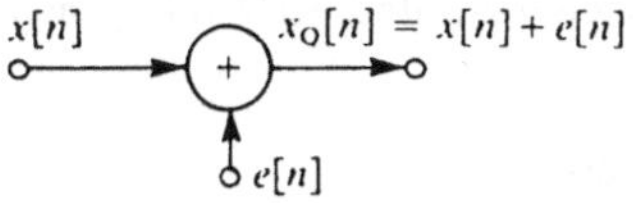

Bild 10.5 Quantisierung als Addition des Quantisierungsrauschens e[n].

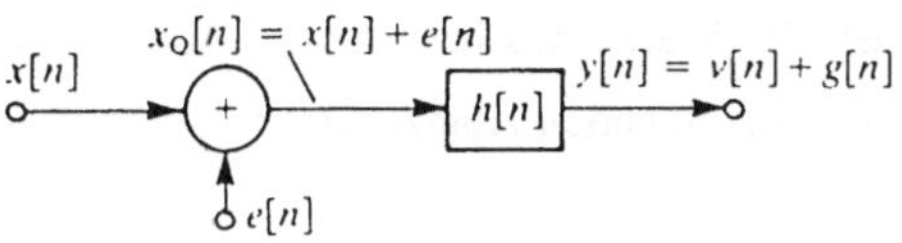

Bild 10.6 Lineares System mit quantisiertem Eingangssignal.

Das quantisierte Signal $x_Q[n]$ wird gewöhnlich an ein lineares System (Bild 10.6) mit der Impulsantwort $h[n]$ angelegt. Das Ausgangssignal dieses Systems, $y[n]$, besteht aus der gefilterten Version von $x[n]$ plus der gefilterten Version von $e[n]$; wir werden diese mit $v[n]$ bzw. $g[n]$ bezeichnen.

Aus Bild 10.6 ist ersichtlich, daß:

$$y[n] = \{x[n] + e[n]\} * h[n]$$
$$= x[n] * h[n] + e[n] * h[n]$$
$$= v[n] + g[n] \tag{10.12}$$

Die beiden Signale $x[n]$ und $e[n]$ wurden auf genau die gleiche Weise gefiltert, d.h. mit der gleichen Filtercharakteristik. Das bedeutet aber nicht, daß das Signal/Rausch–Verhältnis P_x/P_e am Eingang des linearen Systems gleich dem Signal/Rausch–Verhältnis P_v/P_g am Ausgang ist (wobei P_x, P_e, P_v, P_g die Leistungen der Signale $x[n]$, $e[n]$, $v[n]$ und $g[n]$ darstellen)! Diese beiden Verhältnisse können sehr verschieden sein , wenn die Spektren von $x[n]$ und $e[n]$ sehr unterschiedlich sind.

Mit den bisher eingeführten theoretischen Hilfsmitteln können wir nicht viel tiefer in die Analyse des Quantisierungsrauschens eingehen. Rauschartige ("stochastische") Signale, wie $e[n]$ und Signale mit beliebigem Informationsgehalt $x[n]$ (z.B. Sprache) haben nämlich *keine* FTD und deshalb kann man die Faltungen in (10.12) nicht direkt in eine Multiplikation im Frequenzbereich übertragen. An dieser Stelle benötigten wir dringend die Theorie der stochastischen diskreten Signale, was allerdings den Rahmen dieses Buches sprengen würde. Einige Resultate, die auf dieser Theorie basieren, werden wir dennoch übernehmen. Dabei gehen wir von einigen allgemeinen Annahmen aus:

1. Die Abtastwerte von $e[n]$ nehmen alle Werte zwischen $+q/2$ und $-q/2$ mit gleich großer Wahrscheinlichkeit an.

2. Die einzelnen Abtastwerte von $e[n]$ sind nicht korreliert.

3. Das Signal $e[n]$ und das Signal $x[n]$ sind nicht korreliert.

(Ganz allgemein bedeuten Punkt 2 und 3, daß der Wert eines bestimmten Abtastwertes $e[n]$ unabhängig von vorangegangenen oder von darauffolgenden Abtastwerten von $e[n]$ und $x[n]$ ist.)

In der Praxis erweisen sich diese Annahmen als berechtigt, speziell für näherungsweise Zufallssignale (wie Sprache und Musik) und dort, wo eine ausreichend große Anzahl von Quantisierungsstufen in der Quantisierungskennlinie vorhanden ist. Mit der Theorie der stochastischen Signale kann gezeigt werden, daß ein Signal (kontinuierlich oder diskret) bei dem alle Amplitudenwerte zwischen $+A$ und $-A$ mit gleich großer Wahrscheinlichkeit auftreten können, einen Effekktivwert von $A/\sqrt{3}$ und deshalb eine (mittlere) Leistung [46] von $\frac{1}{3}A^2$ hat. Unter Berücksichtigung von Annahme 1 (oben) findet man deshalb für die Leistung P_e eines Signals $e[n]$:

$$P_e = q^2/12 \tag{10.13}$$

Annahme 2 bedeutet, daß die Leistung P_e gleichmäßig über alle Frequenzen im Basisintervall verteilt ist; man sagt, $e[n]$ hat ein flaches ("weißes") Spektrum. Legt man so ein Signal an ein lineares Netzwerk der Übertragungsfunktion $H(e^{j\theta})$, so erhält man am Ausgang ein Signal mit der Leistung P_g:

$$P_g = \frac{1}{2\pi}\int_{-\pi}^{\pi} P_e \cdot |H(e^{j\theta})|^2 \, d\theta = \frac{q^2}{12} \cdot \frac{1}{2\pi}\int_{-\pi}^{\pi} |H(e^{j\theta})|^2 \, d\theta \tag{10.14}$$

(Wir geben hier diese Beziehung ohne Ableitung an, sie wird später verwendet werden; siehe auch Anhang III.3.) Unter der Voraussetzung, daß Annahme (3) gilt, liefert die Kombination von (10.10) und (10.13) das Signal/Rausch–Verhältnis P_x/P_e:

$$\frac{P_x}{P_e} = \frac{K^2 q^2 2^{2(B-1)}}{q^2/12} \tag{10.15a}$$

Mit $K = 1/4$ erhält man:

$$\frac{P_x}{P_e} = \frac{12}{16} 2^{2(B-1)} = \frac{3}{16} 2^{2B} \tag{10.15b}$$

oder in Dezibel:

$$10\log(P_x/P_e) = 10\log\left(\frac{3}{16}2^{2B}\right) = 20B\log(2) + 10\log(3/16)$$

$$= (6B - 7{,}3)\,\text{dB} \tag{10.16}$$

Der konstante Term (−7,3 dB) in Gleichung (10.16) hängt direkt von der Wahl von K ab. Man erkennt weiterhin, daß das Signal/Rausch−Verhältnis, für jedes Bit, um das die Wortlänge von $x_Q[n]$ vergrößert wird, um 6 dB zunimmt.

Wir sollten nicht vergessen, daß wir von der Annahme ausgegangen sind, daß das Signal $x[n]$ ein rauschfreies Signal ist. Wird aber $x[n]$ von einem analogen Signal abgeleitet, so ist es immer mit einem bestimmten Rauschanteil behaftet (für ein analoges Telephon−Signal ist z.B. ein Signal/Rausch−Verhältnis von 36 dB nicht schlecht). Es ist dann sinnlos, die Quantisierung mit sehr großer Genauigkeit auszuführen (z.B. $B = 14$), da die Bits mit der niedrigsten Wertigkeit (LSB) nur eine präzise Darstellung des analogen Rauschens liefern und eigentlich ganz gut entbehrt werden können!

10.5 Quantisierung der Filterkoeffizienten

Mit Hilfe der Entwurfsverfahren für diskrete Filter, die wir im Kapitel "Entwurfsmethoden diskreter Filter" beschrieben haben, kann man im allgemeinen die Filterkoeffizienten sehr genau bestimmen. Um ein realisierbares digitales Filter zu erhalten, bei dem die Koeffizienten nur eine begrenzte Wortlänge besitzen, müssen diese Werte quantisiert werden. Dadurch verändert sich aber auch die Übertragungsfunktion des Filters −oder anders ausgedrückt− die Lage der Pole und Nullstellen des Filters. Diese Veränderungen können sehr erheblich sein. Es kann passieren, daß das Filter nach der Quantisierung nicht mehr die Spezifikationen erfüllt, für die die Berechnung der nicht quantisierten Koeffizienten ausgelegt war. Anhand von Bild 10.7, auf dem man sieht, wie sich die Amplitudencharakteristik A eines digitalen Filters durch die Quantisierung der Koeffizienten verändern kann, soll das veranschaulicht werden.

In extremen Fällen kann sogar ein stabiles Filter in ein instabiles Filter übergehen. Das passiert dann, wenn ein Pol von seiner Lage innerhalb des Einheitskreises in der z−Ebene in eine Lage außerhalb des Einheitskreises verschoben wird! Das Quantisieren der Koeffizienten erzeugt *keine* Nichtlinearitäten und auch *keine* solchen Auswirkungen, die vom Eingangssignal abhängen oder die mit der Zeit variieren. Es führt lediglich zu einer einmaligen Veränderung der Eigenschaften des Filters.

Diese Veränderung läßt sich im einzelnen durch Berechnung der Impulsantwort oder der Übertragungsfunktion, die sich nach der Quantisierung ergibt, analysieren. Daran kann man erkennen, ob das Filter noch der Entwurfsspezifikation entspricht. In der Praxis verfährt man

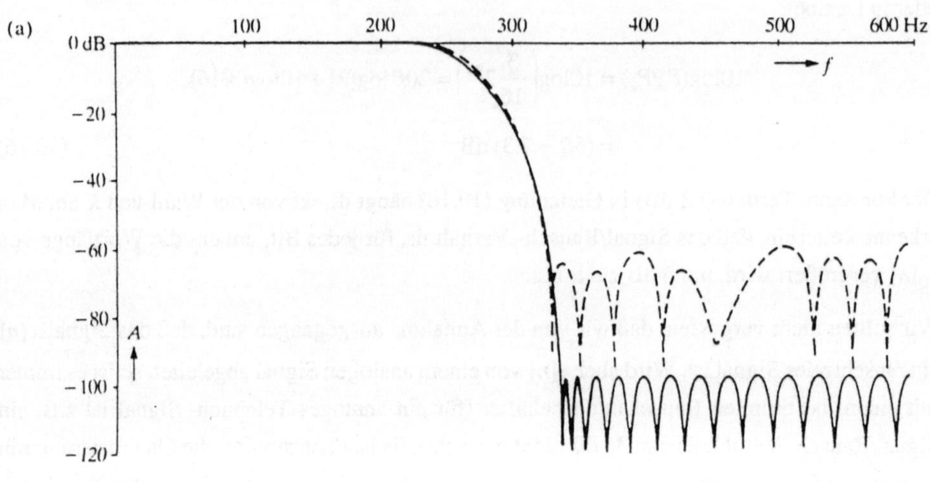

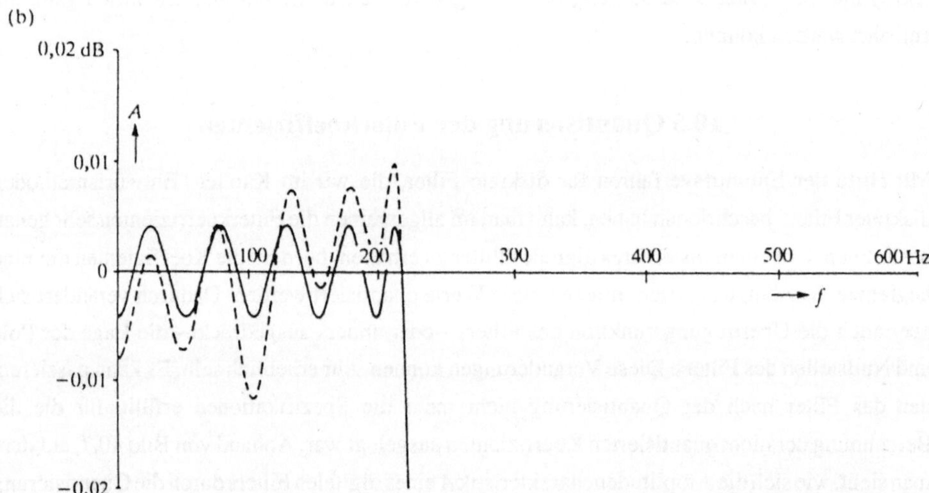

Bild 10.7 Amplitudencharakteristik A eines Transversalfilters [47] (L = 49) mit nicht quantisierten Koeffizienten
(————) und auf 12 Bit gerundete Koeffizienten (– – – – –). (a) Grobe dB–Skalierung um Verän-
derungen im Sperrbereich hervorzuheben. (b) Feine dB–Skalierung für den Durchlaßbereich.

so, daß man bei der Berechnung der nicht quantisierten Koeffizienten die Anforderungen an das
Filter höher stellt als eigentlich nötig wäre, um so einen Spielraum für die Fehler einzuräumen,
die durch die spätere Quantisierung auftreten.

Man hat entdeckt, daß manche Filterstruktur empfindlicher auf Quantisierung reagiert als andere. Im allgemeinen läßt sich feststellen, daß eine Filterstruktur umso *weniger* empfindlich ist, je *weniger* Koeffizienten auf die Lage von jedem Pol und jeder Nullstelle Einfluß haben:

1. Bei der *Direktform I* und der *Direktform II* wird jeder Pol durch die Werte *aller* Koeffizienten a_i und ebenso jede Nullstelle durch die Werte aller Koeffizienten b_i (Abschnitt 7.3) beeinflußt. Dadurch können kleine Veränderungen in a_i und b_i große Verschiebungen bei den Polen und Nullstellen verursachen. Das tritt besonders dann auf, wenn die Pole oder die Nullstellen –oder beide– dicht beieinander liegen, wie beispielsweise bei schmalbandigen Filtern.

2. Bei der *Parallelstruktur* (Abschnitt 7.3.4) wird jeder Pol (oder jedes Polpaar) durch eine kleine Anzahl von Koeffizienten in jedem der Parallelzweige bestimmt. Die Nullstellen dagegen entstehen durch gegenseitige Kompensation der Ausgangssignale der verschiedenen Zweige und hängen deshalb von allen Koeffizienten ab. Das führt dazu, daß diese Filterart ziemlich unempfindlich im Durchlaßbereich (vornehmlich durch die Pole bestimmt) aber sehr empfindlich im Sperrbereich (vornehmlich durch die Nullstellen bestimmt) ist.

3. Bei der *Kaskadenstruktur* (Abschnitt 7.3.3) werden sowohl die Pole als auch die Nullstellen stets durch eine kleine Anzahl von Koeffizienten bestimmt. Filter mit dieser Struktur haben deshalb sowohl im Durchlaßbereich als auch im Sperrberich eine geringe Empfindlichkeit. Außerdem wurde noch eine wichtige Eigenschaft bei der Kaskadenschaltung von Teilfiltern erster oder zweiter Ordnung, die beide nach der Direktform aufgebaut sind, festgestellt. Nullstellen auf dem Einheitskreis bleiben auch nach der Quantisierung auf dem Einheitskreis, obwohl sie dann etwas verschoben sein können (siehe Übungsaufgaben 10.4 und 10.5).

4. *Transversalfilter* (Abschnitt 7.2): Die Eigenschaften dieser populärsten Form der FIR–Filter sind sehr ähnlich den unter Punkt (1) beschriebenen. Jede Nullstelle wird durch die Werte *aller* Koeffizienten b_i bestimmt. Das Filter ist deshalb ebenfalls empfindlich auf die Quantisierung der Filterkoeffizienten. Es hat jedoch den Vorteil, daß bei einer gewünschten linearen Phasencharakteristik, diese Linearität auch nach der Quantisierung erhalten bleibt. Die dafür erforderliche Symmetrie in den Koeffizientenwerten ist leicht zu garantieren.

5. *Abzweigfilter, Kreuzgliedfilter* und *Wellendigitalfilter* (Abschnitt 7.4.3 und 8.3.4): Alle diese Filter basieren auf kontinuierlichen Filtern die durch geringe Parameterempfindlichkeit charakterisiert sind. Die Transformation vom kontinuierlichen zum diskreten Filter führt dazu, daß diese Eigenschaft erhalten bleibt und daß deshalb auch die Empfindlichkeit auf Quantisierung der Koeffizienten gering ist.

Einen Einblick auf den Einfluß der Quantisierung auf die Position der Pole und Nullstellen erhält man, wenn man sich ein ziemlich einfaches Filter etwas näher betrachtet. Wir nehmen dazu ein rein rekursives Teilfilter zweiter Ordnung mit einer Direktform–Struktur (Bild 10.8). Die Systemfunktion $H(z)$ dieses Filters ist:

$$H(z) = \frac{Y(z)}{X(z)} = \frac{1}{z^2 - a_1 z - a_2} \tag{10.17}$$

Diese Funktion besitzt zwei Pole $z_{1,2}$. Falls diese Pole konjugiert komplex sind, gilt:

$$z_{1,2} = R\,e^{\pm j\phi} = R\{\cos(\phi) \pm j\sin(\phi)\} \tag{10.18}$$

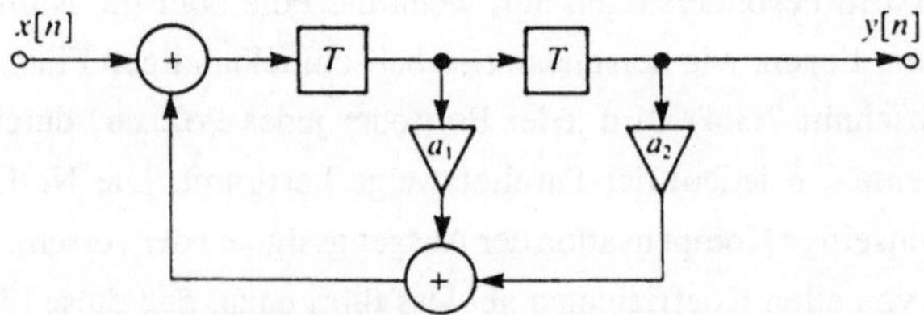

Bild 10.8 Rein rekursives Teilfilter zweiter Ordnung (Direktform–Struktur)

Und somit:

$$H(z) = \frac{1}{z^2 - a_1 z - a_2} = \frac{1}{(z - Re^{j\phi})(z - Re^{-j\phi})}$$

$$= \frac{1}{z^2 - 2Rz\,\cos(\phi) + R^2} \tag{10.19}$$

oder

$$a_2 = -R^2 \quad \text{und} \quad a_1 = 2R\,\cos(\phi) \tag{10.20}$$

Wenn a_1 und a_2 nicht quantisiert sind, kann man durch eine geeignete Wahl dieser beiden Parameter jedes gewünschte Paar konjugiert komplexer Pole realisieren. Nach der Quantisierung von a_1 und a_2 kann jedoch nur eine begrenzte Anzahl von Polpaaren realisiert werden, da a_1 und a_2 (und deshalb auch R und ϕ) nur eine endliche Anzahl von verschiedenen Werten annehmen können. Bild 10.9 zeigt ein Beispiel von Polen, die innerhalb des Einheitskreises realisiert werden können, wenn a_1 und a_2 auf 4 Bit quantisiert werden (davon ein Bit für das Vorzeichen). Aus Symmetriegründen wurde nur ein Quadrant der z–Ebene gezeichnet. Aus Bild 10.9 ist ersichtlich, daß die möglichen Positionen der Pole nicht gleichmäßig über die z–Ebene verteilt sind. Die größten Abweichungen in der Übertragungsfunktion können vor allem dann auftreten, wenn das gewünschte Filter Pole in einer Region hat, bei der die realisierbaren Pole weit auseinander liegen. Die möglichen Positionen der Pole hängen in starkem Maße von der Filterstruktur ab. Zur Erläuterung betrachten wir dazu das Filter von Bild 10.10.

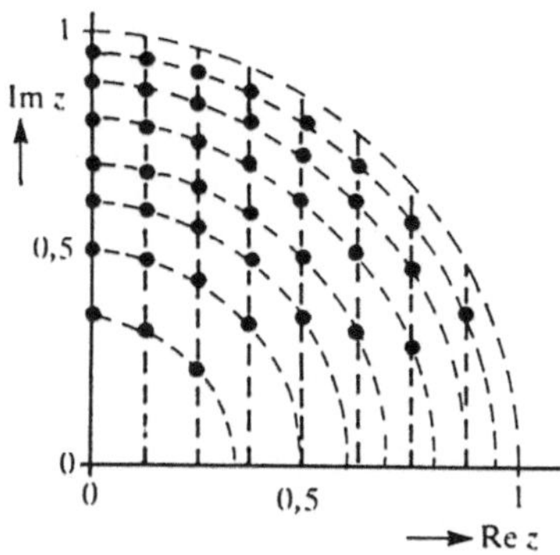

Bild 10.9 Mögliche Positionen der Pole des Filters von Bild 10.8, wenn a_1 und a_2 auf 4 Bit quantisiert werden.

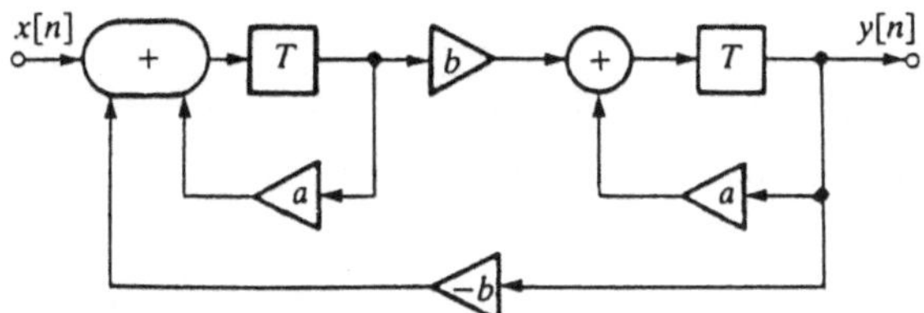

Bild 10.10 Teilfilter zweiter Ordnung mit "gekoppelter" Struktur.

Das Filter hat die Systemfunktion:

$$H(z) = \frac{Y(z)}{X(z)} = \frac{b}{z^2 - 2az + a^2 + b^2} = \frac{b}{(z - a + jb)(z - a - jb)} \qquad (10.21)$$

Diese Systemfunktion kann zwei konjugiert komplexe Pole haben:

$$z_{1,2} = R\{\cos(\phi) \pm j\sin(\phi)\} \qquad (10.22a)$$

Folglich:

$$H(z) = \frac{b}{[z - R\cos(\phi) + jR\sin(\phi)][z - R\cos(\phi) - jR\sin(\phi)]} \qquad (10.22b)$$

Aus (10.21) und (10.22b) erhält man:

$$a = R\cos(\phi) \quad \text{und} \quad b = R\sin(\phi) \qquad (10.23)$$

Wenn a und b wieder auf 4 Bit–Koeffizienten quantisiert werden (davon ein Bit für das Vorzeichen), können innerhalb des Einheitskreises in der z–Ebene, Pole auf den Positionen, wie in Bild 10.11 realisiert werden. Man erkennt, daß die Verteilung der Pole nach Bild 10.11 viel

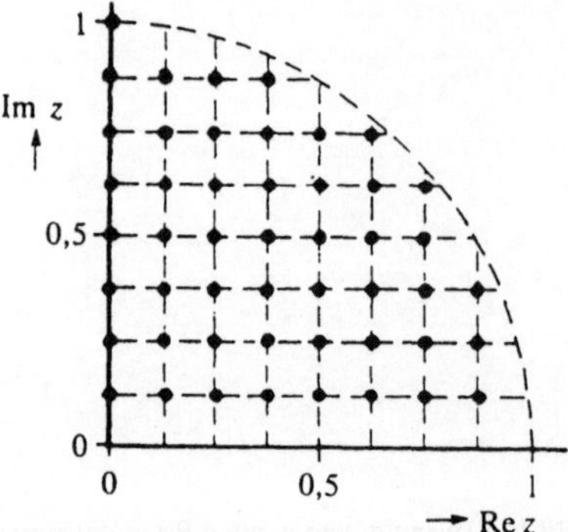

Bild 10.11 Mögliche Positionen der Pole des Netzwerkes von Bild 10.10, wenn sowohl a als auch b auf 4 Bit quantisiert werden.

gleichmäßiger ist als die nach Bild 10.9. Die Auswirkungen der Koeffizientenquantisierung können deshalb sehr unterschiedlich für die beiden Filterstrukturen sein.

Zum Schluß möchten wir hier noch bemerken, daß die Struktur der Direktform I, der Direktform II oder ihre transponierten Versionen alle absolut gleichwertig bezüglich der Koeffizientenquantisierung sind. Das gilt aber nicht mehr für die Begrenzung der Wortlänge von Zwischenergebnissen, was im nächsten Abschnitt behandelt werden soll.

10.6 Begrenzung der Wortlänge von Zwischenergebnissen

Die kompliziertesten Konsequenzen beim Arbeiten mit endlicher Wortlänge ergeben sich in digitalen Systemen bei der Begrenzung der Wortlänge von Zwischenergebnissen [48]. Unter einem Zwischenergebnis versteht man das Ergebnis von einer Addition oder Multiplikation, die irgendwo im digitalen System ausgeführt wird. Wir gehen davon aus, daß ein digitales System realisiert werden soll, bei dem alle Größen als B-Bit Worte in einer Festkomma–Darstellung mit nur einem Bit vor dem Komma (das Vorzeichenbit) dargestellt werden. Das bedeutet, daß nur Größen mit einem Betrag kleiner 1 dargestellt werden können. Was geschieht aber, wenn zwei solcher Zahlen addiert oder multipliziert werden? Wir zeigen das anhand von zwei einfachen Beispielen mit $B = 5$.

Beispiel Addition

Binär	Dezimal
0,1101	+0,8125
0,1001	+0,5625
———— +	———— +
01,0110	+1,3750

Beispiel Multiplikation

Binär	Dezimal
0,1101	+0,8125
0,1001	+0,5625
———— ×	———— ×
0,01110101	+0,45703125

Man sieht, daß die Addition von zwei B–Bit Worten eine Summe von $B + 1$ ergeben kann, und daß das Produkt $2B - 1$ Bits erfordert. Der besondere Unterschied liegt hierbei darin, daß die Addition zu einer Vergrößerung der Anzahl der Bits *vor* dem Komma und die Multiplikation hingegen zu einer Vergrößerung der Anzahl der Bits *nach* dem Komma führt. Möchte man wieder zurück zur ursprünglichen Zahlendarstellung kommen, so ist es möglich, daß man bei Addition mit *Überlauf,* bei Multiplikation dagegen nur mit *Quantisierung* konfrontiert wird.

Wir möchten das mit Hilfe einer Anzahl einfacher digitaler Filter erläutern. Bild 10.12 zeigt ein einfaches FIR–Filter, bei dem keine Forderungen an die Wortlänge gestellt wurden. Das Filter hat ein B–Bit Eingangssignal und B–Bit Koeffizienten. Man sieht, wie sich die Wortlänge im Filter allmählich vergrößert und zu einem Ausgangssignal mit einer Wortlänge von $2B$ Bits führt.

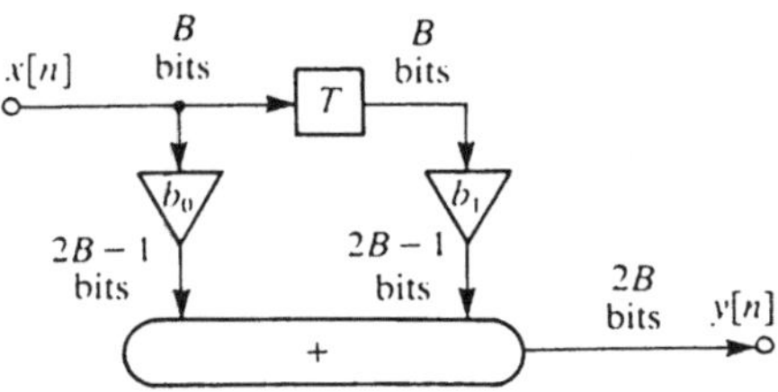

Bild 10.12 Zunahme der Wortlänge in einem einfachen FIR–Filter.

Ist diese Zunahme unerwünscht, muß man notwendige Schritte unternehmen, um das zu verhindern. Die Stelle, an der die Wortlänge begrenzt werden soll und auch die Art und Weise wie man begrenzt, können wir noch bestimmen. Wir führen dabei Quantisierung (bezeichnet mit **Q**) oder Überlauf (bezeichnet mit **P**) –oder beides– ein, wie in Abschnitt 10.3 behandelt. Bild 10.13 zeigt zwei Möglichkeiten, ein Ausgangssignal der Wortlänge B zu erhalten. In dem einem Fall sind zwei Quantisierer und in dem anderen Fall nur ein Quantisierer vorhanden, hierbei aber eine weniger einfache Addition. Bei nichtrekursiven Filtern, wie im vorangegangenen Beispiel, kann man im Prinzip die Zunahme der Wortlänge hinnehmen, da diese immer endlich bleibt. Ganz anders sieht die Situation bei rekursiven Filtern aus. Hier ist man *gezwungen*, die Wortlänge zu begrenzen, da sie sonst unbegrenzt zunehmen würde. Man sieht das schon anhand des rekursiven Filters erster Ordnung nach Bild 10.14. Das Filter wird durch folgende Differenzengleichung beschrieben:

$$y[n] = v[n] + x[n] = a_1 y[n - 1] + x[n] \qquad (10.24)$$

Wenn wir annehmen, daß a_1 und $y[n - 1]$ beide als B–Bit Worte dargestellt sind, dann wird ohne besondere Vorkehrungen zu treffen, $v[n]$ ein $(2B - 1)$–Bit Wort und $y[n]$ ein $2B$–Bit Wort sein.

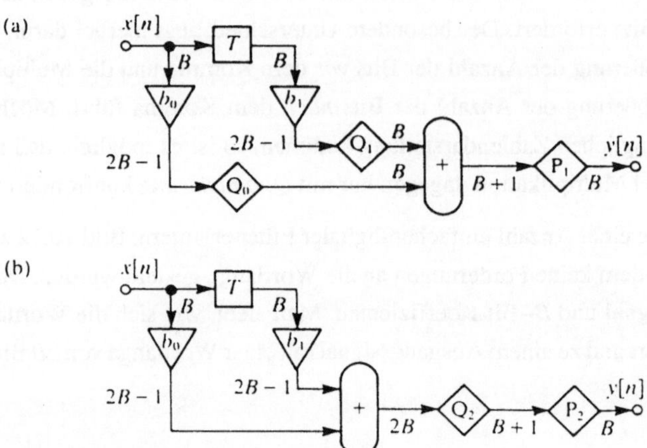

Bild 10.13 Einfaches FIR–Filter mit Begrenzung der Wortlänge.

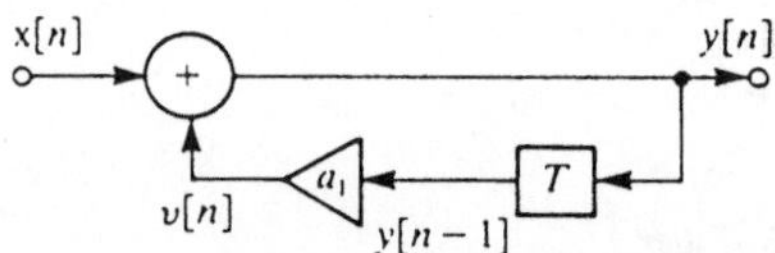

Bild 10.14 Rekursives Filter erster Ordnung.

Bei der Berechnung des nächsten Ausgangsabtastwertes $y[n+1]$, muß man a_1 mit einem $2B$–Bit Wort multiplizieren, so daß man einen $3B$–Bit Ausgangsabtastwert erhält. Bei der darauffolgenden Berechnung erhält man dann einen $4B$–Bit Ausgangsabtastwert usw.. Bei rekursiven Filtern ist deshalb die Begrenzung der Wortlänge von Zwischenergebnissen unvermeidlich! In Bild 10.15 sind bei einem rein rekursiven Filter zweiter Ordnung zwei verschiedene Wege der Wortlängenbegrenzung (Q und P) dargestellt.

Das große Problem in der Analyse der Wortlängen–Begrenzung von Zwischenergebnissen liegt darin, daß das Filter jetzt, genau genommen, *nichtlinear* ist. Hält man sich jedoch sorgfältig genug an die speziellen Vorkehrungen, so kann das Filter in erster Näherung doch als das lineare Filter, das wir entwerfen wollten, beschrieben werden. Es können aber eine Anzahl von spezifischen Effekten auftreten (wie Oszillationen in rekursiven Filtern), die den nichtlinearen

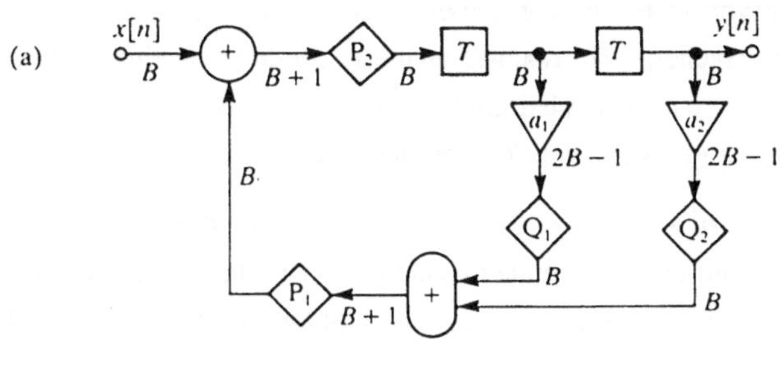

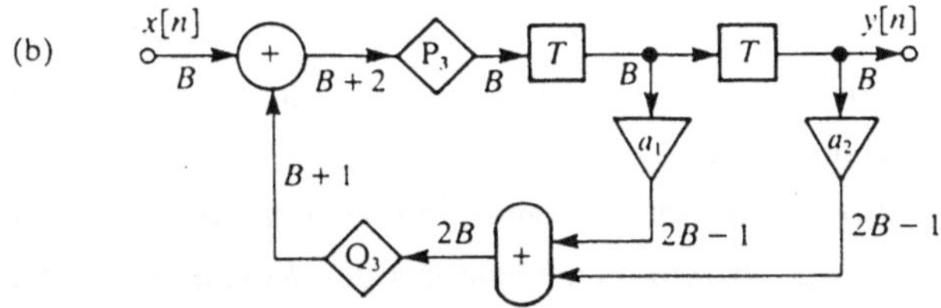

Bild 10.15 Rekursives Filter zweiter Ordnung mit Wortlängenbegrenzung.

Charakter des Filters erkennen lassen. Diese Effekte treten bei bestimmten Arten von Eingangssignalen auf, wie bei einem konstanten Eingangssignal (speziell bei $x[n] = 0$) oder bei einem periodischen Eingangssignal (z.B. bei einem sinusförmigen). Zusätzlich verursacht die Nichtlinearität infolge von Überlauf (P) andere Auswirkungen als die Nichtlinearität infolge von Quantisierung (Q). Darüber hinaus hängen die auftretenden Effekte noch ab von:

— der Struktur des Filters (rekursive, nichtrekursive, Kaskadenstruktur, Parallelstruktur, Direktform, Wellendigitalfilter usw.);

— der Position des Wortlängenbegrenzers;

— der Kennlinie des Wortlängenbegrenzers (Runden, Abschneiden, Sättigung, Nullstellen usw.).

Wir werden versuchen, ein wenig Ordnung in das Labyrinth der verschiedenen Möglichkeiten zu bringen.

10.6.1 Überlauf von Zwischenergebnissen

Überlauf in einem digitalen Filter kann – verglichen mit dem Ausgangssignal des linearen Filters, was man in Wirklichkeit haben möchte– zu großen Abweichungen im Ausgangssignal führen. Bei einem Filter mit nichtrekursiver Struktur sind diese Fehler von endlicher Länge (niemals länger als die Länge der Impulsantwort). Bei einem rekursiven Filter können die Folgen von einem einmaligen Auftreten von Überlauf von unbegrenzter Länge sein und allerhand unerwünschte Auswirkungen verursachen. Wir möchten an dieser Stelle keine eingehende Analyse dieser Auswirkungen durchführen, es sollen lediglich einige aufgezählt werden, als ein Hinweis auf die Probleme, mit denen man in der Praxis konfrontiert wird.

1. Wenn das Eingangssignal $x[n]$ von einem partikulären Wert von n *nach* dem Auftreten von Überlauf gleich Null ist, kann eine bleibende Oszillation ("Überlaufoszillation") auftreten. Diese Schwingung hat eine große Amplitude, die mit dem Überlaufniveau (siehe Übungsaufgabe 10.6) zusammenhängt.

2. Wenn das Eingangssignal $x[n]$ periodisch ist, können infolge von Überlauf und in Abhängigkeit vom Anfangszustand der Filterregister, vollkommen verschiedenen Ausgangssignale für dasselbe Eingangssignal entstehen.

3. Wenn das Eingangssignal $x[n]$ periodisch ist, können infolge von Überlauf kleine Veränderungen des Eingangssignals zu großen Veränderungen des Ausgangssignals (*Sprungphänomene*, engl.: jump phenomena) führen.

4. Wenn das Eingangssignal $x[n]$ periodisch ist, können infolge von Überlauf Signale tieferer Frequenz entstehen (Subharmonische). Hierdurch kann ein Eingangssignal im Sperrbereich eines Filters ein Signal im Durchlaßbereich erzeugen!

5. Wenn das Eingangssignal näherungsweise als Zufallssignal angenommen werden kann, so erzeugt Überlauf nicht sofort deutlich erkennbare Effekte am Ausgang. Trotzdem treten im Vergleich zum idealen linearen Filter zusätzlich Fehler auf. Hierüber ist noch nicht sehr viel bekannt.

Alles in allem gibt es genug Gründe, Überlauf zu vermeiden. Im Prinzip kann man das durch *Skalierung* erreichen. Das bedeutet, daß das Eingangssignal des Filters mit einem Faktor $S < 1$ multipliziert wird, so daß Überlauf nicht mehr auftreten kann. Am besten verwendet man eine ganzzahlige Potenz von 2 (z.B. $2^{-2} = 0{,}25$), damit die Multiplikation nur auf eine Verschiebung der Bits hinausläuft (diese Skalierung ist selbst wieder mit Quantisierung verbunden, um eine Zunahme der Wortlänge zu verhindern!). Auf diese Weise lassen sich die Überlauf–Nichtlinearitäten P_1 und P_2 in Bild 10.13 eliminieren. Für Bild 10.13(a) führt das zu der Schaltung von Bild 10.16. Der Skalierungsfaktor S kann auch mit den Koeffizienten b_0 und b_1 kombiniert werden (Bild 10.17).

Auf ähnliche Weise lassen sich auch die Überlauf–Nichtlinearitäten von rekursiven Filtern eliminieren. Das ist in Bild 10.18 für das Filter, das wir schon von Bild 10.15(a) her kennen, dargestellt. Jetzt kann aber der Skalierungsfaktor S *nicht* mit den Filterkoeffizienten kombiniert werden, da das die ganze Übertragungsfunktion des rekursiven Teils verändern würde! Im allgemeinen gilt, daß die Skalierungsfaktoren mit Koeffizienten, die die Lagen der Nullstellen bestimmen und *nicht* mit Koeffizienten, die die Lagen der Pole bestimmen, kombiniert werden können. Hat das Filter, mit dem wir uns befassen, eine Kaskadenstruktur, so wird zwischen je zwei Teilfiltern (Bild 10.19) eine Skalierung vorgenommen. Es können dann auch Skalierungsfaktoren > 1 auftreten, wenn das Ausgangssignal eines partikulären Teilfilters immer sehr klein ist.

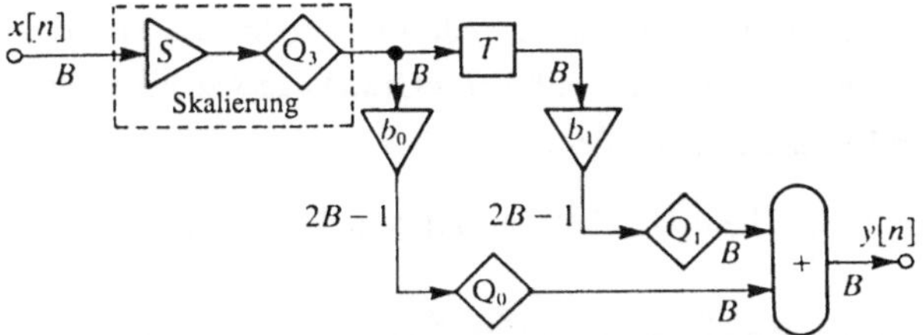

Bild 10.16 Skalierung in einem Transversalfilter, mit dem Ergebnis, daß kein Überlauf mehr auftritt.

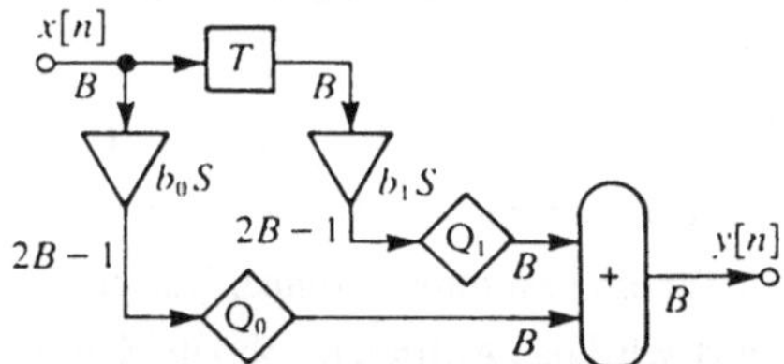

Bild 10.17 Skalierung in den Koeffizienten enthalten.

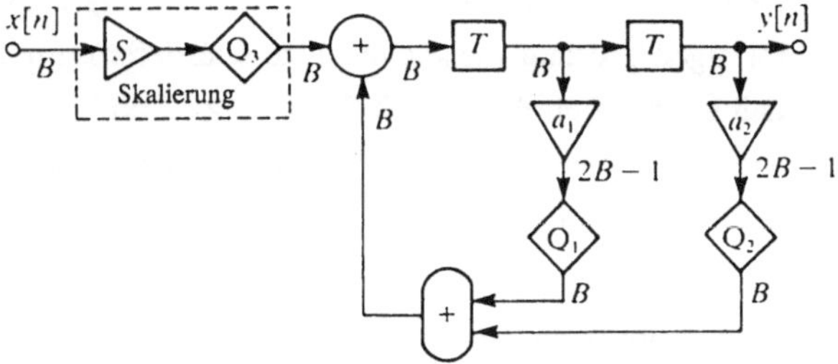

Bild 10.18 Skalierung bei einem rekursiven Filter zweiter Ordnung.

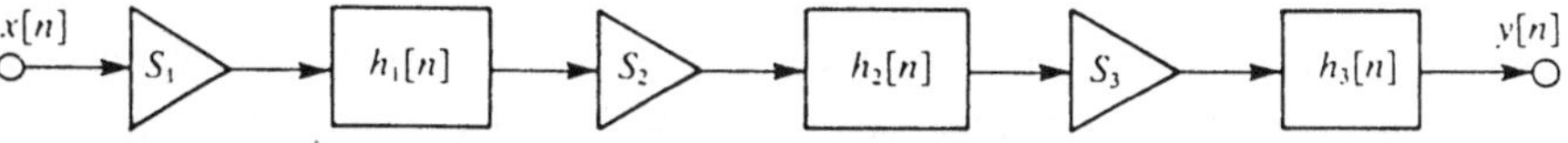

Bild 10.19 Skalierung bei einer Kaskadenstruktur.

Die Größe der einzelnen Skalierungsfaktoren muß sehr sorgfältig ermittelt werden. Einerseits muß er so groß sein, daß Überlauf verhindert wird und andererseits führt ein zu kleiner Wert dazu, daß die meistwertigsten Bits in der folgenden Filtersektion nicht verwendet werden. In diesem Fall spielen die Ungenauigkeiten, die durch den Quantisierer eingebracht werden, eine relativ zu große Rolle. Es ergibt sich ein schlechteres Signal/Rausch –Verhältnis am Filterausgang als möglich wäre! Um den genauen Wert von S zu bestimmen, muß man sowohl das Signal, das skaliert wird, kennen als auch das betreffende Filter (oder das Teilfilter). In der Literatur sind verschiedene Wege angegeben, um auf dieser Grundlage S zu berechnen [49, 50]. Man kann dabei verschiedene Kriterien verwenden:

1. *"Worst–case"–Kriterium*: es darf kein Überlauf auftreten, solange $|x[n]|$ unterhalb eines bestimmten Wertes bleibt.

2. *Leistungskriterium*: es darf kein Überlauf auftreten, solange die Leistung P_x unterhalb eines bestimmten Wertes bleibt.

3. *Sinus–Kriterium*: es darf kein Überlauf bei sinusförmigen Signalen auftreten, deren Amplitude kleiner als ein bestimmter Wert ist.

Wird der Skalierungsfaktor nach dem ersten Kriterium bestimmt, kann niemals Überlauf auftreten. Bei einer Skalierung nach dem zweiten und dritten Kriterium ist das nicht absolut sicher, im allgemeinen wird aber eine kürzere Wortlänge für ein bestimmtes Signal/Rausch–Verhältnis am Ausgang ausreichen. Bei einem guten Entwurf wird das Auftreten von Überlauf eine Ausnahme bleiben. Trotzdem muß die Wahl, welche Form von Überlauf in den Ausnahmefällen auftritt, ganz bewußt getroffen werden. Im Allgemeinen verursacht Sättigung weniger unerwünschte Auswirkungen als beispielsweise das Nullstellen oder sägezahnförmiger Überlauf. Ein möglicher Nachteil hierbei ist, daß Sättigung eine aufwendigere Verarbeitung erfordert (im Zweierkomplement ist sägezahnförmiger Überlauf meist einfach zu realisieren). Im nächsten Abschnitt gehen wir davon aus, daß Überlauf effektiv durch Skalierung eliminiert worden ist und wir richten unsere Aufmerksamkeit dann auf die übrige Nichtlinearität, die durch Quantisierung der Zwischenergebnisse verursacht wird.

10.6.2 Quantisierung von Zwischenergebnissen

Wir befassen uns nun mit digitalen Systemen, bei denen durch geeignete Skalierung kein Überlauf auftreten kann. Jede Quantisierung eines Zwischenergebnisses führt zu einer Ungenauigkeit innerhalb der in den Gleichungen (10.3), (10.4) oder (10.5) angegebenen Grenzen. Können die aufeinanderfolgenden Werte der Zwischenergebnisse näherungsweise als Zufallssignal angenommen werden, so lassen sich diese Ungenauigkeiten als ein Störsignal (Quantisierungsrauschen) auffassen, das zu dem Nutzsignal *an der Stelle, an der der Quantisierer platziert ist*, addiert wird. Das entspricht genau unserer Vorgehensweise bei der A/D–Umsetzung in Abschnitt 10.4. Wir beschränken uns wieder auf solche Quantisierer, die nach dem Rundungsprinzip arbeiten. (Für Betragabschneiden verweisen wir auf die Literatur [56, 57].) Die Ergebnisse aus Abschnitt 10.4 können nun vollkommen verwendet werden. Wir betrachten das Filter nach Bild 10.17 noch einmal und ersetzen jeden Quantisierer durch einen Addierer mit einer Rauschquelle (Bild 10.20). Jede Rauschquelle liefert ein Quantisierungsrauschen mit der Leistung:

$$P_e = q^2/12 \tag{10.25}$$

wobei q die Quantisierungsstufe (gleich dem Wert des niederwertigsten Bits) ist. Geht man davon aus, daß die Rauschsignale nicht korreliert sind, so kann man die beiden Rauschquellen $e_1[n]$ und $e_2[n]$ zu einer Rauschquelle $e_{tot}[n]$ zusammenfassen (Bild 10.21). Die gesamte Quantisierungsrauschleistung am Filterausgang wird dann:

$$P_{tot} = 2P_e = q^2/6 \tag{10.26}$$

Diese Approximation kann auch auf andere Filterarten angewendet werden. Bild 10.22 zeigt ein rekursives Filter zweiter Ordnung in der Direktform I Struktur. Das Filter enthält fünf Quanti-

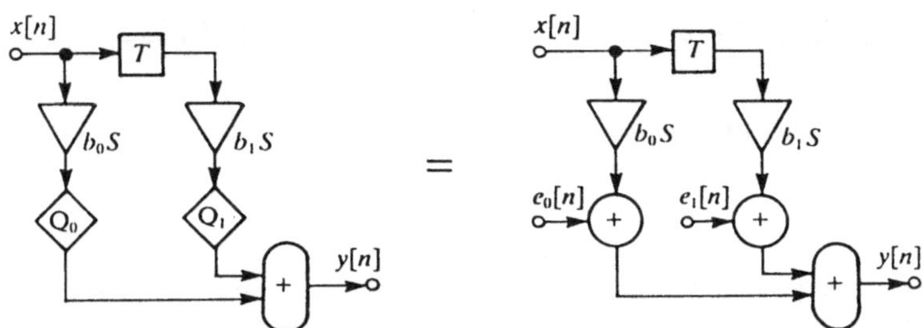

Bild 10.20 Quantisierer, dargestellt als Quantisierungsrauschquellen.

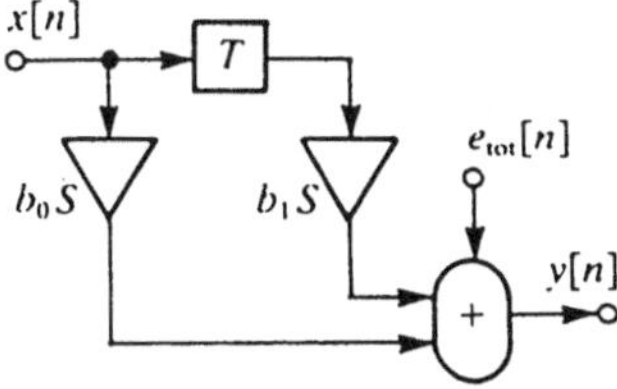

Bild 10.21 Transversalfilter, bei dem die Quantisierung als eine einzelne Rauschquelle $e_{tot}[n] = e_0[n] + e_1[n]$ dargestellt ist.

sierer Q. Das Bild daneben ist ein Modell, das fünf nicht korrelierte Rauschquellen $e_0[n], ..., e_4[n]$ enthält. Diese fünf Rauschquellen können zu einer Gesamtrauschquelle $e_{tot}[n]$ mit einer Rauschleistung von

$$P_{tot} = 5P_e = 5q^2/12 \tag{10.27}$$

zusammengefaßt werden.

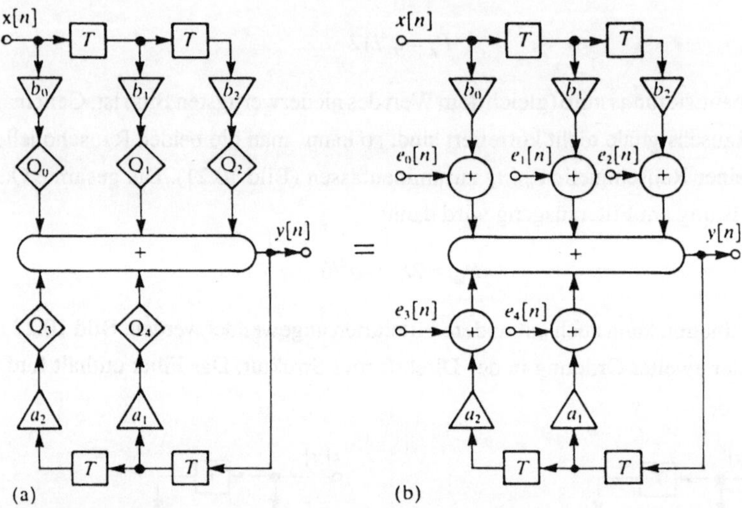

Bild 10.22 Rekursives Teilfilter in Direktform I Struktur. (a) Mit Quantisierer und (b) mit Quantisierungsrausch-quellen.

Ist das nun auch die gesamte Rauschleistung am Ausgang des Filters? Um das herauszufinden, zeichnen wir Bild 10.22 in Bild 10.23 um. Man kann erkennen, daß das Quantisierungsrauschen $e_{tot}[n]$ *gefiltert* am Ausgang erscheint. Das Rauschen wird aber nicht durch die Gesamtübertragungsfunktion $H(e^{j\theta})$:

$$H(e^{j\theta}) = \frac{N(e^{j\theta})}{D(e^{j\theta})} = \frac{b_0 + b_1 e^{-j\theta} + b_2 e^{-2j\theta}}{1 - a_1 e^{-j\theta} - a_2 e^{-2j\theta}} \tag{10.28}$$

sondern nur durch:

$$\frac{1}{D(e^{j\theta})} = \frac{1}{1 - a_1 e^{-j\theta} - a_2 e^{-2j\theta}} \tag{10.29}$$

gefiltert. Unter Verwendung der Ergebnisse von (10.14) erhält man für die Leistung P_u des Quantisierungsrauschens am Filterausgang:

$$P_u = \frac{5q^2}{12} \cdot \frac{1}{2\pi} \int_{-\pi}^{\pi} \left| \frac{1}{D(e^{j\theta})} \right|^2 d\theta \tag{10.30}$$

Wir wenden nun dieselbe Methode auf ein rekursives Filter zweiter Ordnung der Direktform II an (siehe hierzu Bild 10.24).

Die Rauschsignale $e_0[n]$, $e_1[n]$ und $e_2[n]$ erscheinen direkt am Filterausgang und erzeugen dort das Rauschsignal $e_{tot\,1}[n]$ mit einer Rauschleistung von $P_{tot\,1} = 3q^2/12$. Auch die Rauschsignale $e_3[n]$ und $e_4[n]$ lassen sich durch ein Rauschsignal $e_{tot\,2}[n]$ mit der Rauschleistung $P_{tot\,2} = 2q^2/12$ ersetzen. Dieses Rauschsignal wird aber bevor es am Ausgang erscheint noch gefiltert. Bei eingehender Betrachtung stellt sich heraus, daß es mit genau der gleichen Übertragungsfunktion $H(e^{j\theta}) = N(e^{j\theta})/D(e^{j\theta})$ wie $x[n]$ gefiltert wird (Bild 10.25). Aufbauend auf den Ergebnissen von Abschnitt 10.4 findet man nun für die Gesamtleistung P_u des Quantisierungsrauschens am Filterausgang:

$$P_u = \frac{3q^2}{12} + \frac{2q^2}{12} \cdot \frac{1}{2\pi} \int_{-\pi}^{\pi} \left| \frac{N(e^{j\theta})}{D(e^{j\theta})} \right|^2 d\theta \tag{10.31}$$

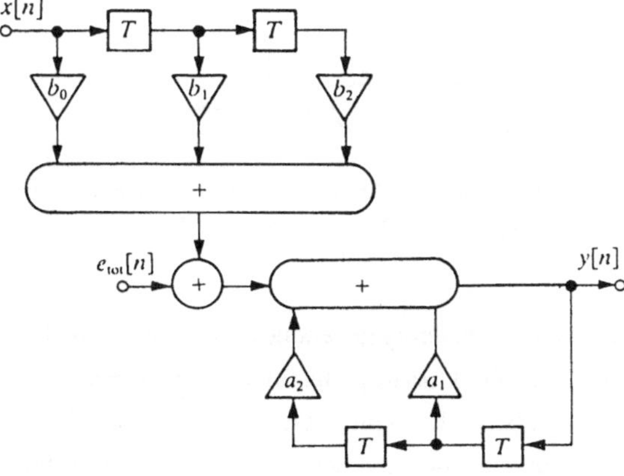

Bild 10.23   Rekursives Teilfilter wie bei Bild 10.22, wobei die Quantisierer als eine Rauschquelle $e_{tot}[n] = e_0[n] + e_1[n] + ... + e_4[n]$ dargestellt sind.

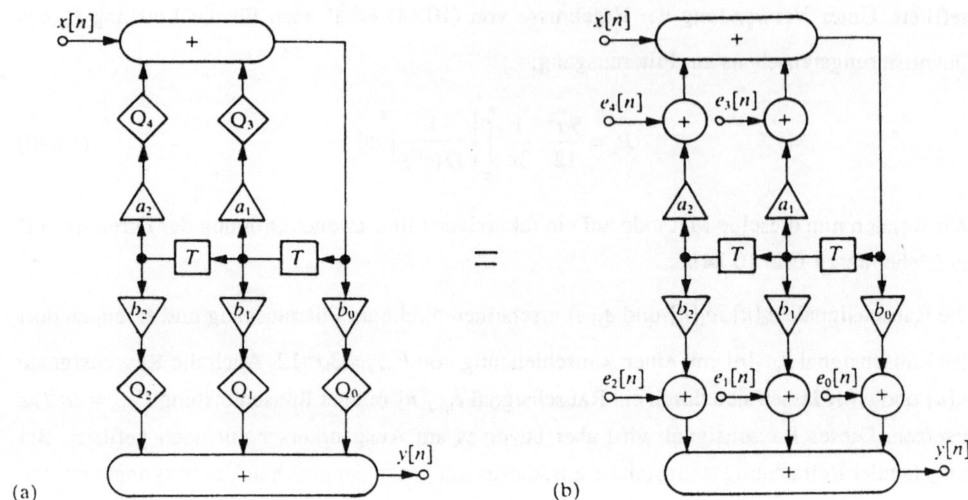

Bild 10.24 Rekursives Teilfilter in der Direktform II. (a) Mit Quantisierer und (b) mit Quantisierungsrauschquellen.

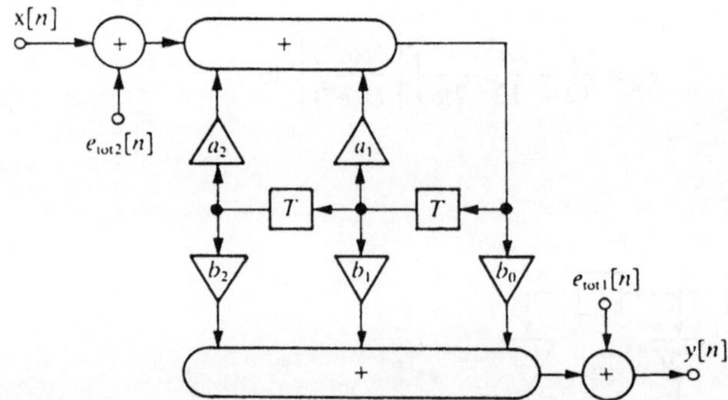

Bild 10.25   Rekursives Teilfilter wie in Bild 10.24, wobei die Quantisierer durch zwei Rauschquellen
$e_{tot\,1}[n] = e_0[n] + e_1[n] + e_2[n]$ und $e_{tot\,2}[n] = e_3[n] + e_4[n]$ ersetzt wurden.

Bei der Anwendung dieser Methode auf ein beliebig gegebenes Filter muß man deshalb für jede Rauschquelle separat herausfinden, wie die Übertragungsfunktion *zwischen der Position der Rauschquelle und dem Filterausgang* aussieht. Es ist interessant, (10.30) und (10.31) miteinander zu vergleichen. Man erkennt, daß ein Teilfilter zweiter Ordnung der Direktform I und ein ähnliches Teilfilter der Direktform II mit genau den gleichen Koeffizienten a_1, a_2, b_0, b_1 und b_2 – und deshalb auch mit gleichem $H(e^{j\theta})$ – sich unterschiedlich bezüglich der Quantisierung der Zwischenergebnisse verhalten!

Die obige Analyse bezüglich der Rauschquellen basiert auf Annahmen, die manchmal nicht ganz korrekt sind (das bezieht sich speziell auf die Annahme, daß die Rauschsignale nicht miteinander oder mit den Signalen vor der Quantisierung korreliert sind). Wir haben hier aber den Vorteil, daß wir gar nicht an einer 100% genauen Analyse interessiert sind. Die Wortlänge läßt sich nur in Stufen von 1 Bit variieren, was einem Quantisierungsrauschen in Stufen von 6 dB entspricht. Eine Analyse mit einer Genauigkeit von 30 bis 40% ist deshalb ausreichend genug, um die erforderliche Wortlänge zu bestimmen. Für Eingangssignale, die näherungsweise als Zufallssignale angenommen werden können, ist die obige Methode gut anwendbar. Die Situation ändert sich jedoch, wenn das Eingangssignal über längere Zeit einen konstanten Wert hat oder periodisch ist. Die Fehler, die dann durch die Quantisierer verursacht werden, sind bestimmt nicht mehr unkorreliert und das Ausgangssignal kann einen konstanten oder periodischen Fehler (*Grenzzyklus*) haben. Eine praktische Situation, bei der der Grenzzyklus unerwünscht ist, ergibt sich z.B. wenn $x[n]$ ein digitalisiertes Sprachsignal ist. In den Pausen ($x[n] = 0$) treten dann periodische Interferenzsignale, selbst bei sehr niedrigem Niveau auf, was rasch sehr störend ist.

Um einen Einblick in Grenzzyklen zu erhalten, betrachten wir das rekursive Filter erster Ordnung von Bild 10.26. Q ist dabei ein Quantisierer mit der Quantisierungsstufe q, und die Quantisierung erfolgt durch Rundung. Wir nehmen an, daß $y[-1] = 7q$, $x[n] = 0$ für $n \geq 0$ und $\alpha = -0{,}91$. Es läßt sich dann leicht feststellen, wie $v[n]$ und $y[n]$ für $n \geq 0$ verlaufen. Das ist in Tabelle 10.3 zusammengestellt. Man erkennt, daß nach einiger Zeit $y[n]$ einen periodischen Verlauf mit der Periode 2 und der Amplitude $5q$ annimmt, selbst wenn das Eingangssignal $x[n] = 0$ ist! Die Eigenschaften des Grenzzyklus hängen vom Anfangszustand $y[-1]$, dem Wert α und der Quantisierungskennlinie von Q ab. Bei diesem rekursiven Filter erster Ordnung können immer dann Grenzzyklen auftreten, wenn die Quantisierungskennlinie auf Rundung basiert und wenn $|\alpha| > 0{,}5$. Grenzzyklen können nur für jedes $|\alpha| < 1$ vermieden werden, wenn Betragabschneiden bei der Quantisierung angewendet wird (siehe Bild 10.1(c)). Bei dieser Quantisierung entsteht jedoch mehr Quantisierungsrauschen als bei Rundung; siehe Gleichung (10.5).

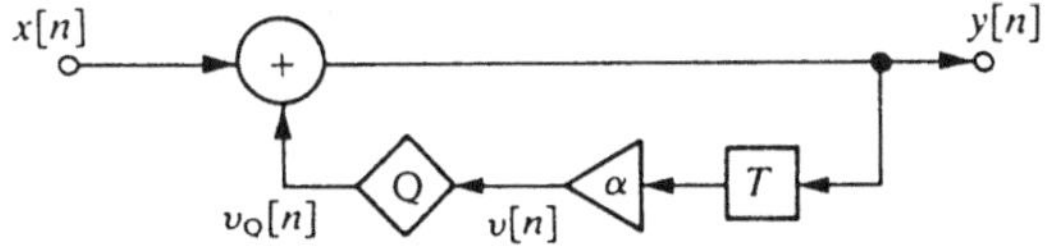

Bild 10.26 Rekursives Filter erster Ordnung mit $\alpha = -0{,}91$, bei dem Grenzzyklen auftreten können.

Tabelle 10.3 Grenzzyklus von Bild 10.26

n	$v[n] = \alpha y[n-1]$	$y[n] = v_Q[n]$
-1	–	$+7q$
0	$-0,91 \times 7q = -6,37q$	$-6q$
1	$-0,91 \times -6q = +5,46q$	$+5q$
2	$-0,91 \times 5q = -4,55q$	$-5q$
3	$-0,91 \times -5q = +4,55q$	$+5q$
4	$-0,91 \times 5q = -4,55q$	$-5q$
u.s.w.	u.s.w.	u.s.w

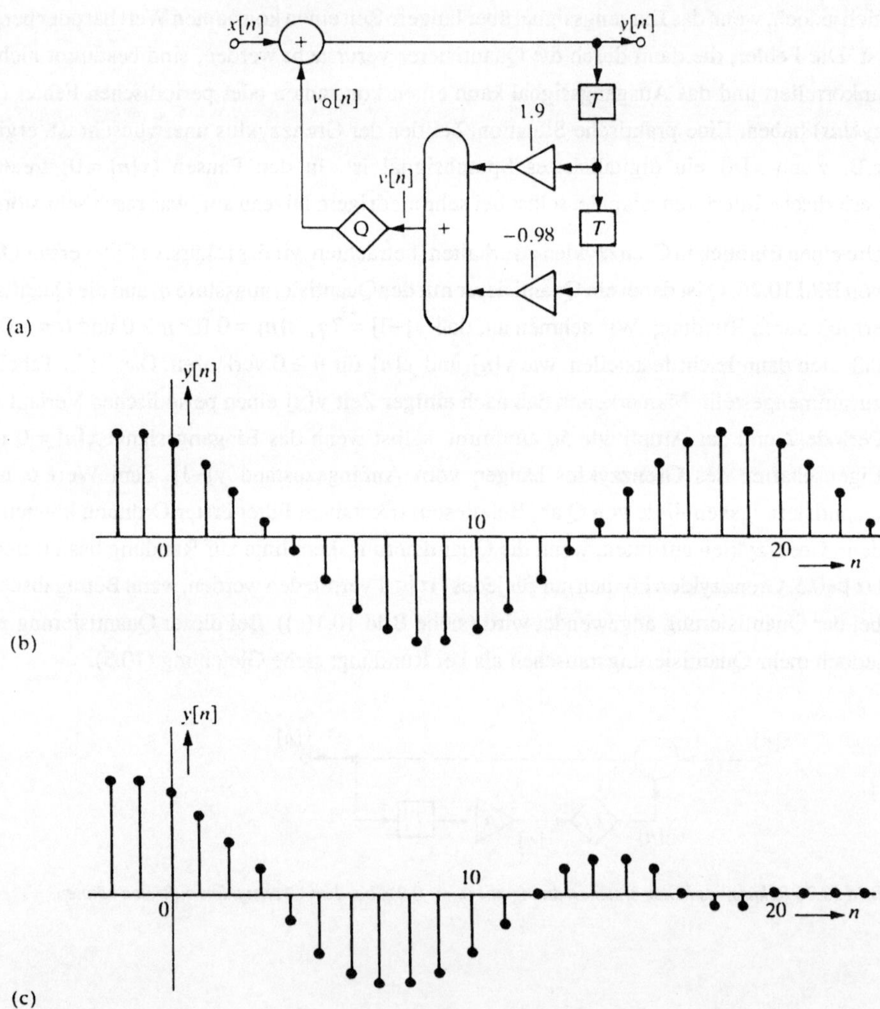

Bild 10.27 (a) Rekursives Filter zweiter Ordnung mit den Koeffizienten 1,9 und − 0,98. (b) Bei Quantisierung durch Rundung kann hier ein Grenzzyklus auftreten. (c) Bei Quantisierung durch Betragabschneiden tritt kein Grenzzyklus auf.

Auch bei rekursiven Filtern höherer Ordnung können Grenzzyklen auftreten. Bild 10.27 zeigt ein rekursives Filter zweiter Ordnung mit den Koeffizienten 1,9 und − 0,98. Es wird durch die folgenden Differenzengleichungen beschrieben:

$$y[n] = x[n] + v_Q[n] \tag{10.32a}$$

$$v_Q[n] = \{1{,}9y[n-1] - 0{,}98y[n-2]\}_Q \tag{10.32b}$$

Wenn man annimmt, daß $x[n] = 0$ für $n \geq 0$ und daß für die Anfangsbedingungen $y[-2] = y[-1] = 11q$ gilt, so hängt es von der Quantisierungskennlinie von Q ab, ob ein Grenzzyklus auftritt oder nicht. Bild 10.27(b) zeigt den Verlauf von $y[n]$, wenn Q auf Rundung basiert; es tritt ein Grenzzyklus mit der Periode $N = 20$ und einer Amplitude von $11q$ auf. Bild 10.27(c) zeigt $y[n]$ für den Fall, daß Q auf Betragabschneiden basiert; es tritt dann kein Grenzzyklus auf (bitte beweisen).

Die in der Literatur publizierten Ergebnisse beziehen sich hauptsächlich auf rein rekursive Teilfilter zweiter Ordnung. Das Interessante hieran ist, daß Filter höherer Ordnung häufig aus rekursiven Teilfiltern zweiter Ordnung zusammengesetzt werden und daß das Gesamtfilter nur frei von Grenzzyklen ist, wenn jedes der Teilfilter zweiter Ordnung selbst frei von Grenzzyklen ist. In Bild 10.28 ist ein solches Teilfilter (ohne Quantisierung) noch einmal dargestellt. Hiermit

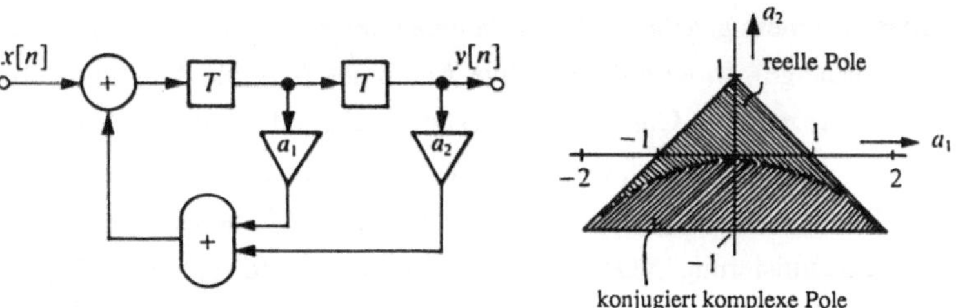

Bild 10.28 Rein rekursives Teilfilter zweiter Ordnung sowie die Werte von a_1 und a_2, für die dieses Teilfilter (ohne Quantisierung) stabil ist.

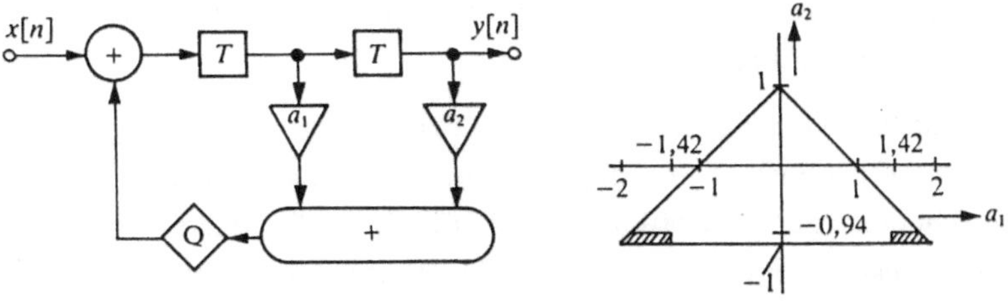

Bild 10.29 Rein rekursives Teilfilter zweiter Ordnung, das sich am besten zur Vermeidung von Grenzzyklen eignet (der Quantisierer Q arbeitet mit Betragabschneiden; in den schraffierten Gebieten können noch Grenzzyklen auftreten).

soll ein neues Hilfsmittel, die (a_1, a_2)–Ebene eingeführt werden. In dieser Ebene können bestimmte Eigenschaften des Filters, die von den Werten von a_1 und a_2 abhängen, angegeben werden. In Bild 10.28 entspricht beispielsweise das Gebiet innerhalb des Dreiecks den stabilen Filtern (Pole liegen innerhalb des Einheitskreises in der z–Ebene) und das Gebiet außerhalb entspricht instabilen Filtern. Außerdem ist noch angegeben wann die Pole reell und wann sie komplex sind.

Wir kehren nun wieder zurück zum Thema Grenzzyklus durch Quantisierung. Es hat sich gezeigt, daß ein Typ eines rein rekursiven Teilfilters zweiter Ordnung am geeignetsten zur Vermeidung von Grenzzyklen ist. Das ist in Bild 10.29 dargestellt. Es enthält einen Quantisierer, der mit Betragabschneiden arbeitet. Die schraffierten Gebiete in der (a_1, a_2)–Ebene geben Aufschluß darüber, wann noch Grenzzyklen auftreten können [48].

– *Bemerkung*: Diese Struktur ist bezüglich eines geringen Quantisierungsrauschens nicht optimal; dazu müßte die Quantisierung durch Rundung angewendet werden!

Im Gegensatz zu Überlauf–Oszillationen, die früher behandelt wurden, haben Grenzzyklen im allgemeinen eine relativ kleine Amplitude – beispielsweise in der Größenordnung von einigen Quantisierungsstufen q. Mit zunehmender Selektivität des Filters (Pole rücken näher an den Einheitskreis in der z–Ebene oder Kombinationen (a_1, a_2) rücken näher zum Rand des Stabilitätsdreiecks) können auch größere Amplituden auftreten. Wenn man die Quantisierungsstufe q aller Quantisierer in einem gegebenen Filter, in dem Grenzzyklen auftreten, reduziert (durch Vergrößern der Wortlänge), so wird die absolute Amplitude (d.h. die Amplitude als absolute Höhe und nicht als Anzahl der Quantisierunggsstufen) ebenfalls reduziert. Wenn dann das Ausgangssignal $y[n]$ quantisiert wird, so kann man ein Filter herstellen, das *scheinbar* frei von Grenzzyklen ist. Darüber hinaus gibt es noch kompliziertere Methoden mit eindrucksvollen Namen wie "Zufallsquantisierung", "Gesteuerte Quantisierung" und "Fehlerrückkopplung", mit denen Grenzzyklen reduziert oder eliminiert werden können.

10.7 Abschließende Bemerkungen zur Wortlängenbegrenzung

Einige wichtige Aspekte der Wortlängenbegrenzung von Zwischenergebnissen in digitalen Filtern sind in Tabelle 10.4 aufgelistet.

Nach allem, was über Wortlängenbegrenzung von Zwischenergebnissen gesagt wurde, muß klar geworden sein, daß der Entwurf eines digitalen Filters noch lange nicht fertig ist, wenn man die Werte der nicht quantisierten Koeffizienten nach den Entwurfsverfahren von Kapitel 8 "Entwurfsmethoden diskreter Filter", gefunden hat. Unser nächster Schritt wird sein, die Koeffizienten so zu quantisieren, daß die Entwurfsspezifikation noch eingehalten wird. Danach müssen die Auswirkungen der Wortlängenbegrenzung von Zwischenergebnissen analysiert – und diese so gut wie möglich minimiert werden. Bei der häufig verwendeten Kaskadenschaltung von Teilfiltern zweiter Ordnung haben wir noch vier Freiheitsgrade:

1. *Zuordnen* (engl.: pairing): welche Pole werden welchen Nullstellen in einer betsimmten Teilschaltung zugeordnet?

2. *Reihenfolge* (engl.: ordering): in welcher Reihenfolge werden die Teilfilter in Kaskade geschaltet?

3. *Struktur* (engl.: structuring): welche Struktur haben die einzelnen Teilfilter zweiter Ordnung? (z.B. Direktform I, Direktform II, Anzahl und Position der Quantisierer, Quantisierungskennlinie, Überlaufkennlinie).

4. *Skalierung* (engl.: scaling): mit welchem konstanten Faktor sollten die Signale zwischen den verschiedenen Teilfiltern multipliziert werden?

Tabelle 10.4 Übersicht über die Auswirkungen der Wortlängenbegrenzung von Zwischenergebnissen in digitalen Filtern

	Quantisierung	Überlauf
Eingangssignal $x[n] = 0$	Grenzzyklen (relativ kleine Amplitude)	Überlaufoszillation (relativ große Amplitude)
Periodisches Eingangssignal (z.B. sinusförmig)	Grenzzyklen oder Quantisierungsrauschen (in Kombination mit dem gewünschten Ausgangssignal)	Sprung–Phänomene
Zufalls–Eingangssignal	Quantisierungsrauschen (in Kombination mit dem gewünschten Ausgangssignal)	Darüber ist noch wenig bekannt
Geeignetste Kennlinie	– für Quantisierungsrauschen: Runden – für Grenzzyklen: Betragabschneiden	Sättigung

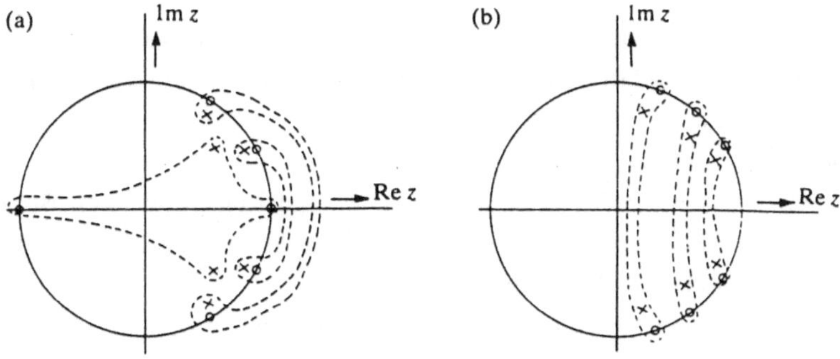

Bild 10.30 Zuordnen von Polen und Nullstellen: (a) Bandpaß sechster Ordnung; (b) Bandsperre sechster Ordnung.

Über Skalierung und Struktur ist bereits etwas gesagt worden. Über das Zuordnen und die Reihenfolge können wir hier nur ganz allgemein etwas sagen. Eine gute Faustregel für das Zuordnen ist: Pole und Nullstellen, die nahe beieinander liegen, in derselben Teilschaltung zu realisieren. Zwei Beispiele für das Zuordnen nach dieser Regel sind in Bild 10.30 dargestellt: die gestrichelten Linien zeigen welche Pole und Nullstellen in derselben Teilschaltung realisiert wurden.

Manchmal ist es besser, die verschiedenen Teilschaltungen nach ansteigender Selektivität und manchmal besser nach abfallender Selektivität zu ordnen. Im Rahmen dieses Buches möchten wir uns auf diese kurze Bemerkung beschränken, für weitere Informationen verweisen wir auf die Literatur [8].

10.8 Übungsaufgaben

Übungsaufgaben zu Abschnitt 10.2 und 10.3

10.1 Es soll ein digitales Filter, bei dem nur 4–Bit Worte auftreten, in Festkomma–Darstellung mit zwei Bit nach dem (binären) Komma entworfen werden.

   (a) Geben Sie in einer Tabelle alle dezimalen Zahlen die man auf diese Weise bilden kann an, sowie die entsprechenden binären Worte, die man bei Verwendung der Zahlendarstellung nach Vorzeichen und Betrag erhält.

   (b) Aufgabenstellung wie in (a) aber für die Darstellung im Zweier–Komplement.

   (c) Aus irgendeinem Grund soll durch Quantisierung die Wortlänge von 4–Bit Worten auf 2–Bit Worte geändert werden. Das wird erreicht, indem die Bits nach dem Komma vernachlässigt werden. Zeichnen Sie die Qauntisierungskennlinie für Fall (a) und (b) und finden Sie heraus, ob es sich um Rundung, Wertabschneiden oder Betragabschneiden handelt (benutzen Sie hierzu bei Bedarf Bild 10.1).

10.2 Gegeben sind die dezimalen Werte + 2,375 und − 2,375. Diese Werte sollen als binäre Zahlen in Festkomma–Darstellung mit 6–Bit Worten, davon 3 Bit nach dem Komma, dargestellt werden.

   (a) Führen Sie das mit Betragabschneiden durch.

   (b) Durch Quantisieren soll die Anzahl der Bits nach dem Komma bis auf ein Bit begrenzt werden. Geben Sie die resultierenden dezimalen und binären Werte für Rundung, Wertabschneiden und Betragabschneiden an.

   (c) Aufgabenstellung wie bei (a) und (b) für die Darstellung im Zweier–Komplement.

10.3 Ein digitales Filter enthält einen Addierer, in dem zwei 3–Bit Zahlen (dargestellt im Zweier–Komplement ohne Bit nach dem Komma) addiert werden. Die Summe $x[n]$ ist eine 4–Bit Zahl in der gleichen Darstellung. Die Wortlänge von $x[n]$ wurde auf 3 Bit reduziert, indem das am weitesten links stehende Bit weggelassen wurde. Das kann mit einer Überlaufkennlinie x_p (siehe Bild 10.31) beschrieben werden. Zeichnen Sie x_p.

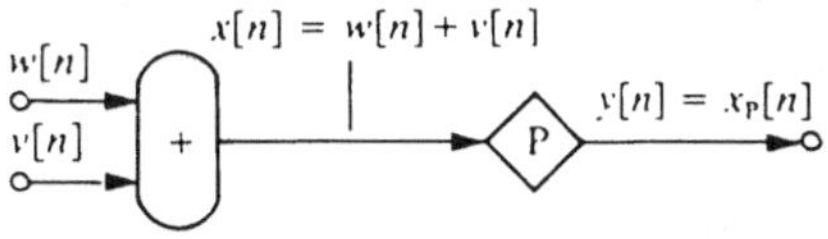

Bild 10.31 Aufgabe 10.3

Übungsaufgaben zu Abschnitt 10.5

10.4 Gegeben ist ein rekursives Filter zweiter Ordnung in der Direktform I, mit der Systemfunktion $H(z)$:

$$H(z) = \frac{1 + b_1 z^{-1}}{1 - a_1 z^{-1} - a_2 z^{-2}}$$

Das Filter muß eine Nullstelle auf dem Einheitskreis in der z–Ebene haben.

(a) Welche Werte kann b_1 annehmen?

(b) Zeichnen Sie eine Realisierungsstruktur dieses Filters.

(c) Kann die Nullstelle von $H(z)$ durch Quantisierung der Koeffizienten beeinflußt werden? Warum?

10.5 Gegeben ist ein rekursives Filter zweiter Ordnung in der Direktform II, mit der Systemfunktion $H(z)$:

$$H(z) = \frac{1 + b_1 z^{-1} + b_2 z^{-2}}{1 - a_1 z^{-1} - a_2 z^{-2}}$$

Das Filter muß zwei Nullstellen auf dem Einheitskreis in der z–Ebene haben.

(a) Welche Werte können b_1 und b_2 annehmen?

(b) Können die Nullstellen von $H(z)$ durch Quantisierung der Koeffizienten beeinflußt werden? Warum?

Übungsaufgaben zu Abschnit 10.6

10.6 Gegeben ist ein digitales Filter zweiter Ordnung nach Bild 10.32. Für das Eingangssignal gilt: $x[n] = 0$ für $n \geq 0$. Die Quantisierung basiert auf Rundung. Q hat die Quantisierungskennlinie x_Q, die Quantisierungsstufe ist q. P hat die Überlaufkennlinie x_P, basierend auf Nullstellen: $x_P = x$ für $|x| \leq 128q$ und $x_P = 0$ für $|x| > 128q$. Die Filterkoeffizienten sind $a_1 = 1{,}9$ und $a_2 = -0{,}9995$. Der Anfangszustand des Filters ist durch $y[-2] = -111q$ und $y[-1] = -29q$ gegeben.

(a) Bestimmen Sie $y[n]$ für $-2 \leq n \leq 10$.

(b) Wie lautet die Periode der Überlauf–Oszillation?

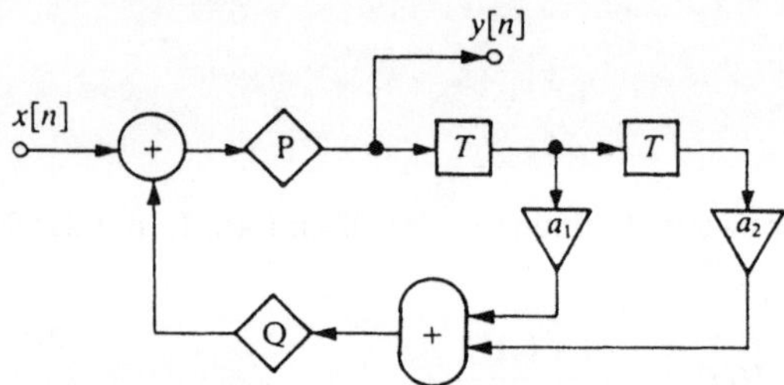

Bild 10.32 Aufgaben 10.6 und 10.8.

10.7 Gegeben ist ein digitales Filter erster Ordnung nach Bild 10.26. Für das Eingangssignal gilt: $x[n] = 0$ für $n \geq 0$. Q hat eine Quantisierungskennlinie mit der Quantisierungsstufe q. Ermitteln Sie, was passiert, wenn:

(a) $y[-1] \ = \ 10q$; $\alpha = -0{,}91$; Q arbeitet mit Rundung;

(b) $y[-1] \ = \ 5q$; $\alpha = -0{,}91$; Q arbeitet mit Rundung;

(c) $y[-1] \ = \ 10q$; $\alpha = +0{,}91$; Q arbeitet mit Rundung;

(d) $y[-1] \ = \ 10q$; $\alpha = -0{,}91$; Q arbeitet mit Betragabschneiden;

(e) $y[-1] \ = \ 5q$; $\alpha = -0{,}91$; Q arbeitet mit Wertabschneiden.

10.8 Gegeben ist ein digitales Filter zweiter Ordnung nach Bild 10.32. Für das Eingangssignal gilt: $x[n] = 0$ für $n \geq 0$; $a_1 = 1{,}6$; $a_2 = -0{,}99$. Bestimmen Sie das Ausgangssignal $y[n]$ für $n \geq -2$ und bestimmen Sie die Periode der Oszillation, wenn $y[-1] = y[-2] = 11q$ und

(a) Q auf Rundung basiert;

(b) Q auf Betragabschneiden basiert.

Anhang I
Zusammenfassung der Fourier-Integrale

I.1 Die wichtigsten Eigenschaften

(a)	$x(t)$ o———o $X(\omega)$; $\quad y(t)$ o———o $Y(\omega)$		Grundbezeichnung für Fourier–Korrespondenzen
(b)	$ax(t) + by(t)$	o———o $\quad aX(\omega) + bY(\omega)$	Linearität
(c)[1]	$X(t)$	o———o $\quad 2\pi \cdot x(-\omega)$	Zeit/Frequenzsymmetrie oder Vertauschungssatz
(d)	$x(kt)$	o———o $\quad \frac{1}{\lvert k \rvert}X(\omega/k)$	Zeitskalierung
(e)	$\frac{1}{\lvert k \rvert}x(t/k)$	o———o $\quad X(k\omega)$	Frequenzskalierung
(f)	$x(t-\tau)$	o———o $\quad X(\omega)e^{-j\omega\tau}$	Zeitverschiebungssatz
(g)	$e^{j\nu t}x(t)$	o———o $\quad X(\omega-\nu)$	Frequenzverschiebungssatz
(h)	$2\cos(\nu t)\cdot x(t)$	o———o $\quad X(\omega-\nu)+X(\omega+\nu)$	Zweifache Frequenzverschiebung
(i)	$\dfrac{d^n x(t)}{dt^n}$	o———o $\quad (j\omega)^n X(\omega)$	Differentiation im Zeitbereich
(j)	$(-jt)^n x(t)$	o———o $\quad \dfrac{d^n X(\omega)}{d\omega^n}$	Differentiation im Frequenzbereich
(k)	$x(t) * y(t)$	o———o $\quad X(\omega)Y(\omega)$	Faltung im Zeitbereich
(l)	$x(t)y(t)$	o———o $\quad \frac{1}{2\pi}X(\omega) * Y(\omega)$	Faltung im Frequenzbereich
(m)	$\int\limits_{-\infty}^{\infty} \lvert x(t)\rvert^2\, dt = \frac{1}{2\pi}\int\limits_{-\infty}^{\infty} \lvert X(\omega)\rvert^2\, d\omega$		Parseval'sches Theorem
(n)	Für reelle $x(t)$: $X(-\omega) = X^*(\omega)$		Bemerkung: * = konjugiert komplex
(o)	Für reelle und gerade $x(t)$, d.h. $x(t) = x(-t)$: $\mathrm{Im}\{X(\omega)\} = 0$		Bemerkung: Im = Imaginärteil
(p)	Für reelle und ungerade $x(t)$, d.h. $x(t) = -x(-t)$: $\mathrm{Re}\{X(\omega)\} = 0$		Bemerkung: Re = Realteil

[1] Es ist zu beachten, daß in diesem Ausnahmefall die Zeitfunktion mit Großbuchstaben und die Frequenzfunktion mit Kleinbuchstaben bezeichnet wird.

I.2 Wichtige Fourier-Korrespondenzen

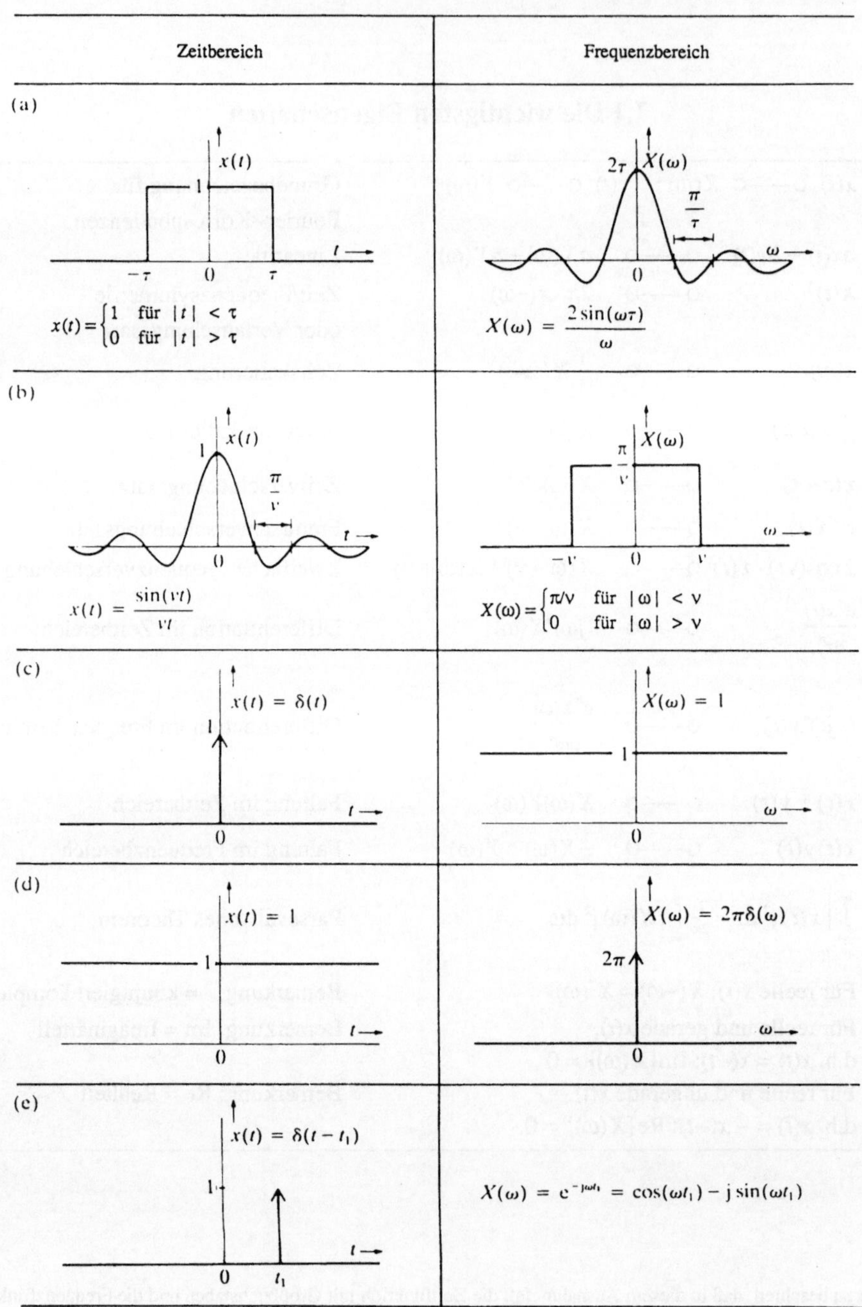

Zeitbereich	Frequenzbereich
(f) $x(t) = e^{j\omega_1 t} = \cos(\omega_1 t) + j\sin(\omega_1 t)$	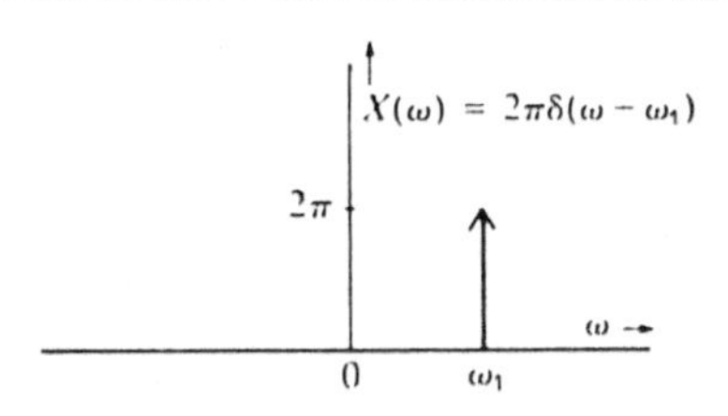 $X(\omega) = 2\pi\delta(\omega - \omega_1)$
(g) 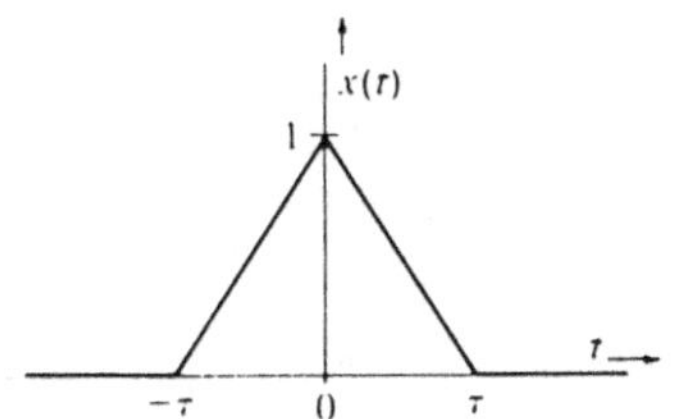 $x(t) = \begin{cases} 1 - |t|/\tau & \text{für } |t| < \tau \\ 0 & \text{für } |t| \geq \tau \end{cases}$	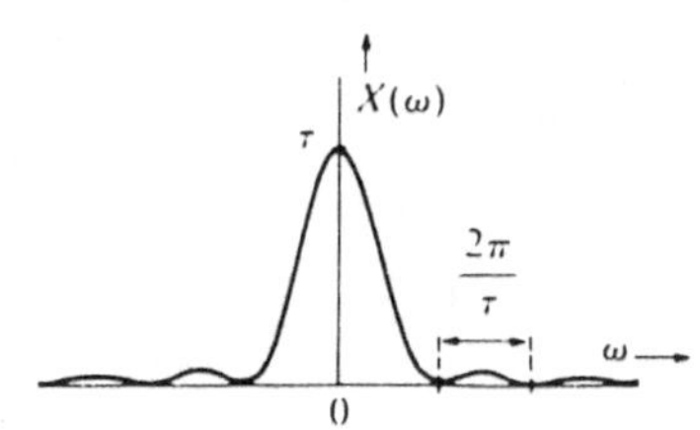 $X(\omega) = \dfrac{4\sin^2(\omega\tau/2)}{\omega^2\tau}$
(h) 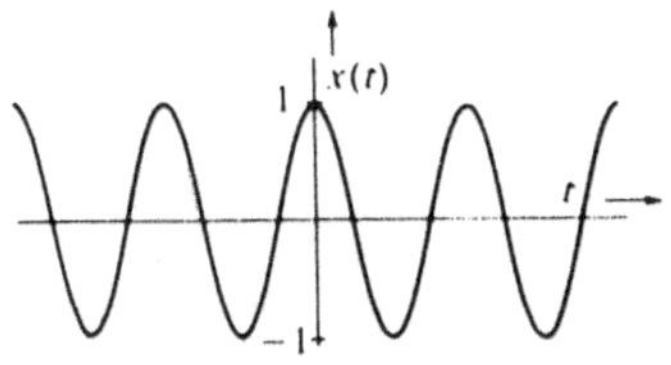 $x(t) = \cos(\nu t)$	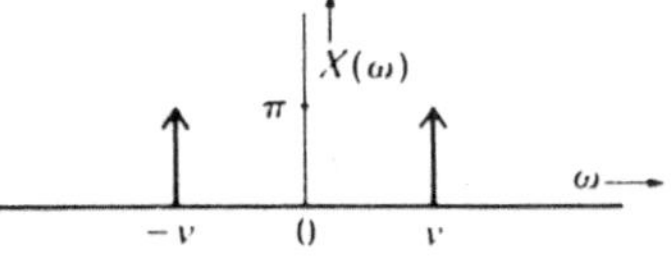 $X(\omega) = \pi\delta(\omega + \nu) + \pi\delta(\omega - \nu)$
(i) 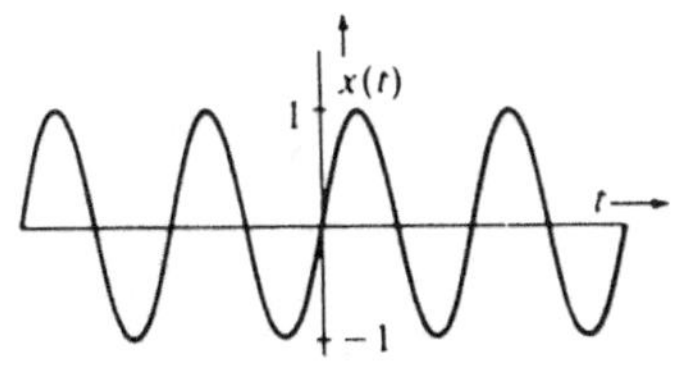 $x(t) = \sin(\nu t)$	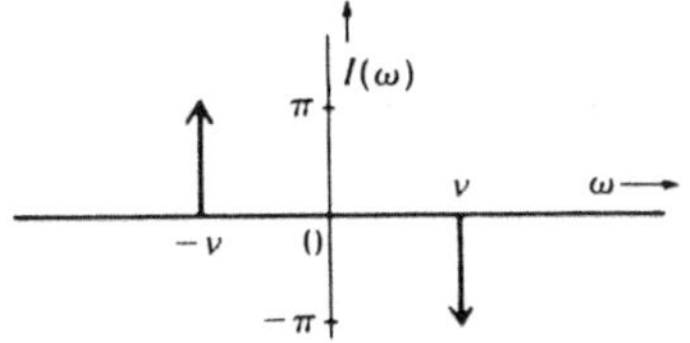 $X(\omega) = j\,I(\omega) = j\pi\delta(\omega + \nu) - j\pi\delta(\omega - \nu)$

Zeitbereich	Frequenzbereich

(j)

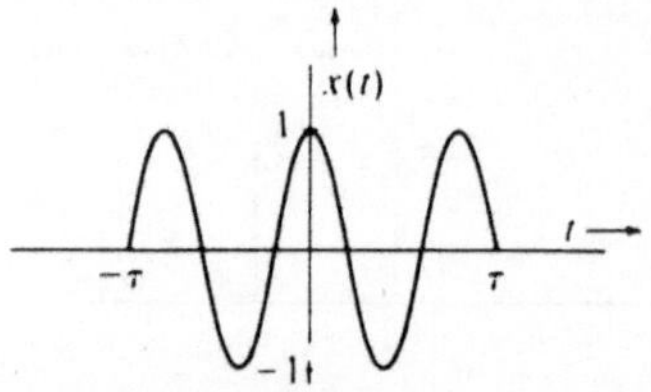

$$x(t) = \begin{cases} \cos(\nu t) & \text{für } |t| < \tau \\ 0 & \text{für } |t| \geq \tau \end{cases}$$

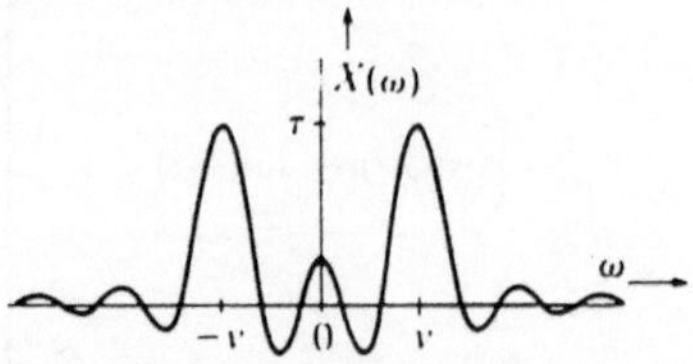

$$X(\omega) = \frac{\sin\{(\omega + \nu)\tau\}}{\omega + \nu} + \frac{\sin\{(\omega - \nu)\tau\}}{\omega - \nu}$$

(k)

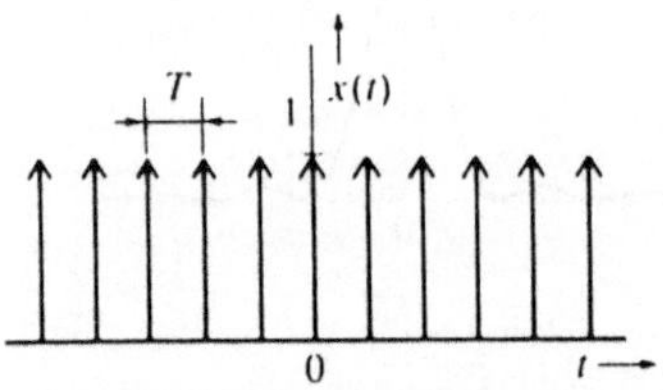

$$x(t) = \delta_T(t) = \sum_{n=-\infty}^{\infty} \delta(t - nT)$$

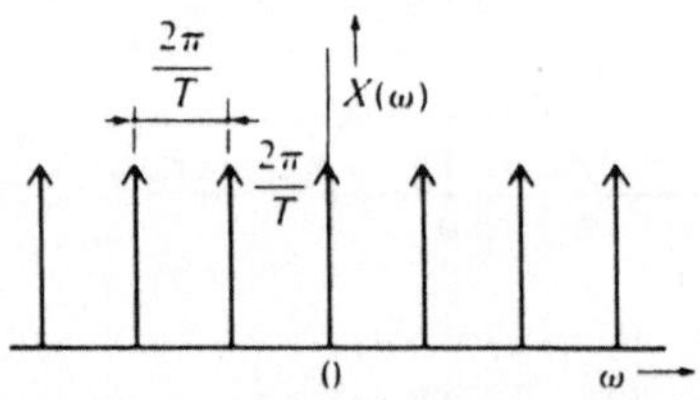

$$X(\omega) = \frac{2\pi}{T} \sum_{k=-\infty}^{\infty} \delta\left(\omega - \frac{2\pi k}{T}\right)$$

(l)

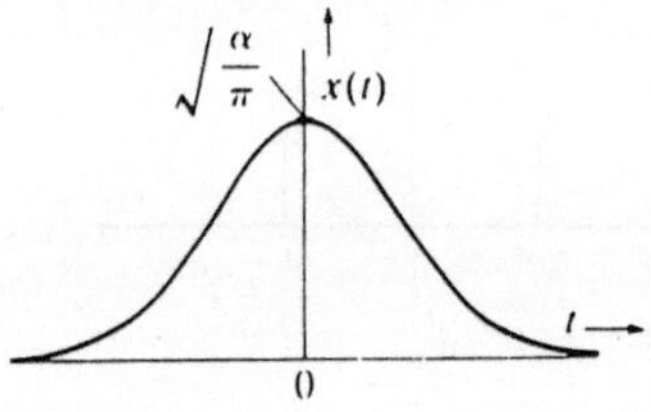

$$x(t) = \sqrt{\frac{\alpha}{\pi}} \cdot e^{-\alpha t^2}$$

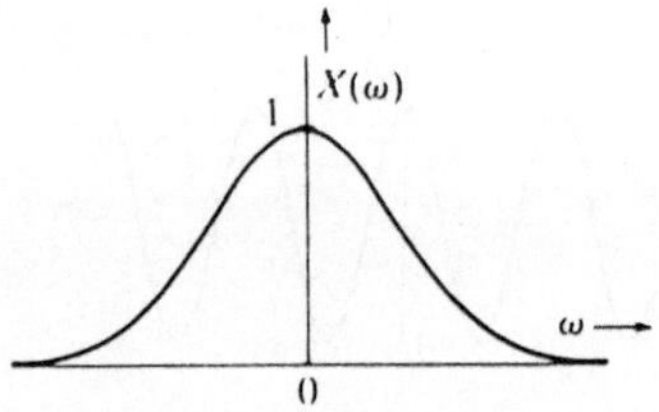

$$X(\omega) = e^{-\omega^2/4\alpha}$$

(m)

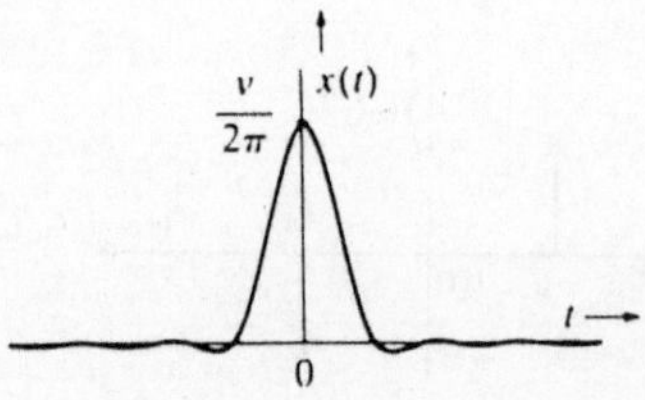

$$x(t) = \frac{\sin(\nu t)}{2\pi t} - \frac{\sin(\nu t)}{4\pi(t + \pi/\nu)} - \frac{\sin(\nu t)}{4\pi(t - \pi/\nu)}$$

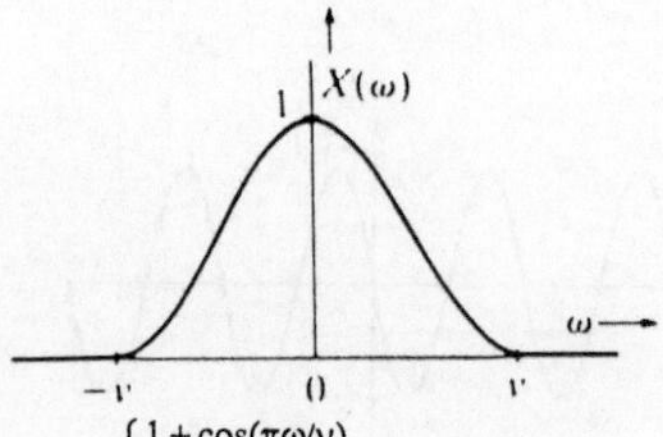

$$X(\omega) = \begin{cases} \dfrac{1 + \cos(\pi\omega/\nu)}{2} & \text{für } |\omega| < \nu \\ 0 & \text{für } |\omega| \geq \nu \end{cases}$$

Zeitbereich	Frequenzbereich
(n) 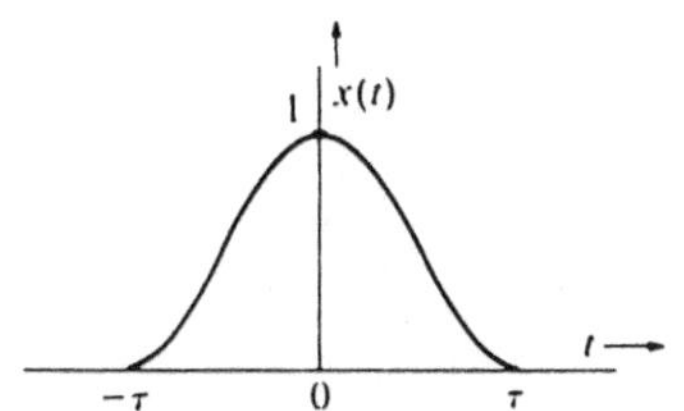 $$x(t) = \begin{cases} \dfrac{1+\cos(\pi t/\tau)}{2} & \text{für } |t| < \tau \\ 0 & \text{für } |t| \geq \tau \end{cases}$$	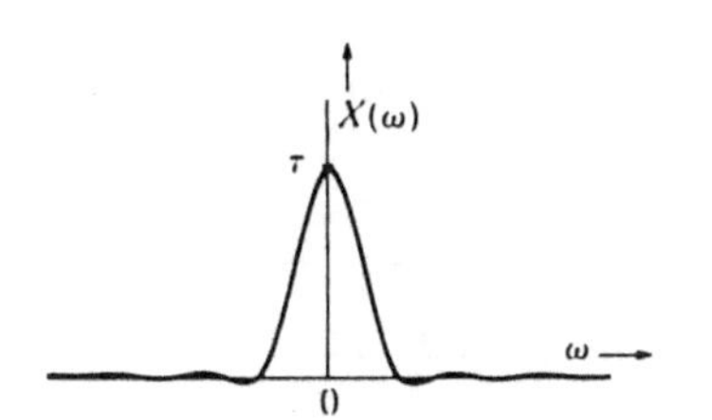 $$X(\omega) = \frac{\sin(\omega\tau)}{\omega} - \frac{\sin(\omega\tau)}{2(\omega + \pi/\tau)} - \frac{\sin(\omega\tau)}{2(\omega - \pi/\tau)}$$
(o) 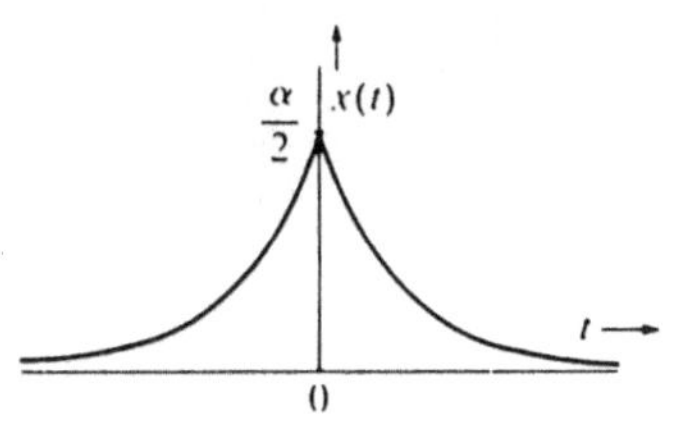 $$x(t) = \frac{\alpha}{2}\, e^{-\alpha|t|}$$	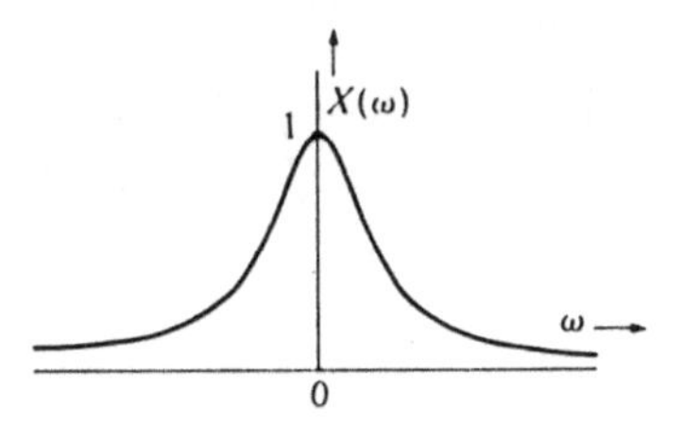 $$X(\omega) = \frac{\alpha^2}{\alpha^2 + \omega^2}$$
(p) 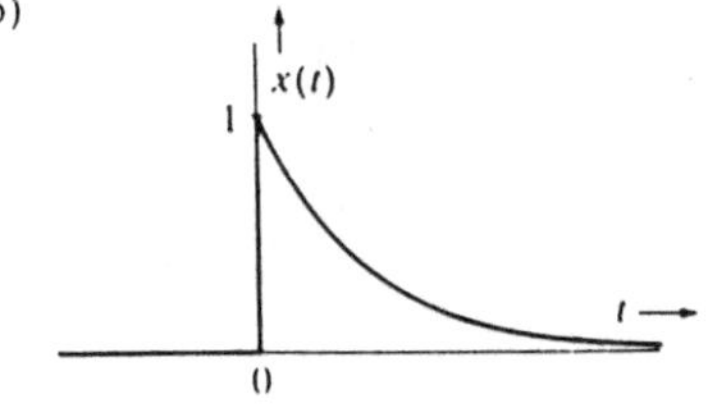 $$x(t) = \begin{cases} e^{-\alpha t} & \text{für } t > 0 \\ 0 & \text{für } t < 0 \end{cases}$$	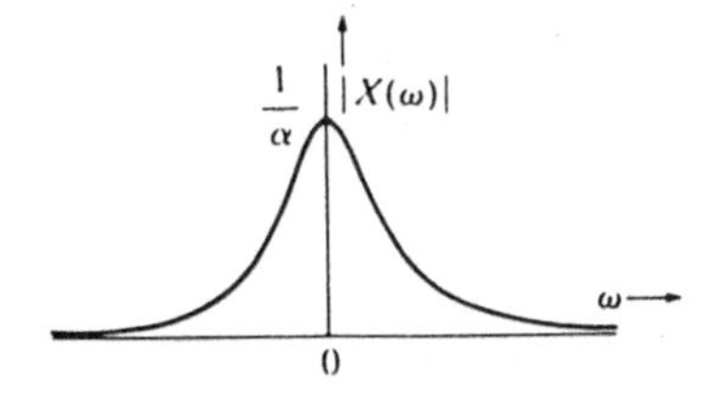 $$X(\omega) = \frac{1}{\alpha + j\omega}$$
(q) 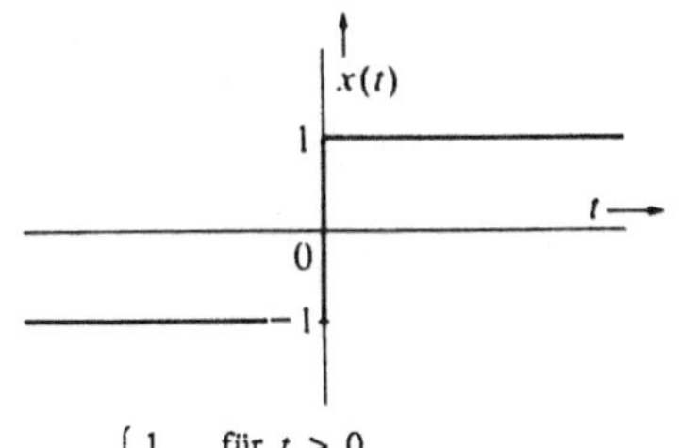 $$x(t) = \begin{cases} 1 & \text{für } t > 0 \\ -1 & \text{für } t < 0 \end{cases}$$	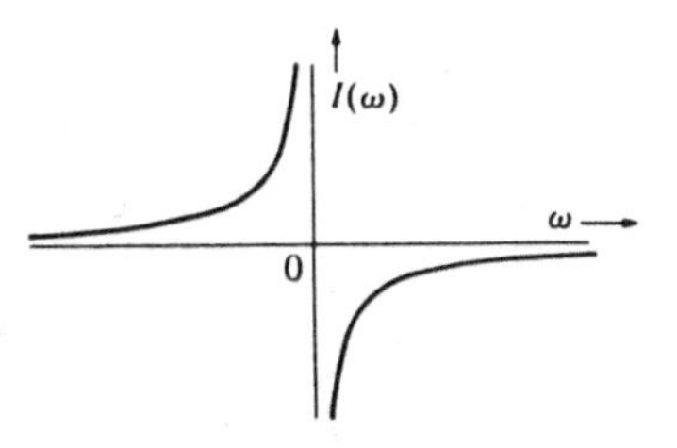 $$X(\omega) = j\,I(\omega) = -2j/\omega$$

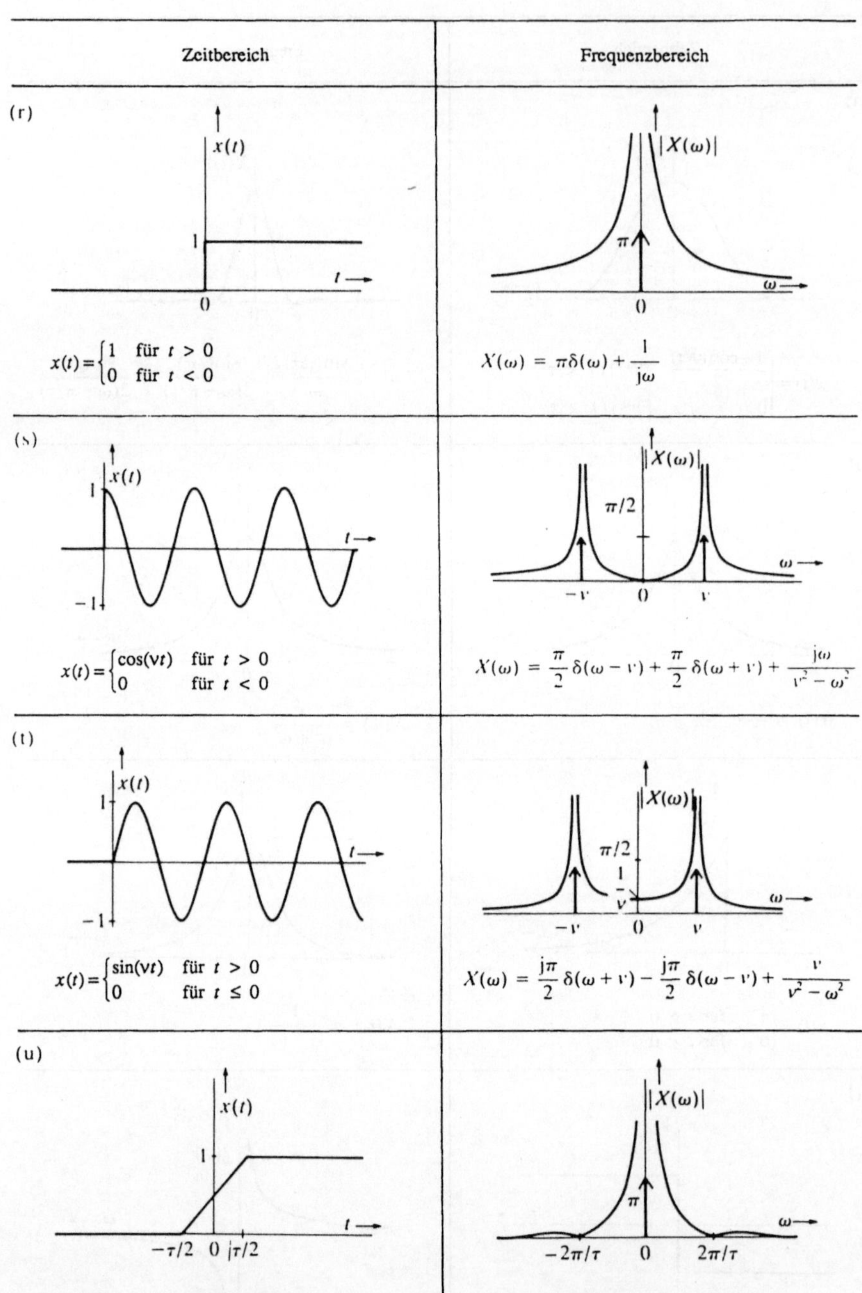

Zeitbereich	Frequenzbereich

(r)

$$x(t) = \begin{cases} 1 & \text{für } t > 0 \\ 0 & \text{für } t < 0 \end{cases}$$

$$X(\omega) = \pi\delta(\omega) + \frac{1}{j\omega}$$

(s)

$$x(t) = \begin{cases} \cos(\nu t) & \text{für } t > 0 \\ 0 & \text{für } t < 0 \end{cases}$$

$$X(\omega) = \frac{\pi}{2}\delta(\omega - \nu) + \frac{\pi}{2}\delta(\omega + \nu) + \frac{j\omega}{\nu^2 - \omega^2}$$

(t)

$$x(t) = \begin{cases} \sin(\nu t) & \text{für } t > 0 \\ 0 & \text{für } t \le 0 \end{cases}$$

$$X(\omega) = \frac{j\pi}{2}\delta(\omega + \nu) - \frac{j\pi}{2}\delta(\omega - \nu) + \frac{\nu}{\nu^2 - \omega^2}$$

(u)

$$x(t) = \begin{cases} 1 & \text{für } t \ge \tau/2 \\ 1/2 + t/\tau & \text{für } |t| < \tau/2 \\ 0 & \text{für } t \le -\tau/2 \end{cases}$$

$$X(\omega) = \frac{2\sin(\omega\tau/2)}{j\omega^2\tau} + \pi\delta(\omega)$$

Anhang II
Partialbruchzerlegung

II.1 Einführung

Bei den Rücktransformationen der Fourier–, Laplace– und z–Transformation kann die Methode der Partialbruchzerlegung häufig sehr nützlich sein. Man versucht dabei, einen Bruch von zwei Polynomen der (beliebigen) komplexen Variablen x in eine Summe von einfachen Partialbrüchen umzuwandeln. So wird z.B. aus

$$F(x) = \frac{N(x)}{D(x)} = \frac{b_N x^N + b_{N-1} x^{N-1} + b_{N-2} x^{N-2} + \ldots + b_1 x + b_0}{x^M + a_{M-1} x^{M-1} + a_{M-2} x^{M-2} + \ldots + a_1 x + a_0} \tag{II.1}$$

(mit $N < M$) :

$$F(x) = \frac{c_1}{x - x_1} + \frac{c_2}{x - x_2} + \ldots + \frac{c_i}{x - x_i} + \ldots + \frac{c_M}{x - x_M} \tag{II.2}$$

Die Bedeutung dieser Methode liegt darin, daß die separaten Rücktransformationen der verschiedenen Terme von (II.2) in der Regel sehr einfach sind. Der Übergang von (II.1) nach (II.2) ist immer möglich, wenn die Werte $x_1, x_2, \ldots, x_i, \ldots, x_M$ alle verschieden sind, oder mit anderen Worten, wenn $F(x)$ M einfache Pole besitzt.

Im Prinzip gibt es zwei unterschiedliche Berechnungsmethoden:

1.   Ausmultiplizieren
2.   Anwendung von Residuen

Zuerst möchten wir hierzu ein einfaches Beispiel betrachten.

Beispiel 1

$$F(x) = \frac{N(x)}{D(x)} = \frac{3x - 10}{x^2 - 7x + 12} \tag{II.3}$$

Für den Nenner erhält man: $D(x) = (x - 3)(x - 4)$, so daß $x_1 = 3$ und $x_2 = 4$ ist. Wir suchen nun c_1 und c_2, so daß:

$$\frac{3x - 10}{(x - 3)(x - 4)} = \frac{c_1}{x - 3} + \frac{c_2}{x - 4} \tag{II.4}$$

– Methode 1 (Ausmultiplizieren)

Durch Ausmultiplizieren der rechten Seite von (II.4) erhält man:

$$\frac{3x-10}{(x-3)(x-4)}=\frac{(c_1+c_2)x-(4c_1+3c_2)}{(x-3)(x-4)} \tag{II.5}$$

Da die Zähler auf der linken und auf der rechten Seite gleich sein müssen, gilt:

$$c_1+c_2=3 \quad \text{und} \quad 4c_1+3c_2=10 \tag{II.6a}$$

oder $c_1 = 1$ und $c_2 = 2$, und somit:

$$F(x)=\frac{3x-10}{x^2-7x+12}=\frac{1}{x-3}+\frac{2}{x-4} \tag{II.6b}$$

– Methode 2 (Residuen)

Werden beide Seiten von (II.4) mit $(x - 3)$ multipliziert, so erhält man:

$$\frac{3x-10}{x-4}=c_1+\frac{(x-3)c_2}{x-4} \tag{II.7}$$

Um c_1 zu finden, setzen wir in (II.7) $x = 3$ und erhalten:

$$c_1=\frac{3\cdot 3-10}{3-4}=1 \tag{II.8}$$

Um c_2 zu finden, multiplizieren wir beide Seiten von (II.4) mit $(x - 4)$:

$$\frac{3x-10}{x-3}=\frac{(x-4)c_1}{x-3}+c_2 \tag{II.9}$$

Nun setzen wir $x = 4$ und erhalten $c_2 = 2$. Man erkennt, daß diese Methode ebenfalls (II.6b) ergibt.

Im allgemeinen erfordert Methode 2 weniger Rechenaufwand als Methode 1. Formal läßt sich feststellen, daß die Werte von c_i in (II.2) bei der Verwendung der Methode 2 durch folgende Gleichung berechnet werden können:

$$c_i=(x-x_i)\cdot F(x)\big|_{x=x_i} \quad \text{für} \quad i=1,2,3,\ldots,M \tag{II.10}$$

Mathematisch bezeichnet man den nach Gleichung (II.10) berechneten c_i – Wert der komplexen Funktion $F(x)$ bei dem Pol $x = x_i$ als *Residuum von* $F(x)$ *bei* x_i. Daher stammt auch der Name dieser Methode.

II.2 Konjugiert komplexe Pole

Die selben Methoden können auch dann angewendet werden, wenn $F(x)$ in (II.1) konjugiert komplexe Pole besitzt.

Beispiel 2

$$F(x) = \frac{N(x)}{D(x)} = \frac{2x^2 + 6x - 26}{x(x^2 + 4x + 13)} \tag{II.11}$$

Für den Nenner gilt: $D(x) = x(x+2+3j)(x+2-3j)$, so daß $x_1 = 0$, $x_2 = -2-3j$ und $x_3 = -2+3j$. Wir suchen jetzt c_1, c_2 und c_3 so, daß

$$\frac{2x^2 + 6x - 26}{x(x+2+3j)(x+2-3j)} = \frac{c_1}{x} + \frac{c_2}{x+2+3j} + \frac{c_3}{x+2-3j} \tag{II.12}$$

— Methode 1 (Ausmultiplizieren)

Aus (II.12) erhält man:

$$\frac{2x^2 + 6x - 26}{x(x+2+3j)(x+2-3j)}$$

$$= \frac{(c_1 + c_2 + c_3)x^2 + \{4c_1 + (2-3j)c_2 + (2+3j)c_3\}x + 13c_1}{x(x+2+3j)(x+2-3j)} \tag{II.13a}$$

Also:

$$\begin{cases} c_1 + c_2 + c_3 = 2 \\ 4c_1 + (2-3j)c_2 + (2+3j)c_3 = 6 \\ 13c_1 = -26 \end{cases} \tag{II.13b}$$

Daraus folgt:

$$c_1 = -2,\ c_2 = 2+j \text{ und } c_3 = 2-j \tag{II.13c}$$

— Methode 2 (Residuen)

Die Anwendung der Gleichung (II.10) auf die linke Seite von (II.12) ergibt:

$$c_1 = (x-0)F(x)\big|_{x=0} = \frac{2 \cdot 0^2 + 6 \cdot 0 - 26}{(0+2+3j)(0+2-3j)} = -2 \tag{II.14a}$$

$$c_2 = (x+2+3j)F(x)\big|_{x=-2-3j} = \frac{2(-2-3j)^2 + 6(-2-3j) - 26}{(-2-3j)(-2-3j+2-3j)} = 2+j \tag{II.14b}$$

$$c_3 = (x+2-3j)F(x)\big|_{x=-2+3j} = \frac{2(-2+3j)^2 + 6(-2+3j) - 26}{(-2+3j)(-2+3j+2+3j)} = 2-j \tag{II.14c}$$

– *Bemerkung*. Komplexe Pole werden in Partialbrüchen oft paarweise zusammengefaßt. In
diesem Beispiel erhält man dann als Ergebnis:

$$\frac{2x^2 + 6x - 26}{x(x^2 + 4x + 13)} = \frac{-2}{x} + \frac{4x + 14}{x^2 + 4x + 13} \qquad \text{(II.15)}$$

Bitte beweisen!

II.3 Grad des Zählers und des Nenners

In den bisher gegebenen Beispielen von $F(x)$ war der Grad N des Zählers $N(x)$ stets kleiner als
der Grad M des Nenners $D(x)$; siehe Gleichung (II.1). Wenn $N = M$ ist, dann tritt bei der Partialbruchzerlegung ein konstanter Term d_0 auf; ist $N > M$, so treten außerdem Terme vom Typ
$d_1 x$, $d_2 x^2$, $d_3 x^3$, ..., $d_{N-M} x^{N-M}$ auf. Die Werte von $d_0, d_1, d_2, \ldots, c_1, c_2, \ldots$ kann man
wieder mit Hilfe von Methode 1 ermitteln. Methode 2 kann man nur für die Bestimmung der
Werte von $c_1, c_2, \ldots$ verwenden. $d_0, d_1, d_2, \ldots$ kann man durch Division von $N(x)$ durch $D(x)$
ermitteln bis ein Bruch übrig bleibt, bei dem der Grad des Zählers kleiner ist als der des Nenners.

Beispiel 3

$$F(x) = \frac{3x^2 - 19x + 14}{x^2 - 7x + 10} \qquad \text{(II.16)}$$

Wir zerlegen folgendermaßen:

$$\frac{3x^2 - 19 + 14}{(x - 2)(x - 5)} = d_0 + \frac{c_1}{x - 2} + \frac{c_2}{x - 5} \qquad \text{(II.17)}$$

– *Methode 1 (Ausmultiplizieren)*
Auf die gewohnte Weise findet man: $d_0 = 3$, $c_1 = 4$ und $c_2 = -2$ (Bitte beweisen).

– *Methode 2 (Residuen)*
Die Division der rechten Seite von (II.16) ergibt:

$$\frac{3x^2 - 19x + 14}{x^2 - 7x + 10} = 3 + \frac{2x - 16}{x^2 - 7x + 10} \qquad \text{(II.18)}$$

Auf den neuen Bruch der rechten Seite von (II.18) wenden wir die Methode der Residuen an
und erhalten $c_1 = 4$ und $c_2 = -2$.

Beispiel 4

$$F(x) = \frac{2x^3 + 11x^2 + 19x + 2}{x^2 + 4x + 3} \tag{II.19}$$

Es wird folgendermaßen zerlegt:

$$\frac{2x^3 + 11x^2 + 19x + 2}{(x+1)(x+3)} = d_0 + d_1 x + \frac{c_1}{x+1} + \frac{c_2}{x+3} \tag{II.20}$$

– Methode 1 (Ausmultiplizieren)
Man erhält $d_0 = 3$, $d_1 = 2$, $c_1 = -4$ und $c_2 = 5$.

– Methode 2 (Residuen)
Die Division der rechten Seite von (II.19) ergibt:

$$\frac{2x^3 + 11x^2 + 19x + 2}{x^2 + 4x + 3} = 2x + \frac{3x^2 + 13x + 2}{x^2 + 4x + 3} = 2x + 3 + \frac{x-7}{(x+1)(x+3)} \tag{II.21}$$

Nun findet man mit der Methode der Residuen $c_1 = -4$ und $c_2 = 5$.

II.4 Mehrfachpole

Hat $F(x)$ Mehrfachpole, so kann Gleichung (II.1) nicht in (II.2) überführt werden. Das soll am folgenden Beispiel gezeigt werden.

Beispiel 5

$$F(x) = \frac{2x - 2}{(x-3)(x-5)^2} \tag{II.22}$$

Die Funktion $F(x)$ hat einen zweifachen Pol bei $x = 5$. Es zeigt sich, daß $F(x)$ auf folgende Weise zerlegt werden kann:

$$\frac{2x - 2}{(x-3)(x-5)^2} = \frac{c_1}{x-3} + \frac{e_1}{x-5} + \frac{e_2}{(x-5)^2} \tag{II.23}$$

– Methode 1 (Ausmultiplizieren)
Mit dieser Methode erhalten wir leicht $c_1 = 1$, $e_1 = -1$ und $e_2 = 4$.

– Methode 2 (Residuen)
Methode 2 kann nicht ohne weiteres angewendet werden; sie muß erst noch für Mehrfachpole erweitert werden. Man kann zeigen, daß man e_2 und e_1 aus

$$e_2 = (x-5)^2 F(x)\,|_{x=5} \qquad\qquad\text{(II.24a)}$$

und:

$$e_1 = \frac{\mathrm{d}}{\mathrm{d}x}\{(x-5)^2 F(x)\}\bigg|_{x=5} \qquad\qquad\text{(II.24b)}$$

erhält.

Mit Hilfe der letzten beiden Gleichungen kann man $e_1 = -1$ und $e_2 = 4$ berechnen (bitte beweisen).

Im allgemeinen gilt, daß bei der Partialbruchzerlegung für einen K-fachen Pol bei $x = x_r$, K Terme der Form

$$\frac{e_1}{x-x_r} + \frac{e_2}{(x-x_r)^2} + \ldots + \frac{e_i}{(x-x_r)^i} + \ldots + \frac{e_K}{(x-x_r)^K} \qquad\qquad\text{(II.25)}$$

gebildet werden müssen. Die Werte von e_i $(i = 1, 2, \ldots, K)$ können mit Hilfe folgender Gleichung

$$e_i = \frac{1}{(K-i)!} \cdot \frac{\mathrm{d}^{K-i}}{\mathrm{d}x^{K-i}}\{(x-x_r)^K F(x)\}\bigg|_{x=x_r} \qquad\qquad\text{(II.26)}$$

berechnet werden.

Anhang III
Die z - Rücktransformation

III.1 Einleitung

Die allgemeine Gleichung für die z–Rücktransformation (IZT) haben wir bereits in (4.80) kennengelernt. An dieser Stelle soll die Gleichung[1] noch einmal wiederholt werden.

$$x[n] = \frac{1}{2\pi j} \oint_C X(z) z^{n-1} dz \qquad \text{(IZT)} \qquad \qquad \text{(III.1)}$$

Die vollständige Gültigkeit dieser Gleichung soll hier nicht bewiesen werden. Vielmehr soll gezeigt werden, daß die Annahme der Gültigkeit dieser Gleichung für alle, uns vom praktischen Gesichtspunkt her am meisten interessierenden diskreten Signale, berechtigt ist. Das sind diejenigen diskreten Signale, für die die FTD existiert, oder mit anderen Worten, für die die ZT auf dem Einheitskreis in der z-Ebene stets konvergiert. Für diese Signale gilt die IFTD ensprechend Gleichung (4.19):

$$x[n] = \frac{1}{2\pi} \int_{-\pi}^{\pi} X(e^{j\theta}) e^{jn\theta} d\theta \qquad \text{(IFTD)} \qquad \qquad \text{(III.2)}$$

Substituiert man auf der rechten Seite $e^{j\theta} = z$, so ändert sich der Integrationsweg von $-\pi \le \theta \le \pi$ in einen Umlauf entgegen dem Uhrzeigersinn auf dem Einheitskreis in der z-Ebene. Außerdem gilt:

$$dz = je^{j\theta} d\theta = jz \, d\theta \qquad \qquad \text{(III.3a)}$$

und somit

$$d\theta = \frac{dz}{jz} \qquad \qquad \text{(III.3b)}$$

---

[1]Die geschlossene Kurve C muß vollständig innerhalb des Konvergenzbereichs der Funktion $X(z)$ liegen. Sehr häufig ist man an "rechtsseitigen" Funktionen interessiert, d.h. die nach links begrenzt sind. Das gilt beispielsweise für alle *kausalen* Funktionen $x[n]$. Es muß dann sichergestellt werden, daß *alle Pole innerhalb* der geschlossenen Kurve C liegen (siehe Tabelle 4.2). Wenn der Pol, der am weitesten vom Ursprung entfernt ist, den Abstand $|a|$ zum Ursprung hat, kann für C beispielsweise jeder beliebige Kreis mit $|z| > |a|$ gewählt werden.

Durch Verwendung von (III.3b) und der Substitution $e^{j\theta} = z$ kann (III.2) in (III.1) überführt werden, wobei der Integrationsweg genau mit dem Einheitskreis übereinstimmt.

III.2 Berechnungsmethode

Für die eigentliche Berechnung der IZT nach Gleichung (III.1) müssen wir die Theorie der komplexen Funktionen anwenden. Aus dieser Theorie geht hervor, daß für ein Linienintegral der komplexen Funktion $F(z)$ über eine geschlossene Kurve (entgegen dem Uhrzeigersinn) in der z–Ebene gilt:

$$\frac{1}{2\pi j} \oint_C F(z)\mathrm{d}z = \sum \frac{\text{Residuen der Pole von } F(z)}{\text{innerhalb der Kurve } C} \tag{III.4}$$

Das Residuum von einem K–fachen Pol bei $z = z_0$ wird dabei durch

$$\mathrm{Res}\{F(z) \text{ bei } z = z_0\} = \frac{1}{(K-1)!} \cdot \frac{\mathrm{d}^{K-1}}{\mathrm{d}z^{K-1}}\{(z-z_0)^K F(z)\}\Big|_{z=z_0} \tag{III.5a}$$

gegeben. Für einen einfachen Pol gilt:

$$\mathrm{Res}\{F(z) \text{ bei } z = z_0\} = (z - z_0)F(z)\big|_{z=z_0} \tag{III.5b}$$

(siehe auch (II.10) und (II.26) in Anhang II.)

Beispiel

Gegeben:

$$X(z) = \frac{z}{z-a}, \tag{III.6}$$

Gesucht: $x[n]$. Man erhält:

$$x[n] = \frac{1}{2\pi j} \oint_C \frac{z}{z-a} z^{n-1}\mathrm{d}z = \frac{1}{2\pi j} \oint_C \frac{z^n}{z-a}\mathrm{d}z \tag{III.7}$$

Für $n \geq 0$ hat $F(z) = z^n/(z-a)$ nur einen einfachen Pol bei $z = a$. Die Rücktransformierte ist deshalb:

$$x[n] = \mathrm{Res}\{F(z) \text{ bei } z = a\} = (z-a)\frac{z^n}{z-a}\Big|_{z=a} = a^n \text{ für } n \geq 0 \tag{III.8}$$

Für $n < 0$ hat $F(z)$ einen $|n|$ - fachen Pol bei $z = 0$. Das heißt, daß für jeden negativen Wert von n eine andere Anzahl von Polen berücksichtigt werden muß, was die Berechnung von $x[n]$ für $n < 0$ nicht erleichtert. Man verwendet wieder bestimmte Strategien, um das Problem zu lösen (z wird durch $1/z$ ersetzt). Hierauf möchten wir jedoch nicht weiter eingehen. Wir denken, daß wir deutlich genug gezeigt haben, daß die direkte Anwendung der IZT nach (III.1) möglichst vermieden werden sollte.

III.3 Berechnung des diskreten Rauschens

Eine ganz andere Situation, die mit dem vorangegangenen trotzdem eng zusammenhängt, soll nicht unerwähnt bleiben. Es geht hierbei um Berechnungen von Rauschleistungen, wie bei der Untersuchung von Quantisierungseffekten in digitalen Filtern (siehe Kapitel 10, "Endliche Wortlänge bei digitalen Signalen und Systemen"). In (10.14) sind wir auf das folgende, für solche Berechnungen charakteristische, Integral gestoßen:

$$P = \frac{1}{2\pi} \int_{-\pi}^{\pi} |H(e^{j\theta})|^2 d\theta \tag{III.9}$$

Dieser Integraltyp kann sehr bequem berechnet werden, indem man zu einem Linienintegral in der z-Ebene übergeht und den Wert mit Hilfe von Residuen bestimmt. Man geht folgendermaßen vor. Solange es sich bei $h[n]$ um eine reelle Funktion handelt, ist $H(e^{j\theta})$ immer eine komplexe Funktion mit geradem Realteil und ungeradem Imaginärteil; siehe (4.34). Folglich gilt:

$$|H(e^{j\theta})|^2 = H(e^{j\theta})H^*(e^{j\theta}) = H(e^{j\theta})H(e^{-j\theta}) \tag{III.10}$$

Gleichung (III.9) wird somit zu:

$$P = \frac{1}{2\pi} \int_{-\pi}^{\pi} H(e^{j\theta})H(e^{-j\theta}) d\theta \tag{III.11}$$

Unter Verwendung von (III.3b) erhält man auf die gleiche Weise wie in Abschnitt III.1 :

$$P = \frac{1}{2\pi j} \oint_C H(z)H(z^{-1})z^{-1} dz = \frac{1}{2\pi j} \oint_C F(z) dz \tag{III.12}$$

wobei die Kurve C wieder den Einheitskreis darstellt. Dieses Linienintegral läßt sich allgemein durch Verwendung von (III.4) sehr einfach berechnen. Die Schwierigkeiten bei der Berechnung von (III.7) mittels (III.4) im Beispiel des vorangegengenen Abschnittes stammen von dem Faktor z^{n-1}. Gleichung (III.12) enhält keinen solchen Faktor bei dem n als Exponent auftritt. Darum ist Gleichung (III.12) in vielen Fällen ein sehr praktisches Hilfsmittel bei den Berechnungen von diskretem Rauschen.

Beispiel

Gegeben:

$$H(e^{j\theta}) = \frac{15e^{j\theta}}{\left(e^{j\theta} - \frac{1}{2}\right)\left(e^{j\theta} + \frac{1}{2}\right)} \tag{III.13}$$

Gesucht: Berechnung von P nach (III.9).

Mittels (III.11) und (III.12) erhält man:

$$P = \frac{1}{2\pi j} \oint_C \frac{15z}{\left(z - \frac{1}{2}\right)\left(z + \frac{1}{2}\right)} \cdot \frac{15z^{-1}}{\left(z^{-1} - \frac{1}{2}\right)\left(z^{-1} + \frac{1}{2}\right)} z^{-1} dz$$

$$= \frac{1}{2\pi j} \oint_C \frac{900z}{\left(z - \frac{1}{2}\right)\left(z + \frac{1}{2}\right)(2 - z)(2 + z)} dz \tag{III.14}$$

Die Lösung erfolgt mit (III.4). Nur die einfachen Pole bei $z = 1/2$ und $z = -1/2$ befinden sich innerhalb der Integrationskurve C (Einheitskreis) und liefern einen Beitrag zum Integral. Folglich:

$$P = \left. \frac{900z}{\left(z + \frac{1}{2}\right)(2 - z)(2 + z)} \right|_{z = 1/2} + \left. \frac{900z}{\left(z - \frac{1}{2}\right)(2 - z)(2 + z)} \right|_{z = -1/2}$$

$$= 120 + 120 = 240 \tag{III.15}$$

Anhang IV
Lösungen der Übungsaufgaben

IV.1 Lösungen zu Kapitel 2

2.1 (a) $X(\omega) = \dfrac{4\sin^2(\omega\tau/2)}{\omega^2\tau}$

   (b) $X(\omega) = \dfrac{2\alpha}{\alpha^2 + \omega^2}$

2.2 $x(t) = \dfrac{\sin(\omega_0 t)}{\pi t}$

2.3 (a) $a_0 = 4\tau/T$; $a_k = \dfrac{2}{\pi k}\sin(2k\pi\tau/T)$ für $k > 0$; $b_k = 0$;

$\alpha_0 = 2\tau/T$; $\alpha_k = \dfrac{1}{\pi k}\sin(2k\pi\tau/T)$ für $k \neq 0$;

   (b) $a_k = \dfrac{4(-1)^k}{\pi(1 - 4k^2)}$; $b_k = 0$; $\alpha_k = \dfrac{2(-1)^k}{\pi(1 - 4k^2)}$

   (c) $a_k = \dfrac{4\sqrt{2}(-1)^k}{\pi(1 - 16k^2)}$; $b_k = 0$; $\alpha_k = \dfrac{2\sqrt{2}(-1)^k}{\pi(1 - 16k^2)}$

   (d) $a_k = 0$; $b_k = 0$ für gerade k; $b_k = \dfrac{2T}{\pi^2 k^2 \tau}\sin\!\left(\dfrac{2\pi k\tau}{T}\right)$ für ungerade k;

$\alpha_k = 0$ für gerade k; $\alpha_k = \dfrac{-jT}{\pi^2 k^2 \tau}\sin\!\left(\dfrac{2\pi k\tau}{T}\right)$ für ungerade k

   (e) $a_k = 0$ für gerade k; $a_k = \dfrac{4}{\pi k}\sin\!\left(\dfrac{2\pi k\tau}{T}\right)$ für ungerade k; $b_k = 0$;

$\alpha_k = 0$ für gerade k; $\alpha_k = \dfrac{2}{\pi k}\sin\!\left(\dfrac{2\pi k\tau}{T}\right)$ für ungerade k

2.4 $x(t) = \dfrac{1}{2\pi} \displaystyle\int_{-\infty}^{\infty} 2\pi \sum_{k=-\infty}^{\infty} \alpha_k \delta(\omega - k\omega_0) e^{j\omega t} d\omega$

$\qquad = \displaystyle\sum_{k=-\infty}^{\infty} \alpha_k \int_{-\infty}^{\infty} \delta(\omega - k\omega_0) e^{j\omega t} d\omega = \sum_{k=-\infty}^{\infty} \alpha_k e^{jk\omega_0 t}$

2.5 (a) $\alpha_k = 1$ für $k = 0$ und $\alpha_k = 0$ für $k \neq 0$

$\qquad X(\omega) = 2\pi\delta(\omega)$

(b) $\alpha_k = 0.5$ für $k = 1$ und $k = -1$; $\alpha_k = 0$ für alle anderen k

$\qquad X(\omega) = \pi\delta(\omega - \omega_0) + \pi\delta(\omega + \omega_0)$

(c) $\alpha_k = -j/2$ für $k = 1$; $\alpha_k = j/2$ für $k = -1$; $\alpha_k = 0$ für alle anderen k

$\qquad X(\omega) = -j\pi\delta(\omega - \omega_0) + j\pi\delta(\omega + \omega_0)$

(d) $\alpha_k = 1$ für $k = 1$; $\alpha_k = 0$ für alle anderen k

$\qquad X(\omega) = 2\pi\delta(\omega - \omega_0)$

2.6 Die Funktion $x(t)$ ist eine periodische Folge von Dirac–Impulsen der Fläche 1 und der Periode T.

$\qquad \alpha_k = \dfrac{1}{T}$ für alle k; $X(\omega) = \dfrac{2\pi}{T} \displaystyle\sum_{k=-\infty}^{\infty} \delta(\omega - 2\pi k/T)$

2.7 (a) $x(t) = y(t) + RC\dfrac{dy(t)}{dt}$

(b) $H(\omega) = 1/(1 + j\omega RC)$

(c) $h(t) = \dfrac{1}{RC} e^{-t/RC} u(t)$; $u(t) = 0.5$ bei $t = 0$

(d) $y(t) = (1 - e^{-t/RC})u(t)$

2.8 (a) $y(t) = 0$ für $t < -1$; $y(t) = 1 + t$ für $|t| < 1$; $y(t) = 2$ für $t > 1$

(b) $y(t) = 2 - |t|$ für $|t| < 2$; $y(t) = 0$ für $|t| > 2$;

(c) $y(t) = [1 + \cos(\pi t)]/\pi$ für $|t| < 1$; $y(t) = 0$ für $|t| > 1$

2.9 Siehe Bild IV.1

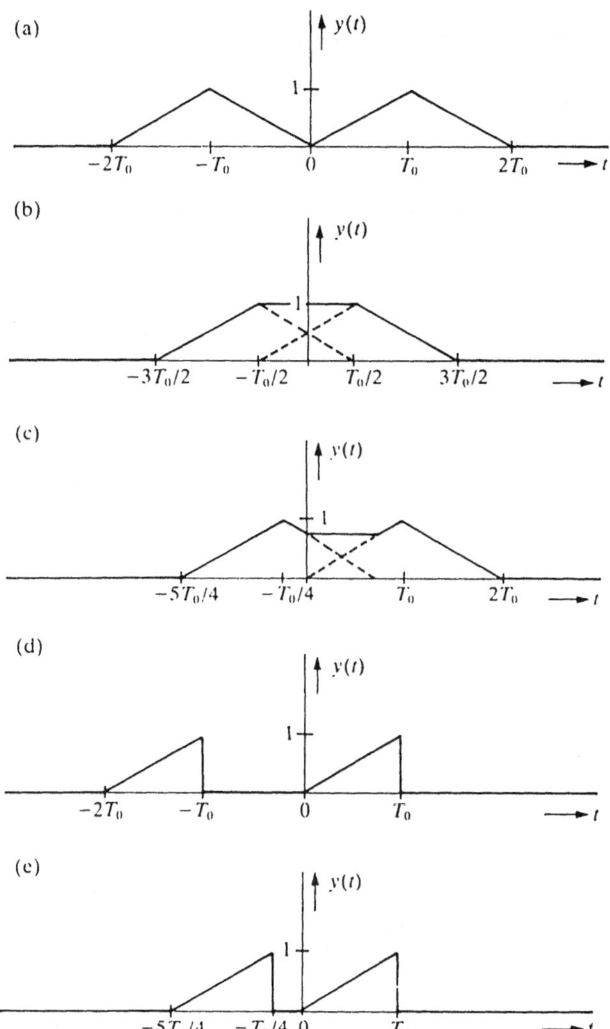

Bild IV.1 Lösung der Übungsaufgabe 2.9

2.10

	$H_1(p)$	$H_2(p)$	$H_1(p)H_2(p)$
Pole	2 und $-3\pm4j$	$\pm5j$	$-3\pm4j$
Nullstellen	$\pm5j$	2 und $3\pm4j$	$3\pm4j$
Bemerkungen	nicht stabil $H_1=0$ für $\|\omega\|=5$ minimalphasig kein Allpaß physikalisch realisierbar	nicht stabil $H_2=\infty$ für $\|\omega\|=5$ nicht minimalphasig kein Allpaß physikalisch nicht realisierbar	stabil niemals 0 oder ∞ nicht minimalphasig Allpaß physikalisch realisierbar

IV.2 Lösungen zu Kapitel 3

3.1 (a) $x(nT_1) = 0$ für gerade n

$x(nT_1) = 1$ für $n = -3$, $n = 1$ und $n = 5$

$x(nT_1) = -1$ für $n = -5$, $n = -1$ und $n = 3$

(b) $x(1/8) = 0{,}71$ (A)

$\sin(2\pi/8) = 0{,}707$ (B)

Unterschied: (A) enthält nur 15 Werte

(c) $x(nT_2) = 0$ für alle n

(d) $x(1/8) = 0$ (C)

$\sin(2\pi/8) = 0{,}707$ (D)

Unterschied: bei (C) wird das Abtasttheorem nicht erfüllt

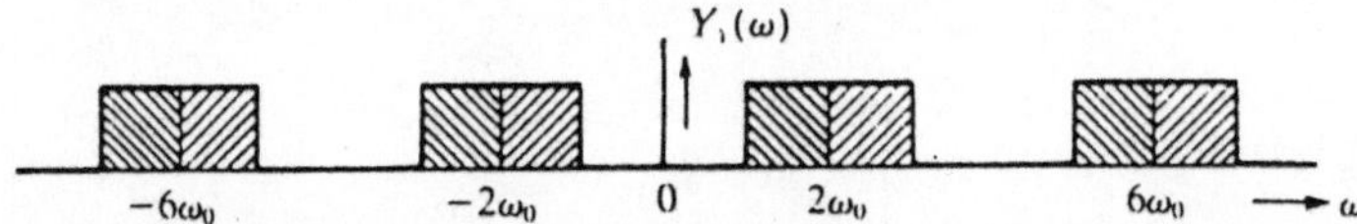

Bild IV.2 Lösung zu Übungsaufgabe 3.2a.

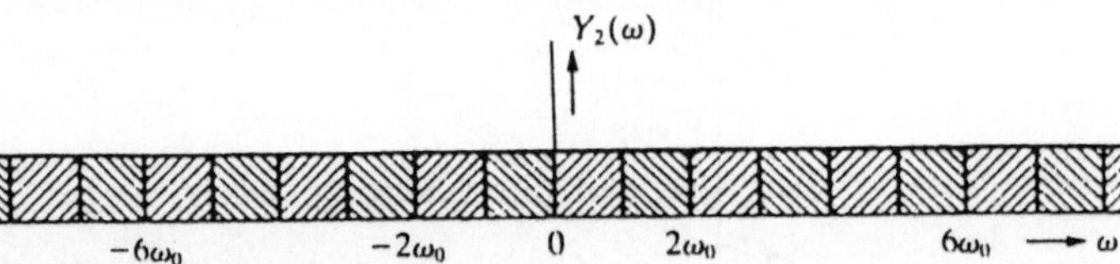

Bild IV.3 Lösung zu Übungsaufgabe 3.2b.

3.2 (a) und (b) siehe Bild IV.2 und IV.3.

(c) Das Spektrum $Y_2(\omega)$ wird mit einem Bandpaß der Übertragungsfunktion

$$H(\omega) = \begin{cases} T & \text{für } \omega_0 < |\omega| < 2\omega_0 \\ 0 & \text{sonst} \end{cases}$$

gefiltert.

3.3 (a) $\omega_{min,1} = 2\omega_0$ und $\omega_{min,2} = 5\omega_0$

(b) siehe Bild IV.4.

(c) sowohl für $x_1(t)$ als auch für $x_2(t)$ tritt jetzt Aliasing auf

(d) für $x_1(t)$ tritt immer Aliasing auf; für $x_2(t)$ tritt Aliasing nur dann auf, wenn die Abtastfrequenz höher als $6\omega_0$ ist.

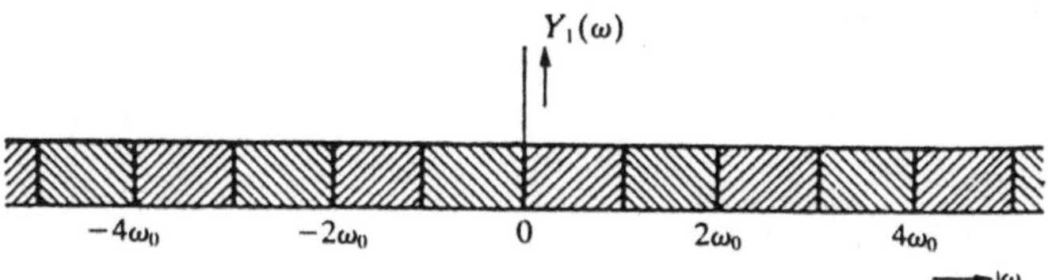

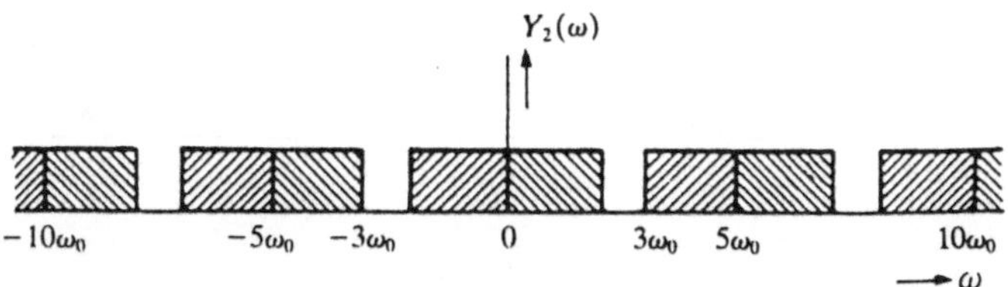

Bild IV.4 Lösung zu Übungsaufgabe 3.3b.

IV.3 Lösungen zu Kapitel 4

4.1 Die Funktion ist für $\theta = 2\pi K/N$ periodisch, K und N sind beliebige ganze Zahlen. Die Periode ist stets $N_0 = 2\pi K_{min}/\theta$, wobei K_{min} der kleinste mögliche Wert von K ist. (Bei $\theta = 0{,}23\pi$ ist $K_{min} = 23$ und $N_0 = 200$; bei $\theta = 0{,}24\pi$ ist $K_{min} = 3$ und $N_0 = 25$.)

4.2

n	a und b	c	d	e	f
−5	1	−1	$-0{,}5\sqrt{2}$	−1	0
−4	1	1	$0{,}5\sqrt{2}$	0	0
−3	1	−1	$0{,}5\sqrt{2}$	1	0
−2	1	1	$-0{,}5\sqrt{2}$	0	0
−1	1	−1	$-0{,}5\sqrt{2}$	−1	0
0	1	1	$0{,}5\sqrt{2}$	0	1
1	1	−1	$0{,}5\sqrt{2}$	1	0,8
2	1	1	$-0{,}5\sqrt{2}$	0	0,64
3	1	−1	$-0{,}5\sqrt{2}$	−1	0,512
4	1	1	$0{,}5\sqrt{2}$	0	0,4096
5	1	−1	$0{,}5\sqrt{2}$	1	0,32768

4.3

$x[n]$	n										
	−5	−4	−3	−2	−1	0	1	2	3	4	5
$\mathrm{Re}\{x[n]\}$	0	1	0	−1	0	1	0	−1	0	1	0
$\mathrm{Im}\{x[n]\}$	−1	0	1	0	−1	0	1	0	−1	0	1

4.4

n	$e^{j\pi n/4}$	e^{jn}
-5	$-0{,}71 + 0{,}71j$	$0{,}28 + 0{,}96j$
-4	-1	$-0{,}65 + 0{,}76j$
-3	$-0{,}71 - 0{,}71j$	$-0{,}99 - 0{,}14j$
-2	$-j$	$-0{,}42 - 0{,}91j$
-1	$0{,}71 - 0{,}71j$	$0{,}54 - 0{,}84j$
0	1	1
1	$0{,}71 + 0{,}71j$	$0{,}54 + 0{,}84j$
2	j	$-0{,}42 + 0{,}91j$
3	$-0{,}71 + 0{,}71j$	$-0{,}99 + 0{,}14j$
4	-1	$-0{,}65 - 0{,}76j$
5	$-0{,}71 - 0{,}71j$	$0{,}28 - 0{,}96j$

Nur $x[n] = e^{j\pi n/4}$ periodisch (Periode = 8).

4.5 (a) $X(e^{j\theta}) = e^{-j3\theta}$

(b) $X(e^{j\theta}) = \dfrac{\sin\{(2N + 1)\theta/2\}}{\sin(\theta/2)}$

(c) $x[n] = \begin{cases} \theta_0/\pi & \text{für } n = 0 \\ \sin(n\theta_0)/n\pi & \text{für } n \neq 0 \end{cases}$

4.6 (a) $I_1 = 2\pi(2N + 1)$

(a) $I_2 = 2\pi/(1 - a^2)$

4.7 $S_1 = \theta_0/\pi$

4.9 (a)

n	$y_1[n]$	$y_2[n]$	$y_3[n]$	$y_4[n]$
-1	1	1	1	1
0	$-a$	$1-a$	$2-a$	$-a$
1	a^2	$-a(1-a)$	$-a(2-a)$	$1+a^2$
2	$-a^3$	$a^2(1-a)$	$a^2(2-a)$	$-a(1+a^2)$
$\vdots$	$\vdots$	$\vdots$	$\vdots$	$\vdots$
n	$(-a)^{n+1}$	$(-a)^n(1-a)$	$(-a)^n(2-a)$	$(-a)^{n-1}(1+a^2)$

(b) Das System ist nichtlinear und zeitvariant.

(c) Das ist wegen $y[-1] \neq 0$ ("die Anfangsbedingungen sind nicht Null"). Wenn $y[-1] = 0$ wäre, dann wäre das System linear und zeitinvariant.

4.10

n	$y[n]$		
	a	b	c
< 0	0	0	0
0	1	1	1
1	1,5	2	0
2	0,5	2	0
3	0	2	0
4	0	1	-1
≥ 5	0	0	0

4.11 (a)
$$h[n] = \begin{cases} 0 & \text{für } n < 0 \\ 1 & \text{für } n = 0 \\ 3(1/2)^n & \text{für } n > 0 \end{cases}$$

4.13 $N_4 = N_0 + N_2$ und $N_5 = N_1 + N_3$

4.14 $H(e^{j\theta}) = \dfrac{b_0 + b_1 e^{-j\theta} + b_2 e^{-2j\theta}}{1 - a_1 e^{-j\theta} - a_2 e^{-2j\theta}}$

4.15

	stabil	kausal	linear	zeitinvariant
(a)	ja	ja	ja	nein
(b)	nein	ja	ja	nein
(c)	ja	nein	ja	ja
(d)	ja	ja	ja	ja
(e)	ja	ja	nein	ja
(f)	ja	ja	nein	ja

4.16 (a) $X_a(z) = 1 + z^{-1} + z^{-2}$

(b) $X_b(z) = 1 + \alpha z^{-1} + \alpha^2 z^{-2}$

(c) $X_c(z) = \dfrac{1 - z^{-3}}{1 - \alpha z^{-1}}$

(d) $X_d(z) = 1 + 2z^{-1} + 3z^{-2} + 2z^{-3} + z^{-4}$

4.17 (a) $x_e[n] = 2\delta[n] - (1/4)^n u[n]$

(b) $x_f[n] = (-1/2)^n u[n]$

(c) $x_g[n] = -2(1/2)^n u[n] + 3(3/4)^n u[n]$

(d) $x_h[n] = 2(1/2)^{n-1}(n-1)u[n-1]$

4.18

	Nullstellen	Pole
4.16(a)	$z = -0{,}5 \pm 0{,}5\mathrm{j}\sqrt{3}$	2 - fach bei $z = 0$
4.16(b)	$z = -\alpha/2 \pm \alpha/2\mathrm{j}\sqrt{3}$	2 - fach bei $z = 0$
4.16(c)	$z = 1$ und	2 - fach bei $z = 0$
	$z = 0{,}5 \pm 0{,}5\mathrm{j}\sqrt{3}$	und bei $z = a$
4.16(d)	2 - fach bei	4 - fach bei $z = 0$
	$z = -0{,}5 \pm 0{,}5\mathrm{j}\sqrt{3}$	
4.17(a)	$z = 1/2$	$z = 1/4$
4.17(b)	$z = 0$	$z = -1/2$
4.17(c)	2 - fach bei $z = 0$	$z = 1/2$ und $z = 3/4$
4.17(d)	keine Nullstellen	2 - fach bei $z = 1/2$

4.19 (a) $H(z) = \dfrac{z^2 - 1{,}5z + 2{,}25}{z + 0{,}9}$; $H(e^{\mathrm{j}\theta}) = \dfrac{e^{2\mathrm{j}\theta} - 1{,}5e^{\mathrm{j}\theta} + 2{,}25}{e^{\mathrm{j}\theta} + 0{,}9}$

$$h[n] = \delta[n+1] + 2{,}5\delta[n] - 4{,}9(-0{,}9)^n u[n]$$

(b)   Das System ist nicht kausal.

(c)   Das System ist stabil.

(d)   Es ist kein Minimalphasen-System.

(e)   Pol bei $z = -0{.}9$ und Nullstellen bei $z = (2/3)e^{\pm \mathrm{j}\pi/3}$.

(f) $H(z) = \dfrac{z^2 - 2z/3 + 4/9}{z + 0{,}9}$; $H(e^{\mathrm{j}\theta}) = \dfrac{e^{2\mathrm{j}\theta} - 2e^{\mathrm{j}\theta}/3 + 4/9}{e^{\mathrm{j}\theta} + 0{,}9}$

$$h[n] = \delta[n+1] + \frac{40}{81}\delta[n] - \frac{1669}{810}(-0{,}9)^n u[n]$$

(g)   Das System ist nicht kausal.

4.20 (a) $H(z) = \dfrac{b_0 z^2 + b_1 z + b_2}{z^2 - a_1 z - a_2}$

(b)   Das System hat zwei Nullstellen bei $z = -1$ und Pole bei $z = 0{,}7 \pm 0{,}1\mathrm{j}$. Es handelt sich um ein stabiles Minimalphasen-System.

(c)   Das System hat Nullstellen bei $z = -2$ und $z = -0{,}5$ und Pole bei $z = 0{,}5 \pm 0{,}5\mathrm{j}\sqrt{7}$. Es ist ein instabiles, nicht minimalphasiges System.

(d) $H(z) = \dfrac{z^2}{z^2 - z + 0{,}99}$

(e) $y[n] = 100A \cdot \cos(n\pi/3 - \pi/3)$

(f) $H(z) = \dfrac{z^2 - 0{,}35z}{z^2 - 0{,}7z + 0{,}49}$ und $h[n] = (0{,}7)^n \cos(n\pi/3)u[n]$

(g)

n	$h[n]$
≤ -1	0
0	1
1	0,35
2	$-$ 0,245
3	$-$ 0,343
4	$-$ 0,12005
5	0,08403
6	0,11765
7	0,04118
8	$-$ 0,02882
9	$-$ 0,04035

4.21 (a) Das System von Bild 4.35(b).

(b) Das System von Bild 4.35(b).

4.22 (a) $h[0] = 1$; $h[1] = \sqrt{2}$; $h[2] = 0$; $h[3] = -4\sqrt{2}$; $h[4] = 16$; $h[5] = -16\sqrt{2}$.

(b) $H(z) = \dfrac{z(z - \sqrt{2})}{z^2 - 2z\sqrt{2} + 4}$

(c) Nullstellen: $z = 0$ und $z = \sqrt{2}$; Pole: $z = \sqrt{2} \pm j\sqrt{2}$

(d) Instabil.

4.23 (a) $y_1[n] = A\,y_1[n-1] - B y_2[n-1] + x[n]$; $y_2[n] = B y_1[n-1] + A y_2[n-1]$

(c) $\dfrac{Y_1(z)}{X(z)} = \dfrac{z^2 - Az}{z^2 - 2Az + A^2 + B^2}$; $\dfrac{Y_2(z)}{X(z)} = \dfrac{Bz}{z^2 - 2Az + A^2 + B^2}$

(d)

	$H_1(z)$	$H_2(z)$
Nullstellen	$z = 0$; $z = \frac{1}{2}\sqrt{2}$	$z = 0$
Pole	$z = \frac{1}{2}\sqrt{2}(1 \pm j)$	$z = \frac{1}{2}\sqrt{2}(1 \pm j)$

(e) $h_1[n] = \cos(n\pi/4)u[n]$

$h_2[n] = \sin(n\pi/4)u[n]$

IV.4 Lösungen zu Kapitel 5

5.1 (a) $X_1[0] = 4$; $X_1[1] = -2$; $X_1[2] = 0$ und $X_1[3] = -2$

$X_2[0] = 6$; $X_2[1] = -1 - j$; $X_2[2] = 0$ und $X_2[3] = -1 + j$

(b) $\bar{X}_1(e^{j\theta}) = e^{-j\theta} + 2e^{-2j\theta} + e^{-3j\theta}$

$\bar{X}_2(e^{j\theta}) = 1 + 2e^{-j\theta} + 2e^{-2j\theta} + e^{-3j\theta}$

5.2 $x_3[n] = \frac{1}{4}\cos(\pi n/8) + \frac{1}{8}\cos(3\pi n/8)$

5.3 (a) $X[0] = 3$; $X[1] = 1 - 2j$; $X[2] = -1$ und $X[3] = 1 + 2j$

5.4 (a) $X_p[0] = 4$; $X_p[1] = 0$; $X_p[2] = 0$ und $X_p[3] = 0$

5.8 $N = 4$: $X_1[0] = 6$; $X_1[1] = -1 - j$; $X_1[2] = 0$ und $X_1[3] = -1 + j$

$N = 6$: $X_2[0] = 6$; $X_2[1] = -2j\sqrt{3}$; $X_2[2] = 0$; $X_2[3] = 0$;

$X_2[4] = 0$ und $X_2[5] = 2j\sqrt{3}$

$N = 16$:

k	$X_3[k]$	k	$X_3[k]$	k	$X_3[k]$	k	$X_3[k]$
0	6	1	$4{,}64 - 3{,}10j$	2	$1{,}70 - 4{,}12j$	3	$-0{,}56 - 2{,}88j$
4	$-1 - j$	5	$-0{,}26 - 0{,}06j$	6	$0{,}30 - 0{,}12j$	7	$0{,}18 - 0{,}28j$
8	0	9	$0{,}18 + 0{,}28j$	10	$0{,}30 + 0{,}12j$	11	$-0{,}26 + 0{,}06j$
12	$-1 + j$	13	$-0{,}56 + 2{,}88j$	14	$1{,}70 + 4{,}12j$	15	$4{,}64 + 3{,}10j$

5.9 (b)

	$N = 4$	$N = 6$	$N = 8$
$y_p[0]$	11/8	8/8	8/8
$y_p[1]$	13/8	12/8	12/8
$y_p[2]$	14/8	14/8	14/8
$y_p[3]$	7/8	7/8	7/8
$y_p[4]$	–	3/8	3/8
$y_p[5]$	–	1/8	1/8
$y_p[6]$	–	–	0
$y_p[7]$	–	–	0

5.14 (a) $X[0] = 10$; $X[1] = -2 + 2j$; $X[2] = -2$ und $X[3] = -2 - 2j$

IV.5 Lösungen zu Kapitel 6

6.2 $\quad X_c(p) = \dfrac{2A}{T} \cdot \dfrac{(e^{pT/4} - e^{-pT/4})^2}{p^2}$

$\qquad X_d(z) = \dfrac{A}{4}(z^3 + 2z^2 + 3z + 4 + 3z^{-1} + 2z^{-2} + z^{-3})$

IV.6 Lösungen zu Kapitel 7

7.1 (a) Erste Lösung: $b_4 = 4, \quad b_5 = 3, \quad b_6 = 2 \quad$ und $b_7 = 1$

$\qquad$ Zweite Lösung: $b_4 = -4, \quad b_5 = -3, \quad b_6 = -2 \quad$ und $b_7 = -1$

$\quad$ (b) $\quad A_1(e^{j\theta}) = |\, 2\cos(7\theta/2) + 4\cos(5\theta/2) + 6\cos(3\theta/2) + 8\cos(\theta/2)\,|$

$\qquad\quad A_2(e^{j\theta}) = |\, 2\sin(7\theta/2) + 4\sin(5\theta/2) + 6\sin(3\theta/2) + 8\sin(\theta/2)\,|$

7.2 (a) Die einzige Lösung ist: $b_4 = 3, \quad b_5 = 2 \quad$ und $b_6 = 1$

$\quad$ (b) $\quad A(e^{j\theta}) = |\, 2\cos(3\theta) + 4\cos(2\theta) + 6\cos(\theta) + 4\,|$

7.3 $\quad h[0] = 0; \quad h[1] = a + b$

7.4 $\quad h[0] = bd + c; \quad h[1] = ad + be$ und $h[2] = ae$

7.5 (a) $a_0 = 1; \quad a_1 = 2 + j\sqrt{3}$ und $b_1 = 2 - j\sqrt{3}$

$\quad$ (c) $\quad H(e^{j\theta}) = 5 - 4e^{-j\theta} + 2e^{-2j\theta}$

$\quad$ (d) $\quad h[0] = 5; \quad h[1] = -4$ und $h[2] = 2$

7.6 (a) Für $H(z)$ gilt:

$$H(z) = (1 - z^{-5})\frac{1{,}2 - 1{,}2z^{-1}\cos(2\pi/5)}{1 - 2z^{-1}\cos(2\pi/5) + z^{-2}} = (1 - z^{-5})\frac{1{,}2 - 0{,}371z^{-1}}{1 - 0{,}618z^{-1} + z^{-2}}$$

$\qquad$ Das stellt die Kaskadenschaltung von Bild 7.16(a) mit $N = 5$ und Bild 7.10 mit $b_0 = 1{,}2$; $b_1 = -0{,}371$; $a_1 = 0{,}618$ und $a_2 = -1$ dar.

$\quad$ (b) Am Ausgang des Kammfilters tritt ein kurzer Schaltvorgang auf; dadurch wird im rekursiven Teil eine Schwingung aufrechterhalten.

7.7 $\quad H(e^{j\theta}) = \dfrac{ab \cdot e^{-2j\theta}}{1 + b \cdot e^{-j\theta} - ab \cdot e^{-2j\theta}}$

7.8 $\quad H(e^{j\theta}) = \dfrac{1}{1 + b(1 + a)e^{-j\theta} + a \cdot e^{-2j\theta}}$

IV.7 Lösungen zu Kapitel 8

8.1 (a)
$$h[n] = \begin{cases} 1/3 & \text{für } n = 0 \\ \dfrac{\sin(n\pi/3)}{n\pi} & \text{für } n \neq 0 \end{cases}$$

(b)/(c)

	Impulsantwort	
n	Antwort (b)	Antwort (c)
0 und 8	−0,069	0
1 und 7	0,000	0
2 und 6	0,138	0,069
3 und 5	0,276	0,236
4	0,333	0,333

8.2 (a) $h[n] = \delta[n] + \delta[n-1]$; $H(z) = 1 + z^{-1}$; $H(e^{j\theta}) = 2e^{-j\theta/2}\cos(\theta/2)$

(b) $h[n] = \delta[n] - \delta[n-1]$; $H(z) = 1 - z^{-1}$; $H(e^{j\theta}) = 2e^{j(\pi/2 - \theta/2)}\sin(\theta/2)$

(c) $h[n] = \delta[n] + \delta[n-1] + \delta[n-2]$; $H(z) = 1 + z^{-1} + z^{-2}$;

     $H(e^{j\theta}) = e^{-j\theta}\{1 + 2\cos(\theta)\}$

(d) $h[n] = \delta[n] - \delta[n-2]$; $H(z) = 1 - z^{-2}$; $H(e^{j\theta}) = 2e^{j(\pi/2 - \theta)}\sin(\theta)$

(e) $h[n] = \delta[n] - \delta[n-4]$; $H(z) = 1 - z^{-4}$; $H(e^{j\theta}) = 2e^{j(\pi/2 - 2\theta)}\sin(2\theta)$

8.3 (a)/(b)
$$H(z) = \frac{1}{1 - e^{-0,25}z^{-1}} - \frac{2}{1 - e^{-0,5}z^{-1}} + \frac{1}{1 - e^{-0,75}z^{-1}}$$

8.4 (a) $H_a(p) = \dfrac{2}{(p+1)(p+2)}$

Das System hat zwei Pole: $p_1 = -1$ und $p_2 = -2$; das System ist deshalb stabil.

(b) $h_a(t) = \begin{cases} 0 & \text{für } t < 0 \\ 2(e^{-t} - e^{-2t}) & \text{für } t \geq 0 \end{cases}$

$$h_a(nT) = h_a(n/2) = \begin{cases} 0 & \text{für } n < 0 \\ 2(e^{-n/2} - e^{-n}) & \text{für } n \geq 0 \end{cases}$$

(c) $H_1(z) = \dfrac{2}{1 - e^{-0.5}z^{-1}} - \dfrac{2}{1 - e^{-1}z^{-1}}$

(d) Es gibt eine Nullstelle bei $z_1 = 0$ und zwei Pole bei $z_2 = e^{-0.5} = 0{,}6065$ und $z_3 = e^{-1} = 0{,}3679$. Das System ist deshalb stabil.

(e) $H_2(z) = \dfrac{z^2}{(3z - 2)(2z - 1)}$

(f) Es gibt zwei Nullstellen bei $z_1 = z_2 = 0$ und zwei Pole bei $z_3 = 2/3$ und $z_4 = 1/2$. Deswegen ist das System stabil.

(g) $h_2[n] = \left[\left(\dfrac{2}{3}\right)^{n+1} - \left(\dfrac{1}{2}\right)^{n+1}\right] u[n]$

(h) $H_3(z) = \dfrac{1}{z(2z - 1)}$

Es gibt zwei Pole bei $z_1 = 0$ und $z_2 = 1/2$ (das System ist stabil).

$h_3[n] = \left(\dfrac{1}{2}\right)^{n-1} u[n - 1] - \delta[n - 1]$

(i) Für $0 < T < 1$

(j) $H_4(z) = \dfrac{(z + 1)^2}{(5z - 3)(3z - 1)}$

Es gibt zwei Nullstellen bei $z_1 = z_2 = -1$ und zwei Pole bei $z_3 = 0{,}6$ und $z_4 = 1/3$ (stabiles System).

$h_4[n] = \left[\dfrac{16}{15}\left(\dfrac{3}{5}\right)^n - \dfrac{4}{3}\left(\dfrac{1}{3}\right)^n\right] u[n] + \dfrac{1}{3}\delta[n]$

8.5 (a) Das System hat 5 Pole: bei $p_1 = -1$; $p_{2,3} = -\dfrac{1}{2} \pm \dfrac{1}{2}j\sqrt{3}$ und $p_{4,5} = -\dfrac{1}{2}\sqrt{3} \pm \dfrac{1}{2}j$.

(b) Es gibt ebenfalls 5 Pole; jetzt bei $z_1 = 3/5$; $z_{2,3} = 0{,}714 \pm 0{,}330j$ und $z_{4,5} = 0{,}627 \pm 0{,}167j$

8.6 (a) $H_d(z) = \dfrac{(1 + z^{-1})(8{,}435 - 11{,}06z^{-1} + 8{,}435z^{-2})}{(5{,}032 - 2{,}968z^{-1})(19{,}79 - 29{,}19z^{-1} + 15{,}02z^{-2})}$

(b)

i	θ_i(rad)	f_i(Hz)
1	0,28	0,09
2	0,44	0,14
3	0,49	0,16
4	0,77	0,24
5	0,85	0,27
6	1,29	0,41

IV.8 Lösungen zu Kapitel 9

9.1 Die Anzahl der Multiplikationen pro Zeiteinheit wurde um den Faktor 7/10 verringert (siehe Bild IV.5).

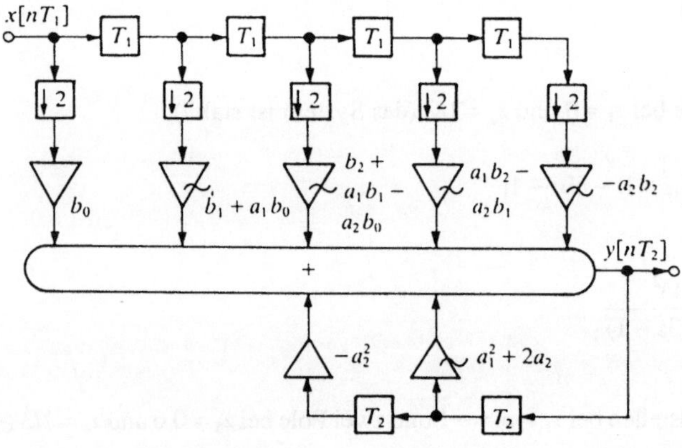

Bild IV.5 Lösung zu Übungsaufgabe 9.1.

9.2 Die Anzahl der Multiplikationen pro Zeiteinheit wurde um den Faktor 5/9 verringert (siehe Bild IV.6).

9.3 $c_0 = 1$; $c_1 = a_1$; $c_2 = a_1^2$; $c_3 = -b_1/a_1$ und $c_4 = (b_0 + b_1/a_1)$. Die Anzahl der Multiplikationen pro Zeiteinheit wurde um den Faktor 2/3 verringert.

9.4 Die Anzahl der Multiplikationen pro Zeiteinheit wurde um den Faktor 1/3 verringert (siehe Bild IV.7).

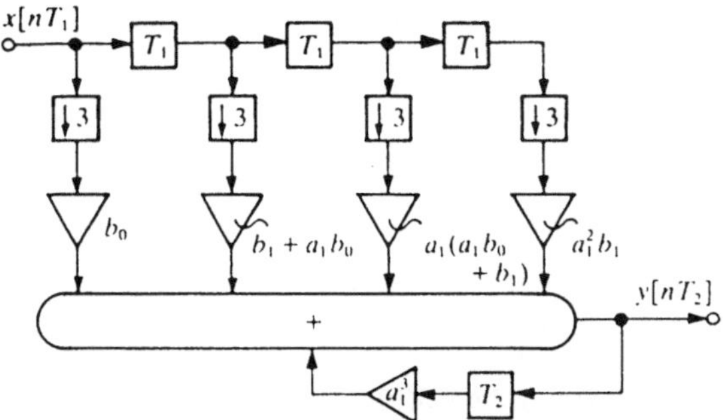

Bild IV.6 Lösung zu Übungsaufgabe 9.2.

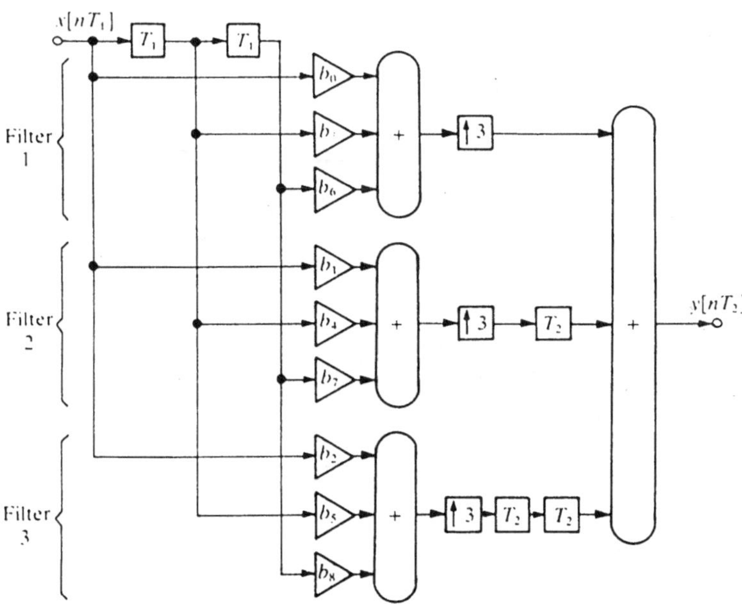

Bild IV.7 Lösung zu Übungsaufgabe 9.4.

9.5 (a) Das Signal $\hat{x}[nT_2]$ erhält man aus $x[nT_1]$, indem man zwischen je zwei Abtastwerte eine Null einfügt. Das Signal $y[nT_2]$ ist die linear interpolierte Version von $x[nT_1]$.

(b)
$$h[nT_2] = \begin{cases} 1 & \text{für } n = 0 \\ \dfrac{1}{2} & \text{für } n = \pm 1 \\ 0 & \text{sonst} \end{cases}$$

(c) $H(e^{j\omega T_2}) = 1 + \cos(\omega T_2)$

(d)   Siehe Bild IV.8(a).

(e)   Siehe Bild IV.8(b).

(f)   Das Eingangsspektrum von Übungsaufgabe 9.5(d).

(g) $y[nT_2] = \begin{cases} x[(n-1)T_1/2] & \text{für } n = \pm 1, \pm 3, \pm 5, \ldots \\ \dfrac{1}{2}\{x[(n-2)T_1/2] + x[nT_1/2]\} & \text{für } n = 0, \pm 2, \pm 4, \ldots \end{cases}$

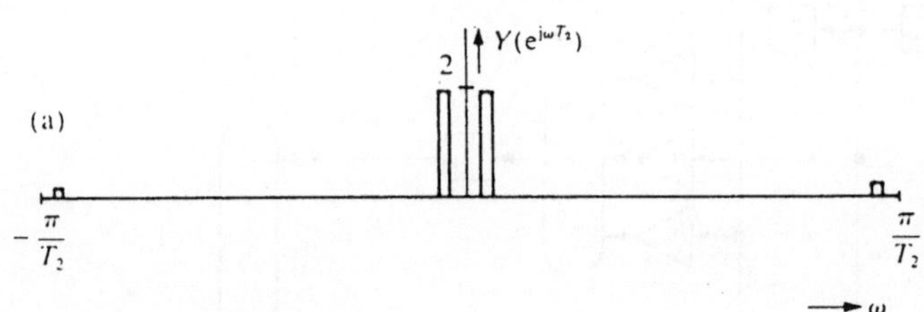

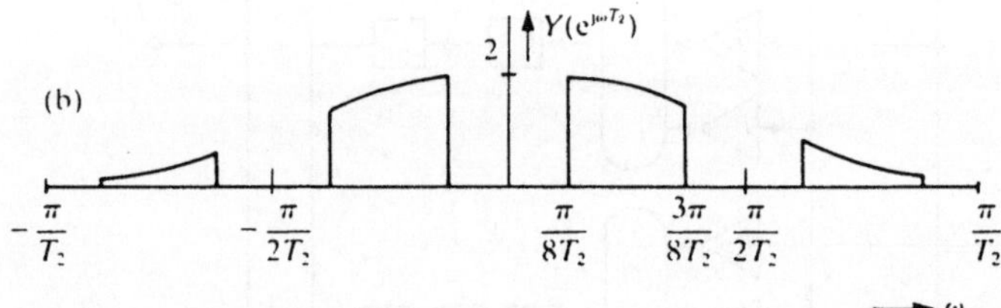

Bild IV.8 Lösung zu Übungsaufgabe 9.5.

9.6   (a)   Siehe Bild IV.9.

      (b)   Siehe Bild IV.10.

      (c)   Siehe Bild IV.11.

9.8   Siehe Bild IV.12.

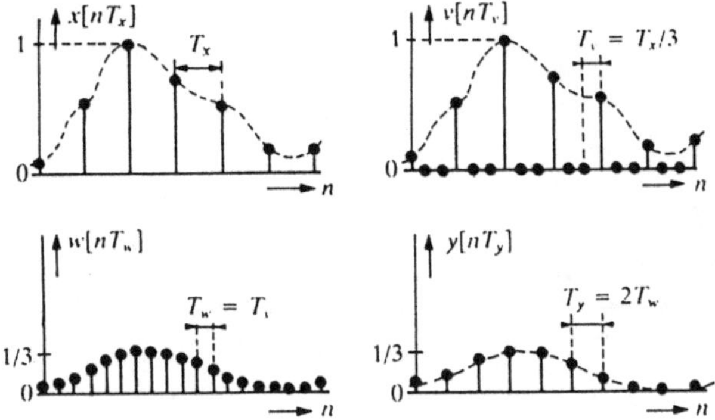

Bild IV.9 Lösung zu Übungsaufgabe 9.6(a).

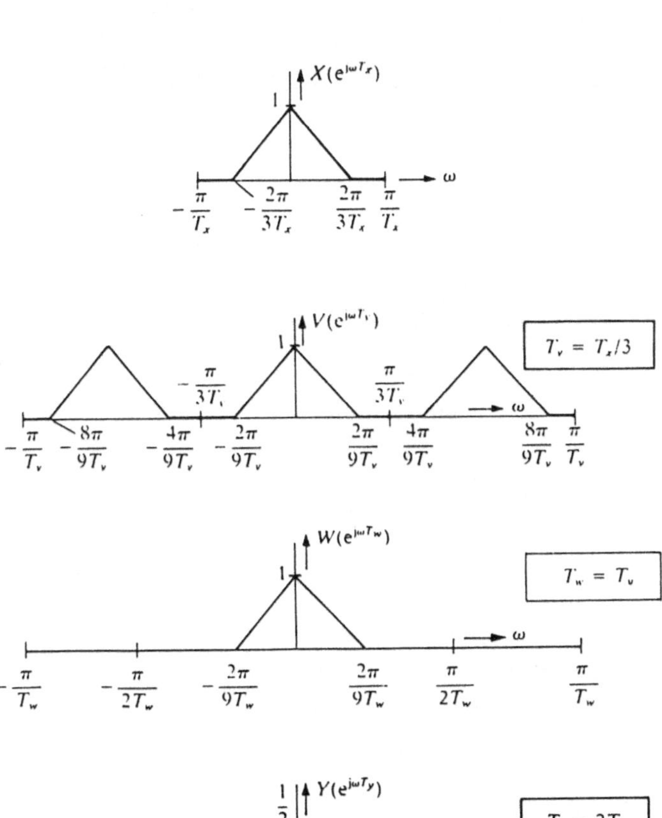

Bild IV.10 Lösung zu Übungsaufgabe 9.6(b).

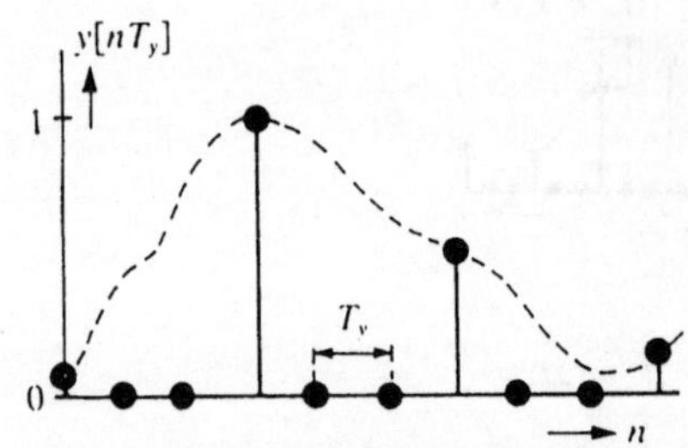

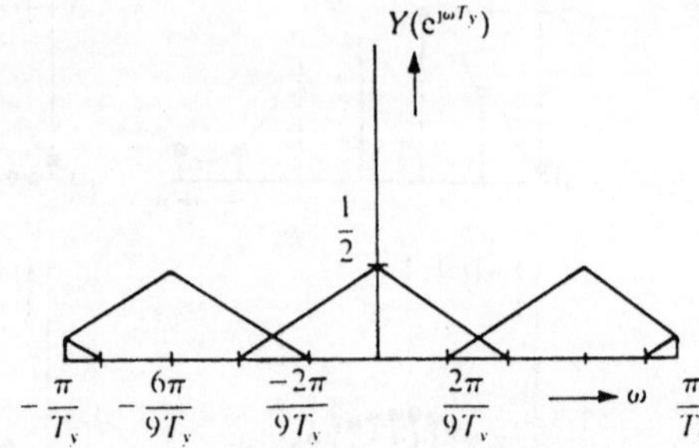

Bild IV.11 Lösung zu Übungsaufgabe 9.6(c).

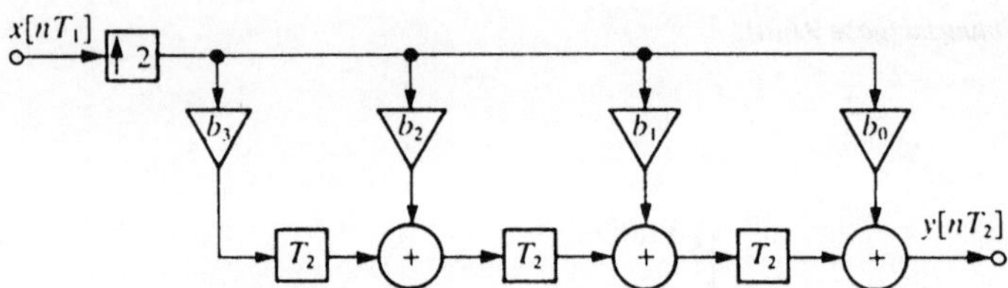

Bild IV.12 Lösung zu Übungsaufgabe 9.8.

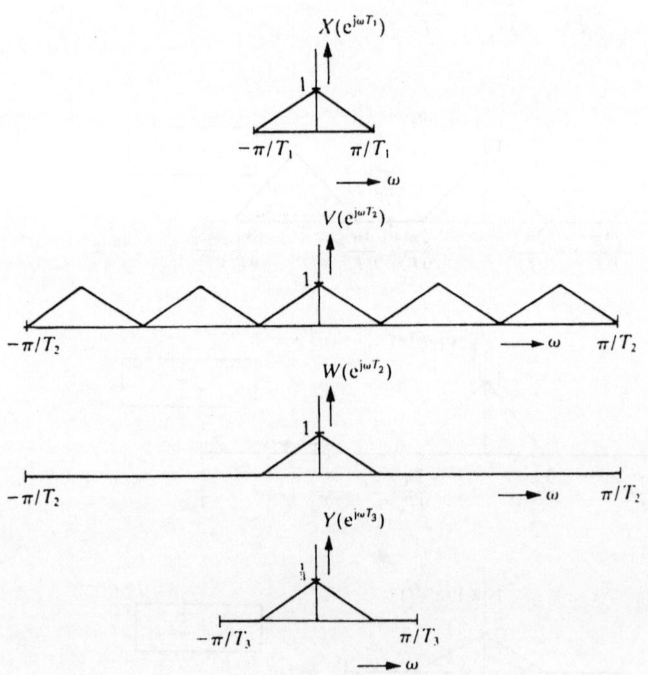

Bild IV.13 Lösung zu Übungsaufgabe 9.9(a).

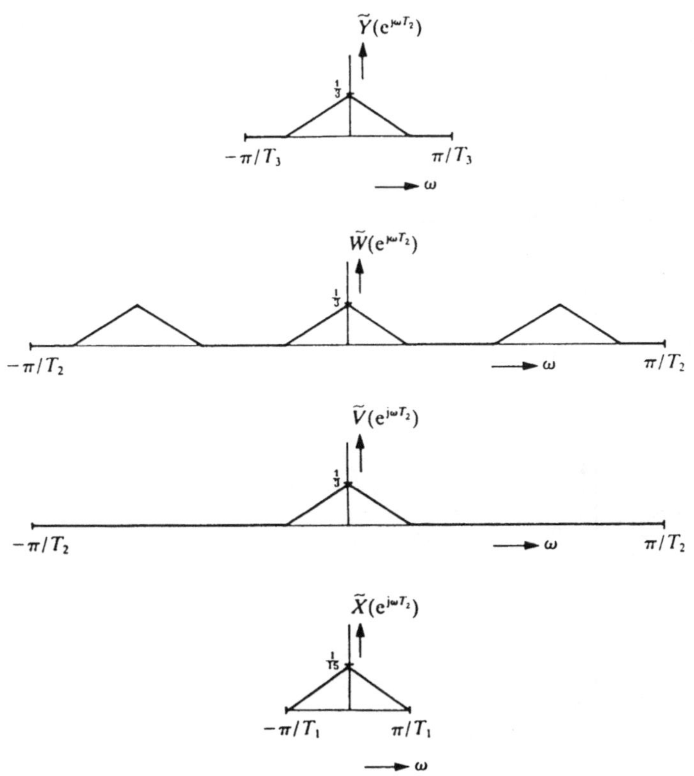

Bild IV.14 Lösung zu Übungsaufgabe 9.9(b).

Bild IV.15 Lösung zu Übungsaufgabe 9.9(c).

9.9 (a) Siehe Bild IV.13.

  (b) Siehe Bild IV.14.

  (c) Aus Bild IV.15 erhält man: $\bar{X}(e^{j\omega T_1}) = 1/15\ X(e^{j\omega T_1})$.

9.10 Siehe Bild IV.16.

9.11 Siehe Bild IV.17.

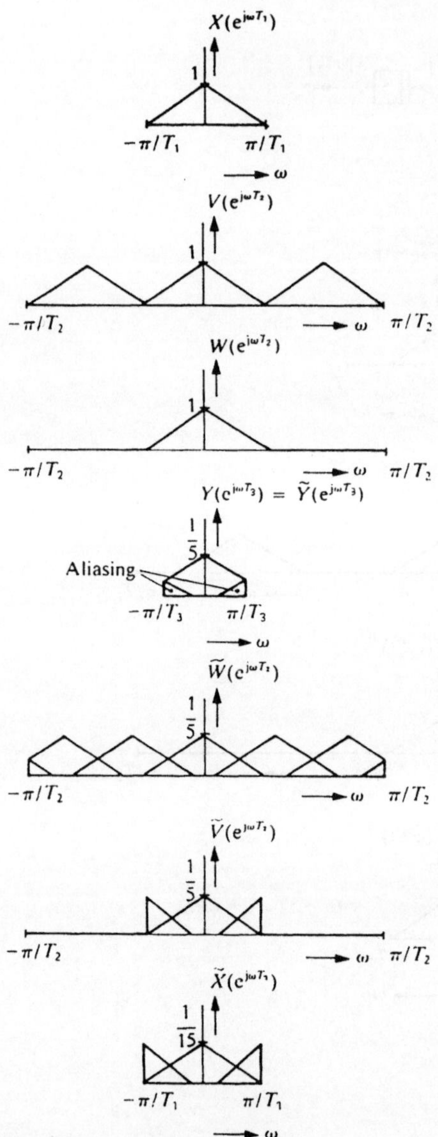

Bild IV.16 Lösung zu Übungsaufgabe 9.10.

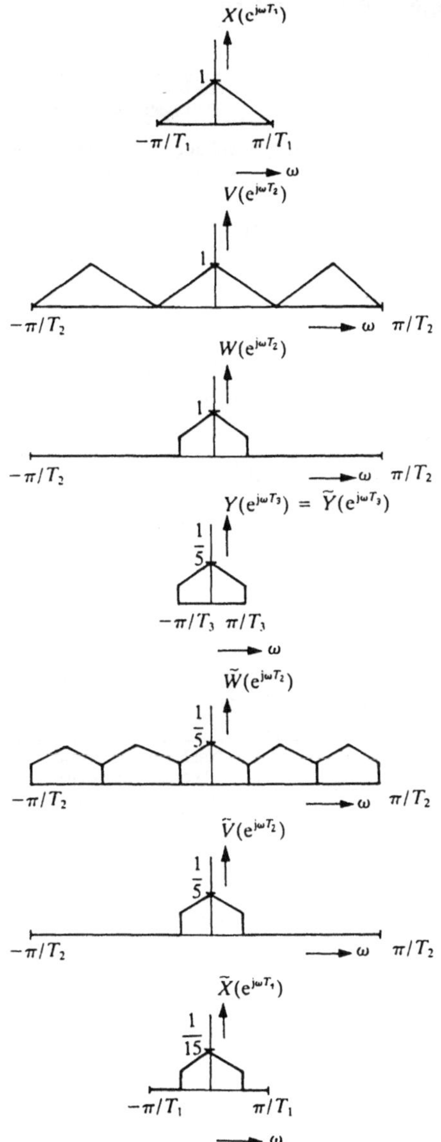

Bild IV.17 Lösung zu Übungsaufgabe 9.11.

IV.9 Lösungen zu Kapitel 10

10.1 (a)/(c) Darstellung nach Vorzeichen und Betrag

Vor Quantisierung		Nach Quantisierung (Betragabschneiden)	
Dezimalwert x	Binär–Darstellung	Binär–Darstellung	Dezimalwert x_Q
+1,75	01,11		
+1,50	01,10		
+1,25	01,01	01	+1
+1,00	01,00		
+0,75	00,11		
+0,50	00,10		
+0,25	00,01	00	+0
+0,00	00,00		
−0,00	10,00		
−0,25	10,01		
−0,50	10,10	10	−0
−0,75	10,11		
−1,00	11,00		
−1,25	11,01		
−1,50	11,10	11	−1
−1,75	11,11		

10.1 (b)/(c) Zweier–Komplement Darstellung

Vor Quantisierung		Nach Quantisierung (Wertabschneiden)	
Dezimalwert x	Binär–Darstellung	Binär–Darstellung	Dezimalwert x_Q
+1,75	01,11		
+1,50	01,10		
+1,25	01,01	01	+1
+1,00	01,00		
+0,75	00,11		
+0,50	00,10		
+0,25	00,01	00	+0
+0,00	00,00		
−0,00	11,11		
−0,25	11,10		
−0,50	11,01	11	−1
−0,75	11,00		
−1,00	10,11		
−1,25	10,10		
−1,50	10,01	10	−2
−1,75	10,00		

10.2   (a)/(b)

Vorzeichen und Betrag	Runden	Wertabschneiden	Betragabschneiden
2,375 ↔ 010,011	2,5 ↔ 010,1	2,0 ↔ 010,0	2,0 ↔ 010,0
−2,375 ↔ 110,011	−2,5 ↔ 110,1	−2,5 ↔ 110,1	−2,0 ↔ 110,0

10.2   (c)

Zweier–Komplement	Runden	Wertabschneiden	Betragbschneiden
2,375 ↔ 010,011	2,5 ↔ 010,1	2,0 ↔ 010,0	2,0 ↔ 010,0
−2,375 ↔ 110,101	−2,5 ↔ 101,1	−2,5 ↔ 101,1	−2,0 ↔ 110,0

10.3   Siehe Bild IV.18.

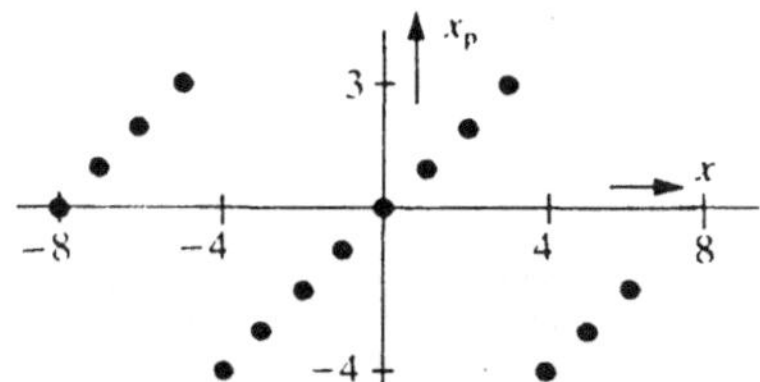

Bild IV.18 Lösung zu Übungsaufgabe 10.3

10.4   (a) $b_1 = \pm 1$

(c) Nein, die Werte +1 und −1 können immer exakt dargestellt werden.

10.5   (a)

Nullstelle z_1	Nullstelle z_2	b_1	b_1
+1	+1	−2	1
+1	−1	0	−1
−1	−1	2	1
$e^{j\phi}$	$e^{-j\phi}$	$-2\cos(\phi)$	1

10.5   (b) Quantisierung der Koeffizienten spielt nur dann eine Rolle, wenn $z_{1,2} = e^{\pm j\phi}$; auch dann bleiben die Nullstellen auf dem Einheitskreis, können aber leicht verschoben sein.

10.6

n	$y[n]$
-2	$-111q$
-1	$-29q$
0	$+56q$
1	0
2	$-56q$
3	$-106q$
4	0
5	$+106q$
6	0
7	$-106q$
8	0
9	$+106q$
10	0

Die Periode der Überlaufoszillation ist 4.

10.7

	$y[n]$				
n	(a)	(b)	(c)	(d)	(e)
0	$-9q$	$-5q$	$+9q$	$-9q$	$-5q$
1	$+8q$	$+5q$	$+8q$	$+8q$	$+4q$
2	$-7q$	$-5q$	$+7q$	$-7q$	$-4q$
3	$+6q$	$+5q$	$+6q$	$+6q$	$+3q$
4	$-5q$	$-5q$	$+5q$	$-5q$	$-3q$
5	$+5q$	$+5q$	$+5q$	$+4q$	$+2q$
6	$-5q$	$-5q$	$+5q$	$-3q$	$-2q$
7	$+5q$	$+5q$	$+5q$	$+2q$	$+q$
8	$-5q$	$-5q$	$+5q$	$-q$	$-q$
9	$+5q$	$+5q$	$+5q$	0	0
10	$-5q$	$-5q$	$+5q$	0	0

10.8

	$y[n]$	
n	(a)	(b)
0	$+7q$	$+6q$
1	0	$-q$
2	$-7q$	$-7q$
3	$-11q$	$-10q$
4	$11q$	$-9q$
5	$-7q$	$-4q$
6	0	$+2q$
7	$+7q$	$+7q$
8	$+11q$	$+9q$
9	$+11q$	$+7q$
10	$+7q$	$+2q$
11	0	$-3q$

(a) Man erhält einen Grenzzyklus der Periode 10.

(b) $y[n] = 0$ für $n \geq 27$.

Literaturverzeichnis

[1] Dollekamp, H., Esser, L.J.M., De Jong, H., 1982. P^2CCD in 60 MHz oscilloscope with digital image storage. *Philips Tech. Rev.*, **40**: 55-68.

[2] Van Roermund, A.H.M., Coppelmans, P.M.C., 1983/84. An integrated switched–capacitor filter for viewdata. *Philips Tech. Rev.*, **41**: 105-23.

[3] De Vrijer, F.W., 1976. Modulation. *Philips Tech. Rev.*, **36**: 305-62.

[4] Jerri, A.J., 1977. The Shannon sampling theorem – its various extensions and applications: a tutorial review. *Proc. IEEE*, **65**: 1565-96.

[5] Wiener, N., 1949. *Extrapolation, interpolation and smoothing of stationary time series.* Wiley, New York, N.Y.

[6] Robinson, E.A., 1982. A historical perspective of spectrum estimation. *Proc. IEEE, 70*: 885-907.

[7] Schuster, A., 1898. On the investigation of hidden periodicities with application to a supposed 26–day period of meteorological phenomena. *Terr. Magn.*, **3**: 13-41.

[8] Rabiner, L.R., Gold, B., 1975. *Theory and application of digital signal processing.* Prentice–Hall, Englewood Cliffs, N.J.

[9] Oppenheim, A.V., Schafer, R.W., 1975. *Digital signal processing.* Prentice–Hall, Englewood Cliffs, N.J.

[10] Papoulis, A., 1980. *Circuits and Systems: a modern approach.* Holt, Rinehart & Winston, Englewood Cliffs, N.J.

[11] Oppenheim, A.V., Willsky, A.S., Young, I.T., 1983. *Signals and Systems.* Prentice–Hall, Englewood Cliffs, N.Y.

[12] Persoon, E.H.J., Vandenbulcke, C.J.B., 1986. Digital audio: examples of the application of the ASP integrated signal processor. pp. 201-16 in "Digital signal processing II, applications", *Philips Tech. Rev.*, **42**: 181-238.

[13] Welten, F.P.J.M., Delaruelle, A., Van Wijk, F.J., Van Meerbergen, J.L., Schmid, J., Rinner, K., Van Eerdewijk, K.J.E., Wittek, J.H., 1985. A 2–μm CMOS 10–MHz microprogrammable signal processing core with an on–chip multiport memory bank. *IEEE J.*, SC–20: 754-60.

[14] Special issue, 1982. "Compact Disc Digital Audio". *Philips Tech. Rev.*, **40**: 149-80.

[15] Van der Kam, J.J., 1986. A digital "decimating" filter for analog–to–digital conversion of hi–fi audio signals. pp. 230–8 in "Digital signal processing II, applications". *Philips Tech. Rev.*, **42**: 181-238.

[16] Goedhart, D., Van de Plassche, R.J., Stikvoort, E.F., 1982. Digital–to–analog conversion in playing a Compact Disc. *Philips Tech. Rev.*, **40**: 174-9.

[17] Peek, J.B.H., 1968. The measurement of correlation functions in correlators using "shift–invariant independent" functions. (Thesis, Eindhoven 1967) *Philips Res. Rep. Suppl.*, **Nr.1**: 1-76.

[18] Van Doorn, R.A., Verhoeckx, N.A.M., 1977. A I^2L digital modulation stage for data transmission. *Philips Tech. Rev.*, **37**: 291-301.

[19] Van Gerwen, P.J., Snijders, W.A.M., Verhoeckx, N.A.M., 1980. An integrated echo canceller for baseband data transmission. *Philips Tech. Rev.*, **39**: 102-17.

[20] Sluyter, R.J., 1983/84. Digitization of speech. *Philips Tech. Rev.*, **41**: 201-23.

[21] Claasen, T.A.C.M., Mecklenbräuker, W.F.G., 1978. A generalized scheme for an all–digital time–division multiplex to frequency–division multiplex translator. *IEEE Trans.*, CAS-25: 252-9.

[22] Locher, P.R., 1983/84. Proton NMR tomography. *Philips Tech. Rev.*, **41**: 73-88.

[23] Castleman, K.R., 1979. Digital image processing. Prentice–Hall, Englewood Cliffs, N.J.

[24] Peters, J.H., Kanters, J.T., 1986. CAROT: a digital method of increasing the robustness of an analog colour television signal. pp. 217-29 in "Digital signal processing II, applications". *Philips Tech. Rev.*, **42**: 181-238.

[25] Annegarn, M.J.J.C., Nillesen, A.H.H.J., Raven, J.G., 1986. Digital signal processing in television receivers. pp.183-200 in "Digital signal processing II, applications". *Philips Tech. Rev.*, **42**: 181-238.

[26] Brigham, E.O., 1974. *The fast Fourier transform*. Prentice–Hall, Englewood Cliffs, N.J.

[27] Papoulis, A., 1962. *The Fourier integral and its applications*. McGraw–Hill, New York, N.Y.

[28] Meade, M.L., Dillon, C.R., 1986. *Signals and systems – models and behaviour*. Van Nostrand Reinhold, Wokingham, Berkshire, England.

[29] Jury, E.I., 1964. *Theory and application of the z–transform method*. Wiley, New York, N.Y.

[30] Gray, A.H., Markel, J.D., 1973. Digital lattice and ladder filter synthesis. *IEEE Trans.*, **AU-21**: 491-500.

[31] Claasen, T.A.C.M., Mecklenbräuker, W.F.G., 1978. On the transposition of linear time–varying discrete-time networks and its applications to multirate digital systems. *Philips J. Res.*, **33**: 78-102.

[32] Widrow, B., *et al.*, 1975. Adaptive noise cancelling: principles and applications. *Proc. IEEE*, **63**: 1692-716.

[33] Herrmann, O., Rabiner, L.R., Chan, D.S.K., 1973. Practical design rules for optimum filter response low–pass digital filters. *Bell Syst. Tech. J.*, **52**: 796-99.

[34] Rabiner, L.R., Kaiser, J.F., Herrmann, O., Dolan, M.T., 1974. Some comparisons between FIR und IIR digital filters. *Bell Syst.Tech. J.*, **53**: 305-31.

[35] Kuo, B.C., 1980. *Digital control systems*. Holt–Saunders International Editions, New York.

[36] Bruton, L.T., 1975. Low–sensitivity digital ladder filters. *IEEE Trans.*, **CAS–22**: 168-76.

[37] Fettweis, A., 1971. Digital filter structures related to classical filter networks. *Arch. Elec.Übertr.* **Bd.25**, 78-89.

[38] Jacobs, G.M., Allstot, D.J., Broderson, R.W., Gray, P.R., 1978. Design techniques for MOS switched capacitor ladder filters. *IEEE Trans.*, **CAS–25**: 1014-21.

[39] Zverev, A.I., 1967. *Handbook of filter synthesis*. Wiley, New York, N.Y.

[40] Schafer, R.W., Rabiner, L.R., 1973. A digital signal processing approach to interpolation. *Proc. IEEE*, **61**: 692-702.

[41] Bellanger, M.G., Daguet, J.L., Lepagnol, G.P., 1974. Interpolation, extrapolation and reduction of computation speed in digital filters. *IEEE Trans.*, **ASSP–22**: 231-5.

[42] Crochiere, R.E., Rabiner, L.R., 1975. Optimum FIR digital filter implementations for decimation, interpolation and narrow–band filtering. *IEEE Trans.*, **ASSP–23**: 444-56.

[43] Rabiner, L.R., Crochiere, R.E., 1975. A novel implementation for narrow–band FIR digital filters. *IEEE Trans.*, **ASSP–23**: 457-64.

[44] Crochiere, R.E., Rabiner, L.R., 1981. Interpolation and decimation of digital signals – a tutorial review. *Proc. IEEE*, **69**: 300-31.

[45] Crochiere, R.E., Rabiner, L.R., 1983. *Multirate digital signal processing*. Prentice–Hall, Englewood Cliffs, N.J.

[46] Papoulis, A., 1965. *Probability, random variables and stochastic processes*. (McGraw–Hill series in systems science.) McGraw–Hill, New York, N.Y.

[47] Lawrence, V.B., Salazar, A.C., 1980. Finite precision design of linear–phase FIR filters. *Bell Syst. Tech. J.*, **59**: 1575-98.

[48] Claasen, T.A.C.M., Mecklenbräuker, W.F.G., Peek, J.B.H., 1976. Effects of quantization and overflow in recursive digital filters. *IEEE Trans.*, **ASSP–24**: 517-29.

[49] Jackson, L.B., 1970. On the interaction of roundoff noise and dynamic range in digital filters. *Bell Syst. Tech. J.*, **49**: 159-84.

[50] Jackson, L.B., 1970. Roundoff–noise analysis for fixed–point digital filters realized in cascade or parallel form. *IEEE Trans.*, **AU–18**: 107-22.

[51] Peek, J.B.H., 1985. Digital signal processing – growth of a technology. pp. 103-9 in "Digital signal processing I, background". *Philips Tech. Rev.*, **42**: 101-48.

[52] Van den Enden, A.W.M., Verhoeckx, N.A.M., 1985. Digital signal processing: theoretical background. pp. 110-44 in "Digital signal processing I, background". *Philips Tech. Rev.*, **42**: 101-48.

[53] Van den Enden, A.W.M., Leenknegt, G.A.L., 1986. Design of optimal IIR filters with arbitrary amplitude and phase requirements. *Proc. EUSIPCO–86 Conf.*, The Hague: 183-6.

[54] Rabiner, L.R., *et al.*, 1972. Terminology in digital signal processing. *IEEE Trans.*, **AU–20**: 322-37.

[55] Harris, F.J., 1978. On the use of windows for harmonic analysis with the discrete Fourier transform. *Proc. IEEE*, **66**: 51-83.

[56] Claasen, T.A.C.M., Mecklenbräuker, W.F.G., Peek, J.B.H., 1975. Quantization noise analysis for fixed–point digital filters using magnitude truncation for data transmission. *IEEE Trans.*, **CAS–22**: 887-95.

[57] Butterweck, H.J., 1979. On the quantization of noise contributions in digital filters which are uncorrelated with the output signal. *IEEE Trans.*, **CAS–26**: 901-10.

[58] Van Gerwen, P.J., Mecklenbräuker, W.F.G., Verhoeckx, N.A.M., Snijders, W.A.M., Van Essen, H.A., 1975. A new type of digital filter for data transmission. *IEEE Trans.* **COM–23**: 222-34.

[59] Van Meerbergen, J.L., 1988. Developments in integrated digital signal processors, and the PCB 5010. *Philips Tech. Rev.*, **44**: 1–14.

[60] Lacroix, A., Witte, K.–H., 1986. Design tables for diskrete–time normalized low–pass filters. Artech House, Inc., Dedham, MA.

Sachwortverzeichnis